JN041333

［改訂第3版］

Windows
コマンドプロンプト

ポケットリファレンス 上

山近慶一 — 著

Windows 11/10/2019/2022/Server対応

技術評論社

はじめに

　Windowsは多彩なアプリの実行環境を提供するビジュアルなOSだが、用途によっては次のような不便さを感じることがある。

- クリック、ダブルクリック、ポイント、マウスオーバー、タップ、フリック、長押し、スワイプなどの操作を使い分ける必要がある
- 操作の手順や結果を言葉で説明しにくい
- 同じ操作を繰り返し実行することに苦痛を感じる
- サインインしていないとアプリケーションを操作できない
- ユーザーの習熟度や知識量などで作業効率や結果が変わる

　これらをカバーしてユーザーを補助したり、システム管理を効率化したりするのが、アプリの一種であるコマンドである。
　コマンドには次のような特長がある。

- ビジュアル的な操作がなくキー入力だけで実行できる
- コマンドとパラメータで処理が完結し、操作の説明や証跡も兼ねている
- 同じ操作を自動で繰り返し実行できる
- サインインしていなくてもバックグラウンドで実行できる

　とはいえ、ユーザーの習熟度や知識量などに依存する点はコマンドも同じであり、そもそもコマンドの存在やパラメータの意味を知らないと使えない。
　本書はこの弱点を補うための辞典であり、より便利にWindowsを使うための参考書である。目的や用途に適したコマンドを探す使い方はもちろんのこと、本書を眺めて興味のあるコマンドを記憶の隅に置いておくことで、本書とコマンドはより強力な武器になるであろう。
　本書『Windowsコマンドプロンプトポケットリファレンス』は上下2巻で構成されている。本書はそのうち上巻である。

2023年3月

山近慶一

本書のターゲットOS

本書に掲載したコマンドは、表1のバージョンとエディションのWindowsを網羅している。ただし、WindowsリソースキットやWindows Support Toolsのコマンドは範囲外である。コマンドの実行例は、基本的にWindows Server 2022とWindows 11 Proのものである。

Windowsのバージョンによってコマンドやパラメータに差異があるため、表1のマークで使用可能なバージョンを示している。**10以降**のように範囲で示す場合は、Windows 10とその後にリリースされたWindows Server 2016、Windows Server 2019、Windows Server 2022、Windows 11で使用できる。

また、Windows Vista以降で搭載されたユーザーアカウント制御（UAC：User Account Control）機能によって、実行時に権限の昇格が必要なコマンドやパラメータには**UAC**マークを付加している。

▼ 表1　本書で検証したWindowsのバージョンとエディション

マーク	Windows のバージョンとエディション	リリース年月
11	Windows 11 Pro（21H2 〜 22H2）	2021 年 10 月
2022	Windows Server 2022 Standard ※ Windows 10 21H2 と互換性がある	2021 年 9 月
2019	Windows Server 2019 Standard ※ Windows 10 1809 と互換性がある	2018 年 10 月
2016	Windows Server 2016 Standard ※ Windows 10 1607 と互換性がある	2016 年 9 月
10	Windows 10 Pro（1507 〜 22H2）	2015 年 7 月
8.1	Windows 8.1 Pro	2013 年 10 月
2012R2	Windows Server 2012 R2 Standard	2013 年 11 月
8	Windows 8 Pro	2012 年 10 月
2012	Windows Server 2012 Standard	2012 年 9 月
7	Windows 7 Ultimate	2009 年 10 月
2008R2	Windows Server 2008 R2 Standard	2009 年 10 月
2008	Windows Server 2008, Standard	2008 年 4 月
Vista	Windows Vista Ultimate	2007 年 1 月
2003R2	Windows Server 2003 R2, Standard Edition	2006 年 2 月
2003	Windows Server 2003, Standard Edition	2003 年 6 月
XP	Windows XP Professional	2001 年 11 月
2000	Windows 2000 Server	2000 年 2 月

目次

上巻 Chapter **2** ファイルとディスク操作編 **61**

上巻 Chapter **3** **バッチ処理とタスク管理編** **203**

上巻 Chapter **4**　**システム管理編**　　　　　　　　　　　　　　　　　**231**

下巻 Chapter 3 リモートデスクトップ編 365

下巻 Chapter 4　起動と回復編 ███████████████ **385**

下巻 Chapter **5** オープンソース編   449

序章

コマンド入門

コマンドの文法について

　本書では、コマンドの記述方法（文法）をわかりやすくするために省略や用語の置き換えを行い、コマンドのヘルプやマイクロソフトの技術情報とは異なる文法で説明している。

▼表2　記述方法の違いの例

表記	文法
ヘルプ	MOVE [/Y	/-Y] [ドライブ :][パス] ファイル名 1[,...] 受け側
本書	MOVE [{/y	/-y}] 送り元 [宛先]

　コマンドはコマンド名とパラメータで構成されており、本書では表3のように定義している。

▼表3　コマンドの構成要素

構成要素	説明
コマンド名	MOVE などのコマンドの名前。必要であればコマンド名の前にパスも指定する
パラメータ	スイッチやオプション、設定値などの追加情報の総称。引数（ひきすう）ともいう。基本的にスペースで区切って指定する
スイッチ	パラメータのうち、コマンドの動作や操作対象などを指示するもの。スラッシュ (/) またはハイフン (-) で始まるものが多い。代表的なスイッチは、コマンドのヘルプを表示する「/?」である
オプション	パラメータのうち、省略可能なスイッチや設定値

　よく使うパラメータは、基本的に表4のように表記する。

▼表4　よく使うパラメータ

パラメータ	説明
ファイル名	・ファイルまたはフォルダの名前を指定する ・複数のファイルを指定できる場合もある ・長い名前と MS-DOS と互換性のある「8.3 形式」の短い名前を使用できる ・名前にパス（フォルダ階層）を含めることもできる ・基本的に、英大文字と英小文字を区別しない
フォルダ名	・フォルダの名前（ディレクトリ名）を指定する ・ファイル名は指定しない ・長いフォルダ名、または MS-DOS と互換性のある「8.3 形式」の短いフォルダ名を利用できる ・基本的に、英大文字と英小文字を区別しない
ワイルドカード	ファイル名やフォルダ名などを指定する際に使用できる、任意の文字に置き換え可能な特殊文字。 ・アスタリスク (*) —— 任意の 0 文字以上の文字列 ・疑問符 (?) —— 任意の 0 文字または 1 文字 例 1) A*.exe—— A や a で始まり拡張子 .exe で終わる名前（Arp.exe、At.exe、Attrib.exe など） 例 2) A??.exe —— A や a で始まり最大 2 文字を挟んで拡張子 .exe で終わる名前（Arp.exe など） 例 3) *A.* —— 拡張子なしも含めて、拡張子の前に A や a が付く名前（Kbd101a.dll など） 例 4) *.* —— 拡張子の有無にかかわらず、すべての名前

数値	基本的には 10 進数の整数で指定する。0x で始まる 16 進数と 0 で始まる 8 進数も使用できる場合がある。 ・12——10 進数の 12（じゅうに） ・0x12——10 進数 18 の 16 進数表現（ゼロエックスいちに） ・012——10 進数 10 の 8 進数表現（ゼロいちに）
ボリューム名	伝統的なボリューム名は、コロン（:）で終わるドライブ文字（C:）で指定する。 ・ドライブ文字には A ～ Z の英大文字を使用できる。 ・ボリュームマウントポイント名（フォルダ名）と、「¥¥?¥Volume{bb49fa71-a140-11e0-bd39-000c2960db1a}¥」のような形式のボリューム GUID（Globally Unique Identifier）も使用できる
コンピュータ名	コンピュータの名前であるが、複数の指定方法がある。 ・コンピュータ名——TCP/IP のホスト名。Hostname コマンドで表示できる ・NetBIOS コンピュータ名——Windows の伝統的なコンピュータ名 ・コンピュータ名.DNS ドメイン名の一部 ・コンピュータ名.DNS ドメイン名の全部——完全修飾ドメイン名（FQDN：Fully Qualified Domain Name）ともいう ・フルコンピュータ名——完全修飾ドメイン名と同じ ・IPv4 アドレス ・IPv6 アドレス
ユーザー名	ユーザーの名前であるが、複数の指定方法がある。 ・ユーザー名——Test など ・コンピュータ名¥ユーザー名——PC1¥Test など ・自コンピュータ名¥ユーザー名——¥LocalUser など ・ドメイン名¥ユーザー名——EXAMPLE¥Test など ・ユーザー名 @Active Directory ドメイン名——Test@example.jp など ・Active Directory ドメイン名¥ユーザー名——example.jp¥Test など
ドメイン名	Active Directory ドメイン環境におけるドメインの名前であるが、複数の指定方法がある。 ・ドメイン名——EXAMPLE、ad.example.jp など ・DNS ドメイン名——ad.example.jp など ・NetBIOS ドメイン名——NT ドメイン名（EXAMPLE など） ・Active Directory ドメイン名——ad.example.jp など
レジストリキー	レジストリ値とその設定値を分類、保存するフォルダのようなもので、次のように「¥」記号で区切ってパスを指定する。 HKEY_LOCAL_MACHINE¥SOFTWARE¥Microsoft¥Windows NT¥CurrentVersion¥Winlogon
レジストリ値	AutoAdminLogon など、レジストリキーの下にあって設定値を保存するための名前。エクスプローラに例えると、レジストリキーがフォルダ、レジストリ値がファイル、設定値がファイルデータのような関係である
IPアドレス	IPv4 アドレスまたは IPv6 アドレスを指定する

　パラメータには指定必須のものと省略可能なものがあり、さらに選択や省略ができるものがある。

▼ 表5　パラメータ表記の規則

規則	説明	表2の対応
指定なし	必須のスイッチまたは設定値を示す	送り元
[ ]	オプションを示す	[宛先]
{A | B}	中カッコ内のいずれか1つを選択する	
[{A | B}]	中カッコ内のいずれか1つを選択するか省略する	[{/y | /-y}]
/Switch 設定値	スイッチと設定値の間にスペースを入れる	
/Switch設定値	スイッチと設定値の間にスペースを入れない	
/Sw[itch]	/Switchを/Swと省略可能	

　コマンド名とパラメータの間、およびパラメータ間は、区切り文字としてスペースを入れる。

▼表6　区切り文字など

用語など	説明
区切り文字	コマンド名とパラメータ、またはパラメータ間の区切りを示す文字で、スペースやカンマ (,)、タブなどを使用する。デリミタ (delimiter) ともいう
スペースを含む値	ファイル名やフォルダ名などで、区切り文字と同じ文字を有効な設定値として使う場合は、設定値の前後をダブルクォート (") で括る。 ・正：/Switch "C:¥Test Drive" ——「C:¥Test Drive」を1つの値として扱う ・誤：/Switch C:¥Test Drive ——「C¥Test」と「Drive」は独立したパラメータになる ・誤：/Switch C:¥"Test Drive" —— 値の途中をダブルクォートで括っている ・誤："/Switch C:¥Test Drive" ——スイッチごとダブルクォートで括っている
"（ダブルクォート、二重引用符）、 '（シングルクォート、引用符）、 `（バッククォート、逆引用符）	文字列を括る際に使用する。たとえば、スペースを含む値はダブルクォートで括るが、ダブルクォートを有効な文字として使う場合は、シングルクォートで括ったり、ダブルクォートを2つ重ねたりする

コマンドプロンプトの起動方法

　コマンドを実行するには、表7の手順でコマンドプロンプトまたはターミナルを起動する。

▼表7　コマンドプロンプトの起動手順

Windows のバージョン	コマンドプロンプトの起動手順
Windows 11（21H2 ～ 22H2）	・［スタート］－［すべてのアプリ］－［Windows ツール］ ・Windows キーを押して「cmd」を検索
Windows Server 2022 Windows Server 2019 Windows 10（1703 ～ 22H2）	・［スタート］－［Windows システムツール］ ・Windows キーを押して「cmd」を検索
Windows Server 2016 Windows 10（1507 ～ 1607）	・タスクバー左端の［スタート］を右クリック ・［スタート］－［Windows システムツール］ ・Windows キーを押して「cmd」を検索
Windows Server 2012 R2 Windows 8.1	・タスクバー左端の［スタート］を右クリック ・［スタート］－［すべてのアプリ］ ・Windows キーを押して「cmd」を検索
Windows Server 2012 Windows 8	・タスクバー左端をポイント－［スタート］を右クリック ・Windows キーを押して「cmd」を検索
Windows 2000 ～ Windows 7	・［スタート］－［すべてのプログラム］－［アクセサリ］

　コマンドプロンプトは、文字入力と結果表示用の黒いウィンドウ（コンソール）を持ったGUIアプリケーションで、他のGUIアプリケーションと同様にウィンドウの移動やサイズ変更、複数ウィンドウの起動ができる。

コマンドを体験してみよう

　コマンドプロンプトを起動すると、既定では1行目にOSバージョン、2行目にコピーラ
イトが表示される。4行目に「C:¥Users¥ユーザー名>」という文字列と点滅するカーソル
があり、4行目全体が入力プロンプトである。コマンドを実行するには、カーソルの位置
にコマンドとパラメータをタイプして Enter キーを押す。

```
1: Microsoft Windows [Version 10.0.22621.521]
2: (c) Microsoft Corporation. All rights reserved.
3:
4: C:¥Users¥ユーザー名>
```

　任意のキーを押すとカーソルの位置にその文字を表示して、カーソルは入力した文字
数分右に移動する。カーソルがウィンドウの右端まで達してもキー入力を続けると、次行
の左端に移ってキー入力を続行できる。表示上は複数の行になっても最終的に Enter キー
を押すまでが1行のコマンドであり、Enter キーを押すまでは実行されない。Esc キーを
押して試し打ちした文字を取り消そう。

　次に、デスクトップに置いたファイルやフォルダの名前を表示するため、「DIR△
Desktop」(△はスペース)と入力して Enter キーを押す。DIRがコマンドで、Desktopは
操作対象を表すパラメータである。コマンドは大文字と小文字を区別しないので、「dir」
や「Dir」でもよい。コマンドとパラメータの間には、Space キーを押してスペースを1つ
以上入れる。

　コマンドプロンプトを終了するには「EXIT」とタイプして Enter キーを押すか、ウィン
ドウ右上の閉じるボタンをクリックする。EXITもコマンドである。

コマンド実行の仕組み

　コマンドプロンプトで「Calc」と入力して Enter キーを押すと、GUIの電卓アプリケーショ
ンが起動する。この背景には、コマンドプロンプトのコマンド解釈機能(コマンドプロセッ
サ)が実行ファイルを探索して、保存先のドライブとフォルダ(パス)、拡張子まで含めたファ
イル名を補って、「C:¥Windows¥System32¥Calc.exe」(Windows 11を除く)を実行する
という仕組みがある。実行ファイルの探索とファイル名の補完の仕組みを理解しておけば、
コマンドやバッチファイルを思いどおりに実行できるようになる。

■ 実行ファイルの探索

　実行ファイルは、最初に現在のフォルダ(カレントフォルダ)から探索する。コマンド
プロンプトを起動すると、既定では「C:¥Users¥ユーザー名>」というプロンプトが表示さ
れるが、これがカレントフォルダである。カレントフォルダに見つからなければ、環境変
数PATHに定義されたフォルダを順に探索する。

　環境変数PATHが次のように定義されている場合、カレントフォルダ、C:¥Windows¥
system32フォルダ、C:¥Windowsフォルダの順に探索する。

```
Path=C:¥Windows¥system32;C:¥Windows;C:¥Windows¥System32¥Wbem;C:¥Windows¥System32¥
WindowsPowerShell¥v1.0¥;C:¥Windows¥System32¥OpenSSH¥;C:¥Users¥User1¥AppData¥Local¥
Microsoft¥WindowsApps
```

環境変数とは、アプリケーションにシステムの設定を伝える仕組みの1つで、「SET」コマンドで一覧と設定値を確認できる。

探索中に拡張子の異なる同名ファイルが見つかった場合は、拡張子.com、.exe、.batの順で実行する。実行ファイルの拡張子を省略すると、コマンドプロセッサは環境変数PATHEXTに定義された拡張子を順にファイル名に付加して探索するため、環境変数PATHEXTは既定で次のように設定されている。

```
PATHEXT=.COM;.EXE;.BAT;.CMD;.VBS;.VBE;.JS;.JSE;.WSF;.WSH;.MSC
```

■ バッチ処理の落とし穴

実行するコマンドを拡張子.batのテキストファイル(バッチファイル)に書き溜めて、一括実行する仕組みがバッチ処理である。コマンドを活用する際に外せない機能であるが、バッチファイル自身とバッチファイル中のコマンドにも実行ファイルの探索が行われるため、条件によっては想定外の動作になる。

■ 例1

カレントフォルダにSample.exeとSample.batがあるとき、コマンドプロンプトで「Sample」と入力して実行されるのは常にSample.exeで、Sample.batは実行されない。Sample.exeはC:¥Windows¥System32¥Calc.exeなどをコピーして作るとよい。

これは、カレントフォルダに「Sample」に該当する実行ファイルが2つあるので、環境変数PATHEXTの設定に従って拡張子.exeが優先されるためである。Sample.batを実行するには、拡張子まで含めて「Sample.bat」と明示的に入力する必要がある。

■ 例2

C:¥Workフォルダに次の内容のバッチファイルSample.batを置き、C:¥Windows¥System32フォルダにはSample.exeを置いて、バッチファイルを実行することを考える。

▼ Sample.batの内容
```
REM サンプルバッチファイル
Sample
```

Sample.batの実行結果は、次のように実行時の状態によって異なる。

- カレントフォルダがC:¥Workの場合──Sample.batを無限に繰り返す(Ctrl + C キーで終了可能)
- カレントフォルダがC:¥Work以外の場合──Sample.exeを1回だけ実行する

実行結果の違いは前述の実行ファイルの探索機能によって生じているので、バッチファイルを扱う際には次の点に注意する。

- 既存の実行ファイルと同名のバッチファイルを作らない
- 実行ファイルは同じフォルダにまとめる
- バッチファイル中で呼び出す実行ファイル名は、ドライブ文字やフォルダ階層、拡張子も含めて指定する

なお、メモ帳(Notepad.exe)で日本語を含むバッチファイルを作成するときは、保存時に文字コードを ANSI に変更するとよい。Windows 10 1903 以降と Windows Server 2022 のメモ帳は、既定の文字コードが UTF-8 に変更されたため、バッチ実行中に日本語を表示すると文字化けする。

内部コマンドと外部コマンド

コマンドには、コマンドプロセッサに内蔵されている内部コマンドと、ファイルとしてドライブに保存されている外部コマンドがある。「DIR」コマンドや「SET」コマンドは内部コマンドで、拡張子はなく、「DIR.exe」のような実行ファイルとしては存在しない。

Windows のコマンドの大部分は外部コマンドで、実行ファイルとしてドライブに保存されている。たとえばファイルを探索する Where.exe コマンド(これも外部コマンドである)を次のように実行すると、外部コマンドの実行ファイルの保存先を知ることができる。

```
Where Ipconfig
```

ファイル名/フォルダ名の制約

コマンドプロンプトで扱うファイルやフォルダの名前には、表8の制約がある。

▼ 表8　ファイル名/フォルダの制約

制約	説明
利用不可の文字	次の文字は特別な意味を持つため使用できない。 ・円記号(¥)——パスの区切り ・スラッシュ(/)——パスの区切り ・コロン(:)——ドライブ文字の一部 ・アスタリスク(*)——ワイルドカード ・疑問符(?)——ワイルドカード ・二重引用符(")——文字列 ・不等号記号(< >)——リダイレクト ・垂直バー(|)——パイプ
同名のファイル/フォルダ	英大文字と英小文字を区別しないため、「ABC.txt」と「abc.TXT」は同じフォルダに作成できない
全体の文字数	ファイル名は最大 255 文字まで。フォルダ名を含めた全体の長さも 255 文字まで。これはコマンドプロンプトの制限で、Windows としては 260 文字(Windows 10 1607 以降では無制限に設定可能)まで扱うことができる

また、表9のファイル名はデバイスファイルとして予約されているため、一般のファイル名やフォルダ名には使用できない。

▼ 表9　デバイスファイル

ファイル名	説明
CON	コンソールデバイス。入力はキーボードで、出力はコマンドプロンプトのウィンドウ内になる
LPTn	プリンタデバイス。n は 1 から始まる任意の番号
PRN	プリンタデバイス。LPT1 と同等
COMn	シリアルポートデバイス。n は 1 から始まる任意の番号
AUX	補助入出力デバイス。COM1 と同等
NUL	ヌルデバイス。仮想のデバイスで、データを吸い込み消滅させる

ファイルやフォルダの指定方法

　ファイルやフォルダの指定方法には、絶対パスと相対パスの2種類がある。コマンドのパラメータにファイル名やフォルダ名を指定する場合、特に指定がなければどちらの方法で指定してもよい。

▼ 表10　絶対パスと相対パス

種類	説明
絶対パス	ドライブとフォルダ階層をすべて記述する形式。フルパスまたは完全パスともいう。電卓の絶対パスは次のようになる。 C:¥Windows¥System32¥Calc.exe ドライブを省略すると、カレントドライブ内の絶対パスになることに注意する。たとえばカレントドライブが E: のとき、次のコマンドは「指定されたパスが見つかりません。」というエラーになる。 ¥Windows¥System32¥Calc.exe
相対パス	カレントフォルダを起点にして、目的のファイルやフォルダまでの道筋を記述する形式。カレントフォルダが「C:¥Users¥ユーザー名」の場合、電卓の実行ファイルのパスは次のように記述できる。ピリオド1つ (.) はカレントフォルダ、ピリオド2つは1つ上の階層のフォルダを表す。 ..¥..¥Windows¥System32¥Calc.exe

　コマンドプロセッサはカレントフォルダをドライブごとに管理しているので、現在操作対象にしているドライブ(カレントドライブ)以外にあるファイルの相対パスは、ドライブ文字から始まる特殊な書き方になる。たとえば、C: ドライブのカレントフォルダが「C:¥Users¥ユーザー名」で、E: ドライブのカレントフォルダがルートフォルダの場合は、次のように記述すると電卓を起動できる。

```
E:¥> C:..¥..¥Windows¥System32¥Calc.exe
```

　ネットワーク上の共有資源のパスは、「¥¥コンピュータ名¥共有名[¥フォルダ名]」という形式の Universal Naming Convention (UNC) パスで指定する。コンピュータ名の部分はIPv4アドレスまたはIPv6アドレスで指定してもよい。IPv6アドレスでの指定は Windows Server 2008以降で対応しており、次の規則に従って記述する。

- ● 規則1——コロン(:)はハイフン(-)に置換する
- ● 規則2——パーセント(%)は文字の「s」に置換する
- ● 規則3——末尾に「.ipv6-literal.net」を付ける

たとえばIPv6アドレスが「fe80::893:3694:54f0:5495%5」のとき、UNCパスは次のように
なる。

```
¥¥fe80--893-3694-54f0-5495s5.ipv6-literal.net¥共有名
```

リダイレクトとパイプ

コマンドプロンプトでは、コマンドの実行結果やエラーメッセージの出力先を任意のファ
イルに変更する、リダイレクト（Redirect）機能を利用できる。さらにMOREコマンドな
どでは、入力元をリダイレクトしたり、他のコマンドの実行結果をパイプで受け取ったり
することもできる。リダイレクトとパイプは、表11の記号を使用して指定する。

▼表11　リダイレクトとパイプ

記号	説明
<（小なり）	コマンドへのデータ入力元を変更する
>（大なり）	コマンドの結果出力先を変更する。出力先のファイルは上書きされる
>>	コマンドの結果出力先を変更する。出力先のファイルの末尾に追記される（Append）
｜（垂直バー）	パイプ。コマンドの出力を次のコマンドの入力に利用する

コマンドは一般的に、キー入力などを標準入力（STDIN）から受け取り、正常な処理結
果を標準出力（STDOUT）に、エラーメッセージなどを標準エラー出力（STDERR）に出力
するが、リダイレクト記号に数字や記号を追加指定することで、リダイレクト対象を変更
できる。

▼表12　リダイレクト時の追加指定

追加指定	説明
0	標準入力（省略可能）
1	標準出力（省略可能）
2	標準エラー出力（省略不可）
&	結合

🔳 例1

次のコマンドラインは、File1.datからデータを入力して処理を行い、処理結果を
Normal.logに、エラーメッセージをError.logに出力する。

```
Sample.exe < File1.dat >> Normal.log 2>> Error.log
```

🔳 例2

次のコマンドラインは、File1.datからデータを入力して処理を行い、処理結果もエラー
メッセージも1つのファイルAll.logに追加出力する。

```
Sample.exe < File1.dat >> All.log 2>&1
```

コマンドの連結

表13の記号を挟んでコマンドを連結すると、先行するコマンドのエラーレベルによって後続コマンドの実行を制御できる。エラーレベルはコマンドの終了状態を表す数値で、コマンドの実行直後に環境変数ERRORLEVELの値を調べることで確認できる。

基本的に正常終了時は0を、異常終了時は0以外をセットする。ERRORLEVELをIFコマンドで参照して処理を分岐するより簡単である。

▼ 表13 コマンドの連結

記号	説明
A & B	コマンドAの処理が終わったらコマンドBを実行する
A && B	コマンドAが正常終了（エラーレベルが0）したら、コマンドBを実行する
A || B	コマンドAが異常終了（エラーレベルが0以外）したら、コマンドBを実行する
(A && B) & C	グループ化。左の例は、コマンドAが正常終了すればコマンドBとコマンドCを実行し、コマンドAが異常終了すればコマンドCだけを実行する

コマンドプロンプトの補助機能

コマンドプロンプトには、コマンドラインの編集や実行を補助するキー操作とマウス操作が用意されている。

▼ 表14 コマンドプロンプトのショートカットキー

キー操作	動作
←	コマンドラインの先頭に向かってカーソルを移動する
→	コマンドラインの末尾に向かってカーソルを移動する
Ctrl + ←	文字列単位でカーソルを左に移動する
Ctrl + →	文字列単位でカーソルを右に移動する
↑ または F5	以前実行したコマンドラインを順に呼び出す
↓	以前実行したコマンドラインを1つ進める
Ctrl + ↑	上にスクロールする 10 以降
Ctrl + ↓	下にスクロールする 10 以降
Home	カーソルを行頭に移動する
Ctrl + Home	カーソル位置から行頭まで消去する
End	カーソルを行末に移動する
Ctrl + End	カーソル位置から行末まで消去する
Insert	挿入モードと上書きモードを切り替える
Delete	カーソル上の文字を1文字削除する
Back space	カーソルの左の文字を1文字削除する
Esc	コマンドラインを消去する
F1	最後に実行したコマンドラインを1文字ずつ入力する
F2	最後に実行したコマンドラインを、指定した文字の前までコピーして入力する
F3	最後に実行したコマンドラインを再入力する
F4	最後に実行したコマンドラインを、指定した文字の前まで削除して入力する

Alt + F4	コマンドプロンプトを終了する **10 以降**
F5	以前実行したコマンドラインをさかのぼって呼び出す
F6	制御コード Ctrl + Z を入力する
F7	以前実行したコマンドラインを一覧表示する
Alt + F7	コマンドラインの履歴を消去する
F8	以前実行したコマンドラインを循環表示する
任意の文字+ F8	任意の文字で始まるコマンドラインを履歴から表示する
F9	番号で指定したコマンドラインを再表示する
F11 または Alt + Enter	ウィンドウ表示と全画面表示を切り替える
Ctrl + A	ウィンドウ内を全選択する **10 以降**
Ctrl + C	コマンド実行時はコマンドを中止する。選択範囲をコピーする。**10 以降**
Ctrl + F	文字列を検索する **10 以降**
Ctrl + M	マークモード（範囲選択モード）にする **10 以降**
Ctrl + V	ペーストする **10 以降**
Shift +カーソルキー	範囲を選択する
任意の文字+ Tab	指定した文字で始まるファイル名／フォルダ名を昇順に入力する
任意の文字+ Shift + Tab	指定した文字で始まるファイル名／フォルダ名を降順に入力する

　コマンドプロンプト自体はGUIアプリケーションなので、マウス操作で次の機能を利用できる。

- ウィンドウ内の文字をマウスで範囲選択して、コピー&ペーストを実行する（※あらかじめコマンドプロンプトのシステムメニュー－[プロパティ]－[オプション]タブで、[簡易編集モード]をオンにしておく）
- エクスプローラからファイルやフォルダをドラッグ&ドロップして、名前を入力する
- エクスプローラで、Shift キーを押しながらファイルやフォルダを右クリックして[パスとしてコピー]または[パスをコピー]を実行し、ファイル名やフォルダ名をコピーしてコマンドプロンプトにペーストする

Sysinternalsのユーティリティ

　Windowsには豊富なコマンドとGUIツールが用意されているが、意外にも次のような処理はできない。

- プログラムのレジストリアクセスをリアルタイムに追跡する
- 通信状況をリアルタイムかつ継続的に表示して、通信の問題を解決する
- ファイルやフォルダ、レジストリのアクセス権を、わかりやすく整形して一覧表示する

　こうした標準ではできない操作は、Mark Russinovich氏が開発したSysinternalsのユーティリティ群が補ってくれる。上の3つの操作は、Sysinternalsの次のユーティリティで簡単に実行できる。

- Process Monitor
- TCPView
- AccessEnum

　Sysinternalsのユーティリティが提供する機能はマニアックで、ファイル操作や通信、プロセス管理、セキュリティなどの分野で幅広く補助してくれる。本書で解説するコマンドでは足りないことがあれば、Sysinternalsのユーティリティを探してみるとよいだろう。

参考情報

- Windowsのコマンド
  https://learn.microsoft.com/ja-jp/windows-server/administration/windows-commands/windows-commands
- Sysinternals
  https://learn.microsoft.com/ja-jp/sysinternals/

Cmd.exe の
内部コマンド 編

1

DIR

フォルダ（DIRectory）の内容を
表示する

| 2000 | XP | 2003 | 2003R2 | Vista | 2008 | 2008R2 | 7 | 2012 | 8 | 2012R2 | 8.1 |
| 10 | 2016 | 2019 | 2022 | 11 |

構文

DIR [*ファイル名*] [/a[[:]*属性*]] [/b] [/c] [/d] [/l] [/n] [/o[[:]*整列項目*]] [/p] [/q]
[/r] [/s] [/t[[:]*タイムフィールド*]] [/w] [/x] [/4]

スイッチとオプション

ファイル名

内容を表示するドライブ、フォルダ名、ファイル名を、スペースで区切って1つ以上
指定する。ワイルドカード「*」「?」を使用できる。

/a[[:]*属性*]

1つ以上の属性を指定すると、指定した属性をすべて持つファイルやフォルダだけを
抽出する。属性を省略すると、全属性のファイルやフォルダを抽出する。属性の前に
ハイフン(-)を指定すると否定の意味になり、その属性を持たないファイルやフォル
ダを表示する。指定できる属性は次のとおり。

属性	説明
A	アーカイブ（未バックアップ）
D	フォルダ（ディレクトリ）
H	隠しファイル
I	非インデックス対象ファイル
L	リバースポイント（再解析ポイント）
O	オフラインファイル 10 1809 以降 2019 以降
R	読み取り専用
S	システムファイル
-属性	その属性以外

/b

名前だけを表示する。

/c

ファイルサイズを桁区切りを含めて表示する（既定値）。

/d

名前だけを縦方向に並べて表示する。

/l

名前をすべて小文字で表示する。

/n

長い名前を右端に表示する。

/o[[:]*整列項目*]

指定した項目で名前を整列して表示する。整列項目の前にハイフン(-)を指定すると
否定の意味になり、逆順に整列する。指定できる整列項目は次のとおり。

整列項目	説明
D	日時順（古い方から）
E	拡張子順（アルファベット昇順）
G	グループ（フォルダから）
N	名前順（アルファベット昇順）
S	サイズ順（昇順）
- 整列項目	逆順にする

/p

　1画面ごとに表示を停止する。

/q

　所有者を表示する。

/r

　NTFS ファイルシステムで、ファイルの代替データストリーム名とサイズを表示する。
代替データストリームは Sysinternals の Streams ユーティリティでも参照できる。
　Vista 以降

/s

　指定したフォルダとすべてのサブフォルダにある、条件に一致するファイルとフォルダを表示する。

/t[[:]タイムフィールド]

　表示または整列条件に使用する日時フィールドを指定する。指定できるタイムフィールドは次のとおり。

タイムフィールド	説明
A	アクセス日時
C	作成日時
W	更新日時

/w

　名前だけを横方向に並べて表示する。

/x

　長い名前の左に 8.3 形式の短い名前を表示する。

/4

　西暦年を 4 桁の数字で表示する。

-(ハイフン)

　/-c のように他のスイッチと併用して、そのスイッチの動作を否定する。

実行例

　C:¥ フォルダから、システム属性と隠し属性の両方を持つファイルとフォルダを表示する。

```
C:¥Work>DIR C:¥ /aSH /-c /x
ドライブ C のボリューム ラベルがありません。
ボリューム シリアル番号は 4861-3746 です

C:¥ のディレクトリ
```

```
2022/10/09  17:23  <DIR>                         $Recycle.Bin
2022/10/09  17:00  <JUNCTION>    DOCUME~1        Documents and Settings [C:¥Users]
2022/10/10  01:11           12288 DUMPST~1.TMP   DumpStack.log.tmp
2022/10/10  01:11      1476395008                pagefile.sys
2022/10/10  01:11        16777216                swapfile.sys
2022/10/09  17:13  <DIR>         SYSTEM~1        System Volume Information
                 3 個のファイル       1493184512 バイト
                 3 個のディレクトリ   40612745216 バイトの空き領域
```

■ コマンドの働き

DIR コマンドは、ドライブやフォルダ、ファイルの名前やサイズなどを表示する。

リパースポイント(再解析ポイント)は、NTFS ファイルシステムや ReFS ファイルシステムでシンボリックリンクやハードリンク、ジャンクションを設定するプレースホルダーである。シンボリックリンク、ハードリンク、ジャンクションについては MKLINK コマンドを参照。

NTFS ファイルシステムでは、ファイルに複数の代替データストリーム(ADS: Alternate Data Streams)を作成して、複数のデータを保存できるが、Windows Vista より前の Windows では代替データストリームを確認できるツールがないため、Sysinternals の Streams コマンドなどを利用するとよい。

● Streams - Windows Sysinternals
  https://learn.microsoft.com/en-us/sysinternals/downloads/streams

よく使うスイッチとオプションを環境変数 DIRCMD に登録しておくと、DIR コマンドの既定値として機能する(例:DIRCMD=/p)。環境変数 DIRCMD に登録した既定値より、コマンドライン中のスイッチの効果が優先される。

CD、CHDIR   操作対象のフォルダを変更 (Change Directory)する

| 2000 | XP | 2003 | 2003R2 | Vista | 2008 | 2008R2 | 7 | 2012 | 8 | 2012R2 | 8.1 |
| 10 | 2016 | 2019 | 2022 | 11 |

構文
{CD | CHDIR} [/d] [フォルダ名]

■ スイッチとオプション

/d
　　カレントドライブと異なるドライブ内のフォルダにカレントフォルダを移動する。既定では、カレントドライブ内でだけカレントフォルダを移動できる。

フォルダ名
　　移動先のフォルダ名を絶対パスまたは相対パスで指定する。フォルダ名の代わりにドライブ名を C: のように指定すると、指定したドライブ内のカレントフォルダを表示する。相対パスでは、次のようにピリオド(.)を使ってパスを記述できる。

フォルダ	説明
.	カレントフォルダ
..	親フォルダ（1つ上のフォルダ）

実行例

カレントフォルダをE:¥Sampleフォルダに移動する。

```
C:¥Windows>CD /d E:¥Sample

E:¥Sample>
```

■ コマンドの働き

CD（CHDIR）コマンドは、カレントフォルダ（カレントディレクトリ）を指定したフォルダに移動する。スイッチとオプションをすべて省略すると、現在のフォルダを表示する。
Cmd.exeのコマンド拡張機能が有効な場合、CDコマンドは次のように動作が変化する。

● 指定したフォルダ名と実際のフォルダ名の大文字と小文字と異なっていても、実際のフォルダ名に合わせて自動調整する。結果はプロンプトに表示される。ただし、ドライブ文字の大文字と小文字は指定したままになる。たとえは、実際のフォルダ名が¥Tempで同一ドライブ内の場合、次のどちらを実行してもC:¥Tempに調整される

```
CD ¥TEMP
CD ¥temp
```

● 移動先フォルダがスペースを含む場合、フォルダ名の指定時にフォルダ名をダブルクォートで括る必要がない。たとえば、次のどちらを実行しても、カレントドライブのルートフォルダの下にあるProgram Filesフォルダに移動する

```
CD ¥Program Files
CD "¥Program Files"
```

MD、MKDIR

**フォルダを作成
(Make Directory)する**

2000	XP	2003	2003R2	Vista	2008	2008R2	7	2012	8	2012R2	8.1
10	2016	2019	2022	11							

構文

{MD | MKDIR} フォルダ名

■ スイッチとオプション

フォルダ名
　　指定したパスにフォルダを作成する。ワイルドカードは使用できない。

実行例

E:¥ フォルダに Test フォルダを作成する。

```
C:¥Work>MD E:¥Test
```

コマンドの働き

MD(MKDIR)コマンドは、フォルダを作成する。カレントドライブ以外のドライブにもフォルダを作成できる。

Cmd.exeのコマンド拡張機能が有効な場合、MD(MKDIR)コマンドは次のように動作が変化する。

● フォルダ名中に存在しないフォルダが含まれる場合、そのフォルダを自動的に作成する。たとえば、F1からF4のフォルダが1つ以上存在しない場合、次のコマンド①を1つだけ実行した結果と、コマンド②-1から②-4を順に実行した結果は等しい

```
コマンド①          MD ¥F1¥F2¥F3¥F4
コマンド②-1        MD ¥F1
コマンド②-2        MD ¥F1¥F2
コマンド②-3        MD ¥F1¥F2¥F3
コマンド②-4        MD ¥F1¥F2¥F3¥F4
```

RD、RMDIR

フォルダを削除
(Remove Directory)する

| 2000 | XP | 2003 | 2003R2 | Vista | 2008 | 2008R2 | 7 | 2012 | 8 | 2012R2 | 8.1 |
| 10 | 2016 | 2019 | 2022 | 11 |

構文

{RD | RMDIR} [/s] [/q] フォルダ名

スイッチとオプション

/s

指定したフォルダとファイルに加えて、すべてのサブフォルダとファイルも削除する。ワイルドカードは使用できない。

/q

/sスイッチと併用して確認プロンプトを表示しない。

実行例

C:¥Work フォルダとサブフォルダ、および各フォルダ内の全ファイルを一括削除する。

```
C:¥>RD /s C:¥Work
C:¥Work、よろしいですか (Y/N)? y
```

■ コマンドの働き

RD（RMDIR）コマンドは、フォルダやファイルを削除する。

/sスイッチを指定しない場合、削除対象のフォルダ内にファイルやサブフォルダがあると、「ディレクトリが空ではありません。」というメッセージを表示して操作を中止する。フォルダ内にファイルがないように見えるのに削除できない場合は、「DIR /a」コマンドで隠し属性が設定されたファイルがないか調べるとよい。

PUSHD
現在のフォルダを保存（PUSH Directory）して移動する

| 2000 | XP | 2003 | 2003R2 | Vista | 2008 | 2008R2 | 7 | 2012 | 8 | 2012R2 | 8.1 |
| 10 | 2016 | 2019 | 2022 | 11 |

構文

PUSHD [フォルダ名]

■ スイッチとオプション

フォルダ名

カレントフォルダの移動先フォルダ名を指定する。

実行例

カレントフォルダC:¥Workをスタックに保存して、カレントフォルダをE:¥Sampleに移動したあとで、POPDコマンドで元に戻す。

```
C:¥Work>PUSHD E:¥Sample

E:¥Sample>POPD

C:¥Work>
```

■ コマンドの働き

スタックは資材置き場で、荷物を積み上げる動作をプッシュ、降ろす動作をポップという。PUSHDコマンドは、カレントフォルダをスタックに積み上げて、カレントフォルダを移動する。PUSHDコマンドで保存したフォルダは、POPDコマンドで最後に積み上げたフォルダから順に取り出すことができる。

Cmd.exeのコマンド拡張機能が有効な場合、PUSHDコマンドは次のように動作が変化する。

● フォルダ名としてUNCパスも指定可能になる。UNCパスにカレントフォルダを移動する際に、Z:ドライブから降順に空いているドライブ文字を検索して、一時的にドライブ文字を割り当てる

POPD

保存したフォルダを読み出して移動(POP Directory)する

| 2000 | XP | 2003 | 2003R2 | Vista | 2008 | 2008R2 | 7 | 2012 | 8 | 2012R2 | 8.1 |
| 10 | 2016 | 2019 | 2022 | 11 |

構文

POPD

1

Cmd.exe の
内部コマンド編

ファイル操作

実行例

PUSHD コマンドの項目を参照。

コマンドの働き

POPD コマンドは PUSHD コマンドとペアになるコマンドで、スタックからフォルダを取り出してカレントフォルダを移動する。

Cmd.exe のコマンド拡張機能が有効な場合、POPD コマンドは次のように動作が変化する。

● ネットワークドライブからローカルドライブにカレントフォルダを移動する際に、PUSHD コマンドが一時的に割り当てたドライブ文字を削除する

ASSOC

ファイル拡張子の関連付け(Association)を設定する

| 2000 | XP | 2003 | 2003R2 | Vista | 2008 | 2008R2 | 7 | 2012 | 8 | 2012R2 | 8.1 |
| 10 | 2016 | 2019 | 2022 | 11 |

構文

ASSOC [.拡張子[=[ファイルタイプ]]]

スイッチとオプション

.拡張子

ファイルタイプに関連付ける拡張子をピリオド(.)を付けて指定する。

ファイルタイプ

関連付けたいファイルタイプを等号(=)に続けて指定する。等号の前後にスペースを入れてもよい。等号以降を省略すると、指定した拡張子に関連付けられたファイルタイプを表示する。等号を指定してファイルタイプを省略すると、関連付けを削除する。関連付けの登録と削除の操作には管理者権限が必要。 UAC

実行例

拡張子 .bak のファイルタイプを BackupFile に設定する。この操作には管理者権限が必要。

```
C:¥Work>ASSOC .bak=BackupFile
.bak=BackupFile
```

コマンドの働き

ASSOCコマンドは、ファイル名の一部である拡張子と、レジストリに登録されているファイルタイプとをひもづける。スイッチとオプションを省略して実行すると、現在の関連付けを表示する。

拡張子と実行ファイルは直接関連付けされておらず、拡張子とファイルタイプを関連付けて、ファイルタイプに実行ファイルとコマンドラインを設定するという、間接的な関連付けを行っている。間接的な関連付けを採用することで、異なる拡張子のファイルを1つのファイルタイプで処理できる。たとえば、拡張子.txtと拡張子.logは同じファイルタイプtxtfileに関連付けられている。ファイルタイプに実行ファイルを設定するにはFTYPEコマンドを使用する。

COPY   ファイルやフォルダをコピーする

2000 | XP | 2003 | 2003R2 | Vista | 2008 | 2008R2 | 7 | 2012 | 8 | 2012R2 | 8.1
10 | 2016 | 2019 | 2022 | 11

構文

COPY [/d] [/v] [/n] [{/y | /-y}] [/z] [/l] [{/a | /b}] *送り元1* [{/a | /b}] [+ *送り元2* [{/a | /b}]] [*宛先* [{/a | /b}]]

スイッチとオプション

/d

コピー先が暗号化をサポートしていない場合は復号化してコピーする。**XP以降**

/v

送り元と宛先のファイルに差異がないか検証する。

/n

8.3形式の短いファイル名でコピーする。

/y

ファイルを上書きする前に確認プロンプトを表示しない。/yまたは/-yスイッチを環境変数COPYCMDに登録しておくと、COPYコマンドの既定の動作を設定できる。バッチファイル中でCOPYコマンドを実行する場合は、/yスイッチを指定していなくても確認プロンプトを表示しない。

/-y

ファイルを上書きする前に確認プロンプトを表示する(既定値)。

/z

ネットワーク経由のコピーを再起動可能モードで実行する。ネットワーク越しのファイルコピーが中断しても、中断したところからコピーを再開できる。

/l

コピー元ファイルがシンボリックリンクの場合、ターゲットではなくシンボリックリンクのままコピーする。既定ではターゲットをコピーする。**Vista以降** **UAC**

/a

ファイルをASCIIテキストファイルとして扱う。ファイル中にEOF(End of File)文字

が現れた時点でファイルの末尾と判断して、残りの部分をコピーしない。

/b

ファイルをバイナリファイルとして扱う（既定値）。文字に関係なくファイル全体をコピーする場合に使用する。

送り元1

コピーするファイル名やフォルダ名を指定する。ワイルドカード「*」「?」を使用できる。

+ 送り元2

1つ以上の指定したファイルを追加（アペンド）してコピーする。ワイルドカード「*」「?」を使用できる。

宛先

コピー先のファイル名やフォルダ名を指定する。複数のファイルを追加する際の宛先がフォルダ名の場合、宛先として送り元1のファイル名を使用する。

-(ハイフン)

/-yのように他のスイッチと併用して、そのスイッチの動作を否定する。

実行例

拡張子.txtの全ファイルをE:¥Sampleフォルダにコピーする。権限の昇格をしていないため、file1.txtのシンボリックリンクであるlink1.txtはコピーできない。

```
C:¥Work>COPY /d /v /l *.txt E:¥Sample
file1.txt
file2.txt
link1.txt
クライアントは要求された特権を保有していません。
Sample.txt
E:¥Sample¥Sample.txt を上書きしますか? (Yes/No/All): a
test1.txt
        4 個のファイルをコピーしました。
```

コマンドの働き

COPYコマンドは、1つ以上のファイルやフォルダを任意の宛先に複製する。プラス記号(+)で送り元を追加すると、送り元1のファイルの末尾に送り元2以降のファイルの内容を順に追加して連結し、宛先にコピーする。環境変数COPYCMDに登録した既定値より、コマンドライン中のスイッチの効果が優先される。

MOVE

ファイルを移動する／フォルダ名を変更する

| 2000 | XP | 2003 | 2003R2 | Vista | 2008 | 2008R2 | 7 | 2012 | 8 | 2012R2 | 8.1 |
| 10 | 2016 | 2019 | 2022 | 11 |

構文

MOVE [{/y | /-y}] *送り元* [*宛先*]

スイッチとオプション

/y

ファイルを上書きする前に確認プロンプトを表示しない。/yまたは/-yスイッチを環境変数COPYCMDに登録しておくと、MOVEコマンドの既定の動作を設定できる。バッチファイル中でMOVEコマンドを実行する場合は、/yスイッチを指定していなくても確認プロンプトを表示しない。

/-y

ファイルを上書きする前に確認プロンプトを表示する（既定値）。

送り元

送り元となるファイル名またはフォルダ名を指定する。ワイルドカード「*」「?」を使用できる。送り元がシンボリックリンクの場合、シンボリックリンクが示すファイル本体（ターゲット）ではなく、シンボリックリンク自体を移動する。

宛先

送り先のファイル名またはフォルダ名を指定する。送り元が単一のファイルの場合にだけ、宛先にファイル名を指定できる。省略するとカレントフォルダを使用する。

実行例1

　カレントフォルダにある拡張子.txtのファイルを、すべてE:¥Sampleフォルダに移動する。file2.txtは暗号化されており、link1.txtはfile1.txtのシンボリックリンクである。移動先のE:ドライブはNTFSなので暗号化をサポートしているため、file2.txtは暗号化したまま移動する。また、権限の昇格をしていないため、シンボリックリンクは移動できない。

```
C:¥Work>MOVE *.txt E:¥Sample
C:¥Work¥file1.txt
C:¥Work¥file2.txt
C:¥Work¥link1.txt
クライアントは要求された特権を保有していません。
C:¥Work¥Sample.txt
C:¥Work¥test1.txt
        4 個のファイルを移動しました。
```

実行例2

E:¥Testフォルダの名前をTempに変更する。

```
C:¥Work>MOVE E:¥Test E:¥Temp
        1 個のディレクトリを移動しました。
```

コマンドの働き

　MOVEコマンドは、ファイルを別のフォルダに移動する。フォルダに対してMOVEコマンドを実行すると、フォルダ名を変更することもできる。ファイル名を変更する場合はRENコマンドを使用する。フォルダツリーを丸ごと移動する場合は、XcopyコマンドやRobocopyコマンドを使用する。

　COPYコマンドと異なり、暗号化をサポートしないファイルシステムに、暗号化されたファイルを移動しようとするとエラーになるので、事前に復号化するか別途COPYコ

マンドに/dスイッチを付けてコピーする。

環境変数COPYCMDに登録した既定値より、コマンドライン中のスイッチの効果が優先される。

DEL、ERASE ファイルを削除（DELete）する

| 2000 | XP | 2003 | 2003R2 | Vista | 2008 | 2008R2 | 7 | 2012 | 8 | 2012R2 | 8.1 |
| 10 | 2016 | 2019 | 2022 | 11 |

構文

{DEL | ERASE} [/p] [/f] [/s] [/q] [/a[[:]*属性*]] *ファイル名*

スイッチとオプション

/p

ファイルを削除する前に確認プロンプトを表示する。削除対象にフォルダを指定した場合は常に確認プロンプトを表示する。

/f

読み取り専用属性が設定されたファイルを強制的に削除する。

/s

フォルダツリーを検索してファイル名に一致するファイルを削除する。

/q

ファイル名にワイルドカードを使用した場合、削除前の確認プロンプトを表示しない。

/a[[:]*属性*]

削除対象の属性を指定する。「/aSH」のように複数の属性をまとめて指定可能で、指定した属性をすべて持つファイルだけを削除する。属性を省略すると、全属性のファイルを削除する（既定値）。属性の前にハイフン(-)を指定すると否定の意味になり、その属性を持たないファイルやフォルダを削除する。指定できる属性は次のとおり。

属性	説明
A	アーカイブ（未バックアップ）
H	隠しファイル
I	非インデックス対象ファイル
L	リバースポイント（シンボリックリンク）
O	オフラインファイル **10 1809 以降** **2019 以降**
R	読み取り専用
S	システムファイル
-*属性*	その属性以外

ファイル名

削除するファイル名またはフォルダ名を指定する。ワイルドカード「*」「?」を使用できる。フォルダ名を指定すると、フォルダ内のファイルを削除するがフォルダ自体は削除しない。

実行例

拡張子.txtのファイルを削除する。

```
C:¥Work>DEL /s /p *.txt
C:¥Work¥file1.txt を削除しますか (Y/N)? y
削除したファイル - C:¥Work¥file1.txt
C:¥Work¥Sample.txt を削除しますか (Y/N)? y
削除したファイル - C:¥Work¥Sample.txt
```

■ コマンドの働き

DEL(ERASE)コマンドは、条件に一致するファイルを削除する。フォルダの削除には
RDコマンドを使用する。

Cmd.exeのコマンド拡張機能が有効な場合、DEL(ERASE)コマンドは次のように動作
が変化する。

● /sスイッチを指定した場合、見つからなかったファイル名ではなく、削除できたファイル
名だけを表示する

FTYPE ファイルタイプを設定する

| 2000 | XP | 2003 | 2003R2 | Vista | 2008 | 2008R2 | 7 | 2012 | 8 | 2012R2 | 8.1 |
| 10 | 2016 | 2019 | 2022 | 11 |

構文

FTYPE [*ファイルタイプ*[=[*コマンドライン*]]]

■ スイッチとオプション

ファイルタイプ
　　コマンドラインを設定するファイルタイプを指定する。

コマンドライン
　　「開く」動作に相当するプログラム名とパラメータを、等号(=)に続けて指定して登録
する。等号の前後にスペースを入れてもよい。コマンドラインでは、プログラムに渡
すパラメータを変数%0から%9、%*、「%~番号」で指定できる。**UAC**

変数	説明
%0、%1	関連付けを使って開かれるファイル名
%2～%9	2番目から9番目のパラメータ
%*	すべてのパラメータ
%~番号	指定した番号から最後までの全パラメータ

等号以降を省略すると、ファイルタイプに設定されたコマンドラインを表示する。

等号を指定してコマンドラインを省略すると、コマンドラインを削除する。コマンド
ラインの登録と削除の操作には管理者権限が必要。**UAC**

ファイルタイプBackupFileに、メモ帳でファイルを開くコマンドを登録する。この操作には管理者権限が必要。

```
C:¥Work>FTYPE BackupFile=Notepad.exe %1
BackupFile=Notepad.exe %1
```

コマンドの働き

FTYPEコマンドは、ファイルタイプの「開く」動作で実行するコマンドラインを設定する。スイッチとオプションを省略して実行すると、現在のファイルタイプとコマンドラインを表示する。

MKLINK
シンボリックリンクや ハードリンクを作成する

`Vista` `2008` `2008R2` `7` `2012` `8` `2012R2` `8.1` `10` `2016` `2019` `2022` `11`
`UAC`

構文

MKLINK [{/d | /h | /j}] リンク名 ターゲット名

スイッチとオプション

/d
　フォルダのシンボリックリンクを作成する。既定ではファイルのシンボリックリンクを作成する。

/h
　ハードリンクを作成する。

/j
　フォルダのジャンクションを作成する。

リンク名
　作成するシンボリックリンク、ハードリンク、ジャンクションの名前を指定する。

ターゲット名
　シンボリックリンク、ハードリンク、ジャンクションの元になるファイル名やフォルダ名を指定する。

実行例1

2022.txtに対してシンボリックリンクlink1.txtとハードリンクlink2.txtを作成する。この操作には管理者権限が必要。

```
C:¥Work>MKLINK link1.txt 2022.txt
link1.txt <<===>> 2022.txt のシンボリック リンクが作成されました

C:¥Work>MKLINK /h link2.txt 2022.txt
```

```
link2.txt <<===>> 2022.txt のハードリンクが作成されました

C:¥Work>DIR
 ドライブ C のボリューム ラベルがありません。
 ボリューム シリアル番号は 4861-3746 です

 C:¥Work のディレクトリ

2022/10/10  14:11    <DIR>          .
2022/10/10  14:11               330 2022.txt
2022/10/10  14:11    <SYMLINK>      link1.txt [2022.txt]
2022/10/10  14:11               330 link2.txt
               3 個のファイル              660 バイト
               1 個のディレクトリ  40,598,212,608 バイトの空き領域
```

実行例2

　サブフォルダSampleを作成してジャンクションとし、E:¥フォルダを割り当てる。この操作には管理者権限が必要。

```
C:¥Work>MKLINK /j .¥Sample E:¥
.¥Sample <<===>> E:¥ のジャンクションが作成されました
```

■ コマンドの働き

　MKLINKコマンドは、ファイルやフォルダの別名に相当する、シンボリックリンクやハードリンクを作成する。リンク対象がボリュームやフォルダの場合は、ジャンクションを作成することもできる。

■ シンボリックリンク

　シンボリックリンクは、ターゲットのファイルやフォルダに追加する別名(エイリアス)で、どの名前で参照しても同じデータを開くことができるが、ファイル属性は名前ごとに異なる。たとえば、file1.txtとシンボリックリンクlink1.txtがある場合、link1.txtを編集するとfile1.txtにも編集結果が反映される。しかし、file1.txtに読み取り専用属性を設定してもlink1.txtには設定されないし、file1.txtを暗号化してもlink1.txtは暗号化されない。

　シンボリックリンクはファイルとフォルダに作成可能で、ターゲットと異なるボリュームや共有フォルダ上のファイルにも作成できる。共有フォルダ内のファイルはUNC形式で指定する。

　ファイルの登録情報としてはシンボリックリンクとターゲットは別物で、「DIR」コマンドではシンボリックリンクだけが<SYMLINK>という表示になる。

　ターゲットを削除するとシンボリックリンクが残るが、シンボリックリンクからファイルやフォルダを開くことはできない。シンボリックリンクを削除してもターゲットは残るので、データを削除するにはターゲットを削除する必要がある。

　エクスプローラで利用するショートカットに似ているが、ショートカットは拡張子.lnkを持つデータファイルである。

■ ハードリンク

ハードリンクは同じファイルを参照する対等な名前で、どの名前で参照しても同じデータを開くことができるし、どの名前も同じファイルサイズ、同じファイル属性になる。たとえば、file1.txtとハードリンクlink2.txtがある場合、link2.txtを編集するとfile1.txtにも編集結果が反映される。また、file1.txtに読み取り専用属性を設定するとlink2.txtにも設定されるし、file1.txtを暗号化すればlink2.txtも暗号化される。

ハードリンクはファイルにだけ作成可能で、ターゲットと同じボリューム内に作成できる。ファイルの登録情報としてはハードリンクとターゲットの区別はなく、「DIR」コマンドでは特に表示はない。

ハードリンクに対してさらにシンボリックリンクやハードリンクを作成することもできる。ターゲットを削除するとハードリンクが残るが、ハードリンクからファイルを開くことができる。ハードリンクを削除してもターゲットは残るので、データを削除するにはターゲットとすべてのハードリンクを削除する必要がある。

■ ジャンクション

ジャンクションは、ドライブやフォルダをファイルシステム上の空のフォルダにマウント(接続)してフォルダツリーを拡張する機能である。フォルダ操作を通じて異なるボリュームを操作可能で、ボリュームサイズを超えて見かけの空き容量を増やすこともできる。

ジャンクションはRD(RMDIR)コマンドで削除する。

REN、RENAME

ファイルやフォルダの名前を変更(REName)する

| 2000 | XP | 2003 | 2003R2 | Vista | 2008 | 2008R2 | 7 | 2012 | 8 | 2012R2 | 8.1 |
| 10 | 2016 | 2019 | 2022 | 11 |

構文

{REN | RENAME} *変更元ファイル名 変更先ファイル名*

■ スイッチとオプション

変更元ファイル名

変更対象のファイル名またはフォルダ名を指定する。ワイルドカード「*」「?」を使用できる。

変更先ファイル名

変更後のファイル名またはフォルダ名を指定する。ワイルドカード「*」「?」を使用できる。別のドライブやフォルダへのコピーまたは移動になるような変更先は指定できない。

実行例

拡張子.txtの全ファイルを拡張子.docに変更する。

```
C:\Work>REN *.txt *.doc
```

■ コマンドの働き

REN(RENAME)コマンドは、ファイル名やフォルダ名を変更する。

TYPE   ファイルの内容を表示する

| 2000 | XP | 2003 | 2003R2 | Vista | 2008 | 2008R2 | 7 | 2012 | 8 | 2012R2 | 8.1 |
| 10 | 2016 | 2019 | 2022 | 11 |

構文

TYPE ファイル名

■ スイッチとオプション

ファイル名
　表示するファイル名を指定する。ワイルドカード「*」「?」を使用できる。

実行例

%Windir%¥setupact.logファイルの内容を表示する。

```
C:¥Work>TYPE %Windir%¥setupact.log
AudMig: Device Ids match - {2}.¥¥?¥hdaudio#func_01&ven_15ad&dev_1975&subsys_15ad1975
&rev_1001#5&1c7818&0&0001#{6994ad04-93ef-11d0-a3cc-00a0c9223196}¥elineouttopo/
00010001 {2}.¥¥?¥hdaudio#func_01&ven_15ad&dev_1975&subsys_15ad1975&rev_1001#5&1c7818
&0&0001#{6994ad04-93ef-11d0-a3cc-00a0c9223196}¥elineouttopo/00010001
AudMig: Migrated {a45c254e-df1c-4efd-8020-67d146a850e0},2 property at 1
AudMig: Migrated {259abffc-50a7-47ce-af08-68c9a7d73366},12 property at 10
AudMig: Migrated {b3f8fa53-0004-438e-9003-51a46e139bfc},0 property at 24
AudMig: Migrated {f19f064d-082c-4e27-bc73-6882a1bb8e4c},0 property at 25
 (以下略)
```

■ コマンドの働き

　TYPEコマンドは、ファイルの内容を表示する。バイナリファイルを指定すると文字化けなどが発生する。ファイルの内容を表示するコマンドとしては、他にMOREコマンドとCOPYコマンドがある。

　次のようにCOPYコマンドを実行すると、コンソールにファイルをコピーするため、結果的にファイルの内容を表示できる。

```
COPY ファイル名 CON
```

VERIFY
ファイルデータ照合機能を設定する

| 2000 | XP | 2003 | 2003R2 | Vista | 2008 | 2008R2 | 7 | 2012 | 8 | 2012R2 | 8.1 |
| 10 | 2016 | 2019 | 2022 | 11 |

構文

VERIFY [{On| Off}]

スイッチとオプション

{On | Off}
書き込み結果の照合を有効(On)または無効(Off)にする。省略すると現在の照合設定を表示する。

実行例

書き込み結果の照合を有効にする。

```
C:¥Work>VERIFY On
```

コマンドの働き

VERIFYコマンドは、ファイルの書き込みを監視して、オリジナルのファイルデータと照合する機能を設定する。フロッピーディスクなど、信頼性の低いメディアを利用していたときの名残である。

CLS
コンソールの表示を消去(CLear Screen)する

| 2000 | XP | 2003 | 2003R2 | Vista | 2008 | 2008R2 | 7 | 2012 | 8 | 2012R2 | 8.1 |
| 10 | 2016 | 2019 | 2022 | 11 |

構文

CLS

実行例

コマンドプロンプトの表示をクリアする。

```
C:¥Work>CLS
```

コマンドの働き

CLSコマンドは、コマンドプロンプト内の表示と画面バッファを消去する。

COLOR

文字色と背景色を設定する

| 2000 | XP | 2003 | 2003R2 | Vista | 2008 | 2008R2 | 7 | 2012 | 8 | 2012R2 | 8.1 |
| 10 | 2016 | 2019 | 2022 | 11 |

構文

COLOR [[*背景色*]*文字色*]

スイッチとオプション

[*背景色*]*文字色*

背景色と文字色を16進数で指定する。1桁で指定すると文字色だけの指定となり、背景色は黒になる。2桁で指定すると、上位桁が背景色に、下位桁が文字色になる。背景色と文字色を同一色にすることはできない。

カラーコード	色
0	黒（Black）
1	青（Blue）
2	緑（Green）
3	水色（Aqua）
4	赤（Red）
5	紫（Purple）
6	黄色（Yellow）
7	白（White）
8	灰色（Gray）
9	明るい青（Light Blue）
A	明るい緑（Light Green）
B	明るい水色（Light Aqua）
C	明るい赤（Light Red）
D	明るい紫（Light Purple）
E	明るい黄色（Light Yellow）
F	輝く白（Bright White）

実行例

コマンドプロンプトの背景を青に、文字を明るい黄色にする。

```
C:¥Work>COLOR 1E
```

コマンドの働き

COLORコマンドは、コマンドプロンプトの文字色と背景色を設定する。スイッチとオプションを省略すると、Cmd.exeの起動時の既定の文字色と背景色になる。Windowsの既定の色にリセットするには、コマンドプロンプトのシステムメニューで[既定値]を実行する。

Cmd.exeの文字色と背景色は、コマンドプロンプトのユーザー設定、Cmd.exe起動時

の/tスイッチ指定、および次のレジストリ値から読み取る。

● キーのパス——HKEY_CURRENT_USER¥Software¥Microsoft¥Command Processor
● 値の名前——DefaultColor
● 設定値——0（既定値）

ECHO

メッセージを表示する

| 2000 | XP | 2003 | 2003R2 | Vista | 2008 | 2008R2 | 7 | 2012 | 8 | 2012R2 | 8.1 |
| 10 | 2016 | 2019 | 2022 | 11 |

構文

[@]ECHO [メッセージ | {On | Off}]

スイッチとオプション

@
ECHOコマンド自体を表示しない。

メッセージ
表示する文字列を指定する。メッセージ中で次の文字を使用したい場合は、キャレット（^）を付けてエスケープする。

記号	エスケープ
| （パイプ）	^|
> （リダイレクト）	^>
< （リダイレクト）	^<
^ （キャレット）	^^

また、改行だけの行（空行）を表示したい場合は、「ECHO.」のようにスペースを入れずにピリオドを指定する。

{On | Off}
以後のエコーを有効（On）または無効（Off）にする。既定値はOn。省略すると現在のエコー設定を表示する。

実行例

EchoTest.batファイルを実行して、ECHOコマンドの動作を確認する。

```
C:¥Work>TYPE EchoTest.bat
@ECHO off
ECHO 画面の指示にしたがって操作してください。

C:¥Work>EchoTest.bat
画面の指示にしたがって操作してください。
```

コマンドの働き

エコーとは、コマンドラインや実行結果、ユーザーのキー入力をコマンドプロンプト内に表示する機能である。既定では入力と結果をすべて表示するため、たとえばバッチファイルを実行すると、バッチファイル内の全行がコマンドプロンプトに表示されてしまう。「ECHO Off」コマンドを実行してエコーをオフにすれば、実行結果だけを表示できる。

PROMPT 入力プロンプトを設定する

2000 | XP | 2003 | 2003R2 | Vista | 2008 | 2008R2 | 7 | 2012 | 8 | 2012R2 | 8.1 | 10 | 2016 | 2019 | 2022 | 11

構文

PROMPT [*文字列*]

スイッチとオプション

文字列

入力を促すテキストや次の特殊コードを指定する。省略するとプロンプトを既定値（pg）に戻す。

特殊コード	説明
$a	＆（アンパサンド）
$b	｜（パイプ）
$c	（（左カッコ）
$d	現在の日付
$e	エスケープコード（ASCII コードの 27）
$f	）（右カッコ）
$g	＞（不等号：より大）
$h	バックスペース（直前の文字を削除する）
$l	＜（不等号：より小）
$m	ドライブ文字が割り当てられている共有フォルダのパス（コマンド拡張機能が有効な場合）
$n	現在のドライブ
$p	現在のドライブとパス
$q	＝（等号）
$s	スペース
$t	現在の時刻
$v	Windows のバージョン番号
$_	改行：CR（キャリッジリターン）と LF（ラインフィード）
$$	＄（ドル記号）
$+	PUSHD コマンドでスタックしたフォルダ数をプラス記号の数で表示する（コマンド拡張機能が有効な場合）

実行例

入力プロンプトを「Now *現在の時刻*＞」に変更する。

```
C:\Work>PROMPT Now$s$t$g

Now 15:49:55.23>
```

コマンドの働き

PROMPTコマンドは、コマンドの入力を促す文字列を設定する。Cmd.exeのコマンド拡張機能が有効な場合、特殊コードの$mと$+が使用可能になる。

TITLE　　　　　　　　　　　ウィンドウタイトルを設定する

| 2000 | XP | 2003 | 2003R2 | Vista | 2008 | 2008R2 | 7 | 2012 | 8 | 2012R2 | 8.1 |
| 10 | 2016 | 2019 | 2022 | 11 |

構文

TITLE [ウィンドウタイトル]

スイッチとオプション

ウィンドウタイトル
　　コマンドプロンプトのウィンドウタイトルを指定する。

実行例

ウィンドウタイトルを「TITLEコマンドの動作を確認中」に変更する。

```
C:\Work>TITLE TITLEコマンドの動作を確認中
```

コマンドの働き

TITLEコマンドは、コマンドプロンプトのウィンドウタイトルを設定する。ウィンドウタイトルは、TasklistコマンドやTaskkillコマンドでも利用できる。

CALL　　　　　　　　　　バッチファイルやラベル行を呼び出す

| 2000 | XP | 2003 | 2003R2 | Vista | 2008 | 2008R2 | 7 | 2012 | 8 | 2012R2 | 8.1 |
| 10 | 2016 | 2019 | 2022 | 11 |

構文

CALL {実行ファイル名 | :ラベル名} [パラメータ]

スイッチとオプション

実行ファイル名
　　開始する実行ファイルの名前を指定する。

:ラベル名

バッチファイル中の飛び先となる名前を、コロン(:)を除いて127文字以内で指定する。
128文字以上のラベル名は、コロンを除いて127文字分を評価する。
同じバッチファイル中にスペースを含む「LABEL 1」と「LABEL 99」がある場合、どちらも同じ「LABEL」として扱われる。同じと判断されるラベルが複数回ある場合は、より上の行にあるラベルを使用する。

パラメータ

実行ファイルやラベル行に引き渡すデータをスペースで区切って指定する。「|」(パイプ記号)と「<」「>」(リダイレクト記号)は使用できない。

実行例1

拡張機能が有効なコマンドプロンプトで、ラベル行へのジャンプ(CALL)を含むバッチファイル Sample1.bat を実行する。

```
C:\Work>TYPE Sample1.bat
@ECHO off
ECHO このバッチファイル中のラベルL1に処理を移します。
CALL :L1 ジャンプ to ラベルL1
PAUSE
GOTO :EOF

:L1
ECHO ラベルL1です。引数は%*です。
EXIT /b

C:\Work>Sample1.bat
このバッチファイル中のラベルL1に処理を移します。
ラベルL1です。引数はジャンプ to ラベルL1です。
続行するには何かキーを押してください . . .
```

実行例2

バッチファイル Sample2.bat からバッチファイル Sample3.bat を CALL し、パラメータの効果を検証する。Sample3.bat ファイルはC:\Work と %Windir% フォルダの2か所に保存してある。

```
C:\Work>TYPE Sample2.bat
@ECHO off
CALL sample3.bat

C:\Work>TYPE Sample3.bat
@ECHO off
ECHO 引数は %0 %~0 %~f0 %~d0 %~p0 %~n0 %~x0 %~s0 %~a0 %~t1 %~z1 %~$PATH:0

C:\Work>Sample2.bat
引数は sample3.bat sample3.bat C:\Work\Sample3.bat C: \Work\ Sample3 .bat C:\Work\
Sample3.bat --a--------   C:\Windows\Sample3.bat
```

■ コマンドの働き

CALLコマンドは、バッチファイルB1から別のバッチファイルB2を読み込んで実行し、B2の処理が終了するとB1のCALLコマンドの次の行から実行を再開する。コマンドプロンプトの拡張機能が有効な場合、同一バッチファイル中の指定したラベル行に実行を移すこともできる。

CALLコマンドで呼び出されるバッチファイルやラベル行では、次の変数でパラメータを受け取ることができる。

1
Cmd.exeの
内部コマンド編

バッチ実行制御

変数	説明
%0	呼び出されたバッチファイル名またはラベル名
%1～%9	番号順に並んだパラメータ
%*	%1 ～ %9 までのすべてのパラメータ

%* 以外の変数では次の拡張機能を利用できる(例は%1に対する拡張機能)。

拡張機能	説明
%~1	ダブルクォートを削除して %1 の内容を展開する
%~f1	%1 にドライブ文字とフォルダ名を付加する
%~d1	%1 のドライブ文字だけを抽出する
%~p1	%1 のフォルダ名だけを抽出する
%~n1	%1 のファイル名だけを抽出する
%~x1	%1 の拡張子だけを抽出する
%~s1	8.3形式の短いファイル名にする
%~a1	%1 のファイルの属性を抽出する
%~t1	%1 の更新日時を抽出する
%~z1	%1 のファイルサイズを抽出する
%~$PATH:1	環境変数 PATH に登録されているフォルダからバッチファイルを検索して、最初に見つかったフォルダにバッチファイル名に展開する。環境変数 PATH が定義されていない場合や、バッチファイルが見つからない場合は、空文字列(0 文字の文字列で、「""」で表現する)になる。PATH 以外の環境変数も使用できる

拡張された変数名は、次のように複数を組み合わせて利用できる。

組み合わせ	説明
%~dp1	%1 をドライブ文字とフォルダ名だけに加工する
%~nx1	%1 をファイル名と拡張子だけに加工する
%~dp$PATH:1	環境変数 PATH を検索してパスを展開するが、ドライブ文字とフォルダ名だけに加工する
%~ftza1	%1 を DIR コマンドの出力に似た書式(属性、更新日時、ファイルサイズ、ファイル名)に加工する

Cmd.exeのコマンド拡張機能が有効な場合、CALLコマンドは次のように動作が変化する。

● CALLコマンドのあるバッチファイル内の、ラベル名で指定した行に実行を移すことができる

GOTOコマンドに似ているが、CALLコマンドではバッチファイルの末尾まで実行するか、EXITコマンドなどでラベル行以降の処理が終了すると、CALLコマンドの次の行に処理が戻る点が異なる。

EXIT
**コマンドプロンプトや
バッチファイルを終了する**

構文

EXIT [/b] [*終了コード*]

■ スイッチとオプション

/b
Cmd.exeのインスタンスではなく、実行中のバッチファイルを終了する。

終了コード
/bスイッチを指定している場合は、バッチファイル終了時に環境変数ERRORLEVELにセットされる数値を指定する。Cmd.exeのインスタンスを終了する場合は、Cmd.exeの終了コードになる。

■ コマンドの働き

EXITコマンドは、バッチファイルやCmd.exeのインスタンスを明示的に終了する。バッチファイルは最後の行まで実行すると暗黙的に終了するが、途中でもEXITコマンドで終了できる。

FOR
**データの集合を作成して
コマンドを実行する**

構文1 条件に該当するファイルやフォルダに対してコマンドを実行する

FOR [/d] {%|%%}*変数名* IN (*データセット*) DO *コマンドライン*

構文2 開始番号から終了番号までステップ刻みで番号を変化させて、コマンドを実行する

FOR /l {%|%%}*変数名* IN (*開始番号, ステップ, 終了番号*) DO *コマンドライン*

構文3 指定したフォルダツリー内の条件に該当するファイルに対してコマンドを実行する

FOR /r [*フォルダ名*] {%|%%}*変数名* IN (*データセット*) DO *コマンドライン*

構文4 条件に該当するデータに対して操作を行いコマンドを実行する

FOR /f ["*操作*"] {%|%%}*変数名* IN (*データセット*) DO *コマンドライン*

■ スイッチとオプション

/d

データセットをフォルダ名として扱う。

{% | %%}*変数名*

実行時にデータに置換される変数名を、パーセント(%)記号に続く英字1文字で指定する。変数名は英大文字と英小文字を区別するので、最大52個の変数を使用できる。パーセント(%)記号は、対話的に実行する場合は1つ、バッチファイル中では2つ付加する。

データセット

操作対象の条件として、1つ以上のファイル、フォルダ、文字列、数値の範囲、コマンドなどを指定する。ファイルの集合を作成する場合はワイルドカード「*」「?」を使用できる。/fスイッチでUseBackQスイッチを使用しない場合、文字列はダブルクォートで括り、コマンドとスイッチはシングルクォートで括る。コマンドを指定すると、その実行結果をデータセットとして使用する。

コマンドライン

条件に一致するデータごとに実行するコマンドとパラメータを指定する。カッコで括ったコマンドは、表示上は複数行であっても1行として扱う。

/l

データセットとして数値を「(*開始番号, ステップ, 終了番号*)」の形式で指定可能にする。ステップは負数も指定できる。たとえば、IN (1, 1, 5) は (1 2 3 4 5) となり、IN (5, -1, 1) は (5 4 3 2 1) となる。

/r [*フォルダ名*]

指定したフォルダとサブフォルダでコマンドを実行する。フォルダ名を省略するとカレントフォルダから開始する。データセットにピリオド(.)を指定するとフォルダツリーを列挙する。

/f ["*操作*"]

個々のデータに対する前処理として次のスイッチで指定した操作を行い、切り出した文字列(トークン)を変数にセットする。複数のスイッチを指定する場合はスペースで区切る。

スイッチ	説明
Eol=*文字*	行末のコメント文字を1文字指定する
Skip=*行数*	指定した行数だけファイルの先頭からスキップする
Tokens={*トークン番号 | 範囲*}	変数に入れる文字列を、1つ以上のトークン番号や範囲で指定する。トークンとは、データを区切り文字(デリミタ)で切り分けたあとの文字列群で、受け取るトークンをカンマで区切った番号や「開始 - 終了」のような範囲で指定して、対応する変数に格納する。指定した変数には最初のトークンが入り、2番目以降のトークンは、変数に続く英字を割り当てて変数を自動的に作り、順にトークンをセットする。トークン番号や範囲の最後に「*」を指定すると、指定した数だけ切り出したあとの、残りの文字列すべてを含む文字列になる
Delims=*区切り文字*	既定の区切り文字であるスペースとタブ文字を、指定した1つ以上の区切り文字で置換する。区切り文字としてのタブは [Tab] キーで入力する。区切り文字にスペースを含める場合は、「"Tokens=1-3" Delims= 」のようにすべてのスイッチの最後に Delims を記述する。区切り文字にスペースとタブを両方含める場合は、「"Tokens=1-3" Delims=<Tab><Spc>"」のようにスペースが最後になるように指定する(※ <Tab> は [Tab] キー、<Spc> は [Space] キーで入力する)

UseBackQ	データセットにスペースを含むファイル名やフォルダ名を指定する際に、ダブルクォート（"）で括ることを許可する。ダブルクォートで括った値は、既定では固定の文字列と解釈される。UseBackQ 指定時に文字列を指示する場合はシングルクォート（'）で括り、コマンドとパラメータはバッククォート（`）で括る。UseBackQ 未指定時の括り方（既定値）： ・ファイルやフォルダ ・" 文字列 " ・' コマンドとパラメータ ' UseBackQ 指定時の括り方： ・" ファイルやフォルダ " ・' 文字列 ' ・` コマンドとパラメータ `

実行例1

Windows フォルダとサブフォルダから名前が.NET で始まるファイルとフォルダを抽出して表示する。

```
C:¥Work>FOR /r "C:¥Windows" /d %i IN (.NET*) DO @ECHO %i
C:¥Windows¥INF¥.NET CLR Data
C:¥Windows¥INF¥.NET CLR Networking
C:¥Windows¥INF¥.NET CLR Networking 4.0.0.0
C:¥Windows¥INF¥.NET Data Provider for Oracle
C:¥Windows¥INF¥.NET Data Provider for SqlServer
C:¥Windows¥INF¥.NET Memory Cache 4.0
C:¥Windows¥INF¥.NETFramework
```

実行例2

Sample1.bat をコピーして Sample2.bat から Sample4.bat を作成する。

```
C:¥Work>FOR /l %i IN (2,1,4) DO COPY Sample1.bat Sample%i.bat

C:¥Work>COPY Sample1.bat Sample2.bat
        1 個のファイルをコピーしました。

C:¥Work>COPY Sample1.bat Sample3.bat
        1 個のファイルをコピーしました。

C:¥Work>COPY Sample1.bat Sample4.bat
        1 個のファイルをコピーしました。
```

実行例3

ユーザー名とパスワードを記述した data.csv を読み込んで、ドメインにユーザーを登録する。この操作には管理者権限が必要。

```
C:¥Work>TYPE data.csv
User001,Se$(UTHe
User002,!ReSsA+3
User003,i+i2Ells
```

39

▼ 入力するコマンド（3行をまとめてコピー＆ペーストする）

```
FOR /f "Tokens=1* Delims=," %i IN (data.csv) DO (
    Net User %i %j /Add /Domain
)
```

```
C:\Work>FOR /f "Tokens=1* Delims=," %i IN (data.csv) DO (
More?     Net User %i %j /Add /Domain
More? )

C:\Work>(Net User User001 Se$(UTHe /Add /Domain )
コマンドは正常に終了しました。


C:\Work>(Net User User002 !ReSsA+3 /Add /Domain )
コマンドは正常に終了しました。


C:\Work>(Net User User003 i+i2Ells /Add /Domain )
コマンドは正常に終了しました。
```

実行例4

「DIR *.txt」コマンドの実行結果をスペースで4つのトークンに切り分け、カンマで区切って表示する。

```
C:\Work>FOR /f "Tokens=1-3*" %i IN ('DIR *.txt') DO @ECHO %i, %j, %k, %l
ドライブ, C, のボリューム, ラベルがありません。
ボリューム, シリアル番号は, 30EE-867A, です
C:\Work, のディレクトリ, ,
2021/08/21, 17:50, 4,927, 2022.txt
2021/08/21, 18:23, <SYMLINK>, link1.txt
2021/08/21, 17:50, 4,927, link2.txt
3, 個のファイル, 9,854, バイト
0, 個のディレクトリ, 49,823,260,672, バイトの空き領域
```

コマンドの働き

FORコマンドは、データの集合（データセット）から個々のデータを取り出して、指定のコマンドを実行する処理を繰り返す。データセットには、ファイルやフォルダ、文字列、数値、コマンドの実行結果を利用できる。FORコマンドで使用可能な変数はCALLコマンドと共通。

Cmd.exeのコマンド拡張機能が有効な場合、FORコマンドは次のように動作が変化する。

● /dスイッチが有効になり、データセットとしてフォルダ名のリストを利用できる
● /rスイッチが有効になり、サブフォルダに対して再帰的にコマンドを実行できる
● /lスイッチが有効になり、データセットとして初期値、増分、終了値を指定できる
● /fスイッチが有効になり、文字列の切り出し方法を指定できる

| 2000 | XP | 2003 | 2003R2 | Vista | 2008 | 2008R2 | 7 | 2012 | 8 | 2012R2 | 8.1 |
| 10 | 2016 | 2019 | 2022 | 11 |

構文

GOTO :ラベル名

スイッチとオプション

:ラベル名

バッチファイル中の飛び先となる名前を、コロン(:)を除いて127文字以内で指定する。

実行例

LABEL99を飛ばしてLABEL1に続く行を実行し、バッチファイルの末尾に移動して終了する。最終行のECHOコマンドは実行されない。

```
C:\Work>TYPE Test.bat
@ECHO OFF
ECHO LABEL99を飛ばしてLABEL1に処理を移します。
GOTO :LABEL1

:LABEL99
ECHO LABEL99です。

:LABEL1
ECHO 続いてバッチファイルの末尾(EOF)に移動します。
GOTO :EOF

ECHO バッチファイルの最終行です。

C:\Work>Test.bat
LABEL99を飛ばしてLABEL1に処理を移します。
続いてバッチファイルの末尾(EOF)に移動します。
```

コマンドの働き

GOTOコマンドは、指定のラベル行に実行を移す。Cmd.exeのコマンド拡張機能が有効な場合、GOTOコマンドは次のように動作が変化する。

● バッチファイルの最後を表す暗黙のラベル「:EOF」を使用できる。「GOTO :EOF」コマンドを実行するとバッチファイルの末尾(最終行ではない)に制御を移すので、終了処理のためだけに最終行にラベルを設定する必要がない

1

Cmd.exeの
内部コマンド編

バッチ実行制御

| 2000 | XP | 2003 | 2003R2 | Vista | 2008 | 2008R2 | 7 | 2012 | 8 | 2012R2 | 8.1 |
| 10 | 2016 | 2019 | 2022 | 11 |

構文1 環境変数ERRORLEVELの値が指定した番号以上（未満）の場合にコマンド
を実行する

IF [NOT] ERRORLEVEL *番号 コマンド* [ELSE *コマンドライン*]

構文2 文字列が一致する（しない）場合にコマンドを実行する

IF [/i] [NOT] *文字列1==文字列2 コマンドライン* [ELSE *コマンドライン*]

構文3 ファイルがある（ない）場合にコマンドを実行する

IF [NOT] EXIST *ファイル名 コマンドライン* [ELSE *コマンドライン*]

構文4 比較条件を満たす（満たさない）場合にコマンドを実行する

IF [/i] [NOT] *文字列1 比較演算子 文字列2 コマンドライン* [ELSE *コマンドライン*]

構文5 コマンド拡張機能のバージョン番号が指定した番号以上（未満）の場合にコ
マンドを実行する

IF [NOT] CMDEXTVERSION *番号 コマンドライン* [ELSE *コマンドライン*]

構文6 環境変数が定義されている（いない）場合にコマンドを実行する

IF [NOT] DEFINED *環境変数 コマンドライン* [ELSE *コマンドライン*]

スイッチとオプション

NOT
　条件判定の結果を否定する。以上の場合は未満に、等しい場合は等しくないと解釈する。

ERRORLEVEL *番号*
　環境変数ERRORLEVELの値が、指定した番号「以上」の場合に条件を満たす。判定は「等しい」ではなく「以上」である点に注意する。

文字列1==文字列2
　文字列1と文字列2が完全に一致するとき条件を満たす。文字列が数字だけの場合は数値として一致をテストする。

/i
　大文字と小文字を区別しない。既定では大文字と小文字を区別する。

EXIST *ファイル名*
　指定したファイルが存在するとき条件を満たす。

比較演算子
　次のいずれかの演算子を指定して文字列や数値を比較する。

演算子	説明
EQU	等しい（EQUal）
NEQ	等しくない（Not EQual）

LSS	より小さい（LeSS than）
LEQ	以下（Less than or EQual）
GTR	より大きい（GreaTeR than）
GEQ	以上（Greater than or EQual）

CMDEXTVERSION 番号

コマンド拡張機能のバージョン番号が、指定した番号「以上」の場合に条件を満たす。コマンド拡張機能が無効な場合は、番号にかかわらず常に条件を満たさない。Windows NT 4.0以前はバージョン1、Windows 2000以降はバージョン2。

DEFINED 環境変数

指定した環境変数が定義されているとき条件を満たす。ある状態を満たしたときだけ特定の環境変数を定義することで、環境変数をフラグとして処理を分岐する使い方もできる。

コマンドライン

条件を満たす場合に実行するコマンドを指定する。カッコで括ったコマンドは、表示上は複数行であっても1行として扱う。

ELSE コマンドライン

条件を満たさない場合に実行するコマンドを指定する。ELSE以下を指定する場合、最初のコマンドラインはカッコで括る。

実行例1

ファイルがあれば削除し、なければ「指定したファイルがありません。」と表示する。

```
C:¥Work>TYPE Test1.bat
@ECHO OFF
IF EXIST C:¥Work¥Sample.bat (
        ECHO ファイルを削除します。
        DEL C:¥Work¥Sample.bat
) ELSE (
        ECHO 指定したファイルがありません。
)

C:¥Work>Test1.bat
ファイルを削除します。

C:¥Work>Test1.bat
指定したファイルがありません。
```

実行例2

1から9までの数字を入力して、環境変数ERRORLEVELの値を判定して入力値を表示する。ERRORLEVELは大きい値から順に判定するのがセオリーである。

```
C:¥Work>TYPE Sample4.bat
@ECHO off
Choice /c 123456789 /m 1から9の数字を選んでください。
IF ERRORLEVEL 3 GOTO :LABEL3
IF ERRORLEVEL 2 GOTO :LABEL2
```

```
IF ERRORLEVEL 1 GOTO :LABEL1
IF ERRORLEVEL 0 GOTO :EOF

:LABEL3
ECHO 選んだ番号は3から9です。&GOTO :EOF

:LABEL2
ECHO 選んだ番号は2です。&GOTO :EOF

:LABEL1
ECHO 選んだ番号は1です。

C:\Work>Sample4.bat
1から9の数字を選んでください。 [1,2,3,4,5,6,7,8,9]?7
選んだ番号は3から9です。

C:\Work>Sample4.bat
1から9の数字を選んでください。 [1,2,3,4,5,6,7,8,9]?2
選んだ番号は2です。
```

実行例3

　実行例2のバッチファイルを、比較演算子による判定に置き換える。比較演算子を使う
と比較の順序を自由に設定できる。

```
C:\Work>TYPE Sample5.bat
@ECHO off
Choice /c 123456789 /m 1から9の数字を選んでください。
IF %ERRORLEVEL% EQU 1 GOTO :LABEL1
IF %ERRORLEVEL% EQU 2 GOTO :LABEL2
IF %ERRORLEVEL% GEQ 3 GOTO :LABEL3
IF %ERRORLEVEL% LEQ 0 GOTO :EOF

:LABEL3
ECHO 選んだ番号は3から9です。&GOTO :EOF

:LABEL2
ECHO 選んだ番号は2です。&GOTO :EOF

:LABEL1
ECHO 選んだ番号は1です。

C:\Work>Sample5.bat
1から9の数字を選んでください。 [1,2,3,4,5,6,7,8,9]?5
選んだ番号は3から9です。

C:\Work>Sample5.bat
1から9の数字を選んでください。 [1,2,3,4,5,6,7,8,9]?1
選んだ番号は1です。
```

■ コマンドの働き

IFコマンドは、条件によって処理の流れを分岐する。条件を満たす(真、True)場合にコマンドを実行する。さらにELSEを使用すると、条件を満たさない(偽、False)場合にもコマンドを実行できる。

次のようにコマンドラインをカッコで括ることで、コマンド行を別の行に記述できる。また、カッコの中で改行やアンパサンド(&)、セミコロン(;)を使えば、複数のコマンドを実行することもできる。

```
IF EXIST ファイル名 (
        DEL ファイル名
) ELSE (
        ECHO 指定したファイルがありません。
)
```

環境変数ERRORLEVELでの判定は「以上」なので、次のように記述すると意図しない行まで実行することがある。

```
IF ERRORLEVEL 3 コマンド4
IF ERRORLEVEL 2 コマンド3
IF ERRORLEVEL 1 コマンド2
IF ERRORLEVEL 0 コマンド1
```

たとえばERRORLEVELの値が2の場合、コマンド3、コマンド2、コマンド1を順に実行する。コマンド1〜コマンド4に「GOTO :ラベル名」コマンドなどを置いて、任意のラベル行に実行を移し、後続のIFコマンドを実行しないようにすると確実である。

IFコマンド以外の条件分岐の方法として、環境変数を利用する方法がある。環境変数名を%で括ることで値を参照できるので、次のようにGOTOコマンドとラベル名を指定すれば、環境変数の値で分岐できる。

```
GOTO J%ERRORLEVEL%
:J0
...コマンド群
:J1
...コマンド群
:J2
...コマンド群
```

他に使用可能な環境変数として、Cmd.exeを起動した際のコマンドラインを値に持つCMDCMDLINEがある。

Cmd.exeのコマンド拡張機能が有効な場合、IFコマンドは次のように動作が変化する。

- EQUなどの比較演算子が使用可能になる
- CMDEXTVERSIONキーワードが使用可能になる
- DEFINEDキーワードが使用可能になる
- /iスイッチが使用可能になる

PAUSE　　　　　　キーを押すまで処理を止める

| 2000 | XP | 2003 | 2003R2 | Vista | 2008 | 2008R2 | 7 | 2012 | 8 | 2012R2 | 8.1 |
| 10 | 2016 | 2019 | 2022 | 11 |

構文

PAUSE

実行例

任意のキーを入力するまで処理を一時停止する。

```
C:\Work>PAUSE
続行するには何かキーを押してください . . .
```

コマンドの働き

PAUSEコマンドは、「続行するには何かキーを押してください...」というメッセージを表示して処理を停止する。

任意のキーを押すと処理を再開する。

REM　　　　　バッチファイルにコメント行
　　　　　　　　　　　（REMarks）を記述する

| 2000 | XP | 2003 | 2003R2 | Vista | 2008 | 2008R2 | 7 | 2012 | 8 | 2012R2 | 8.1 |
| 10 | 2016 | 2019 | 2022 | 11 |

構文

REM [コメント]

スイッチとオプション

コメント
　　任意の文字列を指定する。パイプ(|)やリダイレクト(<>)は使用できない。

実行例

バッチファイルにコメントを記述する。

```
C:\Work>TYPE Test2.bat
@ECHO OFF
REM IFコマンドのテスト用バッチファイルです。
REM Ver.1.2 by SOHO
REM
IF EXIST C:\Work\Sample.bat (
        ECHO ファイルを削除します。
```

```
        DEL C:¥Work¥Sample.bat
) ELSE (
        ECHO 指定したファイルがありません。
)
```

コマンドの働き

REMコマンドを使用すると、バッチファイルにコメント行を記述できる。エコーをオフにしておけば、REMコマンドとコメントは画面に表示されない。

SETLOCAL	環境変数のローカル化を開始する

| 2000 | XP | 2003 | 2003R2 | Vista | 2008 | 2008R2 | 7 | 2012 | 8 | 2012R2 | 8.1 |
| 10 | 2016 | 2019 | 2022 | 11 |

構文

SETLOCAL [{EnableExtensions | DisableExtensions}]
[{EnableDelayedExpansion | DisableDelayedExpansion}]

スイッチとオプション

{EnableExtensions | DisableExtensions}
　コマンド拡張機能を有効または無効にする。Cmd.exeコマンドの/eスイッチの設定を上書きする。

{EnableDelayedExpansion | DisableDelayedExpansion}
　環境変数の遅延展開を有効または無効にする。Cmd.exeコマンドの/vスイッチの設定を上書きする。

実行例

SETLOCALコマンドの実行後に環境変数PATHを書き換え、ENDLOCALコマンド実行後に元に戻るか検証する。

```
C:¥Work>TYPE Sample6.bat
@ECHO OFF
ECHO オリジナルのPATHは&PATH&ECHO.
SETLOCAL
PATH=E:¥Sample;E:¥Temp
ECHO SETLOCAL後のPATHは&PATH&ECHO.
ENDLOCAL
ECHO ENDLOCAL後のPATHは&PATH

C:¥Work>Sample6.bat
オリジナルのPATHは
PATH=C:¥Windows¥system32;C:¥Windows;C:¥Windows¥System32¥Wbem;C:¥Windows¥System32¥Win
dowsPowerShell¥v1.0¥;C:¥Windows¥System32¥OpenSSH¥;C:¥Users¥user1¥AppData¥Local¥Micro
soft¥WindowsApps;
```

```
SETLOCAL後のPATHは
PATH=E:¥Sample;E:¥Temp

ENDLOCAL後のPATHは
PATH=C:¥Windows¥system32;C:¥Windows;C:¥Windows¥System32¥Wbem;C:¥Windows¥System32¥Win
dowsPowerShell¥v1.0¥;C:¥Windows¥System32¥OpenSSH¥;C:¥Users¥user1¥AppData¥Local¥Micro
soft¥WindowsApps;
```

■ コマンドの働き

SETLOCALコマンドのイメージは、ENDLOCALコマンドを実行するかバッチファイルが終了するまでの間、環境変数と設定値、コマンド拡張機能設定、環境変数の遅延展開機能設定のコピーを用意してローカル化(局所化)することである。ローカル化された環境変数や機能設定をバッチファイル中で書き換えても、オリジナルのグローバルな環境変数は変わらないので、他のバッチファイルやコマンドには影響しない。

Cmd.exeのコマンド拡張機能が有効な場合、SETLOCALコマンドは次のように動作が変化する。

- EnableExtensionsなど4つのスイッチが使用可能になる
- 4つのスイッチのいずれかを指定すると、環境変数ERRORLEVELに0をセットする。スイッチなしの場合は1をセットする

ENDLOCAL 環境変数のローカル化を終了する

| 2000 | XP | 2003 | 2003R2 | Vista | 2008 | 2008R2 | 7 | 2012 | 8 | 2012R2 | 8.1 |
| 10 | 2016 | 2019 | 2022 | 11 |

構文

ENDLOCAL

■ コマンドの働き

ENDLOCALコマンドはバッチファイル中で実行して、環境変更のローカル化を終了する。バッチファイルの終了時にも暗黙的に実行される。

Cmd.exeのコマンド拡張機能が有効な場合、ENDLOCALコマンドは次のように動作が変化する。

- SETLOCALコマンドを実行する前の、Cmd.exeコマンドのコマンド拡張機能の設定を復元する

SHIFT

変数の並びの間で値を送る

構文

SHIFT [/番号]

スイッチとオプション

/番号

指定した番号以上の変数について、1つ大きい番号の変数の内容で置換する。指定した番号より小さい番号の変数は変化しない。省略するとすべての変数を1つずつずらす。

実行例

バッチファイルSample7.batに9つのパラメータを与え、ユーザーが選択した番号以降のパラメータをシフトする。

```
C:¥Work>TYPE Sample7.bat
@ECHO OFF
SETLOCAL EnableDelayedExpansion
ECHO オリジナルのパラメータ：1=%1 2=%2 3=%3 4=%4 5=%5 6=%6 7=%7 8=%8 9=%9
Choice /c 12345 /m 1から5の数字を選んでください。
SHIFT /%ERRORLEVEL%
ECHO シフトしたパラメータ：1=%1 2=%2 3=%3 4=%4 5=%5 6=%6 7=%7 8=%8 9=%9

C:¥Work>Sample7.bat a1 b2 c3 d4 e5 f6 g7 h8 i9
オリジナルのパラメータ：1=a1 2=b2 3=c3 4=d4 5=e5 6=f6 7=g7 8=h8 9=i9
1から5の数字を選んでください。 [1,2,3,4,5]?3
シフトしたパラメータ：1=a1 2=b2 3=d4 4=e5 5=f6 6=g7 7=h8 8=i9 9=
```

コマンドの働き

バッチファイルでは%0から%9の変数を使ってパラメータを順に保存できるが、SHIFTコマンドを実行すると%1の内容を%0に、%2の内容を%1に、%9の内容を%8にそれぞれ移動できる。

Cmd.exeのコマンド拡張機能が有効な場合、SHIFTコマンドは次のように動作が変化する。

- 「/番号」スイッチが使用可能になり、指定した番号以上の変数の内容を、1つ小さい番号の変数に順次移動する。%8に%9の内容を移動すると%9の内容は空になる

START

コマンドやアプリケーションを
開始する

構文

START [*ウィンドウタイトル*] [/d *作業フォルダ*] [/i] [*ウィンドウサイズ*] [*16bitア
プリケーション用メモリ*] [*プロセス優先度*] [/Node *NUMAノード番号*] [/Affinity
アフィニティ] [/Wait] [/b] [/Machine *アーキテクチャ*] [*コマンド*]

スイッチとオプション

ウィンドウタイトル

新しく開くコマンドプロンプトのウィンドウタイトルを指定する。

/d 作業フォルダ

コマンド実行時のカレントフォルダを指定する。

/i

Cmd.exeの起動環境を新しいインスタンスに引き継ぐ。既定値は引き継がない。

ウィンドウサイズ

ウィンドウを最小化(/Min)または最大化(/Max)した状態で起動する。

16bitアプリケーション用メモリ

32bit版Windowsにおいて、16bitアプリケーションを別メモリ領域(/Separate)また
は共有メモリ領域(/Shared)で起動する。64bit版Windowsでは使用不可。

プロセス優先度

次のいずれかのスイッチを指定することで、コマンド(プロセス)の実行優先度を指定
する。

スイッチ	優先度
/Realtime	リアルタイム（Realtime クラス）
/High	高（High クラス）
/AboveNormal	通常以上（Above Normal クラス）
/Normal	通常（Normal クラス）
/BelowNormal	通常以下（Below Normal クラス）
/Low	低（Idle クラス）

/Node NUMAノード番号

優先NUMA(Non-Uniform Memory Architecture)ノード番号(CPU番号)を指定する
ことで、コマンド(プロセス)を実行するCPUを制御できる。共有メモリを使用する
プロセスのパフォーマンスを向上できる。 2008R2 以降

/Affinity アフィニティ

コマンド(プロセス)を実行するCPUのコアを制御する。複数のCPUがある場合は
/NodeスイッチでCPUを指定する。アフィニティは8進数、10進数または16進数
で指定するビットスイッチで、低位ビットから順にコア番号(プロセッサ番号)を表す。
たとえば、プロセス1にコア2を、プロセス2にコア3を割り当てるには、それぞれ2ビッ
ト目、3ビット目がオンになるようにアフィニティを指定する。 2003 以降

・START /Node 0 /Affinity 2 プロセス1

　　→アフィニティ2(10進数)＝00000010(2進数)

・START /Node 0 /Affinity 4 プロセス2

　　→アフィニティ4(10進数)＝00000100(2進数)

/Wait

実行するコマンドの終了を待つ。

/b

新しいコマンドプロンプトを開かずにコマンドを実行する。コマンドを停止する場合は Ctrl + Break キーを押す。

/Machine アーキテクチャ

アプリケーションプロセスのアーキテクチャ(マシンタイプ)として、次のいずれかを指定する。 **11 22H2**

・x86

・amd64

・arm

・arm64

コマンド

実行するコマンドとパラメータ、または任意のアプリケーションやデータファイルを指定する。アプリケーションには「Word」「Excel」「MsEdge」といったアプリケーション名を指定できる。データファイルを指定すると、関連付けられたアプリケーションを起動してデータファイルを開く。Cmd.exeの内部コマンドやバッチファイルを実行する場合は、自動的に「Cmd.exe /k コマンドライン」コマンドとして起動するため、新しいコマンドプロンプトウィンドウが開いて、コマンド終了後もウィンドウは開いたままになる。省略すると新しいCmd.exeの新しいインスタンスを起動する。

実行例

ウィンドウを最小化した状態でメモ帳を起動する。

```
C:\Work>START /Min /High /Affinity 2 Notepad.exe
```

■ コマンドの働き

STARTコマンドは、起動環境を設定してコマンドやアプリケーションを開始する。Cmd.exeのコマンド拡張機能が有効な場合、STARTコマンドは次のように動作が変化する。

● 実行可能ファイル以外をコマンドに指定した場合は、コマンドの既定の関連付けを利用して実行可能ファイルを起動する

● GUIアプリケーションを起動すると、/Waitスイッチを指定していても、アプリケーションの終了を待たずにコマンドプロンプトに処理を戻す。ただし、バッチファイル内でGUIアプリケーションを起動した場合は、アプリケーションの終了まで処理を戻さない

● フォルダ名や拡張子のない「Cmd」をコマンドとして指定した場合、環境変数COMSPECに設定されたコマンドプロセッサを実行する。カレントフォルダにある「Cmd.*」に該当する実行可能ファイルは実行されない

- コマンドの拡張子を省略すると、環境変数PATHEXTに登録された拡張子を順に組み合わせて、最初にヒットしたコマンドを実行する。一致する実行可能ファイルが見つからない場合は、カレントフォルダ内のサブフォルダ名と判断してエクスプローラを起動する

DATE   システムの日付を設定する

2000	XP	2003	2003R2	Vista	2008	2008R2	7	2012	8	2012R2	8.1
10	2016	2019	2022	11	UAC

構文
DATE [{/t | 日付}]

▌ スイッチとオプション

/t
現在の日付を表示する。

日付
現在の日付を設定する。日付は「YYYY-MM-DD」「YYYY/MM/DD」「YYYY.MM.DD」の形式で指定可能で、月と日は1桁で入力してもよい。年を2桁で指定すると、00から79の場合は20xx年になり、80から99までの場合は19xx年になる。省略すると現在の日付を表示して、新しい日付の入力プロンプトを表示する。 UAC

▌ 実行例

システムの日付を2022年1月1日に設定する。この操作には管理者権限が必要。

```
C:¥Work>DATE 2022-01-01

C:¥Work>DATE /t
2022/01/01
```

▌ コマンドの働き

DATEコマンドは、システムの日付を操作する。日付の変更は即座に反映されるので、時系列の整合性が崩れて予期しない動作になることがある。

Cmd.exeのコマンド拡張機能が有効な場合、DATEコマンドは次のように動作が変化する。

- /tスイッチが有効になり、日付の変更プロンプトを省略して現在の日付を表示する

TIME   システムの時刻を設定する

2000	XP	2003	2003R2	Vista	2008	2008R2	7	2012	8	2012R2	8.1
10	2016	2019	2022	11	UAC

構文

TIME [{/t | *時刻* [{AM | PM}]}]

スイッチとオプション

/t

現在の時刻を表示する。

時刻 [{AM | PM}]

現在の時刻を設定する。時刻は「hh:mm:ss.nn」の形式で、それぞれ1桁で入力しても
よい。hhだけを指定すると0分ジャストとなり、hh:mmだけを指定すると0秒ジャス
トとなる。既定の設定は24時間制で、時刻を12時間制で指定する場合は午前（AM）
または午後（PM）を指定する。省略すると現在の時刻を表示して、新しい時刻の入力
プロンプトを表示する。 **UAC**

実行例

システムの時刻を午前11時23分45秒（24時間制）に設定する。この操作には管理者権限
が必要。

```
C:¥Work>TIME 11:23:45

C:¥Work>TIME /t
11:23
```

コマンドの働き

TIMEコマンドは、システムの時刻を操作する。時刻の変更は即座に反映されるので、
時系列の整合性が崩れて予期しない動作になることがある。

Cmd.exeのコマンド拡張機能が有効な場合、TIMEコマンドは次のように動作が変化す
る。

● /tスイッチが有効になり、時刻の変更プロンプトを省略して現在の時刻を表示する

PATH

実行可能ファイルの検索対象
フォルダを設定する

| 2000 | XP | 2003 | 2003R2 | Vista | 2008 | 2008R2 | 7 | 2012 | 8 | 2012R2 | 8.1 |
| 10 | 2016 | 2019 | 2022 | 11 |

構文

PATH [{*フォルダ名* | ;}]

スイッチとオプション

フォルダ名

フォルダ名を絶対パス形式で、セミコロン（;）で区切って1つ以上記述する。環境変
数を使用できる。

;(セミコロン)
　セミコロンを単体で指定すると、そのセッション内でPATHの設定値をクリアする。

実行例
C:¥Workを既存のPATHの先頭に登録する。

```
C:¥Work>PATH
PATH=C:¥Windows¥system32;C:¥Windows;C:¥Windows¥System32¥Wbem;C:¥Windows¥System32¥WindowsPowerShell¥v1.0¥;C:¥Windows¥System32¥OpenSSH¥;C:¥Users¥user1¥AppData¥Local¥Microsoft¥WindowsApps;

C:¥Work>PATH C:¥Work;%PATH%

C:¥Work>PATH
PATH=C:¥Work;C:¥Windows¥system32;C:¥Windows;C:¥Windows¥System32¥Wbem;C:¥Windows¥System32¥WindowsPowerShell¥v1.0¥;C:¥Windows¥System32¥OpenSSH¥;C:¥Users¥user1¥AppData¥Local¥Microsoft¥WindowsApps;
```


コマンドの働き

PATHコマンドは、同名の環境変数PATHを操作する。環境変数PATHの値はコマンドを扱う上で非常に重要な設定で、絶対パスや相対パスを指定しないでコマンド名だけを指定した場合、環境変数PATHの設定順にフォルダをたどって実行ファイルを起動する。

英語のpathは「小径(こみち)」といった意味で、実行ファイルのあるフォルダを環境変数PATHに登録することを、ファイルの場所まで道をひくことになぞらえて「PATHを通す」と表現することもある。

起動可能な実行ファイルは、環境変数PATHEXTに登録された拡張子を持つファイルである。

次のようにPATHコマンドを実行すると、既存の環境変数PATHの内容を新しい設定の末尾や先頭に追加できる。セミコロンで区切ればどこに%PATH%を置いてもよいし、PATH以外の環境変数の設定値を取り込むこともできる。

- PATH *新しいフォルダリスト*;%PATH%
  既存のPATHの設定を新しい設定の末尾に追加する
- PATH %PATH%;*新しいフォルダリスト*
  既存のPATHの設定を新しい設定の先頭に追加する

SET　環境変数を設定する

2000 | XP | 2003 | 2003R2 | Vista | 2008 | 2008R2 | 7 | 2012 | 8 | 2012R2 | 8.1 | 10 | 2016 | 2019 | 2022 | 11

構文
SET [/a] [/p] [*環境変数*[=][*文字列*]]

■ スイッチとオプション

/a

環境変数に計算式の結果の数値を割り当てる。数値は符号付きの32bit整数値で、Windows 2000 と XP では -2,147,483,648～2,147,483,647、Windows Server 2003以降では -2,147,483,647～2,147,483,647 の範囲である。0で始まる数値は8進数として扱い、0xで始まる場合は16進数として扱う。

式では以下の優先度で演算子を使用できるが、べき乗はない。単項演算子と算術演算子以外は、式をダブルクォートで括る。算術演算子1のパーセント（%）は、バッチファイル中では「%%」と重ねて記述する。論理シフト演算子、ビット演算子、代入演算子2、代入演算子3については、コマンドプロンプトではパイプや結合など特別な意味を持つ記号のため、式全体をダブルクォートで括る。

演算子	説明
()	グループ化（計算優先順位指定）
!（感嘆符）、~（チルダ）、-（ハイフン）	単項演算子（否定、ビット反転、符号反転）
*（アスタリスク）、/（スラッシュ）、%（パーセント）	算術演算子1（乗算、除算、剰余）
+（プラス）、-（ハイフン）	算術演算子2（加算、減算）
<<、>>	論理シフト演算子（左シフト、右シフト）
&（アンパサンド）、^（キャレット）、|（バーティカルバー）	ビット演算子（AND、EOR/XOR、OR）
=（等号）	代入
*=、/=、%=、+=、-=	代入演算子1（乗算、除算、剰余、加算、減算）
&=、^=、|=	代入演算子2（AND、EOR、OR）
<<=、>>=	代入演算子3（左シフト、右シフト）
,（カンマ）	式の区切り

/p

環境変数に入力した値を割り当てる。文字列には入力プロンプトを指定する。

環境変数

表示または設定する環境変数名を指定する。環境変数以降を省略すると、現在設定されている環境変数と設定値を表示する。環境変数と等号（=）を指定して文字列を省略すると、空の環境変数を設定するのではなく、環境変数そのものを削除する。

文字列

文字列や式の結果を環境変数に設定する。環境変数と等号を省略して式だけを記述すると、式の結果を表示する。環境変数と等号を省略して文字列（たとえば「SET P」）だけを指定すると、その文字列で始まる環境変数名（たとえばPATHとPATHEXT）と設定値を表示する。

実行例1

環境変数SAMPLEにC:\Work\Note.txtを登録して、メモ帳で環境変数SAMPLEを参照してファイルを編集する。

```
C:\Work>SET SAMPLE=C:\Work\Note.txt

C:\Work>Notepad %SAMPLE%
```

実行例2

環境変数SAMPLEに、16進数0x23（10進数35）と、8進数035（10進数29）を2倍した数の合計をセットする。

```
C:\Work>SET /a SAMPLE=0x23+035*2
93
```

コマンドの働き

SETコマンドは、環境変数と設定値を操作する。環境変数には文字列だけでなく計算式の実行結果も設定できるので、コマンド間でデータを受け渡したり、処理結果で次の処理を分岐したりできる。数値と演算子を除く文字列は環境変数として認識されるので、%SAMPLE%のように％で括る必要はない。

Cmd.exeのコマンド拡張機能が有効な場合、SETコマンドは次のように動作が変化する。

- 環境変数名の先頭数文字を指定して絞り込み表示ができる。該当する環境変数がない場合は、環境変数ERRORLEVELに1をセットする
- /aスイッチおよび/pスイッチが使用可能になる
- 環境変数内の置換機能が有効になる
- Cmd.exeの/vスイッチなどで環境変数の遅延展開を有効にすると、SETコマンドでも環境変数の遅延展開機能が有効になる（既定値は無効）
- 環境変数CDなどの動的な環境変数を利用できる

■ 代入演算子

代入演算子1から3は「割り当て演算子」ともいい、次のように使用する。これら2つの式は等しい。

```
SET /a SAMPLE=SAMPLE/2
SET /a SAMPLE/=2
```

■ 式の計算

環境変数と等号を省略して式だけを指定すると結果を表示するので、簡易計算機として利用できる。

- 例）16進数0x23と0x35の和を計算する

```
SET /a 0x23+0x35
88
```

■ 文字列の置換と切り出し

SETコマンドを使用して、設定値の文字列を置換したり、設定値から文字列を切り出したりできる。

- 例1）環境変数PATHの設定値で、文字列 "C:\" を "D:\" に置換する

```
SET PATH=%PATH:C:\=D:\%
```

● 例2）環境変数PATHの設定値で、文字列 "C:¥Windows¥" を削除する

```
SET PATH=%PATH:C:¥Windows¥=%
```

● 例3）環境変数PATHの設定値で、先頭から "Wbem" までの文字列を "test" に置換する

```
SET PATH=%PATH:*Wbem=test%
```

● 例4）環境変数PATHの設定値で、8文字目（7文字分オフセット）から5文字分を抽出する

```
SET SAMPLE=%PATH:~7,5%
```

● 例5）環境変数PATHの設定値で、8文字目（7文字分オフセット）以降をすべて抽出する

```
SET SAMPLE=%PATH:~7%
```

● 例6）環境変数PATHの設定値で、末尾から5文字分を抽出する

```
SET SAMPLE=%PATH:~-5%
```

● 例7）環境変数PATHの設定値で、末尾の3文字を除く全文字列を抽出する

```
SET SAMPLE=%PATH:~0,-3%
```

■ 動的な環境変数

環境変数には、実行時や実行環境ごとに動的に定義されるものがある。IFコマンドなどで参照するERRORLEVELもその1つである。

動的環境変数	説明
CD	カレントフォルダのパス
DATE	現在の日付（DATEコマンドと同形式）
TIME	現在の時刻（TIMEコマンドと同形式）
RANDOM	0から32,767までの乱数
ERRORLEVEL	現在のERRORLEVELの値
CMDEXTVERSION	コマンド拡張機能のバージョン番号
CMDCMDLINE	Cmd.exeを起動した際のコマンドライン
HIGHESTNUMANODENUMBER	システムの最大NUMAノード番号 2008R2 以降

VER — Windowsのバージョン番号を表示する

2000 | XP | 2003 | 2003R2 | Vista | 2008 | 2008R2 | 7 | 2012 | 8 | 2012R2 | 8.1
10 | 2016 | 2019 | 2022 | 11

構文

VER

実行例

Windowsのバージョン番号を表示する。

```
C:¥Work>Ver

Microsoft Windows [Version 10.0.22621.521]
```

コマンドの働き

VERコマンドは、Windowsのバージョン番号を表示する。Windowsの製品名と対応するバージョン番号は次のとおり。xの部分（マイナーマイナーバージョン番号）は、更新プログラムやService Packの適用で変化する。GUIでWindowsのバージョン情報を表示する場合は、Winverコマンドを使用する。

Windows の製品名	バージョン番号
Windows 11	
Windows Server 2022	
Windows Server 2019	10.0.x
Windows Server 2016	
Windows 10	
Windows 8.1	6.3.x
Windows Server 2012 R2	
Windows 8	6.2.x
Windows Server 2012	
Windows 7	6.1.x
Windows Server 2008 R2	
Windows Server 2008	6.0.x
Windows Vista	
Windows Server 2003 R2	5.2.x
Windows Server 2003	
Windows XP	5.1.x
Windows 2000	5.0.x

VOL

ボリュームラベルとシリアル番号を表示する

`2000` `XP` `2003` `2003R2` `Vista` `2008` `2008R2` `7` `2012` `8` `2012R2` `8.1` `10` `2016` `2019` `2022` `11`

構文

VOL [ドライブ文字]

スイッチとオプション

ドライブ文字

C:などのドライブ文字を指定する。省略するとカレントドライブを使用する。

Cドライブにボリュームラベル「VOLUME1」を設定する。Labelコマンドの実行には管理者権限が必要。

```
C:¥Work>Label VOLUME1

C:¥Work>VOL
 ドライブ C のボリューム ラベルは VOLUME1 です
 ボリューム シリアル番号は E291-2A8E です
```

コマンドの働き

VOLコマンドは、ドライブのボリュームラベルとシリアル番号を表示する。ボリュームラベルを書き込むにはLabelコマンドを使用する。

COLUMN

環境変数の遅延展開機能

バッチファイル中で環境変数を参照する場合、既定ではひとつながりのコマンドの中で一度だけ値を評価し展開する。つまり、行単位ではなく、1つの処理と解釈されるブロックにおいて、一度だけ評価と展開が行われる。この動作を環境変数の即時展開 (Immediate Variable Expansion) という。この機能を知らずにバッチファイルを作成すると、間違っていないように見えて誤作動するバグを作りこんでしまう。

次のバッチファイルは、環境変数 TESTVAR の値が 1 の場合、2 に書き換えて「値は2 です」と表示する設計だが、結果は「値は 1 です」と表示されてしまう (注:バッチファイルを試す場合は、文字コードを ANSI にして保存すること)。

```
 1:    @ECHO OFF
 2:    SET TESTVAR=1
 3:    IF %TESTVAR% == 1 (
 4:        SET TESTVAR=2
 5:        IF %TESTVAR% == 2 (
 6:            ECHO 値は 2 です
 7:            ) ELSE (
 8:            ECHO 値は %TESTVAR% です
 9:        )
10:    )
11:    ECHO 最終の値は %TESTVAR% です
```

▼ 実行結果
```
値は 1 です
最終の値は 2 です
```

3 行目で TESTVAR が即時展開されて値は 1 になるが、3 行目から 10 行目までが 1 つの IF ブロックなので、ブロック内では TESTVAR の値は 1 で確定している。そのため、4 行目の SET コマンドで TESTVAR の値を 2 に書き換えてもブロック内では反映されず、5 行目の IF 文は FALSE となるので、実行結果は常に「値は 1 です」となる。

ところで、環境変数を参照するたびに評価して展開しなおすことを、環境変数の遅延展開（Delayed Variable Expansion）という。コマンドヘルプなどでは「遅延環境変数の展開」と訳されている。Cmd.exe コマンドの /v:On スイッチやレジストリ設定、SETLOCAL EnableDelayedExpansion コマンドによって、遅延展開を有効にできる。即時展開の環境変数はパーセント記号（%）で括って「% 環境変数名 %」で参照するのに対して、遅延展開の環境変数は感嘆符（!）で括って「! 環境変数名 !」で参照する。

　上記のバッチファイルに SETLOCAL コマンドと ENDLOCAL コマンドを追加し、6行目と 9 行目の「%TESTVAR%」を「!TESTVAR!」にして実行すると、設計どおり「値は 2 です」と表示されるようになる。

```
 1:   @ECHO OFF
 2:   SETLOCAL EnableDelayedExpansion
 3:   SET TESTVAR=1
 4:   IF %TESTVAR% == 1 (
 5:       SET TESTVAR=2
 6:       IF !TESTVAR! == 2 (
 7:           ECHO 値は 2 です
 8:           ) ELSE (
 9:           ECHO 値は !TESTVAR! です
10:       )
11:   )
12:   ECHO 最終の値は %TESTVAR% です
13:   ENDLOCAL
```

▼ 実行結果

```
値は 2 です
最終の値は 2 です
```

ファイルと
ディスク操作 編

Attrib.exe

ファイルやフォルダの
属性を設定する

2000 **XP** **2003** **2003R2** **Vista** **2008** **2008R2** **7** **2012** **8** **2012R2** **8.1**
10 **2016** **2019** **2022** **11**

構文

Attrib [*属性*] [*ファイル名*] [/s [/d] [/l]]

スイッチとオプション

属性

プラス(+)またはマイナス、ハイフン(-)と組み合わせて、属性をスペースで区切って1つ以上指定する。省略すると属性設定を表示する。

属性	説明
+*属性*	指定した属性を設定する
-*属性*	指定した属性を解除する
a	アーカイブ属性。アーカイブ属性は編集済みマークのようなもので、新規作成または変更したファイルに自動的に設定される。Xcopy コマンドとバックアップツールの多くは、アーカイブ属性がセットされたファイルを選択的にバックアップまたはコピーする機能を持っている。GUI のファイルのプロパティで、[属性の詳細] - [ファイルをアーカイブ可能にする] オプションに相当する
b	シングル磁気記録（SMR：Shingled Magnetic Recording）BLOB 属性。※属性として表示できるが設定はできない。 **10 1803 以降** **2019 以降** **11**
h	隠しファイル属性。GUI のファイルのプロパティで、[隠しファイル] オプションに相当する
i	非インデックス対象ファイル属性。GUI のファイルのプロパティで、[属性の詳細] - [このファイルに対し、プロパティだけでなくコンテンツにもインデックスを付ける] オプションに相当する **Vista 以降**
o	オフライン属性。ファイルは物理的にオフライン状態ですぐには利用できない **10 1703 以降** **2019 以降** **11**
p	固定属性。ピン止め属性。OneDrive において [このデバイス上で常に保持する] オプションに相当する **10 1703 以降** **2019 以降** **11**
r	読み取り専用属性。ファイルを書き込み不可にするが、削除は可能。フォルダの読み取り専用属性は効果がない
s	システムファイル属性。GUI のファイルのプロパティに直接対応するオプションはなく、[隠しファイル] オプションをグレーアウトして変更不可にする操作に相当する
u	固定解除属性。OneDrive において [空き領域を増やす] オプションに相当する **10 1703 以降** **2019 以降** **11**
v	整合性属性。ReFS（Resilient File System）で使用する。チェックサムを使ってデータの整合性を維持する。※属性として表示できるが設定はできない **2012 以降**
x	スクラブファイルなし属性。ReFS で使用する。バックグラウンドデータ整合性スキャナの読み取り対象外にする **2012 以降**

ファイル名

操作対象のファイルを指定する。ファイル名にはワイルドカード「*」「?」を使用できる。省略するとカレントフォルダを使用する。

/s

カレントフォルダとすべてのサブフォルダにある、条件に一致するファイルを操作対象にする。

/d

/sスイッチと併用して、ファイルに加えてフォルダ（ディレクトリ）も操作対象にする。

/l

シンボリックリンクのターゲットではなく、シンボリックリンク自体を操作対象にする。 `Vista 以降`

実行例

拡張子.txtのファイルにシステムファイル属性と隠しファイル属性を追加し、アーカイブ属性を削除する。

```
C:¥Work>Attrib +s +h -a *.txt

C:¥Work>Attrib
  SH              C:¥Work¥sample1.txt
  SH              C:¥Work¥sample2.txt
  SH              C:¥Work¥sample3.txt
```

ファイルとディスク操作編

■ コマンドの働き

Attribコマンドは、ファイルやフォルダの属性を操作する。

Cacls.exe

ファイルやフォルダの
アクセス権を設定する

`2000` `XP` `2003` `2003R2` `Vista` `2008` `2008R2` `7` `2012` `8` `2012R2` `8.1` `10` `2016` `2019` `2022` `11`

構文

Cacls ファイル名 [/t] [/m] [/l] [/s[:*SDDL*]] [/e] [/c] [/g ユーザー名:
アクセス権] [/r ユーザー名] [/p ユーザー名:アクセス権] [/d ユーザー名]

■ スイッチとオプション

ファイル名

操作対象のファイルやフォルダを指定する。ワイルドカード「*」「?」を使用できる。

/t

フォルダツリーを検索してファイル名に一致するファイルまたはフォルダを操作対象にする。

/m

フォルダにマウントされたボリュームのアクセス制御リスト（ACL：Access Control List）を変更する。

/l

シンボリックリンクのターゲットではなく、シンボリックリンク自体を操作対象にする。

/s[:*SDDL*]

既存のACLを、セキュリティ記述子（SDDL：Security Descriptor Definition Language）

で指定したACLで上書きする。このスイッチは /e、/g、/r、/p、/d スイッチと併用できない。SDDLを省略すると、随意アクセス制御リスト（DACL：Discretionary Access Control List）のSDDL文字列を表示する。

/e

　既存のACLの一部を置換する。既定ではACL全体を上書きする。

/c

　アクセス拒否エラーを無視して操作を続行する。

/g ユーザー名：アクセス権

　ユーザーに次のいずれかのアクセス権を与える。

アクセス権	説明
C	変更（書き込み）
F	フルコントロール
R	読み取り
W	書き込み

/r ユーザー名

　/e スイッチと併用してユーザーのアクセス権を削除する。ユーザー名はスペースで区切って複数指定できる。

/p ユーザー名：アクセス権

　指定したユーザーのアクセス権を次のいずれかで置換する。ユーザー名とアクセス権の組は複数指定できる。

アクセス権	説明
C	変更（書き込み）
F	フルコントロール
N	アクセス権なし
R	読み取り
W	書き込み

/d ユーザー名

　指定されたユーザーに拒否のアクセス件を設定する。ユーザー名はスペースで区切って複数指定できる。拒否のアクセス権設定は許可に優先する。

実行例1

　C:¥Temp フォルダに対して、ドメインのAD2022¥Domain Admins グループにフルコントロールを設定し、ローカルのUsersグループのアクセス権を「読み取り」から「変更」に変更する。

```
C:¥Work>Cacls C:¥Temp
C:¥Temp NT AUTHORITY¥SYSTEM:(OI)(CI)(ID)F
        BUILTIN¥Administrators:(OI)(CI)(ID)F
        BUILTIN¥Users:(OI)(CI)(ID)R
        BUILTIN¥Users:(CI)(ID)(特殊なアクセス:)
                            FILE_APPEND_DATA

        BUILTIN¥Users:(CI)(ID)(特殊なアクセス:)
                            FILE_WRITE_DATA
```

```
        AD2022\user1:(ID)F
        CREATOR OWNER:(OI)(CI)(IO)(ID)F


C:\Work>Cacls C:\Temp /e /g "AD2022\Domain Admins":F /p Users:C
処理ディレクトリ: C:\Temp


C:\Work>Cacls C:\Temp
C:\Temp BUILTIN\Users:(OI)(CI)C
        AD2022\Domain Admins:(OI)(CI)F
        NT AUTHORITY\SYSTEM:(OI)(CI)(ID)F
        BUILTIN\Administrators:(OI)(CI)(ID)F
        AD2022\user1:(ID)F
        CREATOR OWNER:(OI)(CI)(IO)(ID)F
```

実行例2

　C:\Temp フォルダのアクセス権を、ローカルの Administrators グループにフルコント
ロールを与える設定で上書きする。確認プロンプトに Y キーを入力する代わりに、
ECHO コマンドとパイプを組み合わせて実行する。

```
C:\Work>ECHO Y| Cacls C:\Temp /g Administrators:F
よろしいですか (Y/N)?処理ディレクトリ: C:\Temp
```

コマンドの働き

　Cacls コマンドは、ファイルやフォルダのアクセス権を操作する。旧式のコマンドのため、
Icacls コマンドの利用が推奨されている。

継承

　アクセス権には「継承」という適用範囲の概念があり、Cacls コマンドでは次のように継
承設定を省略形で表示する。

継承設定の省略表示	説明
CI	コンテナ継承（Container Inherit）。対象フォルダ内に作成したサブフォルダに適用する
ID	継承済み。親フォルダからアクセス権を継承する
IO	継承だけ（Inherit Only）。対象フォルダには適用せず、対象フォルダ内に作成したファイルとフォルダに適用する
OI	オブジェクト継承（Object Inherit）。対象フォルダ内に作成したファイルに適用する

　継承設定の省略表示と、GUI でのアクセス許可の［適用先］の設定は、次のように対応する。

継承設定の省略表示	［適用先］の設定
表示なし	このフォルダだけ
(CI)	このフォルダとサブフォルダ
(CI)(IO)	サブフォルダだけ

(OI)	このフォルダとファイル
(OI)(CI)	このフォルダ、サブフォルダ、およびファイル
(OI)(CI)(IO)	サブフォルダとファイルだけ
(OI)(IO)	ファイルだけ

Chkdsk.exe

ボリュームを検査して
エラーを修復する

| 2000 | XP | 2003 | 2003R2 | Vista | 2008 | 2008R2 | 7 | 2012 | 8 | 2012R2 | 8.1 |
| 10 | 2016 | 2019 | 2022 | 11 | UAC |

構文

Chkdsk [{*ボリューム名* | *ファイル名*}] [/f] [/v] [/r] [/x] [/i] [/c] [/l[:*ログファイルサイズ*]] [/b] [/scan] [/ForceOfflineFix] [/Perf] [/SpotFix]
[/SdCleanup] [/OfflineScanAndFix] [/FreeOrphanedChains]
[/MarkClean]

スイッチとオプション

ボリューム名

C:などのドライブ文字、ボリュームマウントポイント、ボリュームのGUIDを指定する。ボリュームのGUIDはMountvolコマンドで表示できる。

ファイル名

FATまたはFAT32ファイルシステムにおいて、断片化状況をチェックするファイルを指定する。ワイルドカード「*」「?」を使用できる。

/f

エラーを修復する。ボリュームが使用中でロックできない場合は、次回起動時にチェックするかプロンプトを表示する。

/v

FAT/FAT32ファイルシステムで、操作対象のファイル名を表示する。NTFSファイルシステムで、クリーンアップメッセージを表示する。

/r

不良セクタの有無をチェックして読み取り可能なデータを回復する。/fスイッチの動作と物理的なスキャンを含む。

/x

必要であればボリュームをアンマウントしてエラーを修復する。/fスイッチの動作を含む。

/i

NTFSファイルシステムで、インデックスとファイルレコードセグメントの整合性チェックを省略する。

/c

NTFSファイルシステムで、フォルダ構造の循環エラーチェックを省略する。フォルダ構造の循環エラーとは、子フォルダが自分自身を親フォルダと誤認して、フォルダ階層がループするエラーである。

/l[:*ログファイルサイズ*]

NTFS ファイルシステムで、ログファイル($LogFile)のサイズを指定したサイズ(単位：KB)に変更する。ログファイルサイズを省略すると現在のファイルサイズを表示する。

/b

NTFS ファイルシステムで、不良クラスタのリストを削除して再検査する。/r スイッチの動作を含む。 `Vista 以降`

/Scan

NTFS ファイルシステムで、オンラインスキャンを実行するが修正は行わない。修正候補はシステムファイル $Corrupt および $Verify に記録される。 `2012 以降`

/ForceOfflineFix

/Scan スイッチと併用して、オンラインスキャンを行わずオフラインでの修復を強制する。 `2012 以降`

/Perf

/Scan スイッチと併用して、チェックのためにリソースをより多く割り当てる。 `2012 以降`

/SpotFix

NTFS ファイルシステムで、短時間ボリュームをオフラインにして、システムファイル $Corrupt および $Verify に記録されたエラーを修復する。 `2012 以降`

/SdCleanup

NTFS ファイルシステムで、不要なセキュリティ記述子を削除する。/f スイッチの動作を含む。 `2012 以降`

/OfflineScanAndFix

ボリュームをオフライン状態にしてスキャンし、問題があれば修正する。/f スイッチと同等。 `2012 以降`

/FreeOrphanedChains

FAT/FAT32/exFAT ファイルシステムで、孤立したクラスタチェーンを解放する。 `10` `2016 以降` `11`

/MarkClean

FAT/FAT32/exFAT ファイルシステムで、破損がなければボリュームをクリーンとしてマークする。 `10` `2016 以降` `11`

実行例

F: ドライブの不良セクタ検査を実行する。可能であれば強制的にアンマウントし、クリーンアップメッセージも表示する。この操作には管理者権限が必要。

```
C:¥Work>Chkdsk F: /v /r /x
ファイル システムの種類は NTFS です。
ボリューム ラベルは NTFS です。

ステージ 1: 基本のファイル システム構造を検査しています ...
  256 個のファイル レコードが処理されました。
ファイルの検査を完了しました。
 フェーズの継続時間 (ファイル レコードの検査): 2.12 ミリ秒。
  0 個の大きなファイル レコードが処理されました。
 フェーズの継続時間 (孤立ファイル レコードの回復): 0.23 ミリ秒。
```

0 個の問題のあるファイル レコードが処理されました。
　　フェーズの継続時間 (不良ファイル レコードの検査): 0.23 ミリ秒。

　ステージ 2: ファイル名リンケージを検査しています ...
　　280 個のインデックス エントリが処理されました。
　インデックスの検査を完了しました。
　　フェーズの継続時間 (インデックスの検査): 5.90 ミリ秒。
　　0 個のインデックスなしファイルがスキャンされました。
　　フェーズの継続時間 (孤立した再接続): 0.28 ミリ秒。
　　0 個のインデックスのないファイルが lost and found に回復されました。
　　フェーズの継続時間 (孤立を lost and found に回復): 0.60 ミリ秒。
　　0 個の再解析レコードが処理されました。
　　0 個の再解析レコードが処理されました。
　　フェーズの継続時間 (再解析ポイントとオブジェクト ID の検査): 0.51 ミリ秒。

　ステージ 3: セキュリティ記述子を検査しています ...
　セキュリティ記述子の検査を完了しました。
　　フェーズの継続時間 (セキュリティ記述子の検査): 0.44 ミリ秒。
　　12 個のデータ ファイルが処理されました。
　　フェーズの継続時間 (データ属性の検査): 0.70 ミリ秒。

　ステージ 4: ユーザー ファイル データの不良クラスターを検査しています ...
　　240 個のファイルが処理されました。
　ファイル データの検査を完了しました。
　　フェーズの継続時間 (ユーザー ファイルの回復): 9.44 ミリ秒。

　ステージ 5: 不良空きクラスターを探しています ...
　　2609052 個の空きクラスターが処理されました。
　空き領域の検査が終了しました。
　　フェーズの継続時間 (空き領域の回復): 0.00 ミリ秒。

Windows でファイル システムのスキャンが終了しました。
問題は見つかりませんでした。
これ以上の操作は必要ありません。

　10467327 KB : 全ディスク領域
　　　13388 KB : 9 個のファイル
　　　　 72 KB : 14 個のインデックス
　　　　　 0 KB : 不良セクター
　　　17659 KB : システムで使用中
　　　16672 KB : ログ ファイルが使用
　10436208 KB : 使用可能領域

　　　 4096 バイト : アロケーション ユニット サイズ
　2616831 個　　 : 全アロケーション ユニット
　2609052 個　　 : 利用可能アロケーション ユニット
合計継続時間: 20.62 ミリ秒 (20 ミリ秒)。

■ コマンドの働き

　Chkdsk コマンドは、ボリュームやファイルのエラーを検査して修復する。スイッチと

オプションを省略すると、カレントドライブの検査だけを実行して修復は行わない。

Windows Server 2012以降では、ボリュームのエラーをシステムファイルに記録しておき、次回起動時に記録されたエラーだけを修正することで起動時間を短縮する。

Cipher.exe
ファイルやフォルダを暗号化する

2000 XP 2003 2003R2 Vista 2008 2008R2 7 2012 8 2012R2 8.1
10 2016 2019 2022 11

構文1 ファイルを暗号化、復号化、暗号化状況を表示する

Cipher [{/e | /d | /c}] [/s:フォルダ名] [/a] [/i] [/f] [/q] [/b] [/h] [ファイル名]

構文2 新しい証明書と暗号鍵を生成する

Cipher /k [/Ecc:{256 | 384 | 521}]

構文3 回復エージェントの証明書と暗号鍵を生成する XP以降

Cipher /r:ファイル名 [/SmartCard] [/Ecc:{256 | 384 | 521}]

構文4 指定した証明書ファイルから回復ポリシーBLOBを作成する 10 1607 以降 2016 以降 11

Cipher /p ファイル名.cer

構文5 暗号化されたファイルを表示および暗号鍵を更新する XP以降

Cipher /u [/n]

構文6 未使用領域からデータを削除する

Cipher /w:フォルダ

構文7 証明書と暗号鍵をバックアップする

Cipher /x[:暗号化されたファイル] [ファイル名]

構文8 証明書の拇印（サムネイル）を表示する Vista以降

Cipher /y

構文9 暗号化ファイルにユーザーを追加または削除する Vista以降

Cipher {/AddUser | /RemoveUser} [{/CertHash:ハッシュ値 | /CertFile: ファイル名 | /User:ユーザ名}] [/s:フォルダ名] [/b] [/h] [ファイル名]

構文10 暗号鍵キャッシュをクリアする 2008R2 以降

Cipher /FlushCache [/Server:コンピュータ名]

構文11 暗号鍵を更新する Vista以降

Cipher /Rekey [ファイル名]

スイッチとオプション

/e

　　指定したファイルまたはフォルダを暗号化する。フォルダを暗号化すると、フォルダ

内に新規作成したファイルを自動的に暗号化するが、既存のファイルは暗号化しない。

/d

暗号化を解除する。

/c

暗号化したファイルの情報を表示する。 [Vista 以降]

/s: フォルダ名

指定したフォルダとサブフォルダに対して操作を実行する。

/a

ファイルとフォルダの両方に適用する。 [2003R2 以前]

/i

エラーが発生しても処理を続行する。 [2003R2 以前]

/f

すでに暗号化されたファイルも含めて強制的に暗号化する。 [2003R2 以前]

/q

重要な情報だけを表示する。 [2003R2 以前]

/b

処理中にエラーが発生したら処理を中断する。 [Vista 以降]

/h

隠しファイル属性とシステムファイル属性のファイルも操作の対象に含める。

ファイル名

操作対象のファイルやフォルダを、スペースで区切って1つ以上指定する。ワイルドカード「*」「?」を使用できる。省略するとカレントフォルダ内のすべてのファイルとフォルダを操作対象にする。

/k

新しい自己署名証明書と公開鍵、秘密鍵のペアを生成し、新しいEFS証明書の拇印を表示する。既存の暗号化されたファイルやフォルダは、新しい鍵の作成後も復号化できる。他のスイッチと併用できない。

/Ecc:{256 | 384 | 521}

楕円曲線暗号（ECC：Elliptic Curve Cryptography）で使用する暗号鍵のビット長を指定する。 [2008R2 以降]

/r: ファイル名

EFS回復エージェントの秘密鍵と証明書を作成して、「ファイル名 .pfx」に証明書と秘密鍵を、「ファイル名 .cer」に証明書を保存する。ファイル名には拡張子を含めない。既定では2,048ビットのRSA暗号方式を使用する。 [XP 以降]

/SmartCard

スマートカードに秘密鍵と証明書を保存する。.cerファイルは生成されるが.pfxファイルは生成されない。 [Vista 以降]

/p ファイル名 .cer

データ回復エージェントを設定するための、BASE64エンコードされた回復ポリシーBLOBを作成する。 [10 1607 以降] [2016 以降] [11]

/u [/n]

ローカルドライブ内のすべての暗号化ファイルについて、現在のユーザーと回復エージェントの暗号鍵で更新する。/nスイッチを指定すると、暗号化されたファイルを

表示するだけで暗号鍵を更新しない。 **XP以降**

/w:フォルダ

未使用のディスク領域からデータを削除してクリーンアップする。EFSのファイル暗号化処理はファイルを直接暗号化するのではなく、一時ファイルにコピーしたファイルデータを使って暗号化し、元のファイルに書き戻して一時ファイルを削除する。そのため、ボリューム内には平文のファイルデータが残っているので、必要に応じて削除する。他のスイッチと併用できない。

/x[:暗号化されたファイル] [ファイル名]

現在のユーザーの秘密鍵と証明書を「ファイル名.pfx」に保存する。ファイル名には拡張子を含めない。既存の暗号化されたファイルやフォルダを指定すると、それらを暗号化する際に使用したユーザーの秘密鍵と証明書をバックアップする。

/y

現在のユーザーのEFS証明書の拇印を表示する。 **Vista以降**

{/AddUser | /RemoveUser}

暗号化を実行したユーザーと回復エージェントに加えて、暗号化したファイルを読み書き可能なユーザーを追加(/AddUser)または削除(/RemoveUser)する。 **Vista以降**

/CertHash:ハッシュ値

/AddUserまたは/RemoveUserスイッチで操作するファイルを、EFS証明書の拇印（SHA1ハッシュ値）で選択する。 **Vista以降**

/CertFile:ファイル名

/AddUserスイッチで操作するファイルを、ファイル名で指定したファイルやフォルダから抽出した証明書を使って選択する。 **Vista以降**

/User:ユーザー名

/AddUserスイッチで操作するファイルを、ドメイン内のユーザー証明書を使って選択する。 **Vista以降**

/FlushCache

現在のユーザーの暗号鍵キャッシュをクリアする。 **2008R2以降**

/Server:コンピュータ名

/FlushCacheスイッチを実行するコンピュータを指定する。省略するとローカルコンピュータで実行する。 **2008R2以降**

/Rekey

既存の暗号化されたファイルの暗号鍵を更新する。 **Vista以降**

実行例1

拡張子.txtのファイルを暗号化する。隠しファイルやシステムファイルも暗号化の対象とし、エラーが発生したら処理を中断する。

```
C:¥Work>Cipher /e /b /h *.txt

C:¥Work¥ のファイルを暗号化しています

2022.txt          [OK]
link1.txt         [エラー]
link1.txt: 指定されたファイルは読み取り専用です。
```

1 ディレクトリ内の 1 ファイル [またはディレクトリ] が暗号化されました。

　ファイルをプレーンテキストから暗号化テキストに変換すると、ディスクボリュームに古いプレーンテキストの部分が残る場合があります。変換がすべて完了してから、コマンドCIPHER /W:ディレクトリを使ってディスクをクリーンアップすることをお勧めします。

実行例2

　EFS回復エージェントの秘密鍵と証明書を、EFSsample.pfxファイルとEFSsample.cerファイルに保存する。秘密鍵を保護するため、パスワードの入力を2回求められる。

```
C:¥Work>Cipher /r:EFSsample
.PFX ファイルを保護するためのパスワードを入力してください:
確認のためにパスワードを再入力してください:


.CER ファイルが正しく作成されました。
.PFX ファイルが正しく作成されました。
```

◾ コマンドの働き

　Cipherコマンドは、暗号化ファイルシステム(EFS：Encrypting File System)の機能を使ってファイルやフォルダを暗号化する。EFSはNTFSファイルシステムでだけ使用できる。スイッチとオプションを省略してCipherコマンドを実行すると、カレントフォルダ内のファイルとサブフォルダの暗号化状態を表示する。

　EFSで暗号化したファイルは、暗号化を実行したユーザーと回復エージェント、特に指定したユーザーだけが復号化できる。これらのユーザーの証明書と秘密鍵がすべて失われると復号化できなくなるので、証明書と秘密鍵をファイルにバックアップして安全な場所に保管しておく。SysinternalsのEfsdumpユーティリティを使用すると、暗号化／復号化が可能なユーザーと回復エージェントを表示できる。

Comp.exe　　　　ファイルを比較する

2000	XP	2003	2003R2	Vista	2008	2008R2	7	2012	8	2012R2	8.1
10	2016	2019	2022	11							

構文

Comp [*ファイル名1*] [*ファイル名2*] [{/d | /a}] [/l] [/n=*比較する行数*] [/c]
[/Off[line]] [/m]

◾ スイッチとオプション

ファイル名
　　　比較対象のファイルを指定する。ワイルドカード「*」「?」を使用できる。ファイル名以降を省略すると、対話的にファイル名やオプションを入力して比較操作を実行できる。

/d

> 相違点を10進数で表示する。既定値は16進数。

/a

> 相違点を文字で表示する。

/l

> 相違する行の行番号を表示する。既定値は相違点の先頭からのバイト数(オフセット)。

/n=*比較する行数*

> 各ファイルの先頭から指定された行数だけを比較する。

/c

> アルファベットの大文字と小文字を区別しない。

/Off[line]

> オフライン属性が設定されたファイルも比較対象に含める。 `XP以降`

/m

> 比較終了後に「ほかのファイルを比較しますか (Y/N)?」のメッセージを表示しないで
> コマンドを終了する。 `10 1803 以降` `2019 以降` `11`

実行例

Sample1.bat と Sample6.bat を比較する。相違点は文字と行番号で表示して、他のファ
イルの比較を行わずに終了する。

```
C:\Work>Comp Sample1.bat Sample6.bat /a /l /m
Sample1.bat と Sample6.bat を比較しています...
LINE 2 で比較エラーがあります
ファイル1 = 1
ファイル2 = 2
LINE 3 で比較エラーがあります
ファイル1 = 1
ファイル2 = 2
LINE 3 で比較エラーがあります
ファイル1 = 1
ファイル2 = 2
LINE 7 で比較エラーがあります
ファイル1 = 1
ファイル2 = 2
LINE 8 で比較エラーがあります
ファイル1 = 1
```

■ コマンドの働き

Comp コマンドは、ファイルを比較して相違点を最大10か所表示する。既定値が16進
数表示で先頭からのバイト数を表示することから、バイナリファイルの比較に向いている。
比較対象のファイルのファイルサイズが異なる場合は、「ファイルのサイズが違います。」
と表示してファイルの内容を比較しない。

Compact.exe

ファイルを圧縮する

構文

Compact [{/c | /u}] [/s[:フォルダ名]] [/a] [/i] [/f] [/q] [/Exe[:アルゴリズム]]
[/CompactOs[:操作] [/WinDir:Windowsフォルダ]] [ファイル名]

■ スイッチとオプション

/c

指定したファイルまたはフォルダを圧縮する。あとでフォルダに追加したファイルは
自動的に圧縮される。

/u

指定したファイルまたはフォルダの圧縮を解除する。

/s[:フォルダ名]

指定したフォルダとサブフォルダに対して操作を実行する。省略するとカレントフォ
ルダを操作する。

/a

隠しファイル属性とシステムファイル属性のファイルも操作の対象に含める。

/i

処理中にエラーが発生しても処理を続行する。

/f

ファイルを強制的に圧縮または解除する。システムクラッシュなどで中途半端に圧縮
されたファイルの圧縮や解除のために使用する。

/q

重要な情報だけを表示する。

/Exe[:アルゴリズム]

実行ファイルに最適な圧縮を実行する。アルゴリズムは次のいずれかを指定できる。
10 | 2016 以降 | 11

アルゴリズム	説明
XPRESS4K	最速だが圧縮率は最も低い（既定値）
XPRESS8K	XPRESS4K より圧縮率が高い
XPRESS16K	XPRESS8K より圧縮率が高い
LZX	最も圧縮率の高いアルゴリズム

/CompactOs[:操作]

システムの圧縮状態を表示または設定する。操作は次のいずれかを指定できる。
10 | 2016 以降 | 11

操作	説明
Query	システムの圧縮状態を表示する
Always	OS の全ファイルを圧縮し、システムの状態を「圧縮」にする UAC
Never	OS の全ファイルの圧縮を解除し、システムの状態を「無圧縮」にする UAC

/WinDir:Windows フォルダ

/CompactOs:Query スイッチと併用して、オフラインの Windows インスタンスの圧
縮状態を表示する。 **10 1511 以降** **2016 以降** **11**

ファイル名

操作対象のファイルを、スペースで区切って1つ以上指定する。ワイルドカード「*」「?」
を使用できる。省略するとカレントフォルダ内のすべてのファイルとフォルダを操作
対象にする。

実行例

C:¥Work フォルダとサブフォルダを圧縮する。フォルダ内の既存のファイルも圧縮さ
れる。

```
C:¥Work>Compact /c /s

新しいファイルを圧縮するように、ディレクトリ C:¥Work¥ を設定します [OK]

C:¥Work¥ のファイルを圧縮しています

data.csv              70 :       70 = 1.0 : 1 [OK]
EFSsample.CER        890 :      890 = 1.0 : 1 [OK]
EFSsample.PFX       2686 :     2686 = 1.0 : 1 [OK]
note                   0 :        0 = 1.0 : 1 [OK]
Note.txt               0 :        0 = 1.0 : 1 [OK]
Sample.bat           143 :      143 = 1.0 : 1 [OK]
Sample1.bat          166 :      166 = 1.0 : 1 [OK]
Sample2.bat          157 :      157 = 1.0 : 1 [OK]
sample3.bat          264 :      264 = 1.0 : 1 [OK]
Sample4.bat          166 :      166 = 1.0 : 1 [OK]
Sample5.bat          186 :      186 = 1.0 : 1 [OK]
Sample6.bat          166 :      166 = 1.0 : 1 [OK]
Test.bat             216 :      216 = 1.0 : 1 [OK]

C:¥Work¥note¥ のファイルを圧縮しています

3 ディレクトリ内の 14 ファイルが圧縮されました。
合計 5,110 バイトのデータが、5,110 バイトに格納されました。
データの圧縮率は 1.0 : 1 です。
```

コマンドの働き

Compact コマンドは、NTFS ファイルシステムの圧縮機能を使って、ファイルやフォ
ルダを圧縮または解除する。すべてのスイッチとオプションを省略して Compact コマン
ドを実行すると、カレントフォルダ内のファイルの圧縮状態を表示する。圧縮されたファ
イルやフォルダは、エクスプローラでは青色で表示される。ファイルのプロパティで、[内
容を圧縮してディスク領域を節約する]オプションに相当する。

Convert.exe

ファイルシステムをFATから
NTFSに変換する

2000 | XP | 2003 | 2003R2 | Vista | 2008 | 2008R2 | 7 | 2012 | 8 | 2012R2 | 8.1
10 | 2016 | 2019 | 2022 | 11 | UAC

構文

Convert ボリューム名 /Fs:NTFS [/v] [/CvtArea:ファイル名] [/NoSecurity]
[/x]

スイッチとオプション

ボリューム名

C:などのドライブ文字、ボリュームマウントポイント、ボリュームのGUIDを指定する。

/Fs:NTFS

ボリュームをNTFSファイルシステムに変換する。

/v

詳細モードで変換する。

/CvtArea:ファイル名

マスターファイルテーブル($MFT)とメタデータの断片化を防止するために、ファイル名で指定した既存のプレースホルダーファイルを一時的に使用する。ファイル名にドライブ文字やパスを含めることはできない。プレースホルダーファイルは「Fsutil File CreateNew」コマンドなどで、変換対象ボリュームのルートフォルダに作成しておく。最適なファイルサイズは、ボリューム内のファイルやフォルダの総数に1KBを乗じたものである。$MFTのファイルサイズは「Defrag ボリューム名 /v」コマンドで表示できる。 **XP以降**

/NoSecurity

変換後のファイルとフォルダのアクセス権を、全ユーザーがアクセスできるように設定する。 **XP以降**

/x

必要であればボリュームを強制的にアンマウントしてロックし、ファイルシステムを変換する。 **XP以降**

実行例

FAT32ファイルシステムでフォーマットしたE:ドライブを、詳細モードでNTFSファイルシステムに変換する。

```
C:¥Work>Convert E: /Fs:NTFS /v /x
ファイル システムの種類は FAT32 です。
ボリューム シリアル番号は CA68-7BFE です
ファイルとフォルダーを検査しています...
0 パーセント終了しました。
¥$RECYCLE.BIN
33 パーセント終了しました。
¥$RECYCLE.BIN¥desktop.ini
```

66 パーセント終了しました。
100 パーセント終了しました。
ファイルとフォルダーの検査を完了しました。
ファイル システムのチェックが終了しました。問題は見つかりませんでした。
   33,532,928 KB : 全ディスク領域
         32 KB : 2 個の隠しファイル
   33,532,880 KB : 使用可能ディスク領域

    16,384 バイト : アロケーション ユニット サイズ
  2,095,808 個   : 全アロケーション ユニット
  2,095,805 個   : 利用可能アロケーション ユニット

ファイル システムの変換に必要なディスク領域を調べています...
全ディスク領域: 33553408 KB
ボリュームの空き領域: 33532880 KB
変換に必要な領域: 100307 KB
ファイル システムの変換
$RECYCLE.BIN.
    desktop.ini.
変換は完了しました

■ コマンドの働き

Convertコマンドは、ボリューム内のファイルやフォルダを維持したまま、ファイルシステムをFATまたはFAT32からNTFSに変換する。変換元のファイルシステムはFATとFAT32だけで、exFATやReFSは使用できない。また、変換先のファイルシステムはNTFS専用である。変換後のボリュームを元のファイルシステムに戻すことはできない。

ボリュームラベルを設定したボリュームを変換する際には、確認のためボリュームラベルの入力が必要。

Defrag.exe　　　ファイルの断片化を解消する

(XP) (2003) (2003R2) (Vista) (2008) (2008R2) (7) (2012) (8) (2012R2) (8.1) (10)
(2016) (2019) (2022) (11) (UAC)

構文1 2008R2以降

Defrag {*ボリューム名* | /c | /e *ボリューム名*} [{/a | /b [/LayoutFile *ファイル名*] | /d | /g | /k | /l | /o | /x | /t}] [/h] [{/m [*スレッド数*] | [/u] [/v]} [/i [*秒数*]] [/OnlyPreferred]]

構文2 Vista～2008

Defrag {*ボリューム名* | -c} [-a] [{-r | -w}] [-f] [-v]

構文3 XP～2003R2

Defrag *ボリューム名* [-a] [-f] [-v]

■ スイッチとオプション（構文1）

ボリューム名

C:などのドライブ文字、ボリュームマウントポイント、ボリュームのGUIDを指定する。

{/c | /AllVolumes}

すべてのボリュームを操作対象にする。

・/AllVolumesスイッチを使用可能。 `10 2004 以降` `2022` `11`

{/e | /VolumesExcept}

指定したボリューム以外の全ボリュームを操作対象にする。

・/VolumesExceptスイッチを使用可能。 `10 2004 以降` `2022` `11`

{/a | /Analyze}

ボリュームの断片化状況の分析だけを実行する。

・/Analyzeスイッチを使用可能。 `10 2004 以降` `2022` `11`

{/b | /BootOptimize} [/LayoutFile ファイル名]

システムの起動を高速化するためにブート最適化を実行する。/LayoutFileで最適化対象ファイルの一覧を記述したファイルを指定できる。既定では%Windir%\Prefetch\layout.iniを使用する。 `10 2004 以降` `2022` `11`

{/d | /Defrag}

従来の最適化処理を実行する（既定値）。 `2012 以降`

・/Defragスイッチを使用可能。 `10 2004 以降` `2022` `11`

{/g | /TierOptimize}

階層型ボリュームで、ファイルを最適化して適切な階層に配置する。 `2012R2 以降`

・/TierOptimizeスイッチを使用可能。 `10 2004 以降` `2022` `11`

{/k | /SlabConsolidate}

指定したボリュームに対してスラブ（Slab）統合を実行する。スラブは動的なストレージ割り当ての際の割り当て単位で、スラブを統合するとストレージの使用効率が高まる。 `2012 以降`

・/SlabConsolidateスイッチを使用可能。 `10 2004 以降` `2022` `11`

{/l | /Retrim}

指定したボリュームに対して再トリム（Trim）を実行する。トリムは不要なスラブを開放してストレージに返却する。SSD（Solid State Drive）に対してはブロック消去をうながすTrim命令を実行する。 `2012 以降`

・/Retrimスイッチを使用可能。 `10 2004 以降` `2022` `11`

{/o | /Optimize}

メディアの種類に適した最適化処理を実行する。 `2012 以降`

・/Optimizeスイッチを使用可能。 `10 2004 以降` `2022` `11`

{/x | /FreespaceConsolidate}

ボリュームの空き領域を統合してボリュームの末尾に移動する。

・/FreespaceConsolidateスイッチを使用可能。 `10 2004 以降` `2022` `11`

{/t | /TrackProgress}

指定したボリュームで実行中の処理を追跡表示する。

・/TrackProgressスイッチを使用可能。 `10 2004 以降` `2022` `11`

{/h | /NormalPriority}

コマンドの実行優先度を通常（Normalクラス）にする。既定の優先度は低（Idleクラス）。

・/NormalPriorityスイッチを使用可能。 `10 2004 以降` `2022` `11`

{/m | /MultiThread} [スレッド数]

1つ以上のボリュームに対して、バックグラウンドで処理を同時に実行する。

・階層型ボリュームで、指定したスレッド数で同時にストレージ層を最適化する。既定値は8。 `10 以降` `2016 以降` `11`

・/MultiThreadスイッチを使用可能。 `10 2004 以降` `2022` `11`

{/u | /PrintProgress}

処理の進行状況を表示する。

・/PrintProgressスイッチを使用可能。 `10 2004 以降` `2022` `11`

{/v | /Verbose}

断片化の統計情報を含む詳細情報を表示する。

・/Verboseスイッチを使用可能。 `10 2004 以降` `2022` `11`

{/i | /MaxRuntime} [秒数]

階層型ボリュームで、/gスイッチと併用して、指定した秒数だけ階層の最適化を実行する。 `10` `2016 以降` `11`

・/MaxRuntimeスイッチを使用可能。 `10 2004 以降` `2022` `11`

/OnlyPreferred

処理対象のボリュームが明示的に指定されている場合、指定されたすべての操作を各ボリュームに対して実行する。 `10 2004 以降` `2022` `11`

■ スイッチとオプション（構文2）

ボリューム名

C:などのドライブ文字、ボリュームマウントポイント、ボリュームのGUIDを指定する。

-c

すべてのボリュームを操作対象にする。

-a

ボリュームの断片化状況の分析だけを実行する。

-r

64MB未満の断片化ファイルだけを最適化する。

-w

すべての断片化ファイルを最適化する。

-f

ボリュームに十分な空きディスク容量がない場合でも実行する。

-v

断片化の統計情報を含む詳細情報を表示する。

■ スイッチとオプション（構文3）

ボリューム名

C:などのドライブ文字、ボリュームマウントポイント、ボリュームのGUIDを指定する。

-a

ボリュームの断片化状況の分析だけを実行する。

-f

　ボリュームに十分な空きディスク容量がない場合でも実行する。

-v

　断片化の統計情報を含む詳細情報を表示する。

実行例

　C:ドライブを分析して統計情報と進捗を表示する。この操作には管理者権限が必要。

```
C:¥Work>Defrag C: /a /u /v

(C:) の 分析 を起動しています...

        分析: 100% 完了しました。

操作は正常に終了しました。

Post Defragmentation Report:

        ボリューム情報:
                ボリューム サイズ       = 476.16 GB
                クラスター サイズ       = 4 KB
                使用領域                = 228.07 GB
                空き領域                = 248.09 GB

        断片化:
                断片化された領域の合計     = 8%
                ファイルあたりの断片の平均 = 1.07

                移動可能なファイルとフォルダー = 446787
                移動不可のファイルとフォルダー = 13
(中略)
        マスター ファイル テーブル (MFT):
                MFT サイズ              = 969.00 MB
                MFT レコード数          = 992255
                MFT 使用量              = 100%
                MFT 断片化の合計        = 9

        注意: 64 MB よりも大きいファイルの断片は、断片化の統計情報には含まれません。

        このボリュームを最適化する必要はありません。
```

■ コマンドの働き

　たとえばハードディスクでは、ファイルデータが不連続の領域に記録されているとヘッドの移動や回転待ちが発生して、読み書きに余分な時間がかかるようになる。Defrag コマンドは、ファイルデータを連続した領域に移動して結合することで、ファイルアクセスを高速化する。対応ファイルシステムはFAT、FAT32、NTFS、ReFSで、exFAT ファイルシステムなどには使用できない。

XP | 2003 | 2003R2 | Vista | 2008 | 2008R2 | 7 | 2012 | 8 | 2012R2 | 8.1 | 10
2016 | 2019 | 2022 | 11 | UAC

構文

Dskpart [/s スクリプトファイル名]

スイッチとオプション

/s スクリプトファイル名
　　Diskpartコマンドをバッチ実行する際に、サブコマンドやパラメータを記述したファ
　　イルを指定する。省略すると対話モードで起動する。

NoErr
　　スクリプト中でサブコマンドと併用して、エラーが発生しても処理を継続する。バッ
　　チ実行時にだけ使用可能。

操作可能なパーティションとボリューム

　　Diskpartコマンドは次のパーティションとボリュームを操作できる。

パーティション	説明
Primary	プライマリパーティション
Extended	拡張パーティション
Logical	論理ドライブ
Efi	EFI（Extensible Firmware Interface）システムパーティション
Msr	マイクロソフト予約（MSR：Microsoft Reserved）パーティション

ボリューム	説明
Simple	シンプルボリューム（パーティションとほぼ同じ）
Stripe	ストライプボリューム。2つ以上のディスクを使用する
Raid	RAID-5ボリューム（Windows Server ファミリだけ）。3つ以上のディスクを使用する
Mirror	ミラーボリューム（Windows Server ファミリだけ）。2つのディスクを使用する
（なし）	スパンボリューム。シンプルボリュームにディスクを追加して領域を拡張（Extend）することで作成できる。2つ以上のディスクを使用する

サブコマンド

　　Diskpartコマンドには、スクリプトファイルを使ったバッチ実行モードと、スイッチ
とオプションを入力する対話モードがある。どちらのモードも次のサブコマンドを使って
パーティションやボリュームを操作する。サブコマンドとオプションは短縮できる。サブ
コマンドのヘルプは「Help サブコマンド」で表示できる。

Active（短縮形：Act）
　　「Select Partition」サブコマンドで選択したパーティションをアクティブに設定して、
　　OSを起動可能にする。

Add Disk=ミラーディスク番号 [Align=アライメント境界までのバイト数] [Wait] [NoErr]

「Select Volume」サブコマンドで選択したシンプルボリュームを、既存のミラーボリュームのメンバーとして追加する。

オプション	説明
Disk=ミラーディスク番号	ミラーボリュームのあるディスクの番号を指定する
Align=アライメント境界までのバイト数	ディスク先頭から直近のアライメント境界までのバイト数を指定する
Wait	ミラーの同期完了を待つ

Assign [Letter=ドライブ文字 | Mount=ボリュームマウントポイント] [NoErr]（短縮形：Ass）

「Select Volume」サブコマンドで選択したボリュームにドライブ文字やマウントポイントを割り当てる。

オプション	説明
Letter=ドライブ文字	C: などのドライブ文字を指定する。省略すると次に利用できるドライブ文字を割り当てる
Mount=ボリュームマウントポイント	ボリュームマウントポイントのパスを指定する

Attributes Disk [{Set | Clear}] [ReadOnly] [NoErr]（短縮形：Att Dis）

「Select Disk」サブコマンドで選択したディスクの属性を設定する。設定または解除できる属性は読み取り専用属性だけ。 **Vista 以降**

オプション	説明
Set	属性を設定する
Clear	属性を解除する
ReadOnly	読み取り専用にする

Attributes Volume [{Set | Clear}] [{Hidden | ReadOnly | NoDefaultDriveLetter | ShadowCopy}] [NoErr]（短縮形：Att Vol）

「Select Volume」サブコマンドで選択したボリュームの属性を表示または設定する。MBR形式のディスクでは、設定した属性がディスク内の全ボリュームに適用される。GPT（GUID Partition Table）形式のディスクでは、選択したボリュームにだけ適用される。 **Vista 以降**

オプション	説明
Set	属性を設定する
Clear	属性を解除する
Hidden	非表示にする
ReadOnly	読み取り専用にする
NoDefaultDriveLetter	既定でドライブ文字を割り当てない
ShadowCopy	シャドウコピー用にする

Attach Vdisk [ReadOnly] [{Sd=SDDL | UseFileSd}] [NoDriveLetter] [NoErr]（短縮形：Atta Vdi）

「Select Vdisk」サブコマンドで選択した仮想ディスクファイル（VHD：Virtual Hard Disk）を取り付ける（アタッチ）。 **2008R2 以降**

オプション	説明
ReadOnly	読み取り専用としてアタッチする
Sd=SDDL	仮想ディスクのセキュリティ設定を、セキュリティ記述子（SDDL：Security Descriptor Definition Language）で指定する

2

UseFileSd	仮想ディスクファイル自体のセキュリティ記述子を仮想ディスクに適用する
NoDriveLetter	ドライブ文字を割り当てないで、アタッチした仮想ディスク内の全ボリュームをマウントする `10 1903 以降` `2022` `11`

AutoMount [{Enable | Disable}] [Scrub] [NoErr]（短縮形：Aut）

ベーシックディスクに対して、ボリュームの自動マウント（ドライブ文字やGUIDの自動割り当て）機能を表示または設定する。 `2003 以降`

・ベーシックディスクとダイナミックディスクの両方に対して実行可能。 `Vista 以降`

オプション	説明
Enable	自動マウントを有効にする
Disable	自動マウントを無効にする
Scrub	なくなったボリュームが使用していた、ボリュームマウントポイントとレジストリ設定を削除する

Break Disk=ミラーディスク番号 [NoKeep] [NoErr]（短縮形：Bre）

「Select Volume」サブコマンドで選択したミラーボリュームから指定したディスクを外す。

オプション	説明
Disk=ミラーディスク番号	ミラーから外すディスクの番号を指定する。指定されなかったメンバーは、ミラーの元になるボリュームとして残る
NoKeep	ミラーから外したボリュームのデータを破棄して空き領域にする

Clean [All]（短縮形：Cle）

「Select Disk」サブコマンドで選択したディスクのパーティションやボリューム情報を消去する。Allを指定すると、ディスク上の全セクタをゼロで埋めて完全に消去する。

Compact Vdisk（短縮形：Com Vdi）

「Select Vdisk」サブコマンドで選択した仮想ディスクファイルを圧縮してファイルサイズを縮小する。 `2008R2 以降`

Convert {Basic | Dynamic | Gpt | Mbr} [NoErr]（短縮形：Con {Bas | Dyn | Gpt | Mbr}）

「Select Disk」サブコマンドで選択したディスクに対して、ベーシックディスクとダイナミックディスク、GPT形式とMBR形式を相互に変換する。

Create Partition パーティション形式 [Size=パーティションサイズ] [Offset=オフセット値] [Id={16進数 | GUID}] [Align=アライメント境界までのバイト数] [NoErr]（短縮形：Cre Par {Efi | Ext | Log | Msr | Pri}）

「Select Disk」サブコマンドで選択したディスクに対して、パーティションを作成する。

パーティション形式	説明
Efi	GPT 形式のディスクに EFI システムパーティションを作成する
Extended	MBR 形式のディスクに拡張パーティションを作成する
Logical	MBR 形式のディスクで、拡張パーティション内に論理パーティションを作成する
Msr	GPT 形式のディスクに MSR パーティションを作成する
Primary	ベーシックディスクにプライマリパーティションを作成する

オプション	説明
Size=パーティションサイズ	パーティションサイズを MB 単位で指定する。省略すると最大限の領域をパーティションに割り当てる
Offset=オフセット値	パーティションの開始位置をオフセット値（KB）で指定する

前ページよりの続き

Id={*16進数* | *GUID*}	Primary 指定時に、独自のパーティション種別でパーティションを作成する場合、16 進数（MBR 形式）または GUID（GPT 形式）でパーティション種別を指定する（Set Id サブコマンドも参照）。 例）回復パーティションを指定する場合 ・MBR──0x27 ・GPT──de94bba4-06d1-4d40-a16a-bfd50179d6ac
Align=*アライメント境界までのバイト数*	Primary、Extended、Logical 指定時に、ディスク先頭から直近のアライメント境界までのバイト数を指定する

Create Volume *ボリューム形式* [Size=*ボリュームサイズ*] Disk=*ディスク番号* [Align=*アライメント境界までのバイト数*] [NoErr]（短縮形：Cre Vol {Rai \| Sim \| Str \| Mir}）

指定したディスクを使ってボリュームを作成する。

ボリューム形式	最小ディスク数	説明
Raid	3	ダイナミックディスクに RAID-5 ボリュームを作成する
Simple	1	ダイナミックディスクにシンプルボリュームを作成する
Stripe	2	ダイナミックディスクにストライプボリュームを作成する
Mirror	2	ダイナミックディスクにミラーボリュームを作成する **2008R2 以降**

オプション	説明
Size=*ボリュームサイズ*	Raid、Stripe、Mirror 指定時に、各メンバーディスクにおいて、ボリューム用に割り当てる容量を MB 単位で指定する。省略すると全メンバーディスクの中で最小容量のボリュームのサイズに合わせるように、全メンバーディスクに同容量のボリュームを割り当てる。Simple 指定時に、ボリュームの容量を MB 単位で指定する。省略するとディスク内の最大限の領域をボリュームに割り当てる
Disk=*ディスク番号*	ボリュームに割り当てるディスク番号を、カンマで区切って 1 つ以上指定する
Align=*アライメント境界までのバイト数*	ディスク先頭から直近のアライメント境界までのバイト数を指定する

Create Vdisk File=*ファイル名* Maximum=*最大ファイルサイズ* [{Type={Fixed \| Expandable} \| Parent=*親ファイル名* \| Source=*ソースファイル名*}] [Sd=*SDDL*] [NoErr]（短縮形：Cre Vdi）

仮想ディスクファイルを作成する。 **2008R2 以降**

オプション	説明
File=*ファイル名*	仮想ディスクファイルの名前を指定する
Maximum=*最大ファイルサイズ*	仮想ディスクファイルの最大ファイルサイズを MB 単位で指定する
Type={Fixed | Expandable}	仮想ディスクファイルのサイズを固定または拡張可にする。Fixed を指定すると固定サイズになる。Expandable を指定すると拡張可になり、ファイルは最小 80MB で作成されて、データを書き込むことで最大 24GB まで拡張できる。Type オプション、Parent オプション、Source オプションのいずれも指定しない場合は、Type=Fixed を使用する
Parent=*親ファイル名*	仮想ディスクファイルに差分ファイルを作成する場合の、元となるファイル名を指定する
Source=*ソースファイル名*	仮想ディスクファイルをコピーして作成する場合の、元となるファイル名を指定する
Sd=*SDDL*	仮想ディスクファイルのセキュリティ記述子を SDDL 形式で指定する

Delete *操作対象* [Override] [NoErr]（短縮形：Del {Dis | Par | Vol}）

Select サブコマンドで選択したディスク、パーティション、ボリュームを削除する。

操作対象	説明
Disk	ダイナミックディスクを削除する。Override を指定すると、ディスク上のすべての シンプルボリュームも削除する。ミラーボリュームでは有効だが、RAID-5 ボリューム では無効
Partition	パーティションを削除する。Override を指定すると、パーティションの種別にかか わらず削除する
Volume	ボリュームまたはドライブを削除する

Detail *操作対象*（短縮形：Det {Dis | Par | Vol | Vdi}）

Select サブコマンドで選択したディスク、パーティション、ボリュームの詳細情報を 表示する。

操作対象	説明
Disk	ディスクの詳細情報を表示する
Partition	パーティションの詳細情報を表示する
Volume	ボリュームまたはドライブの詳細情報を表示する
Vdisk	仮想ディスクファイルの詳細情報を表示する

Detach Vdisk [NoErr]（短縮形：Detac Vdi）

「Select Vdisk」サブコマンドで選択した仮想ディスクファイルを取り外す（デタッチ）。
2008R2 以降

Exit（短縮形：Exi）

Diskpart コマンドを終了する。

Extend [Filesystem] [Size=*サイズ*] [Disk=*ディスク番号*] [NoErr]（短縮形：Ext）

Select サブコマンドで選択したシンプルボリュームやパーティションのサイズを拡張 する。ストライプボリューム、ミラーボリューム、RAID-5ボリュームは拡張できない。

オプション	説明
Filesystem	拡張後のボリューム全体に適合するように、ファイルシステムを拡張する
Size=*サイズ*	拡張する容量を MB 単位で指定する。省略すると最大限の領域をボリューム やパーティションに割り当てる
Disk=*ディスク番号*	スパンボリュームの拡張先に割り当てるディスクを指定する

Expand Vdisk Maximum=*仮想ディスクサイズ*（短縮形：Exp Vdi）

「Select Vdisk」サブコマンドで選択した仮想ディスクで使用可能な最大サイズを拡張 する。仮想ディスクサイズには、新しい仮想ディスクサイズをMB単位で指定する。
2008R2 以降

Filesystems（短縮形：Fil）

「Select Volume」サブコマンドで選択したボリューム上のファイルシステム情報を表 示する。**Vista 以降**

Format [{[Fs=*ファイルシステム*] [Revision=*リビジョン*] | Recommended}] [Label=*ボ リュームラベル*] [Unit=*アロケーションユニットサイズ*] [Quick] [Compress] [Override] [Duplicate] [NoWait] [NoErr]（短縮形：For）

Select サブコマンドで選択したボリュームやパーティションをフォーマットする。使 用可能なファイルシステム、リビジョン番号、アロケーションユニットサイズは、 Format.com コマンドのスイッチとオプションを参照。**Vista 以降**

オプション	説明
Fs=ファイルシステム	NTFS などのファイルシステムを指定する。省略すると Filesystems サブコマンドで表示されるファイルシステムを使用する
Revision=リビジョン	ファイルシステムに UDF を指定した場合、リビジョンも指定できる
Recommended	推奨されるファイルシステムとリビジョンを使用する。推奨値は Filesystems サブコマンドで表示できる
Label=ボリュームラベル	ボリュームラベルを指定する
Unit=アロケーションユニットサイズ	アロケーションユニットサイズを指定する。既定のアロケーションユニットサイズは Filesystems サブコマンドで表示できる
Quick	クイックフォーマットする
Compress	NTFS 圧縮を有効にする
Override	必要に応じてボリュームを強制的にアンマウントする
Duplicate	UDF ファイルシステムで UDF リビジョンが 2.50 以降の場合、修復などのためにメタデータの複製を作成する
NoWait	バックグラウンドでフォーマットを実行してすぐにプロンプトに戻る

Gpt Attributes=属性値

「Select Partition」サブコマンドで選択した GPT 形式ディスク上のパーティションに属性を設定する。属性値には以下の基本値を加算した値を設定する。 **2003 以降**

属性値	説明
0x0000000000000001	パーティション必須。このパーティションを削除してはならない
0x8000000000000000	ドライブ文字を自動的に割り当てない
0x4000000000000000	ボリュームを非表示にする
0x2000000000000000	他のボリュームのシャドウコピーにする
0x1000000000000000	ボリュームを読み取り専用にする

Help [サブコマンド名 [オプション]] (短縮形:Hel)

サブコマンドの使い方を表示する。サブコマンドだけを指定すると、多くの場合そのサブコマンドで使用可能なオプションの一覧を表示する。オプションまで指定すると、オプションを含めた詳細な使い方を表示する。

Import [NoErr] (短縮形:Imp)

「Select Disk」サブコマンドで選択したダイナミックディスクで、外部のディスクグループをローカルにインポートする。

Inactive (短縮形:Ina)

「Select Partition」サブコマンドで選択したパーティションを非アクティブにする。

List 操作対象 (短縮形:Lis {Dis | Par | Vol | Vdi})

ディスク、パーティション、ボリューム、仮想ディスクを表示する。

操作対象	説明
Disk	ディスクの情報を表示する
Partition	選択したディスク上のパーティション情報を表示する
Volume	ボリュームまたはドライブの情報を表示する
Vdisk	仮想ディスクの情報を表示する

Merge Vdisk Depth=結合レベル (短縮形:Mer Vdi)

「Select Vdisk」サブコマンドで選択した仮想ディスクファイルを親ディスクとして、差分ディスクを結合する。結合レベルには、何レベル分の差分を結合するか指定する。
2008R2 以降

Online {Disk | Volume} [NoErr]（短縮形：Onl {Dis | Vol}）
　　Selectサブコマンドで選択したディスクやボリュームをオンラインにする。

Offline {Disk | Volume} [NoErr]（短縮形：Off {Dis | Vol}）
　　Select サブコマンドで選択したディスクやボリュームをオフラインにする。
　　Vista 以降

Recover [NoErr]（短縮形：Rec）
　　Selectサブコマンドで選択したディスクグループ内の全ディスクを最新の状態に更新
　　し、ミラーボリュームとRAID-5ボリュームの回復と再同期を実行する。**Vista 以降**

Rem
　　スクリプト中にコメント行を記述する。

Remove [{Letter= ドライブ文字 | Mount=ボリュームマウントポイント | All}] [Dismount]
[NoErr]（短縮形：Remo）
　　「Select Volume」サブコマンドで選択したボリューム上のドライブ文字やボリューム
　　マウントポイントを削除する。オプションを省略すると、最初に見つかったドライブ
　　文字やボリュームマウントポイントを削除する。

オプション	説明
Letter=ドライブ文字	削除するドライブ文字を指定する
Mount=ボリュームマウントポイント	削除するボリュームマウントポイントを指定する
All	ドライブ文字とボリュームマウントポイントを両方削除する
Dismount	ボリュームをマウント解除してオフラインにする

Repair Disk=ディスク番号 [Align=アライメント境界までのバイト数] [NoErr]（短縮形：
Rep）
　　「Select Volume」サブコマンドで選択したRAID-5ボリュームにおいて、障害が発生
　　したメンバーディスクを、ディスク番号で指定したディスクと交換してボリュームを
　　修復する。

オプション	説明
Disk=ディスク番号	メンバーに加えるディスクを指定する
Align=アライメント境界までのバイト数	ディスク先頭から直近のアライメント境界までのバイト数を指定する

Rescan（短縮形：Res）
　　システムに追加された新しいディスクをスキャンする。

Retain（短縮形：Ret）
　　「Select Volume」サブコマンドで選択したダイナミックディスク上のシンプルボリュー
　　ムを、ブートボリュームまたはシステムボリュームとして使用可能にする。

San [Policy=ポリシー] [NoErr]
　　システムのSAN（Storage Area Network）ポリシーを表示または設定する。ポリシー
　　には、SAN上の新しいディスクに対する動作として次のいずれかを指定する。
　　Vista 以降

ポリシー	説明
OnlineAll	新しく検出したディスクをオンラインにして読み読み書き可能にする
OfflineAll	ブートディスクを除いて、新しく検出したディスクをオフラインにして読み取り専用にする
OfflineShared	共有バス上にない、新しく検出したディスク（SCSIやiSCSIなど）をオンラインにして読み書き可能にする（既定値）

前ページよりの続き

| OfflineInternal | 新たに検出された内部ディスクを、オフラインにして読み取り専用にする **2012 以降** |

Select Disk={ディスク番号 | ディスクのパス | System | Next}(短縮形:Sel Dis)

操作対象のディスクを、ディスク番号、ディスクのパス(PCIROOT(0)#PCI(0100)#ATA(C00T00L01)など)、System(システムディスク)、Next(一覧内の次のディスク、巡回)で選択する。Systemを指定すると、BIOSシステムではディスク0を、UEFIシステムでは現在のブートに使用したESP(EFI System Partition)のあるディスクを選択する。

Select Partition=パーティション番号(短縮形:Sel Par)

「Select Disk」サブコマンドで選択したディスク内で、操作対象のパーティションを番号で選択する。

Select Volume={ボリューム番号 | パス}(短縮形:Atta Vdi)

操作対象のボリュームを、ボリューム番号、ドライブ文字、ボリュームマウントポイントのパスで選択する。

Select Vdisk File= ファイル名 [NoErr](短縮形:Sel Vdi)

操作対象の仮想ディスクファイルをパスで選択する。 **2008R2 以降**

Set Id={16進数 | GUID} [Override] [NoErr]

「Select Partition」サブコマンドで選択したパーティションの種別を指定する。 **Vista 以降**

オプション	説明
Id={16進数	GUID}	独自のパーティション種別を指定する場合、0xを省略した16進数(MBR形式)、またはGUID(GPT形式)でパーティション種別を指定する
Override	必要に応じてボリュームを強制的にアンマウントする

Shrink {QueryMax | [Desired=縮小したいサイズ] [Minimum=縮小したい最小サイズ]}
[NoWait] [NoErr](短縮形:Shr)

「Select Volume」サブコマンドで選択したシンプルボリュームまたはスパンボリュームで、フォーカスのあるボリュームのサイズを縮小する。 **Vista 以降**

オプション	説明
QueryMax	縮小可能なサイズをバイト単位で表示する
Desired=縮小したいサイズ	縮小したいサイズをMB単位で指定する。省略すると最大限の縮小を実行する
Minimum=縮小したい最小サイズ	縮小したい最小サイズをMB単位で指定する。省略するとDesiredオプションで指定したサイズまたは最大限の縮小を実行する
NoWait	バックグラウンドで実行してすぐにプロンプトに戻る

Uniqueld Disk [Id={16進数 | GUID}] [NoErr](短縮形:Uni Dis)

「Select Disk」サブコマンドで選択したディスクのMBR署名やGPT GUIDを表示または設定する。Idには、ディスクがMBR形式の場合は署名を8桁の16進数(DWORD)で指定する。GPT形式の場合はGUIDで指定する。 **Vista 以降**

実行例

ディスク2～4をダイナミックディスクに変換してRAID-5ボリュームを作成し、NTFSファイルシステムでフォーマットしてF:ドライブを割り当てる。

この操作には管理者権限が必要。

2 ファイルとディスク操作編

```
C:\Work>Diskpart

Microsoft DiskPart バージョン 10.0.20348.1

Copyright (C) Microsoft Corporation.
コンピューター: WS22STDC1

DISKPART> Select Disk 2

ディスク 2 が選択されました。

DISKPART> Convert Dynamic

DiskPart は選択されたディスクをダイナミック フォーマットに正常に変換しました。

DISKPART> Select Disk 3

ディスク 3 が選択されました。

DISKPART> Convert Dynamic

DiskPart は選択されたディスクをダイナミック フォーマットに正常に変換しました。

DISKPART> Select Disk 4

ディスク 4 が選択されました。

DISKPART> Convert Dynamic

DiskPart は選択されたディスクをダイナミック フォーマットに正常に変換しました。

DISKPART> Create Volume Raid Size=10220 Disk=2,3,4

DiskPart はボリュームを正常に作成しました。

DISKPART> List Volume

  Volume ### Ltr Label        Fs     Type        Size     Status     Info
  ---------- --- -----------  ----   ----------  -------  ---------  --------
  Volume 0    E   ReFSDrive   ReFS   シンプル      59 GB  正常
  Volume 1    D                      DVD-ROM       0 B    メディアなし
  Volume 2    C               NTFS   Partition    59 GB  正常         ブート
  Volume 3                    FAT32  Partition   100 MB  正常         システム
  Volume 4                    NTFS   Partition   597 MB  正常         非表示
* Volume 5                    RAW    RAID-5       19 GB  正常

DISKPART> Select Volume 5

ボリューム 5 が選択されました。

DISKPART> Format fs=NTFS
```

```
100% 完了しました

DiskPart は、ボリュームのフォーマットを完了しました。

DISKPART> Assign Letter=F:

DiskPart はドライブ文字またはマウント ポイントを正常に割り当てました。
```

▐ コマンドの働き

Diskpartコマンドは、ディスク、パーティション、ボリュームと、ディスク形式、ファイルシステム、ドライブ文字などを操作する。

Diskshadow.exe　　　ボリュームシャドウコピーを管理する

2 ファイルとディスク操作編

| 2008 | 2008R2 | 2012 | 2012R2 | 2016 | 2019 | 2022 | **UAC** |

構文

Diskshadow [/s スクリプトファイル名] [パラメータ] [/l ログファイル名]

▐ スイッチとオプション

/s スクリプトファイル名

非対話モードでDiskshadowコマンドを自動実行する際に、処理を記述したスクリプトファイルを指定する。

パラメータ

スクリプトに引き渡すデータを指定する。スクリプト中では、パラメータの並び順に変数「%DISKSH_PARAM_<1から始まる連番>%」で参照できる。

/l ログファイル名

ログファイル名を指定する。対話モードでも非対話モードでも使用できる。

▐ サブコマンド

Diskshadowコマンドには、スクリプトファイルを使ったバッチ実行モードと、スイッチとオプションを入力する対話モードがある。どちらのモードも次のサブコマンドを使ってボリュームシャドウコピーサービス(VSS:Volume Shadow Copy Service)を操作する。

Helpサブコマンドがないので、サブコマンドのヘルプを表示するには、サブコマンドやオプションに続いて無意味な文字を入力する。サブコマンドとオプションは短縮できない。

Add

現在追加されているボリュームとエイリアスを表示する。

Add Alias エイリアス名 値

指定した名前と値でエイリアスを追加する。

Add Volume ボリューム [Provider プロバイダID] [Alias エイリアス名]

シャドウコピーの作成先となるボリュームや共有フォルダを追加する。シャドウコピー作成時に使用するVSSプロバイダをIDで指定できる。プロバイダIDは「List Providers」コマンドで表示できる。また、シャドウコピーに対するエイリアス名を指定できる。

Add Shadow シャドウコピーID [追加先ボリューム]

指定したシャドウコピーを回復セットに追加する。 `2008R2 以降`

Begin {Backup | Restore}

完全なバックアップまたは復元を開始する。

Break [ReadWrite] [NoRevertId] シャドウコピーセットID

シャドウコピーセットに割り当てたボリュームをVSSの管理から外し、通常のボリュームとして読み取り可能にする。ReadWriteオプションを指定すると、ボリュームを読み書き可能にする。NoRevertIdオプションを指定すると、シャドウコピーディスクのIDを元に戻さない。

Create

シャドウコピーを作成する。

Delete Shadows {All | Volume ボリューム | Oldest ボリューム | Set シャドウコピーセットID | Id シャドウコピーID | Exposed { ドライブ | 共有フォルダ | マウントポイント }}

指定したシャドウコピーを削除する。

オプション	説明
All	すべてのシャドウコピーを削除する
Volume ボリューム	指定したボリュームまたは共有フォルダの、すべてのシャドウコピーを削除する
Oldest ボリューム	指定したボリュームまたは共有フォルダの、最も古いシャドウコピーを削除する
Set シャドウコピーセットID	指定したシャドウコピーセット内のシャドウコピーを削除する
Id シャドウコピーID	指定したシャドウコピーを削除する
Exposed { ドライブ	共有フォルダ	マウントポイント}	指定したドライブ、共有フォルダ、またはマウントポイントに露出したシャドウコピーを削除する

End {Backup | Restore}

完全なバックアップまたは復元を終了する。

Exec バッチファイル名

指定したバッチファイルを実行する。ファイルの拡張子は.cmdでなくてもよい。

Exit

Diskshadowコマンドを終了する。

{Expose | Unexpose} シャドウコピーID { ドライブ | 共有フォルダ | マウントポイント }

Exposeは、シャドウコピーを露出(指定したドライブ、共有フォルダ、またはマウントポイントに表示)して操作可能にする。Unexposeは露出を解除する。

Import

Load Metadataコマンドで読み込んだメタデータから、転送可能なシャドウコピーをインポートする。

List Providers

VSSプロバイダを表示する。

2

ファイルとディスク操作編

List Shadows {All | Set シャドウコピーセット ID | Id シャドウコピー ID }

　GUIDで指定したシャドウコピーセットまたはシャドウコピーを表示する。Allを指定すると全シャドウコピーを表示する。

List Writers [{Metadata | Detailed | Status}]

　VSSライターを表示する。

表示	説明
Metadata	VSS ライター情報を表示する（既定値）
Detailed	ファイルリストを含む詳細情報を表示する
Status	VSS ライターの ID と状態だけを表示する

Load Metadata メタデータ .cab

　転送可能なシャドウコピーのインポートや復元の前に、メタデータを保存したキャビネットファイルを読み込む。

Mask シャドウコピーセット ID

　シャドウコピーディスクを削除する。

Set

　現在のオプション設定とエイリアスを表示する。

Set Context {ClientAccessible | Persistent [NoWriters] | Volatile [NoWriters]}

　シャドウコピーの性質を設定する。

性質	説明
ClientAccessible	クライアント OS の Windows でも使用できる形式にする
Persistent	シャドウコピーを永続的なものとし、アプリケーションの終了後もシャドウコピーを保持する
Persistent NoWriters	シャドウコピーを永続的なものとし、すべての VSS ライターを除外する
Volatile	シャドウコピーを揮発的なものとし、アプリケーションの終了後はシャドウコピーを消去する（既定値）
Volatile NoWriters	シャドウコピーを揮発的なものとし、すべての VSS ライターを除外する

Set Metadata メタデータ .cab

　シャドウコピーを他のコンピュータにコピーする際に使用する、キャビネットファイル（拡張子 .cab）を指定する。

Set Option {Differential | Plex | Transportable | RollbackRecover | TxfRecover | NoAutoRecover}

　シャドウコピーの作成と回復オプションを設定する。

オプション	説明
Differential	差分シャドウコピーを作成する。Plex オプションとは併用できない
Plex	完全なシャドウコピーを作成する。Differential オプションとは併用できない
Transportable	シャドウコピーを未インポート状態にして、コンピュータ間で移動可能にする
RollbackRecover	自動回復のシグナルを VSS ライターに送信する。NoAutoRecover オプションとは併用できない
TxfRecover	トランザクションの整合性を保つようにシャドウコピーを作成するよう、VSS に要求する。NoAutoRecover オプションとは併用できない
NoAutoRecover	VSS ライターとファイルシステムで、自動回復を停止する。RollbackRecover オプションおよび TxfRecover オプションとは併用できない

Set Verbose {On | Off}

詳細モードをオンまたはオフにする。既定値はオフ。

Simulate Restore

復元操作をシミュレートする。復元は行わない。

Reset

Diskshadowコマンドを既定の状態にリセットする。

Resync [NoVolCheck] [Revert_OriginalSig]

回復セットに追加したシャドウコピーを、ボリュームと再同期する。NoVolCheckオプションを指定すると、ボリュームの安全性確認を行わない。Revert_OriginalSigオプションを指定すると、スナップショットを作成したLUNの署名と同じになるように、ターゲットLUNの署名を設定する。 **2008R2 以降**

Revert シャドウコピーID

指定したシャドウコピーを使ってボリュームを元に戻す。

Writer {Verify | Exclude} {VSS ライターID | VSS ライター名 }

IDまたは名前で指定したVSSライターがある場合、またはない場合の、バックアップや復元の動作を指定する。

動作	説明
Verify	指定した VSS ライターが含まれていない場合、バックアップや復元操作を失敗させる
Exclude	指定した VSS ライターを、バックアップまたは復元から除外する

実行例

E:ドライブをシャドウコピーの作成先に追加して、シャドウコピーを作成する。この操作には管理者権限が必要。

```
DISKSHADOW> Add Volume e:

DISKSHADOW> Create
シャドウ ID {c21a4d9a-b71e-4ba4-acaa-46cb02eeff8d} のエイリアス VSS_SHADOW_1 は環境
変数として設定されています。
シャドウ セット ID {a5cfd0ed-f8c4-48d9-8db1-07168b29bf2b} のエイリアス VSS_SHADOW_
SET は環境変数として設定されています。

シャドウ コピー セット ID {a5cfd0ed-f8c4-48d9-8db1-07168b29bf2b} を使用してすべての
シャドウ コピーを照会しています

        * シャドウ コピー ID = {c21a4d9a-b71e-4ba4-acaa-46cb02eeff8d}
%VSS_SHADOW_1%
                - シャドウ コピー セット: {a5cfd0ed-f8c4-48d9-8db1-07168b29bf2b}
        %VSS_SHADOW_SET%
                - シャドウ コピーのオリジナル カウント数 = 1
                - 元のボリューム名: \\?\Volume{16660adf-425c-11e5-80d2-
000c29d6ab7b}\ [E:\]
                - 作成時間: 2015/10/05 23:52:13
                - シャドウ コピー デバイス名: \\?\GLOBALROOT\Device\HarddiskVolumeSh
adowCopy6
                - 作成元のコンピューター: ws12r2stdc1.ad2012r2.local
```

```
          - サービス コンピューター: ws12r2stdc1.ad2012r2.local
          - 露出されていません
          - プロバイダー ID: {b5946137-7b9f-4925-af80-51abd60b20d5}
          - 属性: Auto_Release Differential

一覧表示したシャドウ コピーの数: 1
```

◢ コマンドの働き

Diskshadow コマンドは、VSSで使用するボリュームや転送可能なシャドウコピーのインポート、ハードウェアシャドウコピーなどを管理する。

Expand.exe　　　　　　　　　キャビネットファイルを展開する

| 2000 | XP | 2003 | 2003R2 | Vista | 2008 | 2008R2 | 7 | 2012 | 8 | 2012R2 | 8.1 |
| 10 | 2016 | 2019 | 2022 | 11 |

構文

Expand [{-r | -i | -d}] *展開元ファイル名* [-f:*ファイル名*] [*展開先*]

◢ スイッチとオプション

-r

展開されたファイルの名前を変更する。

-i

フォルダ階層を無視して展開し、展開されたファイルの名前を変更する。
2008R2 以降

-d

キャビネットファイルの内容を表示する。

展開元ファイル名

操作対象のキャビネットファイル名(拡張子 .cab)を指定する。ワイルドカード「?」「*」を使用できる。

-f:*ファイル名*

キャビネットファイルから展開したいファイルの名前を指定する。ワイルドカード「?」「*」を使用できる。

展開先

展開先のファイル名または既存のフォルダ名を指定する。

実行例

更新プログラムのキャビネットファイルを展開する。

```
C:\Work>Expand windows10.0-kb5019419-x64_fbec3e0763525ba32ef4580fb0fef54193f04d76.
cab -f:* .\KB5019419
Microsoft (R) File Expansion Utility
Copyright (c) Microsoft Corporation. All rights reserved.
```

```
.¥KB5019419¥en-us¥mediasetupuimgr.dll.mui を展開キューに追加しています
.¥KB5019419¥en-gb¥mediasetupuimgr.dll.mui を展開キューに追加しています
.¥KB5019419¥es-mx¥mediasetupuimgr.dll.mui を展開キューに追加しています
.¥KB5019419¥es-es¥mediasetupuimgr.dll.mui を展開キューに追加しています
 (中略)
.¥KB5019419¥cs-cz¥compatresources.dll.mui を展開キューに追加しています
.¥KB5019419¥da-dk¥compatresources.dll.mui を展開キューに追加しています

ファイルを解凍しています...

ファイルの解凍が完了しました...
合計 148 ファイル
```

■ コマンドの働き

Expandコマンドは、キャビネットファイルを展開する。キャビネットファイルは Makecab コマンドで作成できる。

Fc.exe ファイルを比較する

2000 | XP | 2003 | 2003R2 | Vista | 2008 | 2008R2 | 7 | 2012 | 8 | 2012R2 | 8.1
10 | 2016 | 2019 | 2022 | 11

構文

Fc [/a] [/b] [/c] [/l] [/Lb*不一致行数*] [/n] [/Off[line]] [/t] [/u] [/w] [/*一致行数*] *ファイル名1 ファイル名2*

■ スイッチとオプション

/a

違いがあるブロックの1行目と最後の行だけを表示する。

/b

バイナリモードで比較する。ファイル名に実行ファイルを指定した際の既定のモード。他のスイッチは併用できない。

/c

アルファベットの大文字と小文字を区別しない。

/l

テキストモードで比較する。ファイル名に実行ファイル以外を指定した際の既定のモード。

/Lb*不一致行数*

不一致行数のバッファサイズを行単位で指定する。連続した不一致行数が指定の数を超えると比較操作を中止する。既定値は100行。

/n

行番号を表示する。

/Off[line]

オフライン属性が設定されたファイルを比較対象に含める。 **XP以降**

/t

タブをスペースに変換しない。既定ではタブを8文字分のスペースとして扱う。

/u

文字をUnicodeとして扱う。

/w

連続した空白(タブとスペース)を1つのスペースとして扱い、行頭と行末のスペースを無視する。

/一致行数

不一致行のあとに、指定した行数だけ一致する行があれば不一致行としてのカウントをやめて、新しい比較の起点とする。既定値は2行。

ファイル名

比較するファイルまたはファイル群を2つ指定する。ワイルドカード「?」「*」を使用できる。ファイル群を指定すると同名のファイルどうしを比較する。

実行例

2つのテキストファイルFile1.txtとtest1.txtの相違点を表示する。

```
C:¥Work>Fc /n File1.txt test1.txt
ファイル File1.txt と TEST1.TXT を比較しています
***** File1.txt
    1:  AAA
    2:  BBB
    3:  CCC
***** TEST1.TXT
    1:  AAA
    2:  ZZZ
    3:  CCC
*****
```

コマンドの働き

Fcコマンドは、ファイルを比較して相違点を表示する。

Find.exe ファイルをキーワードで検索する

2000	XP	2003	2003R2	Vista	2008	2008R2	7	2012	8	2012R2	8.1
10	2016	2019	2022	11							

構文

Find [/v] [/c] [/n] [/i] [/Off[line]] *"検索キーワード"* [*ファイル名*]

スイッチとオプション

/v

検索文字列を含まない行を表示する。

/c

検索文字列を含む行の数を表示する。/vスイッチと併用すると、検索文字列を含まない行数を表示する。

/n

結果に行番号を表示する。

/i

アルファベットの大文字と小文字を区別しない。既定では区別する。

/Off[line]

オフライン属性が設定されたファイルを検索対象に含める。 XP以降

"検索キーワード"

検索する文字列をダブルクォートで括って指定する。ダブルクォートを含む文字列は、さらにダブルクォートで括る。

ファイル名

検索するファイルをスペースで区切って1つ以上指定する。ワイルドカード「?」「*」を使用できる。他のコマンドの出力結果をパイプで受けてFindコマンドの入力とする場合は、ファイル名を省略できる。

実行例

DIRコマンドの出力から「Junction」を含む行を表示する。

```
C:\Work>DIR /a C:\ | Find /i "Junction"
2021/08/20  09:23    <JUNCTION>     Documents and Settings [C:\Users]
```

コマンドの働き

Findコマンドは、ファイルや他のコマンドの出力結果をキーワードで単純一致検索して、一致する行などを表示する。より高機能な検索にはFindstrコマンドが利用できる。

Findstr.exe   ファイルを正規表現で検索する

| 2000 | XP | 2003 | 2003R2 | Vista | 2008 | 2008R2 | 7 | 2012 | 8 | 2012R2 | 8.1 |
| 10 | 2016 | 2019 | 2022 | 11 |

構文

Findstr [/b] [/e] [{/l | /r}] [/s] [/i] [/x] [/v] [/n] [/m] [/o] [/p] [/f:*ファイル名*] [/g:*ファイル名*] [/d:*フォルダ名*] [/a:*色属性*] [/Off[line]] [/c:]*検索キーワード* [*ファイル名*]

スイッチとオプション

/b

行頭からの一致を検索する。

/e

行末からの一致を検索する。

/l

キーワード群をリテラル(表示どおりの文字列)として解釈する。

/r

キーワード群を正規表現として解釈する(既定値)。

/s

カレントフォルダまたはファイル名で指定したフォルダと、そのサブフォルダにある、条件に一致するファイルを操作対象にする。

/i

アルファベットの大文字と小文字を区別しない。

/x

キーワードと完全に一致する行を表示する。

/v

キーワードを含まない行を表示する。

/n

結果に行番号を表示する。

/m

キーワードを含むファイル名だけを表示する。このスイッチを指定すると、/x、/v、/n、/oスイッチは無効になる。

/o

キーワードを発見した位置を、ファイル先頭からのバイト数(オフセット)で表示する。

/p

表示できない文字を含むファイルをスキップする。

/f: *ファイル名*

指定したファイルから検索対象ファイルの一覧を読み取る。

/g: *ファイル名*

指定したファイルからキーワードを読み取る。

/d: *フォルダ名*

検索対象のフォルダを、セミコロン(;)で区切って1つ以上指定する。

/a: *色属性*

2桁の16進数で文字の色と背景色を指定する。色コードはCOLORコマンドを参照。

/Off[line]

オフライン属性が設定されたファイルを検索対象に含める。 **XP 以降**

[/c:] *検索キーワード*

検索する文字列を1つ以上指定する。キーワードには次の正規表現を利用できる。キーワードをスペースで区切って複数指定し、キーワード群全体をダブルクォートで括ると、いずれか1つでも含めば条件に一致したとみなす(OR検索)。キーワード群の前に/c:スイッチを指定すると、キーワード群全体を1つの文字列として扱うため、スペースを含めることができるが、正規表現は利用できない。スペースを含むキーワード群

を複数指定してOR検索する場合は、「/c:*検索キーワード*」を複数指定する。

正規表現	説明
. （ピリオド）	ワイルドカード：任意の1文字
* （アスタリスク）	繰り返し：直前の文字やクラスの0個以上の繰り返し
^ （キャレット）	行位置：行頭
$	行位置：行末
[文字集合]	文字クラス：文字の集合のうちの任意の1文字
[^文字集合]	逆クラス：文字の集合以外の任意の1文字
[x-y]	範囲：指定した範囲内の任意の文字
¥x	エスケープ：メタ文字（特別な意味を持つ文字）x を、文字として使用する
¥<*単語*	単語位置：単語の先頭
単語¥>	単語位置：単語の終わり

ファイル名

検索するファイルをスペースで区切って1つ以上指定する。ワイルドカード「?」「*」を使用できる。他のコマンドの出力結果をパイプで受けてFindstrコマンドの入力とする場合は、ファイル名を省略できる。

実行例

Windowsフォルダ内の拡張子.logのファイルから、文字列「error = 」に続いて1から9までの番号がセットされた行を検索し、ファイル名と行番号、オフセット、該当する行を表示する。

```
C:¥Work>Findstr /i /n /o /p "error.=.[1-9]" %Windir%¥*.log
C:¥Windows¥WindowsUpdate.log:4509:485395:2011-07-07    15:29:38:971    892af4
PT    WARNING: SyncUpdates failure, error = 0x8024400D, soap client error = 7,
soap error code = 300, HTTP status code = 200
C:¥Windows¥WindowsUpdate.log:12807:1335955:2011-07-24  18:03:05:356  88498c
PT    WARNING: ReportEventBatch failure, error = 0x8024400D, soap client error =
7, soap error code = 300, HTTP status code = 200
```

■ コマンドの働き

Findstrコマンドは、正規表現を使用してFindコマンドより柔軟な文字列検索を実行できる。スイッチとオプションは、検索キーワードとファイル名より前に書く必要がある。Findstrコマンド単体では、複数の検索キーワードを指定した絞り込み（AND検索）ができないので、複数のFindstrコマンドをパイプでつないで実行する。

Format.com　　　　　ボリュームをフォーマットする

| 2000 | XP | 2003 | 2003R2 | Vista | 2008 | 2008R2 | 7 | 2012 | 8 | 2012R2 | 8.1 |
| 10 | 2016 | 2019 | 2022 | 11 | UAC |

構文1 指定したボリュームをフォーマットする

Format *ボリューム名* [/Fs:*ファイルシステム*] [/v:*ボリュームラベル*] [/q]
[/l[:{Enable | Disable}]] [/a:*アロケーションユニットサイズ*] [/c] [/x] [/p:*ゼロ
埋め回数*] [/s:{Enable | Disable}] [/r:*UDFリビジョン*] [/d] [/TrNH]
[/i:{Enable | Disable}] [/Dax[:{Enable | Disable}]] [/Txf:{Enable |
Disable}] [/LogSize:*ログサイズ*] [/NoRepairLogs] [/NoTrim] [/y]

構文2 フロッピーディスクをフォーマットする

Format *ボリューム名* [/v:*ラベル*] [/q] [{/f:*記録容量* | /t:*トラック数* /n:*セクタ数*}]
[/p:*ゼロ埋め回数*] [/y]

⬛ スイッチとオプション

ボリューム名

C:などのドライブ文字、ボリュームマウントポイント、ボリュームのGUIDを指定する。

/Fs:*ファイルシステム*

使用するファイルシステムとして次のいずれかを指定する。ボリュームの最大サイズには理論値と実装上の制限値があり、OSバージョンによっても異なるため、参考値である。

ファイルシステム	説明
NTFS	Windows NT 由来の既定のファイルシステム。セキュリティやファイル圧縮、代替データストリーム、暗号化などをサポートする。ボリュームサイズは最大8PB（理論上は 16EB：エクサバイト）
FAT	MS-DOS 由来のファイルシステムで、データ管理領域（FAT：File Allocation Table）のビット数の違いで FAT12（12 ビット）と FAT16（16 ビット）がある。ボリュームサイズは FAT12 で最大 32MB、FAT16 で最大 4GB。
FAT32	FAT を 32 ビットに拡張したファイルシステム。ボリュームサイズは最大 128GB（理論上は 16TB）
exFAT	Extended FAT ファイルシステム。FAT を 64 ビットに拡張したファイルシステム。ボリュームサイズは最大 16EB **Vista 以降**
UDF	Universal Disk Format。Blu-ray、DVD、CD をサポートする。ボリュームサイズは最大 8TB **Vista 以降**
ReFS	Resilient File System。整合性ストリーム、ブロック複製などの機能を持つ。ボリュームサイズは最大 1YB（ヨタバイト） **2012 以降**

/v:*ボリュームラベル*

ボリュームラベルを指定する。省略するとプロンプトを表示する。

/q

クイックフォーマットを実行する。

/l[:{Enable | Disable}]

NTFS でファイルレコードを 4,096 バイトにする。既定値は 1,024 バイト。 **2012 以降**

・/lスイッチだけ、または/l:Enable を指定すると、ファイルレコードを4,096バイトに設定し、/l:Disable を指定すると 1,024 バイトに設定する。 **10 1607 以降** **2016 以降** **11**

/a:アロケーションユニットサイズ

アロケーションユニット(クラスタ)サイズを指定する。NTFSの既定のクラスタサイズは4,096バイト。

ファイルシステム	指定できるサイズ
NTFS	512、1024、2048、4096、8192、16K、32K、64K ・128K、256K、512K、1M、2M **10 1703 以降** **2019 以降** ただし、4096 より大きいアロケーションユニットサイズでは NTFS 圧縮が使えない
FAT/FAT32	512、1024、2048、4096、8192、16K、32K、64K、128K、256K。 ただし、クラスタの総数が次の条件を満たすこと ・FAT──65,526 以下 ・FAT32──65,526 より大きく 4,177,918 未満
exFAT	512、1024、2048、4096、8192、16K、32K、64K、128K、256K、512K、1M、2M、4M、8M、16M、32M
ReFS	4096、64K

/c

NTFSで新規作成したファイルを自動的に圧縮する。

/x

必要に応じてボリュームをアンマウントしてから処理を実行する。

/p:上書き回数

ボリュームを指定した回数だけランダムな値で上書きしたあと、すべてのセクタをゼロで埋める。/qスイッチと併用できない。 **Vista 以降**

/s:{Enable | Disable}

8.3形式の短いファイル名を有効(Enable)または無効(Disable)にする。既定値は有効。 **2008R2 以降**

/r:UDF リビジョン

UDFで次のいずれかのUDFバージョンを指定する。 **Vista 以降**

・1.02

・1.50

・2.00

・2.01(既定値)

・2.50

/d

UDFでUDFリビジョンが2.50以上の場合、修復などのためにメタデータの複製を作成する。 **Vista 以降**

/TrNH

NTFSまたはReFSを使用した階層型ボリュームで、ヒートギャザリングを無効にする。 **2012R2** **2016** **2019** **2022**

/i:{Enable | Disable}

ReFSでボリュームの保全を有効(Enable)または無効(Disable)にする。 **2012 以降**

/Dax[:{Enable | Disable}]

NTFSで、ハードウェアが対応していれば直接アクセス(DAX:Direct Access)記憶モードを有効(Enable)または無効(Disable)にする。既定値は有効。DAXは、システムのメモリバスに接続された不揮発性の永続メモリ(Persistent Memory)をボリュームとして扱うための技術で、実態はRAMに近いため読み書きが非常に高速である。

10 1607 以降 2016 以降 11

/Txf:{Enable | Disable}

トランザクションNTFS(TxF)を有効(Enable)または無効(Disable)にする。既定値
は有効。 10 1703 以降 2019 以降 11

/LogSize:ログサイズ

NTFSでログサイズをKB単位で指定する。0を指定すると既定のログサイズになる。
10 1709 以降 2019 以降 11

/NoRepairLogs

NTFSで修復ログを無効にする。 10 1709 以降 2019 以降 11

/NoTrim

ドライブにトリム(Trim)を送信しない。 2022 11

/f:FD記録容量

フロッピーディスクのフォーマット時に、メディアの記録容量を指定する。既定値は
1.44MB。

メディアの種類	指定できる記録容量
1.2MB メディア	1200、1200K、1200KB、1.2、1.2M、1.2MB
1.44MB メディア	1440、1440K、1440KB、1.44、1.44M、1.44MB
2.88MB メディア	2880、2880K、2880KB、2.88、2.88M、2.88MB

/t: トラック数 /n: セクタ数

フロッピーディスクのフォーマット時に、片面あたりのトラック数と、トラックあた
りのセクタ数を指定する。

/y

確認プロンプトに「はい」で答え、ボリュームラベルの入力も省略する。

実行例

X:ドライブをNTFSファイルシステムでフォーマットする。クラスタサイズは32KBと
し、8.3形式の短いファイル名は生成しない。この操作には管理者権限が必要。

```
C:¥Work>Format X: /fs:NTFS /v:サンプル /q /a:32k /s:Disable /y
ファイル システムの種類は NTFS です。
クイック フォーマットしています   60.0 GB
ファイル システム構造を作成します。
フォーマットは完了しました。
      60.0 GB: 全ディスク領域
      59.9 GB: 使用可能領域
```

コマンドの働き

Formatコマンドは、ハードディスクやUSBメモリなどの記録メディアにファイルシス
テムを作成して、ファイルやフォルダを保存可能にする。アロケーションユニット(クラ
スタ)は、記録メディア上でWindowsがファイルデータを割り当てる最小単位である。ハー
ドディスクの場合、1つのクラスタには1つ以上の物理セクタが含まれる。

NTFSファイルシステムでフォーマットしたボリュームの、現在のクラスタ数やクラス
タあたりのバイト数などは、「Fsutil FsInfo NtfsInfo ドライブ文字」コマンドで確認できる。

フォーマット済みボリュームを再フォーマットする際には、確認のためにボリュームラベルの入力を求められる。

Fsutil.exe　　　　ファイルシステムを操作する

XP | 2003 | 2003R2 | Vista | 2008 | 2008R2 | 7 | 2012 | 8 | 2012R2 | 8.1 | 10 |
2016 | 2019 | 2022 | 11 | UAC

構文
Fsutil スイッチ [オプション]

スイッチ

スイッチ	説明
8dot3name	8.3 形式の短い名前の構成を設定する 2008R2 以降
Behavior	ファイルシステムの動作を設定する
Bypasslo	フォルダやファイルの Bypasslo の状態を表示する 11
Dax	直接アクセスストレージの設定を表示する 10 1803 以降 2019 以降 11
Dirly	ボリュームのダーティビットを設定する
File	ファイルを管理する
FsInfo	ファイルシステムの情報を表示する
HardLink	ファイルのハードリンクを作成する
ObjectId	分散リンクトラッキング（Distributed Link Tracking）用のオブジェクト ID を管理する
Quota	ディスククォータ（ディスク使用量制限）を管理する
Repair	NTFS ファイルシステムの自己修復機能を管理する Vista 以降
ReparsePoint	リパースポイント（再解析ポイント）を管理する
StorageReserve	記憶域予約領域を管理する 10 1809 以降 2019 以降 11
Resource	トランザクションリソースマネージャ（TRM）を管理する Vista 以降
Sparse	スパースファイル（疎ファイル）を管理する
Tiering	階層型ボリュームの階層化設定を管理する 2012R2 10 1511 以降 2016 以降 11
Trace	NTFS のトレース情報を操作する 11
Transaction	NTFS のトランザクションを管理する Vista 以降
Usn	変更ジャーナルを管理する
Volume	ボリュームを管理する
Wim	Windows Image（WIM）サポート環境を管理する 2012R2 以降

コマンドの働き

Fsutil コマンドは、主に NTFS ファイルシステムのグローバル設定と、ボリュームやファイルの設定を実行する。Windows Vista ～ Windows 7 までは、ヘルプの表示にも管理者権限が必要。操作対象のボリュームによっては権限の昇格が不要な場合がある。

■ Fsutil 8dot3Name──8.3形式の短い名前の構成を設定する

`2008R2` `7` `2012` `8` `2012R2` `8.1` `10` `2016` `2019` `2022` `11`

構文1 短い名前の生成設定を照会する

Fsutil 8dot3Name Query [*ボリューム名*]

構文2 短い名前を削除すると影響を受けるレジストリキーを検索する

Fsutil 8dot3Name Scan [/s] [/l *ログファイル名*] [/v] *フォルダ名*

構文3 短い名前の生成を有効または無効にする

Fsutil 8dot3Name Set {*レジストリ値* | *ボリューム名* {1 | 0}}

構文4 短い名前を削除する

Fsutil 8dot3Name Strip [/t] [/s] [/f] [/l *ログファイル名*] [/v] *フォルダ名*

■ スイッチとオプション

ボリューム名

C:などのドライブ文字、ボリュームマウントポイント、ボリュームのGUIDを指定する。省略するとカレントドライブを使用する。

/s

指定したフォルダのサブフォルダも再帰的に検索する。

/l *ログファイル名*

ログファイルを作成する。省略すると「%TEMP%¥8dot3_removal_log@(GMT YYYY-MM-DD HH-MM-SS).log」を作成する。

/v

ログファイルに記録する情報をコンソールにも表示する。

フォルダ名

操作対象のフォルダを指定する。

レジストリ値

次のレジストリ値を設定するため、0から3の範囲で数値を指定する。設定後の再起動は不要。

・キーのパス──HKEY_LOCAL_MACHINE¥SYSTEM¥CurrentControlSet¥Control ¥FileSystem

・値の名前──NtfsDisable8dot3NameCreation

・データ型──REG_DWORD

・設定値──次の表のとおり。

値	説明
0	システムの全ボリュームで短い名前の生成を有効にする
1	システムの全ボリュームで短い名前の生成を無効にする
2	ボリューム単位で短い名前の生成を設定する（既定値）
3	システムボリューム以外の全ボリュームで短い名前の生成を無効にする

ボリューム名 {1 | 0}

NtfsDisable8dot3NameCreationレジストリ値が2の場合、指定したボリュームで短い名前の生成を有効(0)または無効(1)に設定する。設定後の再起動は不要。

/t

　　短い名前の削除をシミュレートするが、削除しない(テストモード)。

/f

　　短い名前を削除するとレジストリに競合が発生する場合でも強制的に削除する。

実行例

C:¥Program Files フォルダとサブフォルダから短い名前を削除する。

```
C:¥Work>Fsutil 8dot3Name Strip /s /f "C:¥Program Files"
レジストリをスキャンしています...

影響されるレジストリ キーの合計:              202

警告: システム ボリューム上で短い名前を削除しようとしています。この操作は、インストー
ル済みのアプリケーションによる想定外の動作 (アンインストールできなくなるなど) を招く
原因となる場合があるため、推奨されていません。システムを最初からインストールし直さな
くてはならなくなる場合があります。

8dot3 名を削除しています...

スキャンされたファイルとディレクトリの合計:    12684
見つかった 8dot3 名の合計:                     3937
削除された 8dot3 名の合計:             3932

実行した操作の詳細については、次のログを参照してください:
  "C:¥Users¥test¥AppData¥Local¥Temp¥8dot3_removal_log @(GMT 2015-10-15 04-47-17).
log"
```

■ コマンドの働き

「Fsutil 8dot3Name」コマンドは、NTFSとReFSで、MS-DOSと互換性のある短い名前
(8.3形式)のファイル名やフォルダ名の生成機能を設定する。

「Fsutil 8dot3Name Strip」コマンドを実行すると、指定したフォルダやファイルから短
い名前を削除する。短い名前を使用していたアプリケーションは、削除後にファイルやフォ
ルダにアクセスできなくなることに注意する。

■ Fsutil Behavior——ファイルシステムの動作を設定する

XP ┃ 2003 ┃ 2003R2 ┃ Vista ┃ 2008 ┃ 2008R2 ┃ 7 ┃ 2012 ┃ 8 ┃ 2012R2 ┃ 8.1 ┃ 10 ┃
2016 ┃ 2019 ┃ 2022 ┃ 11

構文1 ファイルシステムの機能の設定や動作を表示する

Fsutil Behavior Query *スイッチ* [*オプション*]

構文2 ファイルシステムの機能の設定や動作を設定する UAC

Fsutil Behavior Set *スイッチ 設定値* [*オプション*]

AllowExtChar
短いファイル名にアクセント記号などを含む拡張文字セットを使用するか照会する。

BugCheckOnCorrupt
ストップエラー0x00000024発生時にファイルシステムの検査を実行するか照会する。
`Vista 以降`

DefaultNtfsTier
NTFSの既定の階層を照会する。 `2022` `11`

Disable8dot3 [ボリューム名]
NTFSとReFSで短い名前を生成するか照会する。

DisableCompression
NTFSファイル圧縮機能を使用するか照会する。 `Vista 以降`

DisableCompressionLimit
NTFSファイル圧縮機能の制限を照会する。 `2012 以降`

DisableDeleteNotify [{Ntfs | Refs}]
NTFSまたはReFSで削除通知機能を使用するか照会する。 `2008R2 以降`
・NTFSまたはReFSを指定して照会できる。 `10 1607 以降` `2016 以降` `11`

DisableEncryption
ファイル暗号化機能を使用するか照会する。 `Vista 以降`

DisableFileMetadataOptimization
NTFSでファイルのメタデータ最適化機能を使用するか照会する。 `10` `2016 以降`
`11`

DisableLastAccess
最終アクセス日時の更新を使用するか照会する。

DisableSpotCorruptionHandling
NTFSスポット修正機能を使用するか照会する。 `2012 以降`

DisableTxf ボリューム名
NTFSでトランザクション機能を使用するか照会する。 `10 1607 以降` `2016 以降`
`11`

DisableWriteAutoTiering ボリューム名
ReFSで階層型ボリュームへの書き込みの自動階層設定を使用するか照会する。
`10 1511 以降` `2016 以降` `11`

EnableReallocateAllDataWrites ボリューム名
ReFSでデータ書き込みの再割り当て機能を使用するか照会する。 `10 1809 以降`
`2019 以降` `11`

EncryptPagingFile
ページファイル暗号化機能を使用するか照会する。 `Vista 以降`

MemoryUsage
ページプールのキャッシュサイズを照会する。 `2003 以降`

MftZone
マスターファイルテーブル（MFT）のサイズを照会する。

2 ファイルとディスク操作編

QuotaNotify

　ディスククォータの制限到達時のイベント記録頻度を照会する。

SymLinkEvaluation

　シンボリックリンクをローカルとリモートでそれぞれ使用するか照会する。 **Vista 以降**

WriteAutoTiering ボリューム名

　ReFSで階層型ボリュームへの書き込みの自動階層化を使用するか照会する。
10 1507

■ スイッチとオプション（構文 2）

AllowExtChar {1 | 0}

　短いファイル名にアクセント記号などを含む拡張文字セットを使用するか設定する。1を指定すると、拡張文字セットを使用する（既定値）。0を指定すると、拡張文字セットを使用しない。

BugCheckOnCorrupt {1 | 0}

　ストップエラー0x00000024発生時にファイルシステムの検査を実行するか設定する。1を指定すると、バグチェックを実行する。0を指定すると、バグチェックを実行しない（既定値）。 **Vista 以降**

DefaultNtfsTier {1 | 2}

　NTFSの既定の階層を設定する。1を指定すると、キャパシティ層を使用する。2を指定すると、パフォーマンス層を使用する。 **2022** **11**

Disable8dot3 {レジストリ値 | ボリューム名 {1 | 0}}

　NTFSとReFSで短い名前を生成するか設定する。設定値は「Fsutil 8dot3Name Set」コマンドを参照。

DisableCompression {1 | 0}

　NTFSファイル圧縮機能を使用するか設定する。1を指定すると、ファイル圧縮機能を使用しない。0を指定すると、ファイル圧縮機能を使用する（既定値）。 **Vista 以降**

DisableCompressionLimit {1 | 0}

　NTFSファイル圧縮機能の制限を設定する。1を指定すると、制限を使用する。0を指定すると、制限を使用しない（既定値）。 **2012 以降**

DisableDeleteNotify [{Ntfs | Refs}] {1 | 0}

　NTFSまたはReFSで削除通知機能を使用するか設定する。1を指定すると、削除通知機能を使用しない。0を指定すると、削除通知機能を使用する（既定値）。
2008R2 以降

　・NTFSまたはReFSを指定して設定できる。 **10 1607 以降** **2016 以降**

DisableEncryption {1 | 0}

　ファイル暗号化機能を使用するか設定する。1を指定すると、ファイル暗号化機能を使用しない。0を指定すると、ファイル暗号化機能を使用する（既定値）。 **Vista 以降**

DisableFileMetadataOptimization 設定値

　NTFSでファイルのメタデータ最適化機能を使用するか設定する。 **10** **2016 以降**

設定値	説明
0	すべてのファイルメタデータ最適化を有効にする
1	完全なファイルメタデータ最適化だけを無効にする
2	増分ファイルメタデータ最適化だけを無効にする
3	すべてのファイルメタデータ最適化を無効にする

2 ファイルとディスク操作編

DisableLastAccess {1 | 0}

最終アクセス日時を更新するか設定する。1を指定すると、最終アクセス日時を更新しない（既定値）。0を指定すると、最終アクセス日時を更新する。最終アクセス日時を更新すると、ファイルアクセスのパフォーマンスが低下することがある。

DisableSpotCorruptionHandling {1 | 0}

NTFSスポット修正機能を使用するか設定する。1を指定すると、スポット修正機能を使用しない。0を指定すると、スポット修正機能を使用する（既定値）。 **2012 以降**

DisableTxf ボリューム名 {1 | 0}

NTFSでトランザクション機能を使用するか設定する。1を指定すると、トランザクション機能を使用しない。0を指定すると、トランザクション機能を使用する（既定値）。
10 1607 以降 **2016 以降** **11**

DisableWriteAutoTiering ボリューム名 {1 | 0}

ReFSで階層型ボリュームへの書き込みの自動階層設定を使用するか設定する。1を指定すると、自動階層設定を使用しない。0を指定すると、自動階層設定を使用する（既定値）。 **10 1511 以降** **2016 以降** **11**

EnableReallocateAllDataWrites ボリューム名 {1 | 0}

ReFSでデータ書き込みの再割り当て機能を使用するか設定する。1を指定すると、再割り当て機能を有効にする。0を指定すると、再割り当て機能を無効にする（既定値）。
10 1809 以降 **2019 以降** **11**

EncryptPagingFile {1 | 0}

ページファイル暗号化機能を使用するか設定する。1を指定すると、ページファイル暗号化機能を使用する。0を指定すると、ページファイル暗号化機能を使用しない（既定値）。ページファイルを暗号化するとセキュリティは高まるが、システム全体のパフォーマンスが低下することがある。 **Vista 以降**

MemoryUsage キャッシュレベル

ページプールのキャッシュサイズを設定する。 **2003 以降**

キャッシュレベル	説明
0	自動設定
1	既定のサイズを使用する（既定値）
2	キャッシュサイズを増加する

MftZone MFTサイズ

マスターファイルテーブル（MFT）のサイズを設定する。

サイズ	説明
0	自動設定
1	ボリュームサイズの 12.5% または 200MB（既定値）
2	ボリュームサイズの 25.0% または 400MB
3	ボリュームサイズの 37.5% または 600MB
4	ボリュームサイズの 50.0% または 800MB
1 ～ 100	200MB を単位として、1 から 100 の範囲で設定できる **2012 以降**

QuotaNotify 記録頻度

ディスククォータの制限到達時のシステムイベントへの記録頻度を、0から4,294,967,295秒の範囲で設定する。既定値は3,600秒（1時間）。

SymLinkEvaluation *設定*

シンボリックリンクの使用場所（ローカルとリモート）設定を、スペースで区切って1つ以上設定する。 **Vista 以降**

設定値	説明
L2L:{0 | 1}	ローカルからローカルへのシンボリックリンクを無効(0)または有効(1)にする。既定値は有効
L2R:{0 | 1}	ローカルからリモートルへのシンボリックリンクを無効（0）または有効（1）にする。既定値は有効
R2L:{0 | 1}	リモートからローカルへのシンボリックリンクを無効(0)または有効(1)にする。既定値は無効
R2R:{0 | 1}	リモートからリモートへのシンボリックリンクを無効(0)または有効(1)にする。既定値は無効

WriteAutoTiering *ボリューム名* {1 \| 0}

ReFSで階層型ボリュームへの書き込みの自動階層化を使用するか設定する。1を指定すると、自動階層化機能を使用する。0を指定すると、自動階層化機能を使用しない。 **10 1507**

実行例

短いファイル名の生成設定を表示する。

```
C:\Work>Fsutil Behavior Query Disable8dot3
レジストリの状態は 2 です (ボリューム単位で設定します - 既定値)。
```

■ コマンドの働き

「Fsutil Behavior」コマンドは、NTFSとReFSで、ファイルシステムのグローバル設定を操作する。「Fsutil Behavior Set」コマンドは次のレジストリを変更する。設定を反映するには再起動が必要。

● キーのパス：
HKEY_LOCAL_MACHINE\SYSTEM\CurrentControlSet\Control\FileSystem
「Fsutil Behavior」コマンドのスイッチと対応するレジストリ値の名前は次のとおり。

オプション	対応するレジストリ値
AllowExtChar	NtfsAllowExtendedCharacterIn8dot3Name
BugCheckOnCorrupt	SymlinkRemoteToRemoteEvaluation
Disable8dot3	NtfsDisable8dot3NameCreation
DisableCompression	NtfsDisableCompression
DisableCompressionLimit	NtfsDisableCompressionLimit
DisableDeleteNotify	DisableDeleteNotification
DisableEncryption	NtfsDisableEncryption
DisableFileMetadataOptimization	NtfsDisableFileMetadataOptimization
DisableLastAccess	NtfsDisableLastAccessUpdate
EncryptPagingFile	NtfsEncryptPagingFile
DisableSpotCorruptionHandling	NtfsDisableSpotCorruptionHandling
MemoryUsage	NtfsMemoryUsage
MftZone	NtfsMftZoneReservation

2

ファイルとディスク操作編

QuotaNotify	NtfsQuotaNotifyRate
SymLinkEvaluation	SymlinkLocalToLocalEvaluation SymlinkLocalToRemoteEvaluation SymlinkRemoteToLocalEvaluation SymlinkRemoteToRemoteEvaluation

■ Fsutil BypassIo——フォルダやファイルの BypassIo の状態を表示する

11

構文

Fsutil BypassIo State [/v] ファイル名

■ スイッチとオプション

State
　　状態を表示する。

/v
　　記憶域ドライバの名前を表示する。

ファイル名
　　ファイル名を指定する。ワイルドカードは使用できない。

実行例

C:¥フォルダの BypassIo 設定を表示する。

```
C:¥Work>Fsutil BypassIo State C:¥
"C:¥" の BypassIo は現在サポートされています
    記憶域の種類:    NVMe
    記憶域ドライバー: BypassIo 互換
```

■ コマンドの働き

　「Fsutil BypassIo」コマンドは、NTFSファイルシステムでフォルダやファイルのBypassIo設定を表示する。BypassIo は DirectStorage 技術の要素で、データを NVMe などから GPU に直接読み込むことで CPU の負荷を軽減し高速化する。

■ Fsutil Dax——直接アクセスストレージの設定を表示する

10 1803 以降　2019 以降　11

構文

Fsutil Dax QueryFileAlignment ファイル名 [q={Large | Huge | Both}]
[n=出力範囲] [s=開始オフセット] [l=長さ]

■ スイッチとオプション

QueryFileAlignment
　　指定したファイルのアライメントを表示する。

ファイル名
　　ファイル名を指定する。ワイルドカードは使用できない。

q={Large | Huge | Both}
　　確認対象のページ配置の大きさを指定する。

オプション	大きさ
Large	大きいページの配置
Huge	非常に大きいページの配置
Both	Large と Huge の両方（既定値）

n=*出力範囲*
　　出力範囲の数を指定する。既定値はすべての範囲。

s=*開始オフセット*
　　範囲の開始オフセットを指定する。既定値は0。

l=*長さ*
　　バイト単位の長さを指定する。既定値は「MAXLONGLONG - StartOffset」の値。

■ コマンドの働き

　「Fsutil Dax」コマンドは、直接アクセスストレージでファイルのアライメントを確認する。

■ Fsutil Dirty──ボリュームのダーティビットを設定する

| XP | 2003 | 2003R2 | Vista | 2008 | 2008R2 | 7 | 2012 | 8 | 2012R2 | 8.1 | 10 |
| 2016 | 2019 | 2022 | 11 |

構文

Fsutil Dirty {Query | Set} *ボリューム名*

■ スイッチとオプション

Query
　　指定したボリュームのダーティビットの状態を表示する。

Set
　　指定したボリュームのダーティビットをセットする。

ボリューム名
　　C:などのドライブ文字、ボリュームマウントポイント、ボリュームのGUIDを指定する。

実行例

　X:ドライブをダーティとしてマークする。

```
C:¥Work>Fsutil Dirty Set X:
ボリューム - X: は Dirty とマークされます
```

■ コマンドの働き

　「Fsutil Dirty」コマンドは、ボリュームのダーティビットの状態を表示または設定するが、解除(リセット)はできない。ダーティビットがセットされたボリュームは、システム起動時のボリューム検査対象になる。

◢ Fsutil File ── ファイルを管理する

XP | 2003 | 2003R2 | Vista | 2008 | 2008R2 | 7 | 2012 | 8 | 2012R2 | 8.1 | 10 | 2016 | 2019 | 2022 | 11

構文1 指定したサイズでファイルを作成する（ファイルシステムの制限なし）

Fsutil File CreateNew *ファイル名 ファイルサイズ*

構文2 ディスククォータが有効なボリュームで、ユーザーが所有するファイルを検索する（NTFSだけ）

Fsutil File FindBySid *ユーザー名 フォルダ名*

構文3 ファイルの詳細情報を表示する（NTFSだけ） UAC 10 1803 以降 2019 以降 11

Fsutil File Layout [/v] *ファイル名*

構文4 ファイルのディスク割り当て範囲（ファイルサイズ）を表示する（NTFSとReFS）

Fsutil File QueryAllocRanges Offset=*オフセット* Length=*長さ ファイル名*

構文5 フォルダの大文字と小文字を区別する属性を表示または設定する（NTFSだけ） UAC 10 1803 以降 2019 以降 11

Fsutil File {QueryCaseSensitiveInfo | SetCaseSensitiveInfo} *フォルダ名* [{Enable | Disable}]

構文6 ファイルの拡張属性情報を表示する（NTFSだけ） 10 2004 以降 2019 以降 11

Fsutil File QueryEa *ファイル名*

構文7 ファイルのエクステントと参照数を表示する（NTFSとReFS）

Fsutil File {QueryExtents | QueryExtentsAndRefCounts} [/r] *ファイル名* [*開始VCN* [*VCN数*]] [Csv]

構文8 指定したファイルのIDを表示する（ファイルシステムの制限なし） 2008R2 以降

Fsutil File QueryFileId *ファイル名*

構文9 フォルダ内をファイルIDで検索してファイル名を表示する（NTFSだけ） 2008R2 以降

Fsutil File QueryFileNameById *フォルダ名 ファイル*

構文10 ファイルのメタデータ最適化を表示または設定する（NTFSだけ） 10 2016 以降 11

Fsutil File {QueryOptimizeMetadata | OptimizeMetadata [/a]} *ファイル名*

構文11 ファイルの有効データ長を表示または設定する（NTFSだけ） UAC 2012 以降

Fsutil File {QueryValidData | SetValidData [/r] [/d]} *ファイル名* [*データ長*]

構文12 ファイルの終わりのマークを設定する（ファイルシステムの制限なし） 10 1607 以降 2016 以降 11

Fsutil File SetEof *ファイル名 長さ/ID*

2

ファイルとディスク操作編

構文13 ファイルに8.3形式の短い名前を設定する（NTFSだけ）**UAC**

Fsutil File SetShortName *ファイル名 短い名前*

構文14 長さ0のファイルを厳密な順次読み書きとして設定する（ReFSだけ）**10 1709 以降** **2019 以降** **11**

Fsutil File SetStrictlySequential *ファイル名*

構文15 ファイルの指定した範囲をゼロで埋める（NTFSとReFS）

Fsutil File SetZeroData Offset=*オフセット* Length=*長さ ファイル名*

■ スイッチとオプション

ファイル名
　操作対象のファイル名を指定する。

フォルダ名
　検索対象のフォルダ名を指定する。

ファイルサイズ
　ファイルのサイズをバイト単位で指定する。

ユーザー名
　検索するユーザー名またはグループ名を指定する。

/v
　$EAと$REPARSE_POINTの属性バッファ16進ダンプを含む詳細情報を表示する。

Offset=*オフセット*
　ファイル先頭からの操作開始位置をバイト単位で指定する。

Length=*長さ*
　オフセットからの操作範囲をバイト単位で指定する。

{Enable | Disable}
　SetCaseSensitiveInfoと併用して、大文字と小文字を区別する属性を有効（Enable）または無効（Disable）にする。既定値は有効。

QueryExtentsAndRefCounts
　ファイルのエクステントと参照数を照会する。**10 1703 以降** **2019 以降** **11**

/r
　リパースポイント（再解析ポイント）を操作対象にする。リパースポイントについては、「Fsutil ReparsePoint」コマンドの説明を参照。

開始VCN
　ファイル内の検索位置を仮想クラスタ番号で指定する。省略すると0から開始する。

VCN数
　検索する仮想クラスタ数を指定する。省略するか0を指定すると、ファイル末尾まで検索する。

Csv
　QueryExtentsの実行時に併用して、結果をCSV形式で表示する。**10 1803 以降** **2019 以降** **11**

ファイルID
　検索するファイルのIDを指定する。ファイルのIDは「Fsutil File QueryFileId」コマン

ドで表示できる。

/a

最適化の前後にメタデータの分析を実行する。

/d

QueryValidDataと併用して、有効データの詳細情報を表示する。

データ長

SetValidDataと併用して、ファイルの新しいデータ長をバイト単位で指定する。有効なデータ長は、現在のデータ長以上で現在のファイルサイズ以下の範囲。

長さ

ファイルの終わりのマークを設定する位置を、ファイル先頭からのバイト数で指定する。終わりのマーク以降のデータはないものとされ、ファイルサイズもマークまでのサイズになる。

短い名前

指定したファイルに設定する、8.3形式の短い名前を指定する。

実行例1

ファイルサイズが4MB（= 4,096KB = 4,194,304B）のファイルSample.datをカレントフォルダに作成する。

```
C:¥Work>Fsutil File CreateNew Sample.dat 4194304
ファイル C:¥Work¥Sample.dat が作成されました
```

実行例2

ファイルSample.datの先頭から1,024バイトの位置から、4,096バイト分をゼロで埋める。スパースファイルの場合はディスク割り当て領域が解放される。

```
C:¥Work>Fsutil File SetZeroData Offset=1024 Length=4096 Sample.dat
ゼロ データが変更されました
```

■ コマンドの働き

「Fsutil File」コマンドは、ファイルの新規作成とゼロ埋め、ファイルサイズや有効データ長、アロケート情報などの表示と変更を行う。スパースファイル（「Fsutil Sparse」コマンドの説明を参照）を扱う場合は、操作の開始位置をオフセットで指定することができる。

「Fsutil File SetCaseSensitiveInfo」コマンドによる大文字と小文字の区別は、Windows Subsystem for Linuxなどをインストールした場合に使用可能になる。

Fsutil FsInfo ── ファイルシステムの情報を表示する

| XP | 2003 | 2003R2 | Vista | 2008 | 2008R2 | 7 | 2012 | 8 | 2012R2 | 8.1 | 10 |
| 2016 | 2019 | 2022 | 11 |

構文1 使用可能なドライブを表示する

Fsutil FsInfo Drives

Fsutil Fsinfo {DriveType | NtfsInfo | RefsInfo | SectorInfo | Statistics
| VolumeInfo} ボリューム名

■ スイッチとオプション

Drives
　　インストールされているドライブのドライブ文字を表示する。

DriveType
　　指定したボリュームのドライブの種類を表示する。

NtfsInfo
　　指定したボリュームのNTFSファイルシステム情報を表示する。 **UAC**

RefsInfo
　　指定したボリュームのReFSファイルシステム情報を表示する。 **UAC** **10** **2016以降**
　　11

SectorInfo
　　指定したボリュームのセクタ情報を表示する。 **2012以降**

Statistics
　　指定したボリュームのファイルシステム統計情報を表示する。

VolumeInfo
　　指定したボリュームのファイルシステム設定を表示する。 **UAC**

ボリューム名
　　C:などのドライブ文字、ボリュームマウントポイント、ボリュームのGUIDを指定する。

実行例

C:ドライブのファイルシステム設定を表示する。

```
C:¥Work>Fsutil FsInfo VolumeInfo C:
ボリューム名 :
ボリューム シリアル番号 : 0xa2f287
コンポーネント最大長 : 255
ファイル システム名 : NTFS
読み書き可能です
仮想プロビジョニングされていません
大文字と小文字を区別したファイル名をサポート
ファイル名の大文字小文字を保持
ファイル名での Unicode 使用をサポート
ACL の保持と強制
ファイル単位の圧縮をサポート
ディスク クォータをサポート
スパース ファイルをサポート
再解析ポイントをサポート
ハンドルのクローズ結果情報を返します
POSIX スタイルのリンク解除と名前変更をサポート
オブジェクト ID をサポート
```

2
ファイルと
ディスク操作編

115

暗号化されたファイル システムをサポート
名前の付いたストリームをサポート
サポート トランザクション
ハード リンクをサポートします。
拡張属性をサポートします。
ファイル ID で開く操作をサポートします。
USN ジャーナルのサポート

■ コマンドの働き

「Fsutil FsInfo」コマンドは、ドライブやボリューム、ファイルシステムの設定と統計情報を表示する。

◢ Fsutil HardLink──ファイルのハードリンクを作成する

| XP | 2003 | 2003R2 | Vista | 2008 | 2008R2 | 7 | 2012 | 8 | 2012R2 | 8.1 | 10 |
| 2016 | 2019 | 2022 | 11 |

構文

Fsutil HardLink {Create | List} ファイル名1 [ファイル名2]

■ スイッチとオプション

Create
　　ファイル名2に対するハードリンクをファイル名1で作成する。

List
　　ファイル名1に対するハードリンクを表示する。 **2008R2 以降**

ファイル名
　　操作対象のファイルを指定する。ワイルドカードは使用できない。

実行例

ファイルTest.txtにハードリンクHL1.txtを作成し、ハードリンクの一覧を表示する。

```
C:\Work>Fsutil Hardlink Create HL1.txt Test.txt
C:\Work\HL1.txt <<===>> C:\Work\Test.txt のハードリンクが作成されました

C:\Work>Fsutil Hardlink List Test.txt
\Work\Test.txt
\Work\HL1.txt
```

■ コマンドの働き

「Fsutil HardLink」コマンドは、NTFSとReFSにおいて、ファイルのハードリンクを操作する。同様のコマンドに「MKLINK /h」コマンドがある。

◢ Fsutil ObjectId
── 分散リンクトラッキング用のオブジェクトIDを管理する

| XP | 2003 | 2003R2 | Vista | 2008 | 2008R2 | 7 | 2012 | 8 | 2012R2 | 8.1 | 10 |
| 2016 | 2019 | 2022 | 11 |

構文1 ファイルのオブジェクトIDを表示、作成、削除する

Fsutil ObjectId {Query | Create | Delete} ファイル名

構文2 ファイルのオブジェクトIDを設定する **UAC**

Fsutil ObjectId Set ObjectId BirthVolumeId BirthObjectId DomainId
ファイル名

■ スイッチとオプション

Query
　　指定したファイルのオブジェクトIDを表示する。

Create
　　指定したファイルにオブジェクトIDを作成する。**UAC**

Delete
　　指定したファイルのオブジェクトIDを削除する。**UAC**

Set
　　指定したファイルにオブジェクトIDを設定する。オブジェクトIDは、次の4つのパラメータを32桁の16進数で指定する。**UAC**

パラメータ	説明
ObjectId	設定するオブジェクトID
BirthVolumeId	ファイルが作成されたときのボリュームを表すID
BirthObjectId	ファイルの移動前のオブジェクトID
DomainId	現在使用されていないので、常に32桁の0を指定する

ファイル名
　　操作対象のファイル名を指定する。ワイルドカードは使用できない。

実行例

ドメインコントローラのSYSVOL共有にある、ポリシーファイルRegistry.polのオブジェクトIDを表示する。

```
C:\Work>Fsutil ObjectId Query "C:\Windows\SYSVOL\sysvol\ad.example.jp\Policies
\{31B2F340-016D-11D2-945F-00C04FB984F9}\MACHINE\Registry.pol"
Object ID :         64a446b191c7b241ac6cc7bdb24e54f0
BirthVolume ID :    00000000000000000000000000000000
BirthObjectId ID :  00000000000000000000000000000000
Domain ID :         00000000000000000000000000000000
```

■ コマンドの働き

「Fsutil ObjectId」コマンドは、DFSレプリケーション（Distributed File System Replication）、ファイル複製サービス（File Replication Service）、分散リンクトラッキング（Distributed Link Tracking）でファイルを識別するために使用する、内部的なIDを表示、作成、変更、削除する。

ファイルの新規作成時に、重複しない値をObject IDなどに設定することで、そのファイルが作成されたコンピュータやボリュームを特定可能になる。ファイルを別のコンピュー

タに移動すると、Object IDは移動先コンピュータに応じて変化するが、BirthVolume ID
とBirthObjectId IDの値は変わらないため、コンピュータ間でファイルを追跡できる。

Fsutil Quota——ディスクの使用量制限を管理する

XP | 2003 | 2003R2 | Vista | 2008 | 2008R2 | 7 | 2012 | 8 | 2012R2 | 8.1 | 10
2016 | 2019 | 2022 | 11 | UAC

構文1 ディスククォータの有効化と無効化、設定表示
Fsutil Quota {Disable | Enforce | Query | Track} *ボリューム名*

構文2 ディスククォータを設定する
Fsutil Quota Modify *ボリューム名 警告値 制限値 ユーザー名*

構文3 クォータ違反を表示する
Fsutil Quota Violations

■ スイッチとオプション

Disable
　　ディスククォータを無効にする。

Enforce
　　ディスククォータを有効にする。

Query
　　ディスククォータの設定を表示する。

Track
　　ディスク使用量を追跡する。

ボリューム名
　　C:などのドライブ文字、ボリュームマウントポイント、ボリュームのGUIDを指定する。

Modify
　　ディスククォータを新規作成または変更する。

警告値
　　ディスク使用量の警告を発するしきい値をバイト単位で指定する。

制限値
　　ディスク使用量の上限値をバイト単位で指定する。

ユーザー名
　　ディスククォータを設定するユーザー名を指定する。

Violations
　　システムイベントとアプリケーションイベントからクォータ違反を検索して表示する。

> **実行例**

　F:ドライブのディスククォータを有効にして、ドメインユーザーAD2022¥User1に対
して、F:ドライブの使用量を上限20GB、警告値10GBに制限する。

```
C:¥Work>Fsutil Quota Enforce F:
```

```
C:\Work>Fsutil Quota Modify F: 10737418240 21474836480 AD2022\User1

C:\Work>Fsutil Quota Query F:
FileSystemControlFlags = 0x00000002
    このボリュームではクォータが追跡され強制されます
    クォータ イベントのログ作成が無効です
    クォータ値が最新の値です

既定のクォータしきい値 = 0xffffffffffffffff
既定のクォータ制限      = 0xffffffffffffffff

SID 名              = BUILTIN\Administrators (Alias)
変更時刻            = 2021年10月23日   17:24:53
使用クォータ        = 71680
クォータしきい値    = 18446744073709551615
クォータ制限        = 18446744073709551615

SID 名              = NT AUTHORITY\SYSTEM (WellKnownGroup)
変更時刻            = 2021年10月24日    8:43:12
使用クォータ        = 8392704
クォータしきい値    = 18446744073709551615
クォータ制限        = 18446744073709551615

SID 名              = AD2022\user1 (User)
変更時刻            = 2021年10月24日    8:43:23
使用クォータ        = 0
クォータしきい値    = 10737418240
クォータ制限        = 21474836480
```

■ コマンドの働き

「Fsutil Quota」コマンドは、NTFSにおいてユーザーが使用可能なディスク容量を制限する、ディスククォータ機能を設定する。

■ Fsutil Repair——NTFSファイルシステムの自己修復機能を管理する

`Vista` `2008` `2008R2` `7` `2012` `8` `2012R2` `8.1` `10` `2016` `2019` `2022` `11` `UAC`

構文1 ボリュームの破損ログの内容を表示する `2012以降`

Fsutil Repair Enumerate *ボリューム名* [*ログ名*]

構文2 ファイルを修復する

Fsutil Repair Initiate *ボリューム名 ファイル参照番号*

構文3 ボリュームの自己修復機能設定を表示する

Fsutil Repair Query *ボリューム名*

構文4 ボリュームの自己修復機能を設定する

Fsutil Repair Set *ボリューム名 フラグ*

Fsutil Repair State [*ボリューム名*]

Fsutil Repair Wait *ボリューム名 待ち状態*

■ スイッチとオプション(構文1)

ログ名

ボリュームのエラー情報を記録したログファイル名を指定する。$Corruptは確認済みの破損を、$Verifyは未確認の破損を記録している。省略すると$Corruptを使用する。

ボリューム名

C:などのドライブ文字、ボリュームマウントポイント、ボリュームのGUIDを指定する。

ファイル参照番号

修復対象のファイルのファイル参照番号を指定する。ファイル参照番号は「Fsutil File Layout」コマンドで表示できる。

フラグ

自己修復の方法として次のフラグの値を指定する。複数のフラグを指定する場合は値を加算する。

フラグ	説明
0x00	自己修復機能を無効にする
0x01	一般的な修復を有効にする
0x08	データ損失の可能性を検査し警告する(復旧なし)
0x10	一般的な修復を無効にして、最初の破損に対してバグチェックを1回実行する。この設定を有効にするには、「Fsutil Behavior Set BugcheckOnCorrupt 1」コマンドでバグチェックを有効にして、再起動する必要がある

待ち状態

修復完了の待ち方として次のいずれかを指定する。

待ち状態	説明
0	すべての復旧作業が完了するのを待つ
1	現在の復旧作業が完了するのを待つ

実行例

E:ドライブの自己修復機能を有効にして、データの損失を警告するよう設定する。

```
C:¥Work>Fsutil Repair Set E: 0x9
E: の自己復旧の状態が 0x9 に変更されました

値:    0x1 - 一般修復を有効にする。
       0x9 - 修復を有効にし、データの損失について警告する。
       0x10 - 修復を無効にし、最初の破損に対してバグチェックを 1 回実行する。
```

■ コマンドの働き

「Fsutil Repair」コマンドは、NTFSボリュームの自己修復機能を操作する。NTFSファイルシステムの自己修復機能は Windows Vista から搭載されており、ファイルシステムに問題が発生した場合、再起動やChkdskコマンドを実行することなくオンラインのまま修復操作を実行できる。

▎ Fsutil ReparsePoint──リパースポイント(再解析ポイント)を管理する

[XP] [2003] [2003R2] [Vista] [2008] [2008R2] [7] [2012] [8] [2012R2] [8.1] [10]
[2016] [2019] [2022] [11]

構文
Fsutil ReparsePoint {Query | Delete} フォルダ名

■ スイッチとオプション

Query
　　指定したフォルダ名のリパースポイント情報を表示する。

Delete
　　指定したフォルダ名のリパースポイントを削除する。フォルダ自体は削除しない。

フォルダ名
　　操作対象のフォルダ名を指定する。

実行例

E:¥フォルダのディレクトリシンボリックリンクをC:¥Work¥tempフォルダに作成し、リパースポイント情報を表示する。

```
C:¥Work>MKLINK /d C:¥Work¥temp E:¥
C:¥Work¥temp <<===>> E:¥ のシンボリック リンクが作成されました

C:¥Work>Fsutil ReparsePoint Query C:¥Work¥temp
再解析タグ値 : 0xa000000c
タグ値: Microsoft
タグ値: Name Surrogate
タグ値: Symbolic Link

再解析データの長さ: 0x20
再解析データ:
0000: 06 00 0e 00 00 00 06 00  00 00 00 00 45 00 3a 00  ............E.:.
0010: 5c 00 5c 00 3f 00 3f 00  5c 00 45 00 3a 00 5c 00  ¥.¥.?.?.¥.E.:.¥.
```

■ コマンドの働き

「Fsutil ReparsePoint」コマンドは、リパースポイントの情報を操作する。リパースポイントはNTFSファイルシステム上のオブジェクトで、フォルダのジャンクションポイントやボリュームマウントポイントとして利用する。

■ Fsutil StorageReserve——記憶域予約領域を管理する

`10` `2019 以降` `11` `UAC`

構文

Fsutil StorageReserve {Query | FindById | Repair} [/v] *ボリューム名*
[{*記憶域予約ID* | *}]

■ スイッチとオプション

Query
　　指定したボリュームの記憶域予約領域を表示する。 `10 1809 以降` `2019 以降` `11`

FindById
　　指定したボリュームおよび領域IDの記憶域予約領域情報を表示する。「*」を指定する
　　とボリューム内のすべての記憶域予約領域情報を表示する。 `10 1809 以降` `2019 以降`
　　`11`

Repair
　　指定したボリュームの記憶域予約領域を修復する。 `10 1903 以降` `2019 以降` `11`

/v
　　FindByIdスイッチと併用して、$EAと$REPARSE_POINTの属性バッファ16進ダン
　　プを含む詳細情報を表示する。

ボリューム名
　　C:などのドライブ文字、ボリュームマウントポイント、ボリュームのGUIDを指定す
　　る。

{*記憶域予約ID* | *}
　　操作対象の記憶域予約IDを指定する。「*」を指定するとすべての予約IDを対象にする。

実行例

　　Cドライブの記憶域予約領域を表示する。この操作には管理者権限が必要。

```
C:¥Work>Fsutil StorageReserve Query C:

予約 ID:          1
フラグ:              0x00000001
領域保証:         0x17da29000      (6106 MB)
使用済み領域:       0x0             (0 MB)


予約 ID:          2
フラグ:              0x000000a0
領域保証:         0x1b32d000       (435 MB)
使用済み領域:       0xe019000       (224 MB)


予約 ID:          3
フラグ:              0x00000001
領域保証:         0x0             (0 MB)
使用済み領域:       0x0             (0 MB)
```

　「Fsutil StorageReserve」コマンドは、NTFSにおいて記憶域予約領域を操作する。記憶域予約領域（予約済み記憶域）はWindows 10バージョン1903から搭載された機能で、アプリケーションが予約できる排他的な記憶域である。たとえばWindows Updateは記憶域予約領域を使用して、空き容量を確保したうえでシステムを更新している。

▐ Fsutil Resource
——トランザクションリソースマネージャ（TRM）を管理する

[Vista] [2008] [2008R2] [7] [2012] [8] [2012R2] [8.1] [10] [2016] [2019] [2022] [11]

構文1 TRMの作成と情報の表示、可用性または一貫性の優先を設定する

Fsutil Resource {Create | Info | SetAvailable | SetConsistent} *フォルダ名*

構文2 ボリュームマウント時のトランザクションメタデータ削除を設定する **UAC**

Fsutil Resource SetAutoReset {True | False} *フォルダ名*

構文3 ログファイルを設定する **UAC**

Fsutil Resource SetLog {Growth {*コンテナ数* Containers | *パーセンテージ* Percent} | MaxExtents *コンテナ数* | MinExtents *コンテナ数* | Mode {Full | Undo} | Rename| Shrink *パーセンテージ* | Size *コンテナ数*} *フォルダ名*

構文4 TRMを開始または終了する **UAC**

Fsutil Resource {Start | Stop} *フォルダ名* [*RMログファイル名 TMログファイル名*]

■ スイッチとオプション

Create
　　セカンダリTRMを作成する。

Info
　　TRMの情報を表示する。

SetAvailable
　　一貫性（Consistency）よりも可用性（Availability）を優先するようにTRMを設定する。
　　UAC

SetConsistent
　　可用性よりも一貫性を優先するようにTRMを設定する。 **UAC**

フォルダ名
　　TRMが管理するフォルダ名を指定する。Createスイッチと併用する場合は指定のフォルダを自動的に作成するので、既存のフォルダを指定しないようにする。

SetAutoReset
　　次にボリュームをマウントした際に、トランザクションメタデータをクリアするか設定する。 **UAC**

{True | False}
　　既定のTRMが管理するボリュームのマウント時に、トランザクションメタデータをクリアする（True）か保持する（False）か指定する。

Growth

ログファイルの拡張可能なサイズを指定する。「Fsutil Resource Info」コマンドでは「ログ拡張増分」と表示される。

コンテナ数 Containers

コンテナ数×10MB分のサイズを指定する。

パーセンテージ Percent

パーセンテージ分のサイズを指定する。

MaxExtents

指定したコンテナ数まで容量を拡張可能にする。「Fsutil Resource Info」コマンドでは「最大コンテナ」と表示される。

MinExtents

指定したコンテナ数だけ最小限の容量を確保する。「Fsutil Resource Info」コマンドでは「最小コンテナ」と表示される。

Mode

トランザクションログの記録モードとして、次のいずれかを指定する。「Fsutil Resource Info」コマンドでは「ログモード」と表示される。

記録モード	説明
Full	すべての処理を記録する。「Fsutil Resource Info」コマンドでは「完全」と表示される。一般的にログ容量が大きくなる
Undo	ファイルの削除など、元に戻れない処理だけを記録する。「Fsutil Resource Info」コマンドでは「簡易」と表示される

Rename

TRMに新しいGUIDを割り当てる。「Fsutil Resource Info」コマンドでは「RM識別子」または「リソースマネージャ識別子」と表示される。

Shrink

指定したパーセンテージまでログを自動的に縮小する。「Fsutil Resource Info」コマンドでは「自動縮小」と表示される。

Size

ログのコンテナ数を指定する。「Fsutil Resource Info」コマンドでは「コンテナ数」と表示される。実際のログ容量はコンテナ数×10MBで、「Fsutil Resource Info」コマンドでは「合計ログ容量」と表示される。

Start

TRMを開始する。

Stop

TRMを停止する。

RMログファイル名

リソースマネージャが使用するログファイル名を指定する。

TMログファイル名

カーネルトランザクションマネージャが使用するログファイル名を指定する。

実行例

C:¥フォルダのTRMの情報を表示する。

```
C:¥Work>Fsutil Resource Info C:¥
リソース マネージャー識別子:      70588F0A-23FC-11E6-9995-D589E41B0A38
RM の KTM ログのパス:         ¥Device¥HarddiskVolume2¥$Extend¥$RmMetadata¥$TxfLog¥$TxfL
og::KtmLog
TOPS が使用している領域:     1 MB
TOPS の空き領域:             100%
RM の状態:                 アクティブ
実行中のトランザクション:   0
単一フェーズ コミット:       0
2 フェーズ コミット:         0
システムによってロールバックが開始されました:
                           0
最も古いトランザクションの保存期間:
                           00:00:00
ログ モード:               簡易
コンテナー数:       2
コンテナー サイズ:  10 Mb
合計ログ容量:      20 Mb
合計空きログ領域: 12 Mb
最小コンテナー:            2
最大コンテナー:            20
ログ拡張増分:             2 コンテナー
自動縮小:                無効

RM で、整合性よりも可用性を優先します。
```

■ コマンドの働き

「Fsutil Resource」コマンドは、NTFSでトランザクションリソースマネージャ（TRM：Transactional Resource Manager）を操作する。ボリュームごとに設定された既定のTRMに加えてセカンダリリソースマネージャも使用できるが、Windows 8およびWindows Server 2012以降では「Fsutil Resource Create」コマンドはエラーになる。

セカンダリリソースマネージャを使用するには、次のグループポリシーを有効にする。

● ポリシーのパス——コンピュータの構成¥管理用テンプレート¥システム¥ファイルシステム¥NTFS
● ポリシーの名前——TXFの推奨されなくなった機能を有効または無効にする

■ Fsutil Sparse——スパースファイル（疎ファイル）を管理する

XP | 2003 | 2003R2 | Vista | 2008 | 2008R2 | 7 | 2012 | 8 | 2012R2 | 8.1 | 10 | 2016 | 2019 | 2022 | 11

構文

Fsutil Sparse {QueryFlag | QueryRange | SetFlag | SetRange} *ファイル名* [*フラグ*] [*開始オフセット 長さ*]

QueryFlag
　　スパースファイルの情報を表示する。

QueryRange
　　ゼロ以外のデータを含む可能性のある範囲(長さ)を表示する。

SetFlag
　　指定したファイルをスパースファイルに設定または解除する。

フラグ
　　SetFlagスイッチと併用して、ファイルを設定(1)または解除(0)する。省略すると1を
　　設定する。

SetRange
　　指定したスパースファイルに範囲を設定する。

開始オフセット
　　SetRangeスイッチと併用して、開始オフセット(バイト)以降の領域をスパースとし
　　て扱う。

長さ
　　SetRangeスイッチと併用して、スパースとして扱うオフセットからの長さ(バイト)
　　を指定する。

実行例

　カレントフォルダにサイズ1GBのファイルSample.datを作成し、先頭から512MBの部
分をスパースファイルに設定する。

```
C:¥Work>Fsutil File CreateNew Sample.dat 1073741824
ファイル C:¥Work¥Sample.dat が作成されました

C:¥Work>Fsutil Sparse SetFlag Sample.dat 1

C:¥Work>Fsutil Sparse SetRange Sample.dat 0 536870912

C:¥Work>Fsutil Sparse QueryFlag Sample.dat
このファイルはスパースに設定されています

C:¥Work>Fsutil Sparse QueryRange Sample.dat
割り当て範囲[1]: オフセット: 0x20000000  長さ: 0x20000000
```

■ コマンドの働き

　「Fsutil Sparse」コマンドは、NTFSとReFSにおいて、スパースファイル(疎ファイル)
の情報を表示および設定する。スパースファイルは、実際に書き込んだデータの分だけディ
スク領域を割り当てたファイルで、ボリュームの使用効率向上とアクセスの高速化が期待
できる。

Fsutil Tiering——階層型ボリュームの階層化設定を管理する
`2012R2` `10` `2016` `2019` `2022` `11` `UAC`

Fsutil Tiering {QueryFlags | SetFlags | ClearFlags | TierList |
RegionList} ボリューム名 [フラグ]

■ スイッチとオプション

QueryFlags
> ボリュームの階層化設定を表示する。

SetFlags
> ボリュームに階層化を設定する。

ClearFlags
> ボリュームの階層化設定を削除する。

TierList
> ボリュームに関連付けられた階層化情報を表示する。

RegionList
> ボリュームに関連付けられたリージョン情報を表示する。

フラグ
> SetFlagsスイッチまたはClearFlagsスイッチと併用して、ボリュームの階層化設定を指定する。有効なフラグはヒートギャザリングに関する「/TrNH」だけ。

ボリューム名
> C:などのドライブ文字、ボリュームマウントポイント、ボリュームのGUIDを指定する。

実行例

> Cドライブでヒートギャザリングを有効にする。この操作には管理者権限が必要。

```
C:¥Work>Fsutil Tiering SetFlags C: /TrNH
有効にしているフラグ: /TrNH
ボリュームの現在のフラグ "¥¥.¥C:" : /TrNH

------------------
フラグの凡例:
------------------

 /TrNH        NTFS および ReFS のみ: 階層型記憶域があるボリュームで、
              ヒート ギャザリングが無効になるようにします。
```

■ コマンドの働き

「Fsutil Tiering」コマンドは、NTFSとReFSにおいて、階層型ボリュームの階層化設定を操作する。

■ Fsutil Trace——NTFSのトレース情報を操作する
11 **UAC**

構文1 トレース情報をデコードする

Fsutil Trace Decode *トレースファイル名* [Output=*出力ファイル名*]
[Format={Csv | Xml | Evtx | Txt | No}]

構文2 トレースセッションを開始する

Fsutil Trace Start Output=*出力ファイル名* [Keywords=*キーワード*] [Level=
トレースレベル]

構文3 トレースセッションの状態を表示または停止する

Fsutil Trace {Query | Stop}

■ スイッチとオプション

Decode
　　トレースファイルの内容をデコードする。OutputオプションとFormatオプションを
　　指定できる。

Query
　　NTFSトレースセッションの状態を照会する。 `UAC`

Start
　　NTFSトレースセッションを開始する。 `UAC`

Stop
　　NTFSトレースセッションを停止する。 `UAC`

トレースファイル名
　　Decodeスイッチと併用して、デコードするファイルを指定する。

Output=*出力ファイル名*
　　Decodeスイッチと併用して、デコード結果を出力するファイルを指定する。省略す
　　るとトレースファイルと同じフォルダに同名のテキストファイル（拡張子.txt）で出力
　　する。Startスイッチと併用して、トレース結果を出力するフォルダまたはファイル
　　を指定する。出力ファイルの既定値は%SystemDrive%¥PerfLogs¥Admin¥Fsutil_
　　NtfsTrace_000001.etl。

Format={Csv | Xml | Evtx | Txt | No}
　　Decodeスイッチと併用して、出力するファイルの形式を指定する。既定値はTxt（テ
　　キストファイル）。

Keywords=*キーワード*
　　Startスイッチと併用して、トレース対象を指定する。キーワードには、キーワード
　　そのものと設定値のどちらでも指定できる。また、「+」を使って複数のキーワードを
　　指定できる。設定値の指定では先頭の0xに続く0は省略できる。

キーワード	設定値
COMMON	0x0000000000000001
HASH_TABLE	0x0000000000000002
DAX	0x0000000000000004
READ	0x0000000000000008
WRITE	0x0000000000000010
COMPRESSED	0x0000000000000020

EFS	0x0000000000000040
MFT	0x0000000000000080
VOLBITMAP	0x0000000000000100
CREATE	0x0000000000000200
ALTSTREAMS	0x0000000000000400
OBJID	0x0000000000000800
INDEXES	0x0000000000001000
TXFKTM	0x0000000000002000
TXFRECOVERY	0x0000000000004000
TXFRM	0x0000000000008000
TXFFCB	0x0000000000010000
SELFHEAL	0x0000000000020000
HEALBITMAP	0x0000000000040000
USNJRNL	0x0000000000080000
DELNOTIFY	0x0000000000100000
LOGFILE	0x0000000000200000
FLUSH	0x0000000000400000
SCRUB	0x0000000000800000
STATUS_DEBUG	0x0000000001000000
FRSCONSOLIDATION	0x0000000002000000
ALLOC_FREE_CLUS	0x0000000004000000
OPERATIONS	0x0000000008000000
HOTFIX	0x0000000010000000
VOLUME	0x0000000020000000
CACHESUP	0x0000000040000000
DEVIOSUP	0x0000000080000000
FSCTRL	0x0000000100000000
MFT_ATTR_LIST	0x0000000200000000
MOUNT	0x0000000400000000
CACHEDRUNS	0x0000000800000000
SHARING_VIOLATION	0x0000001000000000
ACCESS_DENIED	0x0000002000000000

2
ファイルとディスク操作編

Level=トレースレベル
Startスイッチと併用して、トレースのレベルを指定する。既定値は2。

トレースレベル	意味
1	TRACE_LEVEL_CRITICAL
2（既定値）	TRACE_LEVEL_ERROR
3	TRACE_LEVEL_WARNING
4	TRACE_LEVEL_INFORMATION
5	TRACE_LEVEL_VERBOSE

実行例

0x3f00000000(FSCTRL、MFT_ATTR_LIST、MOUNT、CACHEDRUNS、SHARING_VIOLATION、ACCESS_DENIED)を指定して、NTFSファイルシステムの

トレースを開始する。この操作には管理者権限が必要。

```
C:¥Work>CHCP 437
Active code page: 437

C:¥Work>Fsutil Trace Start Output=%SystemDrive%¥PerfLogs¥Admin¥Fsutil_NtfsTrace_
000001.etl Keywords=0x3f00000000 Level=4
The command completed successfully.
Successfully started the trace session.
Trace file path: C:¥PerfLogs¥Admin¥Fsutil_NtfsTrace_000001.etl
Trace level: TRACE_LEVEL_INFORMATION
Trace keywords: 0x0000003f00000000
    0x0000000100000000    FSCTRL
    0x0000000200000000    MFT_ATTR_LIST
    0x0000000400000000    MOUNT
    0x0000000800000000    CACHEDRUNS
    0x0000001000000000    SHARING_VIOLATION
    0x0000002000000000    ACCESS_DENIED

C:¥Work>Fsutil Trace Stop
Successfully stopped the trace session.

C:¥Work>CHCP 932
現在のコード ページ: 932

C:¥Work>Fsutil Trace Decode C:¥PerfLogs¥Admin¥Fsutil_NtfsTrace_000001.etl

入力ファイル:        C:¥PerfLogs¥Admin¥Fsutil_NtfsTrace_000001.etl
ダンプ ファイル:     C:¥PerfLogs¥Admin¥Fsutil_NtfsTrace_000001.txt
ダンプ形式:          TXT
レポート ファイル: -
ダンプを生成しています... 完了
```

■ コマンドの働き

「Fsutil Trace」コマンドは、NTFSのトレース情報を操作する。Windows 11 21H2および22H2では、コードページを英語(437)に切り替えないと「Fsutil Trace Start」コマンドを正しく実行できない。

■ Fsutil Transaction──NTFS のトランザクションを管理する

| Vista | 2008 | 2008R2 | 7 | 2012 | 8 | 2012R2 | 8.1 | 10 | 2016 | 2019 | 2022 | 11 |

構文

Fsutil Transaction {Commit | FileInfo | List | Query [{Files | All}] | Rollback} [トランザクションのGUID] [ファイル名]

■ スイッチとオプション

Commit
　　GUIDで指定したトランザクションをコミットする。

FileInfo
    ファイル名で指定したファイルのトランザクション情報を表示する。

List
    実行中のトランザクションを表示する。

Query [{Files | All}]
    GUIDで指定したトランザクションの情報を表示する。Filesを指定すると、指定した
    トランザクション中のファイル情報だけを表示する。Allを指定すると、指定したト
    ランザクションの全情報を表示する。

Rollback
    GUIDで指定したトランザクションをロールバックする。

トランザクションのGUID
    操作対象のトランザクションのGUIDを指定する。

ファイル名
    トランザクション情報を表示するファイル名を指定する。ワイルドカードは使用でき
    ない。

■ コマンドの働き

　「Fsutil Transaction」コマンドは、NTFSのトランザクションの情報を参照したり、ト
ランザクションをコミットまたはロールバックしたりする。

Fsutil Usn──変更ジャーナルを管理する

XP 2003 2003R2 Vista 2008 2008R2 7 2012 8 2012R2 8.1 10 2016 2019 2022 11

構文1 変更ジャーナルの情報を照会する

Fsutil Usn QueryJournal *ボリューム名*

構文2 変更ジャーナルを作成する UAC

Fsutil Usn CreateJournal *ボリューム名* [m=*最大サイズ*] [a=*増分*]

構文3 変更ジャーナルを削除する UAC

Fsutil Usn DeleteJournal {/d | /n} *ボリューム名*

構文4 変更データを表示する UAC

Fsutil Usn EnumData *ファイルの参照番号 最小USN 最大USN ボリューム名*

構文5 ファイルのUSN情報を表示する

Fsutil Usn ReadData *ファイル名*

構文6 ボリュームの書き込み範囲の追跡を設定する UAC 2012R2 以降

Fsutil Usn EnableRangeTracking [c=*チャンクサイズ* s=*ファイルサイズしき
い値*] *ボリューム名*

構文7 変更ジャーナルの内容を表示する UAC 2012R2 以降

Fsutil Usn ReadJournal *ボリューム名* [MinVer=*最小値*] [MaxVer=*最大値*]
[StartUsn=*開始番号*] [Csv] [Wait] [Tail]

ボリューム名

　　C:などのドライブ文字、ボリュームマウントポイント、ボリュームのGUIDを指定する。

m=*最大サイズ*

　　変更ジャーナル用のディスク容量をバイト単位で指定する。

　　・省略可。また、ボリューム名のあとに記述可。 `10 1803 以降` `2019 以降` `11`

a=*増分*

　　変更ジャーナル用のディスク容量の増分をバイト単位で指定する。

　　・省略可。また、ボリューム名のあとに記述可。 `10 1803 以降` `2019 以降` `11`

{/d | /n}

　　/dを指定すると、変更ジャーナルの削除処理を開始してすぐにプロンプトに戻る。
　　/nを指定すると、削除処理の完了を待ってからプロンプトに戻る。

ファイルの参照番号

　　指定した参照番号以降のファイルについて、変更ジャーナル情報を表示する。1を指
　　定すると、全ファイルを参照番号とともに表示する。「Fsutil File Layout」コマンドで
　　表示されるファイル参照番号とは異なる。

最小USN

　　検索範囲の更新シーケンス番号(USN：Update Sequence Number)の最小値を指定
　　する。

最大USN

　　検索範囲のUSNの最大値を指定する。

ファイル名

　　変更ジャーナル情報を表示するファイルを指定する。ワイルドカードは使用できない。

c=*チャンクサイズ*

　　データブロックのサイズを指定する。

s=*ファイルサイズしきい値*

　　ファイルサイズのしきい値を指定する。

MinVer=*最小値*

　　USNレコードのメジャーバージョンの最小値を指定する。既定値は2。

MaxVer=*最大値*

　　USNレコードのメジャーバージョンの最大値を指定する。既定値は4。

StartUsn=*開始番号*

　　読み取りを開始するUSN。既定値は0。

Csv

　　結果をCSV形式で表示する。

Wait

　　より多くのレコードを待機してから変更ジャーナルに追加する。

Tail

　　変更ジャーナルの末尾から読み取る。

実行例

　　C:ドライブの変更ジャーナル情報を表示する。

```
C:\Work>Fsutil Usn QueryJournal C:
USN ジャーナル ID     : 0x01d0c80e2ddf394d
最初の USN          : 0x0000000041800000
次の USN           : 0x000000004399e248
最も下位の有効な USN : 0x0000000000000000
最大 USN          : 0x7fffffffffff0000
最大サイズ          : 0x0000000002000000
割り当て差分         : 0x0000000000800000
サポートされている最小レコード バージョン: 2
サポートされている最大レコード バージョン: 4
書き込み範囲の追跡: 無効
```

■ コマンドの働き

「Fsutil Usn」コマンドは、NTFSとReFSにおいて変更ジャーナルを操作する。ファイルやフォルダを変更すると変更ジャーナルに新しいUSNレコードを記録するので、USNの変化からファイルやフォルダの変更を検知できる。インデックスサービスやDFSレプリケーション(Distributed File System Replication)、ファイル複製サービス(File Replication Service)などがUSNを利用して、操作対象のファイルを識別している。

⬛ Fsutil Volume──ボリュームを管理する

`XP` `2003` `2003R2` `Vista` `2008` `2008R2` `7` `2012` `8` `2012R2` `8.1` `10` `2016` `2019` `2022` `11`

構文1 空き領域サイズの照会、アンマウント、割り当て済みクラスタの照会、フラッシュ、NUMAノードの照会、ラベルの照会、SMR情報の照会、仮想プロビジョニング情報の照会を実行する

Fsutil Volume {DiskFree | Dismount | AllocationReport | Flush | QueryNumaInfo | QueryLabel | SmrInfo | ThinProvisioningInfo}

構文2 NTFSで指定したクラスタを使用するファイルを照会する `UAC` `2008R2 以降`

Fsutil Volume QueryCluster ボリューム名 [クラスタ番号]

構文3 ファイルの参照番号や属性情報を照会する `UAC` `2012R2 以降`

Fsutil Volume FileLayout [/v] {ボリューム名 {ファイルID | *} | ファイル名}

構文4 ボリュームのGUIDとマウントポイントを表示する `10 1607 以降` `2016 以降` `11`

Fsutil Volume List

構文5 ボリュームラベルを設定する `UAC` `10 1903 以降` `2022` `11`

Fsutil Volume SetLabel ボリューム名 ボリュームラベル

構文6 SMRガベージコレクションを設定する `UAC` `10 1709 以降` `2019 以降` `11`

Fsutil Volume SmrGc ボリューム名 Action={Start | StartFullSpeed | Pause | Stop} [IoGranularity=値]

Fsutil Volume FindShrinkBlocker ボリューム名 [/NoFileName]
[/ShrinkSize 縮小量] ボリューム名 [Tier=階層]

■ スイッチとオプション

DiskFree
NTFSでボリュームの空き領域サイズを表示する。`UAC`

Dismount
ボリュームをアンマウントする。

AllocationReport
NTFSでボリュームのクラスタ割り当て状況を表示する。`UAC` `2012R2 以降`

Flush
ボリュームの書き込みキャッシュをフラッシュする。`UAC` `10 1903 以降` `2022`
`11`

QueryNumaInfo
NTFSとReFSで、ボリュームのNUMAノードを表示する。`10 1703 以降` `2019 以降`
`11`

QueryLabel
ボリュームラベルを表示する。`UAC` `10 1903 以降` `2022` `11`

SmrInfo
ReFSでシングル磁気記憶(SMR:Shingled Magnetic Recording)の情報を表示する。
`UAC` `10 1709 以降` `2019 以降` `11`

ThinProvisioningInfo
仮想プロビジョニング情報を表示する。`UAC` `10 1803 以降` `2019 以降` `11`

ボリューム名
C:などのドライブ文字、ボリュームマウントポイント、ボリュームのGUIDを指定する。

Tier=階層
AllocationReportスイッチと併用して、階層型ボリュームの特定の階層の割り当てレポートを表示する。指定可能な階層はperformanceとcapacity。

クラスタ番号
アロケーションユニット(クラスタ)番号を、スペースで区切って1つ以上指定する。番号は8進数、10進数、16進数で指定できる。

/v
$EAと$REPARSE_POINTの属性バッファ16進ダンプを含む詳細情報を表示する。
`10 2004 以降` `2019 以降` `11`

{ ファイルID | * }
ファイルIDは、検索するファイル参照番号を指定する。ファイルIDに「*」を指定できる。`10` `2016 以降` `11`

ファイル名
検索するファイル名を指定する。ワイルドカードは使用できない。

ボリュームラベル

ボリュームラベルを指定する。

Action={Start | StartFullSpeed | Pause | Stop}

ガベージコレクションを開始(Start)、高優先度で開始(StartFullSpeed)、一時停止
(Pause)、停止(Stop)する。

IoGranularity=*精度*

Startスイッチと併用して、精度を指定する。

/NoFileName

移動不可またはピン止めされたファイル名を表示しない。

/ShrinkSize *縮小量*

縮小するスペースの量をバイト単位で指定する。単位としてB、KB、MB、GB、
TB、PBを指定できる。

実行例

C:ドライブの利用状況を表示する。

```
C:¥Work>Fsutil Volume DiskFree C:
合計空きバイト数                        :  48,571,633,664 ( 45.2 GB)
合計バイト数                            :  63,673,724,928 ( 59.3 GB)
クオータの合計空きバイト数              :  48,571,633,664 ( 45.2 GB)
利用できないプール バイト数             :               0 (  0.0 KB)
クオータの利用できないプール バイト数   :               0 (  0.0 KB)
使用済みバイト数                        :  14,625,382,400 ( 13.6 GB)
合計予約済みバイト数                    :     476,708,864 (454.6 MB)
ボリューム ストレージの予約済みバイト数 :               0 (  0.0 KB)
利用可能なコミット済みバイト数          :               0 (  0.0 KB)
プールの利用可能なバイト数              :               0 (  0.0 KB)
```

■ コマンドの働き

「Fsutil Volume」コマンドは、ボリュームの利用状況やファイルのアロケーションユニッ
ト割り当て状況を表示する。「Fsutil Volume Dismount」コマンドは「Mountvol /d」コマン
ドと等しい。「Fsutil Volume SetLabel」コマンドはLabelコマンドと等しい。

■ Fsutil Wim——Windows Image(WIM)サポート環境を管理する

`2012R2` `8.1` `10` `2016` `2019` `2016` `2019` `2022` `11`

構文1 WIMでバッキングされているファイルを表示／WIMファイルを表示／削除
する **UAC**

Fsutil Wim {EnumFiles | EnumWims | RemoveWim} *ボリューム名*
[*データソース*]

構文2 指定したファイルのオリジナルを表示する

Fsutil Wim QueryFile *ファイル名*

■ スイッチとオプション

EnumFiles
　　WIMでバッキングされているファイルを表示する。 `UAC`

EnumWims
　　WIMファイルを表示する。 `UAC`

RemoveWim
　　バッキングファイルからWIMを削除する。 `UAC`

QueryFile
　　指定したファイルのオリジナルを表示する。

ボリューム名
　　C:などのドライブ文字、ボリュームマウントポイント、ボリュームのGUIDを指定する。省略するとカレントドライブを使用する。

データソース
　　EnumFilesスイッチまたはRemoveWimスイッチと併用して、操作対象のWIMファイル番号を指定する。

ファイル名
　　操作対象のファイル名を指定する。ワイルドカードは使用できない。

■ コマンドの働き

　「Fsutil Wim」コマンドは、Windows Image（WIM）ファイルを使用したファイルの保護や支援環境を管理する。

Icacls.exe
ファイルやフォルダの
アクセス権を操作する

`2003` `2003R2` `Vista` `2008` `2008R2` `7` `2012` `8` `2012R2` `8.1` `10` `2016`
`2019` `2022` `11`

構文1 アクセス権を表示または設定する

Icacls ファイル名 [/Grant[:r] ユーザー名:アクセス権] [/Deny ユーザー名:アクセス権] [/Remove[{:g | :d}] ユーザー名] [/t] [/c] [/l] [/q] [/SetIntegrityLevel [継承設定] 整合性レベル[:ポリシー]] [/Inheritance:{e | d | r}]

構文2 アクセス権設定の保存、所有者変更、SID検索、アクセス権異常検索、継承を設定する

Icacls ファイル名 {/Save ACLファイル名 | /SetOwner | /FindSid | /Verify | /Reset} [ユーザー名] [/t] [/c] [/l] [/q]

構文3 保存したアクセス権設定を復元する

Icacls フォルダ名 [/Substitute 旧ユーザー名 新ユーザー名] /Restore ACLファイル名 [/c] [/l] [/q]

◤ アクセス権

　アクセス権の設定方法には、「簡易なアクセス権指定」と「詳細なアクセス権指定」の2つ

の方法がある。簡易なアクセス権指定では、.以下の記号を1つ以上組み合わせてアクセス権を表現する。指定の形式は、RWDのように記号を連続で指定するほか、()で括ってカンマで区切り列挙することもできる。さらに、簡易なアクセス権指定の記号と詳細なアクセス権指定の記号を混在させてもよい。

記号	説明
F	フルコントロール
M	変更
RX	読み取りと実行
R	読み取り
W	書き込み
D	削除
N	アクセス権なし **2008R2 以降**

詳細なアクセス権指定では、以下の記号を1つ以上組み合わせてアクセス権を表現する。指定の形式は、()で括ってカンマで区切り列挙する。簡易なアクセス権指定の記号と併用することもできる。

記号	説明
DE	削除
RC	アクセス許可の読み取り
WDAC	アクセス許可の変更
WO	所有権の取得
S	同期（GUI では該当項目なし）
AS	システムセキュリティへのアクセス（GUI では該当項目なし、アクセス権が削除される）
MA	無制限（GUI では該当項目なし）
GR	一般的な読み取り（フォルダの一覧／データの読み取り、属性の読み取り、拡張属性の読み取り、アクセス許可の読み取り）
GW	一般的な書き込み（ファイルの作成／データの書き込み、フォルダの作成／データの追加、属性の書き込み、拡張属性の書き込み、アクセス許可の読み取り）
GE	スキャン／実行（フォルダのスキャン／ファイルの実行、フォルダの一覧／データの読み取り、属性の読み取り、アクセス許可の読み取り）
GA	フルコントロール
RD	フォルダの一覧／データの読み取り
WD	ファイルの作成／データの書き込み
AD	フォルダの作成／データの追加
HEA	拡張属性の読み取り
WEA	拡張属性の書き込み
X	フォルダのスキャン／ファイルの実行
DC	サブフォルダとファイルの削除
RA	属性の読み取り
WA	属性の書き込み

アクセス権には許可と拒否があるが、評価は次の順に行われる。

1. 明示的な拒否
2. 明示的な許可
3. 継承された拒否
4. 継承された許可

■ スイッチとオプション

ファイル名

操作対象のファイル名やフォルダ名を指定する。ファイル名にはワイルドカード「*」「?」を使用できる。

/Grant[:r] *ユーザー名:アクセス権*

ファイルやフォルダにアクセス許可を追加する。:rを指定すると、追加ではなく既存の明示的なアクセス権を置換する。ユーザー名には、ユーザー名、グループ名、セキュリティID（SID：Security Identifier）を指定する。セキュリティIDを指定する場合は、「*S-1-1-0」のように先頭に「*」を付ける。「*ユーザー名:アクセス権*」の組を、スペースで区切って1つ以上指定できる。

/Deny *ユーザー名:アクセス権*

ファイルやフォルダに拒否のアクセス許可を追加する。ユーザー名には、ユーザー名、グループ名、セキュリティIDを指定する。セキュリティIDを指定する場合は、「*S-1-1-0」のように先頭に「*」を付ける。「*ユーザー名:アクセス権*」の組を、スペースで区切って1つ以上指定できる。

/Remove[{:g | :d}] *ユーザー名*

ファイルやフォルダのアクセス許可（拒否）を削除する。:gを指定すると、ユーザーまたはグループの許可エントリを削除する。:dを指定すると、ユーザーまたはグループの拒否エントリを削除する。ユーザー名には、ユーザー名、グループ名、セキュリティIDをスペースで区切って1つ以上指定する。セキュリティIDを指定する場合は、「*S-1-1-0」のように先頭に「*」を付ける。

/t

指定したフォルダ内のすべてのサブフォルダとファイルに対して処理を実行する。

/c

エラーが発生しても処理を継続する。

/l

ターゲットではなく、シンボリックリンクに対して処理を実行する。

/q

処理成功のメッセージを表示しない。

/SetIntegrityLevel [*継承設定*] *整合性レベル*[:*ポリシー*]

ファイルやフォルダに、オブジェクト整合性レベルとその継承設定を指定する。現在の整合性レベルは、SysinternalsのAccessChkユーティリティで確認できる。継承設定はフォルダに対してだけ指定可能で、次のいずれかを指定する。 `UAC`
`Vista 以降`

継承設定	説明
(OI)	オブジェクト継承
(CI)	コンテナ継承
(IO)	継承だけ
(NP)	継承なし

(I)	継承済み

オブジェクト整合性レベルには次のいずれかを指定する。整合性レベルをHighに設定すると、フォルダ内にファイルやフォルダを作成したり、ファイルを上書きしたりする際にアクセス拒否エラーが発生し、操作を続行するには権限の昇格を要求される。

整合性レベル	説明
L[ow]	低
M[edium]	中（既定値）
H[igh]	高

ポリシーには次のいずれかを指定できるが、NW以外機能しない。

ポリシー	説明
NW	No-Write-Up（書き込み禁止）
NR	No-Read-Up（読み取り禁止、既定値）
NE	No-Execute-Up（実行禁止）

/Inheritance:{e | d | r}

アクセス権の継承設定として、次のいずれかを指定する。

継承	設定
e	継承を有効にする
d	継承を無効にして ACE をコピーする
r	継承を無効にして、継承された ACE を削除する

ユーザー名

ユーザー名、グループ名、セキュリティIDを指定する。名前にスペースを含む場合はダブルクォートで括る。セキュリティIDを指定する場合は、「*S-1-1-0」のように先頭に「*」を付ける。

/Save

ファイルやフォルダのアクセス権設定をテキストファイルに保存する。所有者、監査設定、整合性レベルの設定は保存できない。

ACL ファイル名

アクセス権設定を保存するファイル名を指定する。

/SetOwner ユーザー名

ユーザー、グループ、セキュリティIDに、ファイルやフォルダの所有者を変更する。Takeownコマンドでは新しい所有者を指定できない。

/FindSid ユーザー名

ユーザー、グループ、セキュリティIDにアクセス許可のある、ファイルやフォルダの数を表示する。

/Verify

アクセス権の設定に問題のあるファイルやフォルダを表示する。

/Reset

上位フォルダから継承された既定のアクセス権にリセットする。

/Restore

ACLファイルからアクセス権設定を読み込んで、ファイルやフォルダに適用する。
UAC

/Substitute *旧ユーザー名 新ユーザー名*

/Restoreスイッチと併用して、ACLファイル内のユーザー名またはグループ名を、新しいユーザー名またはグループ名に置換して適用する。複数指定する場合は、「/Substitute *旧ユーザー名 新ユーザー名*」の組を繰り返し指定する。 `UAC`

実行例

ユーザーAD2022¥User1に対して変更アクセス権を、ローカルUsersグループに対して読み取り、書き込み、削除のアクセス権を付与する。その他の既存アクセス権は変更しないが、親フォルダからの継承を無効にしてACEをコピーする。

```
C:¥Work>Icacls . /Grant AD2022¥User1:M Users:RWD /Inheritance:d
処理ファイル: .
1 個のファイルが正常に処理されました。0 個のファイルを処理できませんでした

C:¥Work>Icacls .
. BUILTIN¥Users:(R,W,D)
  AD2022¥user1:(M)
  NT AUTHORITY¥SYSTEM:(OI)(CI)(F)
  BUILTIN¥Administrators:(OI)(CI)(F)
  BUILTIN¥Users:(OI)(CI)(RX)
  BUILTIN¥Users:(CI)(AD)
  BUILTIN¥Users:(CI)(WD)
  AD2022¥user1:(F)
  CREATOR OWNER:(OI)(CI)(IO)(F)

1 個のファイルが正常に処理されました。0 個のファイルを処理できませんでした
```

コマンドの働き

Icaclsコマンドは、ファイルやフォルダに設定されているアクセス権を編集する。ファイル名やフォルダ名を指定して、他のスイッチとオプションを省略すると、現在のアクセス権設定を表示する。

Icaclsコマンドで操作可能なアクセス権の設定は、随意アクセス制御リスト(DACL:Discretionary Access Control List)と所有者情報で、監査の設定は操作できない。アクセス権の編集対象フォルダによっては、権限の昇格を必要とすることがある。

Label.exe   ボリュームラベルを設定する

| 2000 | XP | 2003 | 2003R2 | Vista | 2008 | 2008R2 | 7 | 2012 | 8 | 2012R2 | 8.1 |
| 10 | 2016 | 2019 | 2022 | 11 |

構文

Label [/Mp] [*ボリューム名*] [*ボリュームラベル*]

■ スイッチとオプション

/Mp

マウントポイントまたはボリューム名として処理されるボリュームを指定する。

ボリューム名

C:などのドライブ文字、ボリュームマウントポイント、ボリュームのGUIDを指定する。

ボリュームラベル

ボリュームラベルを指定する。省略するとプロンプトを表示する。プロンプトで何も入力しないで [Enter] キーを押すと、既存のラベルを削除する。

(実行例)

E:ドライブにボリュームラベル「USB1」を設定する。

```
C:\Work>Label E:
ドライブ E: のボリュームにはラベルがありません
ボリューム シリアル番号は 1EC3-F441 です
ボリューム ラベルを入力してください。
(半角で 32 文字、全角で 16 文字以内)
必要なければ、Enter キーを押してください: USB1
```

■ コマンドの働き

Labelコマンドは、ユーザーがボリュームを識別しやすくするための名前(ラベル)を設定する。

Makecab.exe　　　キャビネットファイルを作成する

| 2000 | XP | 2003 | 2003R2 | Vista | 2008 | 2008R2 | 7 | 2012 | 8 | 2012R2 | 8.1 |
| 10 | 2016 | 2019 | 2022 | 11 |

構文1 ファイルやフォルダを圧縮する

Makecab [/vレベル] [/d 変数=設定値] [/l フォルダ名] ファイル名 [圧縮ファイル名]

構文2 設定ファイルを使用してファイルやフォルダを圧縮する

Makecab [/vレベル] [/d 変数=設定値] /f 設定ファイル

■ スイッチとオプション

/v レベル

操作の表示情報をレベル番号(0〜3)で指定する。0は表示なしで、3は最も多い。

/d 変数=設定値

操作中に参照する変数と設定値の組を、スペースで区切って1つ以上指定する。

/l フォルダ名

圧縮ファイルの作成先フォルダを指定する。既定値はカレントフォルダ。

ファイル名

キャビネットファイルに含めるファイル名を指定する。ワイルドカードは使用できない。

圧縮ファイル名

作成するキャビネットファイルの名前を指定する。省略すると、拡張子を含めた圧縮対象ファイル名の末尾をアンダースコア(_)に変えたものを使用する。

/f 設定ファイル

操作内容を記述した設定ファイル(Diamond Directive File)の名前を指定する。

設定ファイル

　　設定ファイルには次のコマンドや変数を記述して、キャビネットファイルに含めるファイルを指定する。出力先や圧縮方法を指定しない場合の既定の出力は、カレントフォルダに「disk<連番>」サブフォルダを作成して、その中に「<連番>.cab」キャビネットファイルを作成し、圧縮したファイルを格納する。

コマンド	説明
ファイル名 [宛先] [/Inf={Yes | No}] [/Unique={Yes | No}] [//パラメータ名=設定値]	ファイル名——GenerateInf 変数が Off の場合、ディスクまたはキャビネットに含めるファイル名を指定する。GenerateInf 変数が On の場合、ファイル名を Inf ファイルに書き込む。 ・宛先——Cabinet 変数が On の場合、キャビネットに保存する名前を指定する。Cabinet 変数が Off の場合、展開後のパスを指定する ・/Inf={Yes | No}——Yes の場合、送り先を DDF の Inf セクションで指定する。No の場合は指定しない ・/Unique={Yes | No}——宛先が一意か(Yes)否か(No) ・//パラメータ名=設定値——Inf 中のパラメータを設定値で上書きする
.Define 変数名=[設定値]	変数を定義して値を設定する
.Delete 変数名	変数の定義を削除する
.Dump	すべての変数を表示する
.InfBegin {Disk | Cabinet | File}	指定したセクションの開始を Inf ファイルに書き込む
.InfEnd	.InfBegin で開始したセクションを終了する
.InfWrite 文字列	Inf ファイルの File セクションに文字列を書き込む
.InfWriteCabinet 文字列	Inf ファイルの Cabinet セクションに文字列を書き込む
.InfWriteDisk 文字列	Inf ファイルの Disk セクションに文字列を書き込む
.New {Disk | Cabinet | Folder}	使用中の「disk<連番>」フォルダ、キャビネットファイル、フォルダを終了して、次の出力先に切り替える
.Option Explicit	.Define コマンドで変数を明示的に定義することを強制する
.Set 変数名=[設定値]	変数に値を設定する
;	コメント行
空行	処理上の意味はない
%変数名%	変数の値に置き換える

既定の変数

　　変数はMakecabコマンドの動作を変更したり、ファイル名などの既定値を与えたりする。

変数と設定値	説明
Cabinet={On | Off}	キャビネットモードを有効（On）または無効（Off）に設定する。有効な場合、CabinetNameTemplate 変数で指定したキャビネットファイルにファイルを書き込む。無効な場合、ファイルをそのままフォルダに書き込む。既定値は Off（無効）
CabinetFileCountThreshold=ファイル数	1 つのキャビネットファイルに含めるファイル数の上限を指定する。ファイル数は目安で、必ずしも指定したファイル数で区切られない。既定値は 0（無制限）
CabinetName<番号>=ファイル名	キャビネットファイルの順序に応じたファイル名を指定する。既定値は未定義
CabinetNameTemplate=ファイル名	キャビネットファイル名の基準を指定する。ファイル名中に「*」を指定すると連番に置換する。既定値は「*.cab」
ChecksumWidth=[1〜8]	InfFileLineFormat 変数の csum パラメータに表示する 16 進数の数を 1 〜 8 で指定する。既定値は 8
ClusterSize=クラスタサイズ	メディアのクラスタサイズ（バイト）または既定のメディア容量を指定する。メディア容量に次のいずれかを指定すると、対応するクラスタサイズを自動的にセットする。 ・1.44M ・1.25M ・1.2M ・720K ・360K ・CDROM 既定値は 512 バイト
Compress={On | Off}	圧縮を有効（On）または無効（Off）に設定する。既定値は On
CompressedFileExtensionChar=文字	圧縮したファイルの名前の末尾に使用する文字を指定する。既定値はアンダースコア（_）
CompressionMemory=[15〜21]	LZX 方式で圧縮する際のウィンドウサイズを 15（32KB）〜 21（2MB）で指定する。既定値は 18（256KB）
CompressionType={MSZIP | LZX}	圧縮方式を指定する。既定値は MSZIP
DestinationDir=パス	キャビネットファイルに含めるファイルの、既定の展開後のパス（各ファイルの宛先の前に来る）を指定する。既定値は未定義
DiskDirectory<番号>=フォルダ名	出力ディスクの順序に応じたフォルダ名を指定する。既定値は未定義
DiskDirectoryTemplate=フォルダ名	出力ディスク名の基準を指定する。フォルダ名中に「*」を指定すると連番に置換する。既定値は「disk*」
DiskLabel<番号>=ラベル	出力ディスクの順序に応じたラベルを指定する。既定値は未定義
DiskLabelTemplate=template	ラベルの基準を指定する。ラベル中に「*」を指定すると連番に置換する。既定値は「Disk *」
DoNotCopyFiles={On | Off}	ファイルをコピーする（Off）か否（On）か指定する。既定値は Off（コピーする）。Inf ファイルだけ作成する場合に時間を短縮できる
FolderFileCountThreshold=ファイル数	1 つのフォルダに含めるファイル数の上限を指定する。既定値は 0（無制限）
FolderSizeThreshold=フォルダサイズ	1 つのフォルダのサイズ上限（バイト）を指定する。1M（1MB）のように指定できる。サイズは目安で、必ずしも指定したサイズで区切られない。既定値は 0（無制限）
GenerateInf={On | Off}	Inf ファイルの作成モードを、統合（On）または相対（Off）に設定する。既定値は On（統合）
Inf<変数名>=設定値	変数の既定値を設定したり、上書きしたりする
InfCabinetHeader[番号]=文字列	Inf ファイルの Cabinet セクションのヘッダーを設定する。既定値は [cabinet list]

143

InfCabinetLineFormat[*番号*]=*書式*	Inf ファイルの Cabinet セクションの書式を設定する。既定値は「*cab#*,*disk#*,*cabfile*」
InfCommentString=*文字列*	Inf ファイルのコメント行を設定する。既定値は「;」
InfDateFormat={YYYY-MM-DD | MM/DD/YY}	Inf ファイル中の日付の書式を設定する。既定値は MM/DD/YY
InfDiskHeader[*番号*]=*文字列*	Inf ファイルの Disk セクションのヘッダーを設定する。既定値は [disk list]
InfDiskLineFormat[*番号*]=*書式*	Inf ファイルの Disk セクションの書式を設定する。既定値は「*disk#*,*label*」
InfFileHeader[*番号*]=*文字列*	Inf ファイルの File セクションのヘッダーを設定する。既定値は [file list]
InfFileLineFormat[*番号*]=*書式*	Inf ファイルの File セクションの書式を設定する。既定値は「*disk#*,*cab#*,*file*,*size*」
InfFileName=*ファイル名*	Inf ファイルの名前を指定する。既定値は Setup.inf
InfFooter[*番号*]=*文字列*	Inf ファイルのフッターを設定する
InfHeader[*番号*]=*文字列*	Inf ファイルのヘッダーを設定する
InfSectionOrder=[D] [C] [F]	Inf ファイルに含めるセクションを「DF」のように1つ以上指定する
MaxCabinetSize=*ファイルサイズ*	キャビネットファイルの最大ファイルサイズ（バイト）を指定する。既定値は 0（無制限）
MaxDiskFileCount=*ファイル数*	ディスク内の最大ファイル数を指定する。ファイル数に次のいずれかを指定すると、対応するメディアで FAT ファイルシステムを使用した際の、ルートフォルダに保存できるファイル数の上限値を自動的にセットする。 ・1.44M ・1.25M ・1.2M ・720K ・360K ・CDROM 既定値は 0（無制限）
MaxDiskSize[*番号*]=*ディスクサイズ*	ディスクの最大サイズ（バイト）を指定する。ディスクサイズには次の値も設定できる。 ・1.44M ・1.25M ・1.2M ・720K ・360K ・CDROM 既定値は未定義
MaxErrors=*回数*	指定回数までのエラーを許容する。既定値は 20 回
ReservePerCabinetSize=*予約サイズ*	FCRESERVE として予約する、キャビネット内のゼロ埋め領域のサイズを 4 の倍数で指定する。既定値は 0（予約領域なし）
ReservePerDataBlockSize=*予約サイズ*	データブロックとして予約するゼロ埋め領域のサイズを 4 の倍数で指定する。既定値は 0（予約領域なし）
ReservePerFolderSize=*予約サイズ*	FCRESERVE として予約する、フォルダ内のゼロ埋め領域のサイズを 4 の倍数で指定する。既定値は 0（予約領域なし）
RptFileName=*ファイル名*	レポートファイル名を指定する。既定値は Setup.rpt。
SourceDir=*パス*	操作対象のファイルが配置された、ベースとなるフォルダを指定する。既定値はカレントフォルダ
UniqueFiles={On | Off}	宛先の重複を許す（Off）または許さない（Off）を指定する。既定値は On（許さない）

カレントフォルダにCabSample.cab ファイルを作成する。

```
C:¥Work>TYPE Sample.ddf
.Set CabinetNameTemplate=CabSample.cab
.Set DiskDirectoryTemplate=
link1.txt
link2.txt
Sample1.bat
Sample2.bat
Sample3.bat

C:¥Work>Makecab /f .¥Sample.ddf
Cabinet Maker - Lossless Data Compression Tool

10,138 bytes in 5 files
Total files:             5
Bytes before:        10,138
Bytes after:          1,553
After/Before:           15.32% compression
Time:                    0.08 seconds ( 0 hr  0 min  0.08 sec)
Throughput:            125.32 Kb/second
```

■ コマンドの働き

Makecab コマンドは、ファイルを圧縮してキャビネットファイルに保存する。キャビネットファイルはExpandコマンドで展開できる。大量のデータを、複数枚のフロッピーディスクやCD-ROMメディアに分割して配布する用途に向いており、圧縮ファイルをファイルサイズやファイル数で分割したり、圧縮ファイルから取り出したファイルをパスやファイル名を指定して展開したりする機能がある。

Manage-bde.exe

BitLockerドライブ暗号化機能
でボリュームを暗号化する

`Vista` `7` `8` `8.1` `10` `11` `UAC`

構文1 Windows 7以降

Manage-bde スイッチ [ボリューム名] [オプション] [-ComputerName コンピュータ名]

構文2 Windows Vista

CScript %Windir%¥System32¥manage-bde.wsf スイッチ [ボリューム名] [オプション]

スイッチ

スイッチ	説明
-AutoUnlock	ボリュームの自動ロック解除を管理する
-ChangeKey	TPMで保護されたスタートアップキーを変更する **7以降**
-ChangePassword	データボリューム保護用のパスワードを変更する **7以降**
-ChangePin	個人識別番号（Personal Identification Number、暗証番号）を変更する **7以降**
-ForceRecovery	暗号化されたOSボリュームを回復モードにする
-KeyPackage	ボリューム修復用のキーパッケージファイルを生成する **8以降**
-Lock	暗号化されたデータボリュームへのアクセスを禁止する
-Off	ボリュームの暗号化を解除する
-On	ボリュームを暗号化する
-Pause	暗号化や暗号化解除、データ消去の操作を一時停止する
-Protectors	暗号化したボリュームで、キーの保護機能を管理する
-Resume	暗号化や暗号化解除、データ消去の操作を再開する
-SetIdentifier	ボリュームの識別子フィールドを構成する **7以降**
-Status	ボリュームの暗号化状態を表示する
-Tpm	TPM（Trusted Platform Module）を有効化し所有者パスワードを設定する **Vista** **7**
-Unlock	ロックされたデータボリュームへのアクセスを許可する
-Upgrade	BDEのバージョンを更新する **7以降**
-WipeFreeSpace	使わないディスク領域のデータを消去する **8以降**

共通オプション

ボリューム名
　　C:などのドライブ文字、ボリュームマウントポイント、ボリュームのGUIDを指定する。

{-ComputerName | -Cn} コンピュータ名
　　操作対象のコンピュータ名またはIPアドレスを指定する。省略するとローカルコンピュータでコマンドを実行する。

コマンドの働き

　　Manage-bdeコマンドは、BitLockerドライブ暗号化（BDE：BitLocker Drive Encryption）機能を使ったボリュームの暗号化を実行する。Windows Serverファミリでは、オプションの「BitLockerドライブ暗号化」機能をインストールすることで使用できる。

参考

● BitLocker recovery: known issues
https://learn.microsoft.com/en-us/windows/security/information-protection/bitlocker/ts-bitlocker-recovery-issues

2
ファイルとディスク操作編

Manage-bde -AutoUnlock
── データボリュームの自動ロック解除を設定する

`Vista` `7` `8` `8.1` `10` `11` `UAC`

構文

Manage-bde -AutoUnlock {-Enable | -Disable | -ClearAllKeys} ボ
リューム名 [{-ComputerName | -Cn} コンピュータ名]

■ スイッチとオプション

-Enable
> データボリュームの自動ロック解除を有効にする。自動ロック解除用の外部キーファ
> イルを自動生成して、OSボリュームに保存する。

-Disable
> データボリュームの自動ロック解除を無効にする。

-ClearAllKeys
> OSボリュームに保存されている、自動ロック解除用の外部キーをすべて削除する。
> ボリューム名にはOSボリューム名を指定する。すべてのボリュームで自動ロック解
> 除を無効にすると、自動ロック解除用の外部キーは使われないので、-ClearAllKeys
> スイッチを使って削除するとよい。

実行例

　D:ドライブに自動ロック解除を設定する。自動的に作成された外部キーはC:ドライブ
に保存される。この操作には管理者権限が必要。

```
C:¥Work>Manage-bde -AutoUnlock -Enable D:
BitLocker ドライブ暗号化: 構成ツール Version 10.0.19041
Copyright (C) 2013 Microsoft Corporation. All rights reserved.

追加されたキーの保護機能:
    外部キー:
    ID: {063D68A8-04FF-40F9-9A3C-7F21FEBDFDEE}
    外部キー ファイル名:
        063D68A8-04FF-40F9-9A3C-7F21FEBDFDEE.BEK
    自動ロック解除は有効です。
```

■ コマンドの働き

　「Manage-bde -AutoUnlock」コマンドは、ボリュームの自動ロック解除を設定する。自
動ロック解除を設定していないデータボリュームは、使用する際に数字パスワード、外部
キーファイル、スマートカード、任意のパスワードのいずれかを入力して、手動でロック
を解除する必要がある。ロック解除はボリュームをマウントしている間だけ有効。

Manage-bde -ChangeKey
── TPMで保護されたスタートアップキーを変更する

`7` `8` `8.1` `10` `11` `UAC`

Manage-bde -ChangeKey ボリューム名 フォルダ名 [{-ComputerName | -Cn} コンピュータ名]

■ スイッチとオプション

フォルダ名
　　　新しいスタートアップキーファイルを保存するため、USBメモリ上のフォルダ名を
　　　指定する。

実行例

　　C:ドライブに設定している「TPMとスタートアップキー」のキー保護機能について、キー
を変更してE:¥フォルダ(USBメモリ)にキーファイルを保存する。この操作には管理者権
限が必要。

```
C:¥Work>Manage-bde -ChangeKey C: E:¥
BitLocker ドライブ暗号化: 構成ツール Version 10.0.19041
Copyright (C) 2013 Microsoft Corporation. All rights reserved.

    ディレクトリ E:¥ に保存されました

追加されたキーの保護機能:
    TPM およびスタートアップ キー:
    ID: {0F30640D-3E45-446D-864B-9C3C1B661144}
    PCR 検証プロファイル:
        7, 11
        (整合性の検証のためにセキュア ブートを使用)
    外部キー ファイル名:
        0F30640D-3E45-446D-864B-9C3C1B661144.BEK
```

■ コマンドの働き

　　「Manage-bde -ChangeKey」コマンドは、OSボリュームをTPMとスタートアップキー
(USBメモリ)で保護している場合に、キーを更新して新しいキーファイルをUSBメモリ
に保存する。TPMを利用しないスタートアップキーは変更できない。

■ Manage-bde -ChangePassword
——データボリューム保護用のパスワードを変更する

`7` `8` `8.1` `10` `11` `UAC`

構文

Manage-bde -ChangePassword ボリューム名 [{-ComputerName | -Cn} コンピュータ名]

実行例

　　D:ドライブのパスワードを変更する。この操作には管理者権限が必要。

```
C:¥Work>Manage-bde -ChangePassword D:
BitLocker ドライブ暗号化: 構成ツール Version 10.0.19041
Copyright (C) 2013 Microsoft Corporation. All rights reserved.

新しいパスワードを入力します:
新しいパスワードをもう一度入力して確認します:
追加されたキーの保護機能:
    パスワード:
      ID: {B1148DBA-D95C-4C8A-87F0-27414E86709B}
```

■ コマンドの働き

「Manage-bde -ChangePassword」コマンドは、データボリュームを保護するためのパスワードを変更する。

■ Manage-bde -ChangePin——個人識別番号（PIN）を変更する
7 **8** **8.1** **10** **11** **UAC**

構文

Manage-bde -ChangePin ボリューム名 [{-ComputerName | -Cn} コンピュータ名]

実行例

起動時に入力するPINを変更する。この操作には管理者権限が必要。

```
C:¥Work>Manage-bde -ChangePin C:
BitLocker ドライブ暗号化: 構成ツール Version 10.0.19041
Copyright (C) 2013 Microsoft Corporation. All rights reserved.

新しい PIN を入力します:
新しい PIN をもう一度入力して確認します:
PIN を正常に更新しました。
```

■ コマンドの働き

「Manage-bde -ChangePin」コマンドは、OSボリュームの保護用に設定したPIN（Personal Identification Number）を変更する。

■ Manage-bde -ForceRecovery——暗号化されたOSボリュームを回復モードにする
7 **8** **8.1** **10** **11** **UAC**

構文

Manage-bde {-ForceRecovery | -Fr} ボリューム名 [{-ComputerName | -Cn} コンピュータ名]

BitLockerを回復モードで起動する。この操作には管理者権限が必要。

```
C:¥Work>Manage-bde -ForceRecovery C:
BitLocker ドライブ暗号化: 構成ツール Version 10.0.19041
Copyright (C) 2013 Microsoft Corporation. All rights reserved.

    TPM および PIN:
    ID: {8D9F6C0B-3082-40E1-988D-77865654E034}
    PCR 検証プロファイル:
      7, 11
      (整合性の検証のためにセキュア ブートを使用)

ID "{8D9F6C0B-3082-40E1-988D-77865654E034}" のキーの保護機能が削除されました。
ボリューム C: をロック解除できるのは、回復パスワードまたは回復キーだけです。
```

■ コマンドの働き

「Manage-bde -ForceRecovery」コマンドを実行すると、TPMを使用したキー保護機能をOSボリュームから削除して、回復モードに設定する。回復モードでは、Windowsの起動時に回復用の数字パスワードか外部キーファイルが必要になるので、あらかじめ「Manage-bde -Protectors -Add」コマンドで追加しておく。

タブレットPCなどキーボードのないコンピュータでは数字パスワードを入力できないため、回復モードがループしてしまう。ドライブの回復をスキップして「トラブルシューティング」から「詳細オプション」経由でコマンドプロンプトを開いて、次のコマンドを実行することで回復モードを終了できる。

```
Manage-bde -Unlock C: -RecoveryPassword <数字パスワード>
Manage-bde -Protectors -Disable C:
```

■ Manage-bde -KeyPackage
──ボリューム修復用のキーパッケージファイルを生成する

`8` `8.1` `10` `11` `UAC`

Manage-bde {-KeyPackage | -Kp} *ボリューム名* -Id *キー保護機能ID* -Path *フォルダ名* [{-ComputerName | -Cn} *コンピュータ名*]

■ スイッチとオプション

-Id *キー保護機能ID*

キーパッケージファイルの生成対象となるキーの保護機能をIDで指定する。

-Path *フォルダ名*

新しいキーパッケージの保存先フォルダを指定する。

C:ドライブに設定している数字パスワードのキー保護機能について、キーパッケージファ

イルをE:¥フォルダに作成する。この操作には管理者権限が必要。

```
C:¥Work>Manage-bde -KeyPackage C: -Id {387793E1-ED37-4853-9F4B-65C2ADC5B62B} -Path
E:¥
BitLocker ドライブ暗号化: 構成ツール Version 10.0.19041
Copyright (C) 2013 Microsoft Corporation. All rights reserved.

キー パッケージがディレクトリに正常に作成されました:
  E:¥
```

■ コマンドの働き

「Manage-bde -KeyPackage」コマンドは、暗号化されたボリュームの修復時に使用する
キーパッケージファイルを新たに生成して、「BitLocker Key Package {キー保護機能ID}.
kpg」というファイル名で保存する。

■ Manage-bde -Lock
──暗号化されたデータボリュームへのアクセスを禁止する

`Vista` `7` `8` `8.1` `10` `11` `UAC`

構文

Manage-bde -Lock ボリューム名 {-ForceDismount | -Fd}
[{-ComputerName | -Cn} コンピュータ名]

■ スイッチとオプション

{-ForceDismount | -Fd}
　　ボリュームが使用中でもマウントを解除してロックする。

実行例

D:ドライブをロックする。この操作には管理者権限が必要。

```
C:¥Work>Manage-bde -Lock D:
BitLocker ドライブ暗号化: 構成ツール Version 10.0.19041
Copyright (C) 2013 Microsoft Corporation. All rights reserved.

ボリューム D: はロックされています

C:¥Work>DIR D:
このドライブは、BitLocker ドライブ暗号化でロックされています。コントロール パネルか
らドライブのロックを解除してください
```

■ コマンドの働き

「Manage-bde -Lock」コマンドは、暗号化されたデータボリュームへのアクセスを禁止
する。ロックを解除するには「Manage-bde -Unlock」コマンドを使用する。

Manage-bde -Off——ボリュームの暗号化を解除する

`Vista` `7` `8` `8.1` `10` `11` `UAC`

構文

Manage-bde -Off ボリューム名 [{-ComputerName | -Cn} コンピュータ名]

実行例

C:ドライブの暗号化を解除する。この操作には管理者権限が必要。

```
C:¥Work>Manage-bde -Off C:
BitLocker ドライブ暗号化: 構成ツール Version 10.0.19041
Copyright (C) 2013 Microsoft Corporation. All rights reserved.

暗号化の解除は現在実行中です。
```

■ コマンドの働き

「Manage-bde -Off」コマンドは、ボリュームの暗号化を解除して復号化し、回復パスワードやスタートアップキーなどのキー保護機能をすべて無効にする。暗号化処理中に「Manage-bde -Off」コマンドを実行すると、暗号化処理を即座に中止して復号化できる。

Manage-bde -On——ボリュームを暗号化する

`Vista` `7` `8` `8.1` `10` `UAC`

構文

Manage-bde -On ボリューム名 [-RecoveryPassword [数字パスワード]] [-RecoveryKey フォルダ名] [-StartupKey フォルダ名] [-Certificate {-Cf 証明書ファイル名 | -Ct 証明書の拇印}] [-TpmAndPin [PIN]] [-TpmAndStartupKey フォルダ名] [-TpmAndPinAndStartupKey [-Tp PIN] フォルダ名] [-Password] [{-AdAccountOrGroup | -Sid} ユーザー名 [-Service]] [-UsedSpaceOnly] [-EncryptionMethod 暗号化方式] [-SkipHardwareTest] [-Synchronous] [-DiscoveryVolumeType ファイルシステム] [-ForceEncryptionType {Hardware | Software}] [-RemoveVolumeShadowCopies] [{-ComputerName | -Cn} コンピュータ名]

■ スイッチとオプション

{-RecoveryPassword | -Rp} [数字パスワード]

OSボリュームまたはデータボリュームを、48桁の数字のパスワードで保護および回復する。パスワードは111111-222222-333333-...の形式で、6桁を1グループとして8グループ48桁の数字で構成する。任意の数字パスワードを指定しない場合、システムが無作為に数字パスワードを生成する。任意の数字パスワードを指定する場合は、すべてのグループが以下の要件を両方満たす必要がある。ただし、000000は有効なパスワードである。

・要件1——11で割り切れる。

・要件2──720,896より小さい。

{-RecoveryKey | -Rk} フォルダ名

OSボリュームまたはデータボリュームを、外部キーファイルで保護および回復する。システムが自動生成したファイル名(拡張子 .bek)で、指定したフォルダに保存する。外部キーファイルには、読み取り専用、隠しファイル、システムファイルの属性が設定されており、ファイルを確認するには「DIR /ARSH」コマンドやATTRIBコマンドなどを実行する。

{-StartupKey | -Sk} フォルダ名

OSボリュームを、USBメモリ内のスタートアップキーファイルを使って保護する。システムが自動生成したファイル名(拡張子 .bek)で、指定したフォルダに保存する。任意のドライブを利用できるが、システムの起動時に読み取るのはUSBメモリだけ。スタートアップキーファイルには、読み取り専用、隠しファイル、システムファイルの属性が設定されており、ファイルを確認するには「DIR /ARSH」コマンドやATTRIBコマンドなどを実行する。

{-Certificate | -Cert}

データボリュームを、スマートカード内のデジタル証明書を使って保護する。「-cf *証明書ファイル名*」を指定すると、公開鍵を提供するデジタル証明書のファイル名(拡張子 .cer)を使用する。「-ct *証明書の拇印*」を指定すると、公開鍵を提供するデジタル証明書の拇印(Thumbprint)を使用する。 **7以降**

{-TpmAndPin | -Tp} [PIN]

OSボリュームを、TPMとPINを併用して保護する。PINは既定では4桁の暗証番号で、入力を省略すると実行時にプロンプトを表示する。

{-TpmAndStartupKey | -Tsk} フォルダ名

OSボリュームを、TPMとスタートアップキーを併用して保護する。スタートアップキーファイルの保存先としてUSBメモリを指定する。

{-TpmAndPinAndStartupKey | -Tpsk} [-Tp PIN] -Tsk フォルダ名

OSボリュームを、TPM、PIN、スタートアップキーを併用して保護する。PINを指定するには-Tpサブスイッチを、スタートアップキーの保存先フォルダ名を指定するには-Ttskスイッチをそれぞれ使用する。PINを省略するとプロンプトを表示するが、-Tskサブスイッチは省略できない。なお、-TpmAndPinAndStartupKeyスイッチは-TpmAndStartupKeyスイッチと併用できない。

{-Password | -Pw}

データボリュームを任意のパスワードで保護する。パスワードの既定の長さは8文字以上。実行時にパスワード入力プロンプトを表示する。 **7以降**

{-AdAccountOrGroup | -Sid} ユーザー名 [-Service]

SIDベ　スのID保護機能を使って、ボリュームをアンロックするユーザー、グループ、コンピュータを、ユーザー名やグループ名、「ドメイン名￥コンピュータ名$」、SIDの形式で指定する。-Serviceスイッチを指定すると、ユーザーではなくBitLockerドライブ暗号化サービスのコンテキストでアンロックする。 **8以降**

{-UsedSpaceOnly | -Used}

使用済み領域だけを暗号化する。既定では、未使用領域も含めてボリューム全体を暗号化する。 **8以降**

{-EncryptionMethod | -Em} 暗号化方式

BDEの暗号化アルゴリズムと鍵長として、次のいずれかを指定する。

・AES128

- ・AES256
- ・AES128_DIFFUSER `7`
- ・AES256_DIFFUSER `7`
- ・XTS_AES128 `10 1511 以降`
- ・XTS_AES256 `10 1511 以降`

{-SkipHardwareTest | -s}

ハードウェアテストを省略して暗号化を開始する。既定ではシステム起動時にハード
ウェアテストを実行するため、再起動を必要とする。ハードウェアテストのための再
起動前であれば、「Manage-bde -Off ボリューム名」コマンドで暗号化処理そのもの
を取り消すことができる。 `7 以降`

{-Synchronous | -Sync}

暗号化処理が完了するのを待って、コマンドプロンプトに制御を戻す。 `8 以降`

{-DiscoveryVolumeType | -Dv} ファイルシステム

BitLocker To Go でリムーバブルドライブを暗号化する場合、リーダーアプリケーショ
ンを保存する隠しボリュームのファイルシステムを指定する。実際に指定できるのは
FAT32 だけ。 `7 以降`

{-ForceEncryptionType | -Fet} {Hardware | Software}

ハードウェアまたはソフトウェアでの暗号化を強制する。 `8 以降`

{-RemoveVolumeShadowCopies | -Rvsc}

ボリュームのシャドウコピーを強制的に削除する。 `8 以降`

実行例

C:ドライブを TPM と PIN で保護して暗号化する。回復用に外部キーを生成してファイ
ルを E:¥ フォルダに保存し、ハードウェアテストを省略して暗号化を開始する。この操作
には管理者権限が必要。

```
C:¥Work>Manage-bde -On C: -TpmAndPin -RecoveryKey E:¥ -SkipHardwareTest
BitLocker ドライブ暗号化: 構成ツール Version 10.0.19041
Copyright (C) 2013 Microsoft Corporation. All rights reserved.

ボリューム C: [Windows]
[OS ボリューム]
ボリュームを保護するために使用する PIN を入力します:
PIN をもう一度入力して確認します:
追加されたキーの保護機能:

    ディレクトリ E:¥ に保存されました

    外部キー:
      ID: {AF438FF6-032D-4BF5-A640-551D1BDE68B3}
      外部キー ファイル名:
        AF438FF6-032D-4BF5-A640-551D1BDE68B3.BEK

    TPM および PIN:
      ID: {8D9F6C0B-3082-40E1-988D-77865654E034}
      PCR 検証プロファイル:
```

暗号化は現在実行中です。

■ コマンドの働き

「Manage-bde -On」コマンドは、BDEを有効にして指定したボリュームを暗号化する。-RecoveryPasswordスイッチで指定する数字パスワードと、-RecoveryKeyスイッチで指定する外部キーファイルは、BDEの障害発生時に回復作業でも利用するため、「回復キー」と呼ぶ。

BDEでは、%Windir%フォルダのある「OSボリューム」と、それ以外の「データボリューム」を区別して管理する。OSボリュームを保護するには、次のキー保護機能を利用できる。

● 数字パスワード(回復パスワード)
● 外部キーファイル(回復キー)
● TPM、PIN、スタートアップキーの組み合わせ

一方、データボリュームやリムーバブルメディアを保護するには、次のキー保護機能を利用できる。スタートアップキーやTPMはOSボリュームの保護にだけ適用できる。

● 数字パスワード(回復パスワード)
● 外部キーファイル(回復キー)
● スマートカード
● 任意のパスワード

TPMが有効なシステムでは、OSボリュームの保護に既定でTPMを利用する。TPMが無効な場合は、OSボリュームのロック解除はUSBメモリに保存したスタートアップキーだけで行う。あとからTPMを有効にする場合は、「Manage-bde -Protectors -Add」コマンドで「-Tpm」スイッチを使用すればよい。

PINによる保護を設定した場合は、Windowsの起動プロセスの最初にPINの入力画面が表示される。グループポリシーを編集することで、PINに使用できる文字種や桁数の変更、ソフトウェアキーボードによるPIN入力を設定できる。

スタートアップキーファイルの保存先はUSBメモリで、SDカードなどのリムーバブルメディアは利用できない。Windowsの起動前にUSBメモリをセットして起動する。

OSボリュームでは、TPMに加えてPINとスタートアップキーも利用することでセキュリティを高めることができるが、これらを利用するには事前に次のグループポリシーを構成する必要がある。

● ポリシーのパス──ローカル コンピューター ポリシー¥コンピューターの構成¥管理用テンプレート¥Windows コンポーネント¥BitLocker ドライブ暗号化¥オペレーティング システムのドライブ
● ポリシーの名前──スタートアップ時に追加の認証を要求する

■ Manage-bde {-Pause | -Resume}
── 暗号化や暗号化解除、データ消去の操作を一時停止または再開する

`7` `8` `8.1` `10` `11` `UAC`

構文

Manage-bde {-Pause | -Resume} *ボリューム名* [{-ComputerName | -Cn} *コンピュータ名*]

実行例

　C:ドライブの暗号化を一時停止し、状態を確認後に再開する。この操作には管理者権限が必要。

```
C:¥Work>Manage-bde -Pause C:
BitLocker ドライブ暗号化: 構成ツール Version 10.0.19041
Copyright (C) 2013 Microsoft Corporation. All rights reserved.

ボリュームの暗号化は一時停止されています。
暗号化の再開については、「manage-bde -resume -?」と入力してください。
ボリュームの状態については、「manage-bde -status -?」と入力してください。

C:¥Work>Manage-bde -Status C:
BitLocker ドライブ暗号化: 構成ツール Version 10.0.19041
Copyright (C) 2013 Microsoft Corporation. All rights reserved.

ボリューム C: []
[OS ボリューム]

    サイズ:                   59.32 GB
    BitLocker のバージョン:   2.0
    変換状態:                 暗号化が一時停止されています
    暗号化された割合:         73.0%
    暗号化の方法:             XTS-AES 128
    保護状態:                 保護はオフです
    ロック状態:               ロック解除
    識別子フィールド:         不明
    キーの保護機能:
        TPM
        数字パスワード

C:¥Work>Manage-bde -Resume C:
BitLocker ドライブ暗号化: 構成ツール Version 10.0.19041
Copyright (C) 2013 Microsoft Corporation. All rights reserved.

ボリュームの暗号化は現在実行中です。

ボリュームの状態については、「manage-bde -status -?」と入力してください。
```

2

■ コマンドの働き

「Manage-bde -Pause」コマンドは、暗号化や暗号化解除、データ消去の操作を一時停止する。「Manage-bde -Resume」コマンドは、一時停止していた操作を再開する。

▉ Manage-bde -Protectors -Add
——暗号化したボリュームにキーの保護機能を追加する

`Vista` `7` `8` `8.1` `10` `11` `UAC`

構文

Manage-bde -Protectors -Add ボリューム名 [-ForceUpgrade]
[-RecoveryPassword [数字パスワード]] [-RecoveryKey フォルダ名]
[-StartupKey フォルダ名] [-Certificate {-Cf 証明書ファイル名 | -Ct 証明書の
拇印}] [-Tpm] [-TpmAndPin [PIN]] [-TpmAndStartupKey フォルダ名]
[-TpmAndPinAndStartupKey [-Tp PIN] -Tsk フォルダ名] [-Password]
[{-ComputerName | -Cn} コンピュータ名]

■ スイッチとオプション

-ForceUpgrade
    BitLockerのバージョンをアップグレードする。

-Tpm
    OSボリュームをTPMで保護する。

他のスイッチとオプションは「Manage-bde -On」コマンドを参照。

実行例

C:ドライブにスタートアップキーによる保護を追加して、外部キーファイルをE:¥フォルダー(USBメモリ)に保存する。この操作には管理者権限が必要。

```
C:¥Work>Manage-bde -Protectors -Add C: -StartupKey E:¥
BitLocker ドライブ暗号化: 構成ツール Version 10.0.19041
Copyright (C) 2013 Microsoft Corporation. All rights reserved.

追加されたキーの保護機能:

    ディレクトリ E:¥ に保存されました

    外部キー:
      ID: {9B6133B1-E461-41C4-A5DD-829B2E06E39C}
      外部キー ファイル名:
        9B6133B1-E461-41C4-A5DD-829B2E06E39C.BEK
```

■ コマンドの働き

「Manage-bde -Protectors -Add」コマンドは、暗号化されたボリュームに対してキーの保護機能を追加する。共存できない保護機能を追加すると、既存の保護機能が削除される。たとえばTPMとスタートアップキーで保護しているボリュームに、TPM単独の保護機能

を追加すると、スタートアップキーによる保護機能が削除される。

■ Manage-bde -Protectors -AdBackup
——回復情報をActive Directoryにバックアップする

`7` `8` `8.1` `10` `11` `UAC`

構文

Manage-bde -Protectors -AdBackup *ボリューム名* -Id *キー保護機能ID*
[{-ComputerName | -Cn} *コンピュータ名*]

■ スイッチとオプション

-Id *キー保護機能ID*
　　指定したIDを持つキーの保護機能を、Active Directoryにバックアップする。

実行例

　C:ドライブに設定した数字パスワードをActive Directoryにバックアップする。この操作には管理者権限が必要。

```
C:¥Work>Manage-bde -Protectors -AdBackup C: -Id {387793E1-ED37-4853-9F4B-
65C2ADC5B62B}
BitLocker ドライブ暗号化: 構成ツール Version 10.0.19041
Copyright (C) 2013 Microsoft Corporation. All rights reserved.

回復情報が Active Directory にバックアップされました。
```

■ コマンドの働き

　「Manage-bde -Protectors -AdBackup」コマンドは、指定したIDを持つキーの保護機能をActive Directoryにバックアップする。ドメイン側では、あらかじめグループポリシーで「AD DSにオペレーティングシステムドライブのBitLocker回復情報を保存する」ポリシーを有効にしておく必要がある。

　回復情報は、コンピュータオブジェクトに関連付けられたmsFVE-RecoveryInformationクラスのオブジェクトに保存される。このオブジェクトを参照するには、[Active Directoryユーザーとコンピュータ]で[表示] – [コンテナとしてのユーザー、連絡先、グループ、コンピュータ]を有効にする。

■ Manage-bde -Protectors -Delete
——暗号化したボリュームからキーの保護機能を削除する

`Vista` `7` `8` `8.1` `10` `11` `UAC`

構文

Manage-bde -Protectors -Delete *ボリューム名* [-Type *キーの保護機能*]
[-Id *キー保護機能ID*] [{-ComputerName | -Cn} *コンピュータ名*]

■ スイッチとオプション

{-Type | -t} キーの保護機能

特定の種類のキーの保護機能を削除する場合、次のいずれかを指定する。

キーの保護機能	説明
RecoveryPassword	数字パスワード
ExternalKey	外部キーファイル（スタートアップキー）
Certificate	証明書（スマートカード）
TPM	Trusted Platform Module だけ
TPMandStartupKey	TPM とスタートアップキーの組み合わせ
TPMandPIN	TPM と PIN の組み合わせ
TPMandPINandStartupKey	TPM と PIN とスタートアップキーの組み合わせ
Password	パスワード
Identity	ユーザーやグループの証明書 **8 以降**

-Id キー保護機能 ID

特定の ID を持つキーの保護機能を削除する。-Type スイッチと -Id スイッチを両方省略すると、すべてのキーの保護機能を削除する。

実行例

C: ドライブからスタートアップキーによる保護を削除する。この操作には管理者権限が必要。

```
C:\Work>Manage-bde -Protectors -Delete C: -Type ExternalKey
BitLocker ドライブ暗号化: 構成ツール Version 10.0.19041
Copyright (C) 2013 Microsoft Corporation. All rights reserved.

ボリューム C: [Windows]
種類 外部キー のキーの保護機能

    外部キー:
      ID: {1F29168B-27E2-4B31-AA13-2CC000C982DF}
      外部キー ファイル名:
        1F29168B-27E2-4B31-AA13-2CC000C982DF.BEK

    外部キー:
      ID: {AF438FF6-032D-4BF5-A640-551D1BDE68B3}
      外部キー ファイル名:
        AF438FF6-032D-4BF5-A640-551D1BDE68B3.BEK

    外部キー:
      ID: {9B6133B1-E461-41C4-A5DD-829B2E06E39C}
      外部キー ファイル名:
        9B6133B1-E461-41C4-A5DD-829B2E06E39C.BEK

ID "{1F29168B-27E2-4B31-AA13-2CC000C982DF}" のキーの保護機能が削除されました。
ID "{AF438FF6-032D-4BF5-A640-551D1BDE68B3}" のキーの保護機能が削除されました。
ID "{9B6133B1-E461-41C4-A5DD-829B2E06E39C}" のキーの保護機能が削除されました。
```

■ コマンドの働き

「Manage-bde -Protectors -Delete」コマンドは、キーの保護機能を削除する。

■ Manage-bde -Protectors -Disable
──暗号化したボリュームでキーの保護機能を無効にする

`Vista` `7` `8` `8.1` `10` `11` `UAC`

構文

```
Manage-bde -Protectors -Disable ボリューム名 [-RebootCount 再起動回
数] [{-ComputerName | -Cn} コンピュータ名]
```

■ スイッチとオプション

{-RebootCount | -Rc} 再起動回数

再起動回数で指定した回数だけWindowsを再起動すると、無効化していたキーの保
護を再開する。再起動回数は0から15の範囲で設定し、0を指定すると無期限になる。
スイッチを省略すると、次回再起動時にキーの保護機能を有効にする。

実行例

C:ドライブのキーの保護機能を無効にする。この操作には管理者権限が必要。

```
C:¥Work>Manage-bde -Protectors -Disable C:
BitLocker ドライブ暗号化: 構成ツール Version 10.0.19041
Copyright (C) 2013 Microsoft Corporation. All rights reserved.

ボリューム C: のキーの保護機能が無効になりました。
```

■ コマンドの働き

「Manage-bde -Protectors -Disable」コマンドは、Windowsを再起動するまで暗号化キー
の保護機能を無効にする。

■ Manage-bde -Protectors -Enable
──暗号化したボリュームでキーの保護機能を有効にする

`Vista` `7` `8` `8.1` `10` `11` `UAC`

構文

```
Manage-bde -Protectors -Enable ボリューム名
```

実行例

C:ドライブのキーの保護機能を有効にする。この操作には管理者権限が必要。

```
C:¥Work>Manage-bde -Protectors -Enable C:
BitLocker ドライブ暗号化: 構成ツール Version 10.0.19041
Copyright (C) 2013 Microsoft Corporation. All rights reserved.
```

ボリューム C: のキーの保護機能が有効になりました。

■ コマンドの働き

「Manage-bde -Protectors -Enable」コマンドは、セキュリティ保護されていない暗号化キーを削除して、キーの保護機能を有効にする。

■ Manage-bde -Protectors -Get
――暗号化したボリュームで有効なキーの保護機能とIDを表示する

`Vista` `7` `8` `8.1` `10` `11` `UAC`

構文

Manage-bde -Protectors -Get *ボリューム名* [-Type *キーの保護機能*] [-Id *キー保護機能ID*] [-SaveExternalKey *フォルダ名*] [{-ComputerName | -Cn} *コンピュータ名*]

■ スイッチとオプション

{-Type | -t} *キーの保護機能*
特定の種類のキーの保護機能を表示する場合、次のいずれかを指定する。

キーの保護機能	説明
RecoveryPassword	数字パスワード
ExternalKey	外部キーファイル（スタートアップキー）
Certificate	証明書（スマートカード）
TPM	Trusted Platform Module だけ
TPMandStartupKey	TPM とスタートアップキーの組み合わせ
TPMandPIN	TPM と PIN の組み合わせ
TPMandPINandStartupKey	TPM と PIN とスタートアップキーの組み合わせ
Password	パスワード
Identity	ユーザーやグループの証明書 `8以降`

-Id *キー保護機能ID*
特定のIDを持つキーの保護機能だけを表示する。-Typeスイッチと-Idスイッチを両方省略すると、すべてのキーの保護機能を表示する。

{-SaveExternalKey | -Sek} *フォルダ名*
指定したフォルダに外部キーを保存する。

実行例

C:ドライブのキーの保護機能を表示して、外部キーファイルをE:¥フォルダー（USBメモリ）に保存する。この操作には管理者権限が必要。

```
C:¥Work>Manage-bde -Protectors -Get C: -SaveExternalKey E:¥
BitLocker ドライブ暗号化: 構成ツール Version 10.0.19041
Copyright (C) 2013 Microsoft Corporation. All rights reserved.

ボリューム C: [Windows]
すべてのキーの保護機能
```

```
外部キー:
  ID: {1F29168B-27E2-4B31-AA13-2CC000C982DF}
  外部キー ファイル名:
    1F29168B-27E2-4B31-AA13-2CC000C982DF.BEK

ディレクトリ E:¥ に保存されました

外部キー:
  ID: {AF438FF6-032D-4BF5-A640-551D1BDE68B3}
  外部キー ファイル名:
    AF438FF6-032D-4BF5-A640-551D1BDE68B3.BEK

ディレクトリ E:¥ に保存されました

TPM および PIN:
  ID: {8D9F6C0B-3082-40E1-988D-77865654E034}
  PCR 検証プロファイル:
    7, 11
    (整合性の検証のためにセキュア ブートを使用)
```

■ コマンドの働き

「Manage-bde -Protectors -Get」コマンドは、暗号化したボリュームのキーの保護機能を表示する。

📁 Manage-bde -SetIdentifier
――ボリュームの識別子フィールドを構成する

`7` `8` `8.1` `10` `11` `UAC`

構文

Manage-bde {-SetIdentifier | -Si} ボリューム名 [{-ComputerName | -Cn} コンピュータ名]

実行例

D:ドライブにボリューム識別子SampleIDを設定する。ボリューム識別子は、あらかじめグループポリシーで設定しておく。この操作には管理者権限が必要。

```
C:¥Work>Manage-bde -SetIdentifier D:
BitLocker ドライブ暗号化: 構成ツール Version 10.0.19041
Copyright (C) 2013 Microsoft Corporation. All rights reserved.

ボリューム識別子を SampleID に設定しました。
```

■ コマンドの働き

「Manage-bde -SetIdentifier」コマンドで設定するボリューム識別子は、指定の名前(識別子)が登録されていないメディアがセットされた場合に、書き込みを禁止するセキュリティ機能を提供する。設定するボリューム識別子は「組織に一意の識別子を提供する」ポリシー

を有効にして登録しておく。

- ポリシーのパス——コンピューターの構成¥管理用テンプレート¥Windows コンポーネント¥BitLocker ドライブ暗号化
- ポリシーの名前——組織に一意の識別子を提供する

「Manage-bde -SetIdentifier」コマンドは、「組織に一意の識別子を提供する」ポリシーの「BitLocker ID フィールド」の設定値を、指定したボリュームの「識別子フィールド」に登録する処理を実行する。次に、「BitLockerで保護されていないリムーバブル ドライブへの書き込みアクセスを拒否する」ポリシーを有効にすることで、ボリュームへの書き込み制限機能が発動する。

指定したボリュームの「識別子フィールド」の値が、グループポリシーの「許可されたBitLocker ID フィールド」に登録されている IDのいずれかと一致すれば、そのボリュームへの書き込みが可能になる。

- ポリシーのパス——コンピューターの構成¥管理用テンプレート¥Windows コンポーネント¥BitLocker ドライブ暗号化¥リムーバブル データ ドライブ
- ポリシーの名前——BitLockerで保護されていないリムーバブル ドライブへの書き込みアクセスを拒否する

「BitLockerで保護されていないリムーバブル ドライブへの書き込みアクセスを拒否する」ポリシーの「別の組織で構成されたデバイスへの書き込みアクセスを許可しない」チェックボックスをオンにすると、「許可された BitLocker ID フィールド」ではなく「BitLocker ID フィールド」と一致するかチェックするようになり、他の組織のIDが識別子フィールドに設定されたボリュームは読み取り専用になる。

「組織に一意の識別子を提供する」ポリシーを無効または未構成にして「Manage-bde -SetIdentifier」コマンドを実行すると、エラー0x00000225が発生するものの、ボリュームの識別子フィールドをクリアできる。

▪ Manage-bde -Status——ボリュームの暗号化状態を表示する

`Vista` `7` `8` `8.1` `10` `11`

構文

```
Manage-bde -Status [ボリューム名] [-ProtectionAsErrorLevel]
[{-ComputerName | -Cn} コンピュータ名]
```

■ スイッチとオプション

{-ProtectionAsErrorLevel | -p}

　　ボリューム名と -ProtectionAsErrorLevel スイッチを指定すると、指定したボリュームでBDEが有効になっている場合は環境変数 ERRORLEVEL に 0 をセットし、BDEが無効な場合は「エラー: 操作の実行中に、コンポーネントが予期しない FALSE を返しました。」と表示し、ERRORLEVEL には 0以外(-1)をセットする。

C:ドライブの暗号化状況を確認する。この操作には管理者権限が必要。

```
C:\Work>Manage-bde -Status C:
BitLocker ドライブ暗号化: 構成ツール Version 10.0.19041
Copyright (C) 2013 Microsoft Corporation. All rights reserved.

ボリューム C: [Windows]
[OS ボリューム]

    サイズ:              95.25 GB
    BitLocker のバージョン: 2.0
    変換状態:            使用領域のみ暗号化
    暗号化された割合:      100.0%
    暗号化の方法:         XTS-AES 128
    保護状態:            保護はオンです
    ロック状態:          ロック解除
    識別子フィールド:      不明
    キーの保護機能:
        TPM および PIN
        数字パスワード
```

■ コマンドの働き

「Manage-bde -Status」コマンドは、ボリュームの暗号化状態を表示する。ボリューム名を省略すると、すべてのボリュームの暗号化状態を表示する。

■ Manage-bde -Tpm──TPMを有効化し所有者パスワードを設定する

`Vista` `7` `UAC`

構文

Manage-bde -Tpm {-TurnOn | -TakeOwnership *所有者パスワード*}
[{-ComputerName | -Cn} *コンピュータ名*]

■ スイッチとオプション

{-TurnOn | -t}
　　システムのTPMを有効にしてアクティブ化する。

{-TakeOwnership | -o} *所有者パスワード*
　　TPMに所有者パスワードを設定する。

■ コマンドの働き

「Manage-bde -Tpm」コマンドは、システムのTPMを有効化する。必要であれば所有者パスワードも設定できる。Windows 8以降では、TPMの操作は「TPM管理」スナップインで実行する。

ファイルと
ディスク操作編
2

Manage-bde -Unlock
──ロックされたデータボリュームへのアクセスを許可する

`Vista` `7` `8` `8.1` `10` `11` `UAC`

構文

Manage-bde -Unlock *ボリューム名* [-RecoveryPassword *数字パスワード*]
[-RecoveryKey *外部キーファイル名*] [-Certificate {-Cf *証明書ファイル名* |
-Ct *証明書の拇印* [-Pin]}] [-Password] [-AdAccountOrGroup *ユーザー名*]
[{-ComputerName | -Cn} *コンピュータ名*]

■ スイッチとオプション

{-RecoveryPassword | -Rp} *数字パスワード*
 48桁の数字パスワードでロックを解除する場合に指定する。

{-RecoveryKey | -Rk} *外部キーファイル名*
 外部キーファイルでロックを解除する場合に指定する。

{-Certificate | -Cert}
 データボリュームを、スマートカード内のデジタル証明書を使ってロックを解除する。
 「-Cf *証明書ファイル名*」を指定すると、公開鍵を提供するデジタル証明書のファイル
 名（拡張子.cer）を使用する。「 Ct *証明書の拇印*」を指定すると、公開鍵を提供するデ
 ジタル証明書の拇印（Thumbprint）を使用する。-Ctスイッチと併用して-Pinスイッ
 チを指定することで、PINの入力も要求する。`7 以降`

{-Password | -Pw}
 任意のパスワードでロックを解除する場合に指定する。実行時にパスワード入力プロ
 ンプトを表示する。`7 以降`

{-AdAccountOrGroup | -Sid} *ユーザー名*
 SIDベースのID保護機能を使って、ボリュームをアンロックするユーザー、グループ、
 コンピュータを、ユーザー名やグループ名、「ドメイン名¥コンピュータ名$」、SID
 の形式で指定する。

実行例

D:ドライブのロックを解除する。この操作には管理者権限が必要。

```
C:¥Work>Manage-bde -Unlock D: -RecoveryPassword 325842-397012-666314-711436-264836-
258137-484165-190333
BitLocker ドライブ暗号化: 構成ツール Version 10.0.19041
Copyright (C) 2013 Microsoft Corporation. All rights reserved.

指定したパスワードにより、ボリューム D: のロックが正常に解除されました。
```

■ コマンドの働き

 「Manage-bde -Unlock」コマンドは、数字パスワード、外部キーファイル、スマートカー
ド、任意のパスワード、ユーザーの証明書のいずれかを使ってロックを解除し、ボリュー
ムへのアクセス許可を得る。

▚ Manage-bde -Upgrade——BDEのバージョンを更新する

`8` `8.1` `10` `11` `UAC`

構文

Manage-bde -Upgrade ボリューム名 [{-ComputerName | -Cn} コンピュータ名]

実行例

C:ドライブのBitLockerバージョンを更新する。この操作には管理者権限が必要。

```
C:\Work>Manage-bde -Upgrade C:
BitLocker ドライブ暗号化: 構成ツール Version 10.0.19041
Copyright (C) 2013 Microsoft Corporation. All rights reserved.

ボリュームには既に最新バージョンの BitLocker があります。
```

■ コマンドの働き

「Manage-bde -Upgrade」コマンドは、BDEを利用中のWindowsをバージョンアップした場合に、BitLockerメタデータを更新してBDEをバージョンアップする。BDEのバージョンは、Windows Vistaが1.0、Windows 7以降は2.0。

▚ Manage-bde -WipeFreeSpace
——使わないディスク領域のデータを消去する

`8` `8.1` `10` `11` `UAC`

構文

Manage-bde {-WipeFreeSpace | -w} ボリューム名 [-Cancel]
[{-ComputerName | -Cn} コンピュータ名]

■ スイッチとオプション

-Cancel
　　データ消去処理を取り消す。

実行例

C:ドライブのデータ領域を整理する。この操作には管理者権限が必要。

```
C:\Work>Manage-bde -WipeFreeSpace C:
BitLocker ドライブ暗号化: 構成ツール Version 10.0.19041
Copyright (C) 2013 Microsoft Corporation. All rights reserved.

空き領域のワイプは現在進行中です。
```

■ コマンドの働き

「Manage-bde -WipeFreeSpace」コマンドは、使われなくなったファイルデータの断片を削除して、空き領域からデータを消去する。

More.com

テキストをページに分けて表示する

| 2000 | XP | 2003 | 2003R2 | Vista | 2008 | 2008R2 | 7 | 2012 | 8 | 2012R2 | 8.1 |
| 10 | 2016 | 2019 | 2022 | 11 |

構文

[*コマンド* |] More [/e] [/c] [/p] [/s] [/t*文字数*] [+*行数*] [<] [*ファイル名*]

スイッチとオプション

コマンド |

パイプを通じて More コマンドに出力を渡すコマンドを指定する。

/e

次の拡張機能を利用可能にする。拡張機能は既定で有効になっている。

拡張機能	説明
p *行数*	指定した行数を表示する
s *行数*	指定した行数分スキップする
f	次のファイルの内容を表示する
q	More コマンドを終了する
=	行番号を表示する
?	ヘルプを表示する
Space キー	次のページを表示する
Enter キー	次の行を表示する

/c

次のページを表示する前に画面を消去し、前ページの情報を残さない。

/p

フォームフィード文字(制御文字)を展開する。

/s

連続する空白行を1行に圧縮して表示する。

/t*文字数*

タブ文字を指定した数のスペースに置換する。既定値は8文字。

+*行数*

ファイルの先頭から指定した行数の位置から表示する。

<

指定したファイルを More コマンドへの入力としてリダイレクトする。

ファイル名

操作対象のファイルをスペースで区切って1つ以上指定する。ファイル名にはワイルドカード「*」「?」を使用できる。

実行例

DIR コマンドで取得した C:¥Windows フォルダの内容を、ページに分割して表示する。

```
C:¥Work>DIR C:¥Windows | More
 ドライブ C のボリューム ラベルがありません。
 ボリューム シリアル番号は 00A2-F287 です

 C:¥Windows のディレクトリ

2021/06/20  18:01    <DIR>          .
2021/06/20  18:01    <DIR>          ..
2019/12/08  00:12    <DIR>          addins
2021/08/10  18:17    <DIR>          appcompat
2021/06/20  17:46    <DIR>          apppatch
2021/06/20  18:17    <DIR>          AppReadiness
2021/06/20  17:57    <DIR>          assembly
2021/06/20  17:46    <DIR>          bcastdvr
2021/04/09  22:56            77,824 bfsvc.exe
2019/12/07  18:31    <DIR>          Boot
2019/12/07  18:14    <DIR>          Branding
2021/08/10  17:58    <DIR>          CbsTemp
-- More --
```

■ コマンドの働き

More コマンドは、テキストファイルの内容やコマンドの出力をページ単位に分けて表示する。

Mountvol.exe   ボリュームをマウントする

2000 | XP | 2003 | 2003R2 | Vista | 2008 | 2008R2 | 7 | 2012 | 8 | 2012R2 | 8.1
10 | 2016 | 2019 | 2022 | 11 | UAC

構文

Mountvol マウントポイント [/d] [/l] [/p] [/r] [{/n | /e}] [/s] [ボリューム名]

■ スイッチとオプション

マウントポイント
    指定したボリュームをマウントするための、NTFSファイルシステム上のフォルダ名
    やドライブ文字(E:など)を指定する。

/d
    指定したマウントポイントからボリュームをアンマウント(マウント解除)する。

/l
    指定したマウントポイントにマウントされているボリュームを表示する。

/p
    指定したマウントポイントからボリュームをアンマウントし、ボリュームをマウント
    できないようにオフラインにする。 2003 以降

/r
    障害などで存在しなくなったボリュームについて、ボリュームをアンマウントしてボ

```
```

リュームマウントポイントのフォルダとレジストリ設定を削除する。ボリュームが復帰しても自動的にマウントしない。 **2003 以降**

/n

システムに追加された新しいボリュームを自動的にマウントしない。 **2003 以降**

/e

システムに追加された新しいボリュームを自動的にマウントする。 **2003 以降**

/s

EFIシステムパーティションを指定したドライブにマウントする。 **10 21H2** **2016 以降** **11**

ボリューム名

マウントするボリューム名を「¥¥?¥*Volume*¥{*GUID*}¥」形式で指定する。GUID（Globally Unique Identifier）は {} で括る。利用可能なボリューム名とGUIDは、スイッチとオプションを省略して Mountvol コマンドを実行することで確認できる。

〔実行例〕

C:¥Tempフォルダをマウントポイントとして、E:ドライブに割り当てているボリュームをマウントする。この操作には管理者権限が必要。

```
C:¥Work>Mountvol C:¥Temp ¥¥?¥Volume{110c0723-ad6d-11e0-a317-000c295db7da}
```

コマンドの働き

Mountvolコマンドは、ボリュームをマウントまたはアンマウントする。使用可能なボリュームを表示することもできる。Mountvolコマンドをスイッチとオプションなしで実行すると、システム内のボリュームをGUID形式で表示できる。ボリュームを既存のフォルダにマウントするだけでなく、E:などのドライブ文字を割り当てることもできる。

ボリュームを複数のマウントポイントにマウントしている場合、/pスイッチでアンマウントしようとすると失敗する。先に/dスイッチを使って順次アンマウントしていき、最後のマウントポイントで/pスイッチを使用する。

Ntfrsutl.exe
ファイル複製サービス（FRS）を管理する

2003 **2003R2** **2008** **2008R2** **2012** **2012R2** **2016** **2019** **2022** **UAC**

構文1 FRSを構成する

Ntfrsutl {IdTable | ConfigTable | InLog | OutLog | Memory | Threads | Stage | Ds | Sets | Version} [コンピュータ名]

構文2 複製を実行する

Ntfrsutl ForceRepl [コンピュータ名] /r レプリカセット名 /p 複製元コンピュータ名

構文3 複製間隔を設定する

Ntfrsutl Poll [/Quickly[=[複製間隔]]] [/Slowly[=[複製間隔]]] [/Now] [コンピュータ名]

■ スイッチとオプション

IdTable
　FRSの管理下にあるファイルやフォルダの情報を表示する。

ConfigTable
　FRSの設定を表示する。

{InLog | OutLog}
　入出力ログレポートを表示する。

Memory
　FRSのメモリ使用状況を表示する。

Threads
　FRSのスレッド状態を表示する。

Stage
　FRSの管理下にあるファイルやフォルダのディスク使用量を表示する。

Ds
　Active Directoryの登録情報やドメインコントローラ情報を表示する。

Sets
　SYSVOLなどのレプリカセットを表示する。

Version
　FRSのバージョン情報を表示する。

ForceRepl /r レプリカセット名 /p 複製元コンピュータ名
　指定したコンピュータから今すぐFRSの複製サイクルを開始する。

Poll [/Quickly[=[複製間隔]]] [/Slowly[=[複製間隔]]] [/Now]
　すべてのオプションを省略すると、現在のポーリング間隔設定を表示する。/Quickly
　オプションは短い間隔（Short Interval、既定値は5分）を、/Slowlyオプションは長い
　間隔（Long Interval、既定値は60分）を設定する。複製間隔を省略して/Quickly=ま
　たは/Slowly=オプションを指定すると、複製間隔を既定値に戻す。

　・/Nowオプションを指定すると、今すぐポーリングを実行する。 UAC

コンピュータ名
　操作対象のコンピュータを指定する。省略するとローカルコンピュータを使用する。

（実行例）
　現在のポーリング間隔を表示する。

```
C:¥Work>Ntfrsutl Poll
Current Interval:      5 minutes
Short Interval :       5 minutes
Long Interval  :      60 minutes
```

■ コマンドの働き

　Ntfrsutlコマンドは、SYSVOL共有やNETLOGON共有のコンテンツを複製する「ファ
イル複製サービス（FRS：File Replication Service）」の状態を表示したり、複製を実行し
たりする。

　FRSはWindows Server 2003 R2 Active Directoryまでは既定の複製方式だったが、

Windows Server 2008以降のネイティブな複製方式はDFSR（Distributed File System Replication）に変更されている。このため、ドメインの機能レベルをWindows Server 2008以上に指定してActive Directoryドメインを新規構築するとFRSは使われず、Ntfrsutlコマンドも機能しない。ただし、アップグレードしたドメインではドメイン機能レベルをWindows Server 2008以上に上げても継続してFRSが使われるため、Ntfrsutlコマンドは有効である。

なお、Windows Serverバージョン1709以降とWindows Server 2019以降のドメインコントローラはFRSをサポートしていないため、FRS環境のActive Directoryにこれらをドメインコントローラとして追加する場合は、事前にDFSRに移行する必要がある。

Openfiles.exe 　　　開いているファイルを操作する

2
ファイルとディスク操作編

[XP] [2003] [2003R2] [Vista] [2008] [2008R2] [7] [2012] [8] [2012R2] [8.1] [10]
[2016] [2019] [2022] [11] [UAC]

構文1 開いているファイルを閉じる

Openfiles /Disconnect [/s コンピュータ名 [/u ユーザー名 [/p [パスワード]]]]
{[/Id ファイルID] [/a アクセス] [/o オープンモード]} [/Op 開いているファイル]

構文2 開いているファイルを検索する

Openfiles /Query [/s コンピュータ名 [/u ユーザー名 [/p [パスワード]]]] [/Fo
表示形式] [/Nh] [/v]

構文3 グローバルフラグFLG_MAINTAIN_OBJECT_TYPELISTを設定する

Openfiles /Local [{On | Off}]

■ スイッチとオプション

/s コンピュータ名
　　操作対象のコンピュータ名を指定する。省略するとローカルコンピュータでコマンドを実行する。

/u ユーザー名
　　操作を実行するユーザー名を指定する。

/p [パスワード]
　　操作を実行するユーザーのパスワードを指定する。省略するとプロンプトを表示する。

/Id ファイルID
　　切断するファイルをIDで指定する。ワイルドカード「*」を使用できる。

/a アクセス
　　アクセスしているユーザー名を指定して切断する。ワイルドカード「*」を使用できる。

/o オープンモード
　　切断するファイルをオープンモード（Read、Write、Read/Write）で指定する。ワイルドカード「*」を使用できる。

/Op 開いているファイル
　　ファイル（フォルダ）を指定して切断する。ワイルドカード「*」を使用できる。

/Fo 表示形式

表示形式を次のいずれかで指定する。

表示形式	説明
TABLE	表形式（既定値）
LIST	一覧形式
CSV	カンマ区切り

/Nh

カラムヘッダを出力しない。このオプションは、/Foオプションで結果の表示形式を
TABLEまたはCSVに設定した場合に有効。

/v

詳細情報を表示する。

{On | Off}

ローカルで開いているファイルを検索および切断可能(On)または不可(Off)にする。
設定は再起動後に有効になる。省略すると現在の設定を表示する。

実行例

共有フォルダを通じて開かれたファイルを検索して、ファイルIDを指定して切断する。

```
C:\Work>Openfiles /Query /v
情報: ローカルで開いたファイルを参照するには、システム グローバル フラグ
     'maintain objects list' を有効にする必要があります。
     詳細情報は、Openfiles /? を参照してください。


ローカルの共有ポイントをとおしてリモートで開いているファイル:
-------------------------------------------------

ホスト名     ID      アクセス          種類       ロック数   オープン モード
開いているファイル (パス\実行可能ファイル)
=============== ======== ================= ========== ========== ===============
=================================================================================
CL1          19      User1            Windows    0          Read
C:\Work\

C:\Work>Openfiles /Disconnect /Id 19

成功: 開いているファイル "C:\Work\" への接続は切断されました。
```

コマンドの働き

Openfilesコマンドは、リモートまたはローカルで開かれているファイルを検索して切
断する。グローバルフラグはWindowsの動作を指定するビットスイッチで、次のレジス
トリ値に保存されている。「Openfiles /Local On」コマンドを実行すると、GlobalFlagに
0x4000をセットする。

● キーのパス——HKEY_LOCAL_MACHINE\SYSTEM\CurrentControlSet\Control\Se
ssion Manager

- 値の名前——GlobalFlag、GlobalFlag2
- データ型——REG_DWORD

参考情報

- GFlags のフラグ テーブル
  https://learn.microsoft.com/ja-jp/windows-hardware/drivers/debugger/gflags-flag-table

Refsutil.exe —— ReFSファイルシステムを操作する

`10` `2019` `2022` `11` `UAC`

構文

Refsutil スイッチ [オプション]

スイッチ

スイッチ	説明
FixBoot	ブートセクタを修復する `10 1803 以降` `2019 以降` `11`
Leak	クラスタリークを修正する `10 1709 以降` `2019 以降` `11`
Salvage	破損したファイルを救出する `10 1709 以降` `2019 以降` `11`
Triage	不完全なデータを修正する `10 1709 以降` `2019 以降` `11`
StreamSnapshot	代替データストリームのスナップショットを管理する `2019 以降` `11`
Compression	ボリュームの圧縮機能を設定する `11 22H2`
DeDup	データの重複を除去する `11 22H2`

コマンドの働き

Refsutil コマンドは、ReFS ファイルシステムにおいてボリュームやデータの修正と回復、圧縮、重複除去などを操作する。

Refsutil FixBoot —— ブートセクタを修復する

`10` `2019` `2022` `11`

構文

Refsutil FixBoot ボリューム名 メジャーバージョン マイナーバージョン クラスタサイズ [-f] [-w フォルダ名] [-Smr [バンドサイズ]] [-x]

■ スイッチとオプション

ボリューム名
   C: などのドライブ文字、ボリュームマウントポイント、ボリュームのGUIDを指定する。

メジャーバージョン
> ボリュームのメジャーバージョン番号を指定する。

マイナーバージョン
> ボリュームのマイナーバージョン番号を指定する。

クラスタサイズ
> ボリュームのクラスタサイズとして、4096または65536を指定する。

/f
> 有効なブートセクタを無視する。

-w フォルダ名
> ブートセクタを指定したフォルダにバックアップしてから書き込む。

-Smr [バンドサイズ]
> シングル磁気記録方式のボリュームを操作する場合に指定する。クラスタサイズは
> 65536を指定する。
>
> ・SMRバンドサイズ(単位はMB)として128または256を指定できる。 **10 2004 以降**

/x
> 必要であればボリュームをアンマウントしてエラーを修復する。

実行例

> ブートセクタを修復する。この操作には管理者権限が必要。

```
C:\Work>Refsutil FixBoot E: 3 7 65536
次のパラメーターを持つ ReFS ブート セクターが 0x0 に見つかりました:
メジャー バージョン            : 3
マイナー バージョン            : 7
セクターあたりのバイト数        : 0x200
クラスターあたりのセクター数     : 0x80
クラスター サイズ              : 0x10000
セクター数        : 0x77e0000
クラスター数      : 0xefc00
コンテナーあたりのバイト数       : 0x4000000
修復は必要ありません。
```

■ コマンドの働き

> 「Refsutil FixBoot」コマンドは、ブートセクタのエラーを修復する。

■ Refsutil Leak——クラスタリークを修正する

10 2019 2022 11

構文

Refsutil Leak ボリューム名 [/a] [/x] [/v] [/d] [/q] [/t スレッド数] [/s ファイル名]

■ スイッチとオプション

ボリューム名
> C:などのドライブ文字、ボリュームマウントポイント、ボリュームのGUIDを指定する。

/a

　クラスタリークの修正後にリーク検出を再実行する。

/x

　ボリュームを排他的にロックした状態でリーク検出を実行する。既定ではボリューム
　をロックせず、スナップショットを使用する。

/v

　詳細情報を表示する。

/d

　リーク検出だけを実行し、修正を行わない。

/q

　処理に必要な領域のサイズを表示する。

/t スレッド数

　リーク検出スレッド数を指定する。既定値は4。

/s ファイル名

　指定したファイルをスクラッチバッファとして使用する。省略すると%TEMP%フォ
　ルダにスクラッチバッファファイルを作成する。

実行例

　E:ドライブのリーク検出と修正を実行する。この操作には管理者権限が必要。

```
C:¥Work>Refsutil Leak E:
ドライブ ¥¥?¥Volume{e3eb4882-fb4b-11eb-8109-000c29d6ab7b} にボリューム スナップショ
ットを作成しています...
スクラッチ ファイルを作成しています...
ボリュームのスキャンを開始しています... これには、しばらく時間がかかります...
リークの確認ステップ 1 (クラスターのリーク) を開始します...
リークの確認ステップ 1 が終了しました。ボリューム上に 0 のリークしたクラスターが見つ
かりました。

リークの確認ステップ 2 (参照カウントのリーク) を開始します...
リークの確認ステップ 2 が終了しました。ボリューム上に 0 のリークした参照が見つかりま
した。

リークの確認ステップ 3 (圧縮されたクラスターのリーク) を開始します...
リークの確認ステップ 3 が終了しました。

リークの確認ステップ 4 (残りのクラスターのリーク) を開始します...
リークの確認ステップ 4 が終了しました。このステップで 0 のリークが修正されました。

リークの確認ステップ 5 (ハードリンクのリーク) を開始しています...
リークの確認ステップ 5 が終了しました。このステップで 0 のハードリークが修正されまし
た。

終了しました。
見つかったリークしたクラスター: 0
見つかった参照リーク: 0
修正されたクラスター合計: 0
```

■ コマンドの働き

「Refsutil Leak」コマンドは、クラスタが割り当て済みとしてマークされているのに参照がない、クラスタリークの状態を検出して修正する。

⬛ Refsutil Salvage——破損したファイルを救出する

`10` `2019` `2022` `11`

構文

Refsutil Salvage *スイッチ ボリューム名 作業フォルダ* [*ターゲットフォルダ*]
[*ファイルリスト*] [*オプション*]

■ スイッチ

スイッチ	説明
-Qa	クイック自動モード
-Fa	完全自動モード
-c	コピーフェーズ
-d	診断フェーズ
-Qs	クイックスキャンフェーズ
-Fs	フルスキャンフェーズ
-Ic	対話式のコピーフェーズ
-Sl	リストを使ったコピーフェーズ

■ オプション

ボリューム名

C:などのドライブ文字、ボリュームマウントポイント、ボリュームのGUIDを指定する。

作業フォルダ

回復操作中にファイルを一時保存するフォルダ名を指定する。ボリューム名で指定したボリュームは使用できない。

ターゲットフォルダ

-Qa、-Fa、-cスイッチと併用して、コピーフェーズにおいて回復したファイルの保存先フォルダを指定する。

ファイルリスト

-Slスイッチと併用して、スキャンフェーズで抽出したファイル一覧の「*作業フォルダ*¥foundfiles.*ボリューム署名*.txt」をもとに、回復したいファイルの一覧を記載したテキストファイル名を指定する。

-m

削除済みのファイルも含めてすべてのファイルを回復する。

-v

詳細情報を表示する。

-Sv

ReFSボリュームのバージョンチェックをスキップする。 `2022` `11`

-HI

ボリュームがハードリンクをサポートしていると仮定する。　**2022**　**11**

-x

必要であればボリュームをアンマウントしてエラーを修復する。

実行例

H: ドライブの破損したファイルを、クイック自動モードでC:¥Work フォルダに救出する。

```
C:¥Work>Refsutil Salvage -Qa H: C:¥Temp C:¥Work
Microsoft ReFS Salvage [Version 10.0.11070]
Copyright (c) 2015 Microsoft Corp.

ローカル時刻: 2/15/2023 1: 46: 57

ReFS バージョン: 3.4
ブート セクターは確認済みです。
クラスター サイズ:  4096 (0x1000)。
クラスター カウント : 3129344 (0x2fc000)。
スーパーブロックは確認済みです。
チェックポイントは確認済みです。
コンテナー テーブルのエントリ ページを 8 ページ処理しました (無効なページ数 0)。
コンテナー インデックス テーブルのエントリ ページを 1 ページ処理しました (無効なペー
ジ数 0)。
コンテナー テーブルは確認済みです。

オブジェクト テーブルの 1/2 ページを処理しています (50%)...

オブジェクト テーブルは確認済みです。

検出されたメタデータ ディスク データのバージョン情報と整合性を確認しています。

85 個のディスク クラスターを分析しました (100%)...

署名 c179e9f4 が付いたボリュームのサルベージ可能なファイルを確認しています。
コンテナー テーブルのエントリ ページを 8 ページ処理しました (無効なページ数 0)。
コンテナー インデックス テーブルのエントリ ページを 1 ページ処理しました (無効なペー
ジ数 0)。
署名 c179e9f4 が付いたボリュームで検出されたテーブルのルートを検証しています。

18 テーブルのルートを検証しました (100%)。
署名 c179e9f4 が付いたボリュームで検出されたテーブルからファイルを列挙しています。

18 テーブルが列挙されました (100%)。

スキャン フェーズは完了しました。

見つかったすべてのファイルをコピーします...

C:¥Temp¥foundfiles.C179E9F4.txt を処理しています
コンテナー テーブルのエントリ ページを 8 ページ処理しました (無効なページ数 0)。
```

```
コンテナー インデックス テーブルのエントリ ページを 1 ページ処理しました (無効なペー
ジ数 0)。
コピー中: ¥¥?¥C:¥Work¥volume_c179e9f4¥File System Metadata¥Reparse Index...完了
コピー中: ¥¥?¥C:¥Work¥volume_c179e9f4¥File System Metadata¥Security Descriptor
Stream...完了
コピー中: ¥¥?¥C:¥Work¥volume_c179e9f4¥File System Metadata¥Volume Direct IO
File...完了
コピー中: ¥¥?¥C:¥Work¥volume_c179e9f4¥System Volume Information¥WPSettings.dat...完
了
コマンドが完了しました。

実行時間 = 0 秒。
```

■ コマンドの働き

「Refsutil Salvage」コマンドは、破損したファイルデータを可能な限り取り出して、別のファイルとして保存する。対話式のコピーフェーズでは、CD、COPY、DIR、EXIT コマンドを使用して手動でファイルデータをコピーする。

Windows Server 2022 の ReFS はバージョン 3.7 だが、本コマンドがサポートする ReFS のバージョンは 3.5 以下のため、Windows Server 2022 で作成した ReFS ボリュームに対して本コマンドを実行できない。

■ Refsutil Triage——不完全なデータを修正する
`10` `2019` `2022` `11`

構文

Refsutil Triage ボリューム名 {/s ファイルID | /g} [/v]

■ スイッチとオプション

ボリューム名

C: などのドライブ文字、ボリュームマウントポイント、ボリュームの GUID を指定する。

/s ファイルID

ファイルID で指定したフォルダ内の全ファイルをスクラブする。ファイルID は「Fsutil File QueryFileId」コマンドで確認できる。表示された 32 桁の 16 進数のうち、上位 16 桁を 10 進数に変換して指定する。

/g

ボリュームのグローバルテーブルをスクラブする。

-v

詳細情報を表示する。

実行例

E:¥Sample1 フォルダ内のファイルを検査して修正する。この操作には管理者権限が必要。

```
C:¥Work>Fsutil File QueryFileId E:¥Sample1
ファイル ID は 0x0000000000000070400000000000000000 です
```

```
C:¥Work>SET /a 0x704
1796
C:¥Work>Refsutil Triage E: /s 1796
Triage has completed successfully.
```

■ コマンドの働き

「Refsutil Triage」コマンドは、記憶域内のデータの整合性を確認して修正する。

Refsutil StreamSnapshot
——代替データストリームのスナップショットを管理する

[2019] [2022] [11]

構文

Refsutil StreamSnapshot {/c | /d | /l | /q} {スナップショット名 | *} ファイル名[:ストリーム名]

■ スイッチとオプション

/c

　スナップショットを作成する。

/d

　スナップショットを削除する。

/l

　スナップショットを表示する。

/q

　スナップショットとストリームの変更差分を表示する。

スナップショット名

　スナップショットの名前を指定する。/lスイッチと併用する場合、スナップショット名にワイルドカード「*」を使用できる。

ファイル名[:ストリーム名]

　操作対象のファイルと代替データストリーム名を指定する。ストリーム名を省略すると $DATA を使用する。

実行例

　ストリームのスナップショットを作成し、変更差分を表示してスナップショットを削除する。この操作には管理者権限が必要。

```
C:¥Work>Refsutil StreamSnapshot /c Test E:¥RemoveLastDC.txt
The operation completed successfully.

C:¥Work>Refsutil StreamSnapshot /q Test E:¥RemoveLastDC.txt
VCN: 0x0    Clusters: 0x1    LCN: 0x36803e    Properties: 0x10.
The operation completed successfully.

C:¥Work>Refsutil StreamSnapshot /l * E:¥RemoveLastDC.txt
```

```
Test     2023年2月16日 1:27:18     stream size: 116 bytes.     snapshot size: 4096
bytes.
The operation completed successfully.

C:\Work>Refsutil StreamSnapshot /d Test E:\RemoveLastDC.txt
The operation completed successfully.
```

■ コマンドの働き

「Refsutil StreamSnapshot」コマンドは、ファイルの代替データストリームにスナップ
ショットを作成して管理する。

◤ Refsutil Compression──ボリュームの圧縮機能を設定する

11

【構文】

Refsutil Compression *ボリューム名* {/q | /c [/f *圧縮形式*] [/e *圧縮レベル*]
[/Cs *圧縮チャンクサイズ*]}

■ スイッチとオプション

ボリューム名
　　C:などのドライブ文字、ボリュームマウントポイント、ボリュームのGUIDを指定す
　　る。

/q
　　ボリューム圧縮の設定を表示する。

/c
　　ボリュームを圧縮する。

/f *圧縮形式*
　　圧縮形式として次のいずれかを指定する。NONEを指定すると圧縮を解除する。

　　・LZ4

　　・ZSTD

　　・NONE

/e *圧縮レベル*
　　圧縮方式に応じた圧縮レベルを指定する。値が大きいほど圧縮率が高くなるが、圧縮
　　に時間がかかる。圧縮レベルに0を指定するかオプション自体を省略すると、圧縮方
　　式に応じた既定の圧縮レベルを使用する。

　　・LZ4──1、3～12(既定値は1)

　　・ZSTD──1～22(既定値は3)

/Cs *圧縮チャンクサイズ*
　　ボリュームのクラスタサイズ以上、64MB以下のサイズをバイト単位で指定する。圧
　　縮チャンクサイズに0を指定するかオプション自体を省略すると、ボリュームのクラ
　　スタサイズを使用する。

■ コマンドの働き

「Refsutil Compression」コマンドは、ボリュームを圧縮する。

▓ Refsutil DeDup——データの重複を除去する

`11`

構文

Refsutil DeDup ボリューム名 {/d | /s} [/Cpu *使用率*] [/Mm]

■ スイッチとオプション

ボリューム名

C:などのドライブ文字、ボリュームマウントポイント、ボリュームのGUIDを指定する。

/d

重複したデータを除去する。

/s

ボリュームをスキャンして、重複除去が可能な領域のサイズを表示する。

Cpu *使用率*

処理中の最大CPU使用率を、1～100の範囲で指定する。

/Mm

メモリマップドI/Oを使用する。

■ コマンドの働き

「Refsutil DeDup」コマンドは、データの重複を除去してボリュームの使用効率を高める。

Replace.exe

同名のファイルを
上書き置換する

`2000` `XP` `2003` `2003R2` `Vista` `2008` `2008R2` `7` `2012` `8` `2012R2` `8.1`
`10` `2016` `2019` `2022` `11`

構文

Replace *送り元ファイル名* [*宛先フォルダ名*] [/a] [/p] [/r] [/s] [/w] [/u]

▓ スイッチとオプション

送り元ファイル名

送り元となるファイルを指定する。ファイル名にはワイルドカード「*」「?」を使用できる。

宛先フォルダ名

送り先となるフォルダを指定する。省略するとカレントフォルダを使用する。

/a

宛先フォルダにないファイルを追加する。/sスイッチおよび/uスイッチとは併用できない。

/p

置換や追加の際に確認プロンプトを表示する。

/r

読み取り専用のファイルも置換する。

/s

宛先フォルダ内のサブフォルダを検索して、同名のファイルを置換する。/aスイッチとは併用できない。

/w

置換処理の開始前にメディアがセットされるのを待つ。

/u

宛先フォルダ内の同名ファイルが送り元より古い場合にだけ置換する。/aスイッチとは併用できない。

実行例

　C:¥Work フォルダ内の全ファイルの中で、E:¥Backup フォルダ内のファイルより新しいファイルだけを上書きコピーして置換する。

```
C:¥Work>Replace C:¥Work¥* E:¥Backup /s /u
E:¥Backup¥w32time.log を置き換えています
```

コマンドの働き

　Replaceコマンドは、送り元ファイル名と同名のファイルを宛先フォルダから検索して置換する。送り元のサブフォルダは検索しないので、フォルダ全体の同期を取る目的では使用できない。フォルダ同期用にはRobocopy コマンドやXcopy コマンドを使用する。

Robocopy.exe
高機能ファイルコピーユーティリティ

| Vista | 2008 | 2008R2 | 7 | 2012 | 8 | 2012R2 | 8.1 | 10 | 2016 | 2019 | 2022 | 11 |

構文

Robocopy 送り元フォルダ名 宛先フォルダ名 [ファイル名] [スイッチ] [オプション]

スイッチとオプション

送り元フォルダ名

　送り元となるフォルダを指定する。ジョブファイル中では「/Sd」スイッチで指定する。

宛先フォルダ名

　送り先となるフォルダを指定する。省略するとカレントフォルダを使用する。ジョブファイル中では「/Dd」スイッチで指定する。

ファイル名

　操作対象のファイルを、スペースで区切って1つ以上指定する。ファイル名にはワイルドカード「*」「?」を使用できる。既定のファイル名は「*.*」。

■ オプション

以下のスイッチとオプションを指定する。

コピーオプション	説明
/s	空のフォルダ以外のサブフォルダをコピーする
/e	空のフォルダを含むサブフォルダをコピーする
/Lev:階層	送り元のフォルダツリーから、指定した階層分だけコピーする
/z	コピー中に処理が中断しても、中断したところからコピーを再開可能な再起動可能モードでコピーする。既定ではファイル全体をコピーしなおす
/b	コマンド実行ユーザーにアクセス権が与えられていないファイルでもバックアップできるように、バックアップ API を使用してバックアップモードでコピーする **UAC**
/Zb	再起動可能モードを使用してコピーするが、アクセス拒否エラーが発生した場合はバックアップモードでコピーを実行する **UAC**
/j	バッファなし I/O を使ってコピーする **2012 以降**
/EfsRaw	暗号化されたファイルを EFS RAW モードでコピーする
/Copy:コピーフラグ	ファイルの指定した情報や属性もコピーする。既定値は DAT。 ・D：データ ・A：属性 ・T：タイムスタンプ ・X：代替データストリームをコピーしない **10 2004 以降** **2022** **11** ・S：アクセス権設定 ・O：所有者設定 ・U：監査設定
/Dcopy:コピーフラグ	フォルダの指定した情報や属性もコピーする。既定値は DA。 ・D：データ **2012 以降** ・A：属性 **2012 以降** ・T：タイムスタンプ ・E：EA **10 2004 以降** **2022** **11** ・X：代替データストリームをコピーしない **10 2004 以降** **2022** **11**
/Sec	アクセス権もコピーする。/Copy:DATS スイッチと等しい **UAC**
/CopyAll	すべての情報をコピーする。/Copy:DATSOU スイッチと等しい **UAC**
/NoCopy	すべての情報をコピーしない。/Purge スイッチと併用して、コピー先フォルダの清掃に利用できる
/NoDcopy	フォルダ情報をコピーしない **2012 以降**
/NoOffload	オフロードデータ転送機能を使用しない **2012 以降**
/Compress	可能であればネットワーク圧縮コピーを実行する **10 2004 以降** **2022** **11**
/SecFix	スキップしたファイルも含めて、ファイルのセキュリティ情報をコピーする **UAC**
/TimFix	スキップしたファイルも含めて、ファイルのタイムスタンプを修正する **UAC**
/Purge	宛先フォルダにあって送り元フォルダにないファイルやフォルダを削除する
/Mir	フォルダツリーをファイルも含めてコピーし同期する（ミラーリング）。/e スイッチと /Purge スイッチを併用したときと同じ効果がある
/Mov	送り元フォルダ内のファイルを宛先フォルダに移動する
/Move	送り元フォルダ内のファイルとフォルダを宛先フォルダに移動する。

2
ファイルと
ディスク操作編

/a+:[RASHCNET]	コピー後のファイルに指定のファイル属性を設定する。 ・R：読み取り専用（Read Only） ・A：アーカイブ（Archive） ・S：システム（System） ・H：隠しファイル（Hidden） ・C：圧縮（Compressed） ・N：コンテンツにインデックスを付けない（Not Content Indexed） ・E：暗号化（Encrypted） ・T：一時ファイル（Temporary）
/a-:[RASHCNETO]	コピー後のファイルから指定のファイル属性を削除する。 ・R：読み取り専用（Read Only） ・A：アーカイブ（Archive） ・S：システム（System） ・H：隠しファイル（Hidden） ・C：圧縮（Compressed） ・N：コンテンツにインデックスを付けない（Not Content Indexed） ・E：暗号化（Encrypted） ・T：一時ファイル（Temporary） ・O：オフライン（Offline） 2022 11
/Create	ファイル情報をコピーするが、宛先ファイルのサイズをすべて0バイトにする（名前だけをコピー）。
/Fat	8.3形式の短いファイル名だけを使用してコピーする。
/256	256文字を超える長いパス名をサポートしない。
/Mon:変更回数	Robocopyコマンドを実行したままにして送り元フォルダを監視し、指定した回数分の変更が加えられるごとにコピー操作を実行する。Ctrl＋Cキーで終了する。
/Mot:変更間隔	Robocopyコマンドを実行したままにして送り元フォルダを監視し、指定した時間（分）を経過するごとにコピー操作を実行する。Ctrl＋Cキーで終了する。
/Rh:許可時間帯	Robocopyコマンドを継続的に実行する場合に、コピー操作の実行を許可する時間帯をhhmm-hhmm形式（24時間制）で指定する。時間外になるとコピーを実行しないで待機する。
/Pf	コピー操作の実行を許可する時間帯を、1回のコピー作業単位ではなくファイル単位で確認する。
/Ipg:ギャップ	低速回線でコピーする際に、指定ミリ秒だけパケット間ギャップ（Inter-Packet Gap）を設けて帯域を解放する。
/Sj	ジャンクションをジャンクションのままコピーする。既定値はターゲット（本体）をコピーする。 10 2004 以降 2022 11
/Sl	シンボリックリンクをシンボリックリンクのままコピーする。既定値はターゲット（本体）をコピーする。
/Mt[:スレッド数]	指定したスレッド数でコピーを並列実行する。スレッド数は1から128の範囲で指定する。既定値は8。/Ipgスイッチや/EfsRawスイッチと併用できない。 2008R2 以降

ファイル調整オプション	説明
/IoMaxSize:n[KMG]	読み書き時の最大I/Oサイズを指定する。単位も指定可能。 2022 11
/IoRate:n[KMG]	要求I/Oレートを指定する。単位も指定可能。 2022 11
/Threshold:n[KMG]	調整のためのファイルサイズのしきい値を指定する。単位も指定可能。 2022 11

ファイル選択オプション	説明
/a	アーカイブ属性のあるファイルだけをコピーする
/m	アーカイブ属性のあるファイルだけをコピーし、アーカイブ属性を解除する
/Ia:[RASHCNETO]	指定した属性のいずれかが設定されているファイルだけをコピーする

/Xa:[RASHCNETO]	指定した属性のいずれかが設定されているファイルを除外する
/Xf 除外ファイル	指定した名前に一致するファイルを除外する。ファイル名にはワイルドカード「*」「?」を使用できる。ファイル名はスペースで区切って1つ以上指定できる
/Xd 除外フォルダ	指定した名前に一致するフォルダを除外する。フォルダ名にはワイルドカード「*」「?」を使用できる。フォルダ名はスペースで区切って1つ以上指定できる
/Xc	変更されたファイルを除外する
/Xn	新しいファイルを除外する
/Xo	古いファイルを除外する
/Xx	宛先フォルダにだけ存在するファイルとフォルダを除外する
/Xl	送り元フォルダにだけ存在するファイルとフォルダを除外する
/Is	同じ名前のファイルを含める
/It	異常な（tweaked）ファイルを含める
/Max:最大ファイルサイズ	指定したファイルサイズ（バイト）を超えるファイルを除外する
/Min:最小ファイルサイズ	指定したファイルサイズ（バイト）未満のファイルを除外する
/MaxAge:最長日数	指定した日数を超えるファイルを除外する。日数が1,900を超える場合は、YYYYMMDD形式で年月日を指定したものとして扱う
/MinAge:最短日数	指定した日数未満のファイルを除外する。日数が1,900を超える場合は、YYYYMMDD形式で年月日を指定したものとして扱う
/MaxLad:最長日数	指定した日数から現在まで使用されていないファイルを除外する。使用の有無は最終アクセス日時（Last Access Date）で判断する。日数が1,900を超える場合は、YYYYMMDD形式で年月日を指定したものとして扱う
/MinLad:最短日数	指定した日数から現在までに使用されたファイルを除外する。使用の有無は最終アクセス日時で判断する。日数が1,900を超える場合は、YYYYMMDD形式で年月日を指定したものとして扱う
/Fft	FATファイルシステム用の時間情報を使用する。FATファイルシステムでは2秒間隔でファイルの作成日時などを設定するため、秒数は常に偶数になる
/Dst	1時間のサマータイム（Daylight Saving Time）時間差を補正する
/Xj	シンボリックリンクとジャンクションポイントを除外する
/Xjd	フォルダのシンボリックリンクとジャンクションポイントを除外する
/Xjf	ファイルのシンボリックリンクを除外する
/Im	更新日時が異なるファイルを含める **10 1903 以降** **2016 以降** **11**

再試行オプション	説明
/r:再試行回数	コピー失敗時のリトライ回数を指定する。既定値は1,000,000回
/w:待ち時間	再試行時の待ち時間を秒単位で指定する。既定値は30秒
/Reg	/rスイッチと/wスイッチの設定を、コマンドの既定値としてレジストリに保存する
/Tbd	宛先フォルダが共有フォルダの場合、共有フォルダが見つからないときに共有名が定義（検出）されるのを待つ
/Lfsm[:n[KMG]]	宛先のボリュームの空き容量が下限値を下回る場合はコピーを一時停止する。単位も指定可能。下限値の指定を省略すると、ボリュームサイズの10%を下限値とする **10 2004 以降** **2019 以降** **11**

ログオプション	説明
/Log:ログファイル名	上書きモードで記録するログのファイル名を指定する
/Log+:ログファイル名	追加モードで記録するログのファイル名を指定する

前ページよりの続き

/UniLog:ログファイル名	上書きモードで記録するログのファイル名を指定する。文字コードはUnicode を使用する
/UniLog+:ログファイル名	追加モードで記録するログのファイル名を指定する。文字コードはUnicode を使用する
/l	処理結果を仮に表示するだけで、コピーや置換、削除操作は行わない（シミュレーション）
/x	処理対象のファイルやフォルダだけでなく、除外されたファイルやフォルダもログに含める
/v	スキップされたファイルも含めて詳細な情報を記録する
/Ts	送り元ファイルのタイムスタンプを記録する
/Fp	ファイルの完全なパス名を記録する
/Bytes	ファイルサイズをバイト単位で記録する
/Ns	ファイルサイズを記録しない
/Nc	ファイルクラスを記録しない。「新しいファイル」などの情報が記録されなくなる
/Nfl	ファイル名を記録しない
/Ndl	フォルダ名を記録しない
/Np	コピーの進捗や速度を記録しない
/Eta	コピーの推定完了時刻（ETA：Estimated Time of Arrival）を記録する
/Tee	ログファイルに出力する内容をコンソールにも出力する。ログファイルを作成しないで情報を表示できる
/Njh	ジョブヘッダを出力しない
/Njs	ジョブの概要を出力しない
/Unicode	Unicode で出力する

ログオプション	説明
/Job:ジョブファイル名	指定したジョブファイル（拡張子 .rcj）からスイッチとオプションを読み取って実行する
/Save:ジョブファイル名	指定したファイルにジョブを保存する
/Quit	コマンドラインの処理後に終了する
/NoSd	送り元フォルダを指定しない
/NoDd	宛先フォルダを指定しない
/If	このオプションのあとに続くファイルを含める

実行例

　C:¥Work フォルダの内容を、サブフォルダやアクセス権設定、所有者設定、監査設定も含めて E:¥Backup にミラーリングする。バックアップモードを使用するためアクセス権のないファイルやフォルダもコピーできる。この操作には管理者権限が必要。

```
C:¥Work>Robocopy C:¥Work E:¥Backup /b /CopyAll /Mir

-------------------------------------------------------------------------------
  ROBOCOPY     ::    Windows の堅牢性の高いファイル コピー
-------------------------------------------------------------------------------

 開始: 2021年9月19日 16:27:14
  コピー元 : C:¥Work¥
   コピー先 : E:¥Backup¥
```

2

ファイル: *.*

オプション: *.* /S /E /COPYALL /PURGE /MIR /B /R:1000000 /W:30

```
        新しいディレクトリ      11    C:¥Work¥
100%    新しいファイル               4927    2022.txt
100%    新しいファイル                 70    data.csv
100%    新しいファイル               4927    link1.txt
100%    新しいファイル               4927    link2.txt
100%    新しいファイル                143    Sample.bat
100%    新しいファイル                166    Sample1.bat
100%    新しいファイル                157    Sample2.bat
100%    新しいファイル                264    Sample3.bat
100%    新しいファイル                166    Sample4.bat
100%    新しいファイル                186    Sample5.bat
100%    新しいファイル                216    Test.bat
        新しいディレクトリ      11    C:¥Work¥Temp¥
100%    新しいファイル               4927    2022.txt
100%    新しいファイル                 70    data.csv
100%    新しいファイル               4927    link1.txt
100%    新しいファイル               4927    link2.txt
100%    新しいファイル                143    Sample.bat
100%    新しいファイル                166    Sample1.bat
100%    新しいファイル                157    Sample2.bat
100%    新しいファイル                264    Sample3.bat
100%    新しいファイル                166    Sample4.bat
100%    新しいファイル                186    Sample5.bat
100%    新しいファイル                216    Test.bat
```

	合計	コピー済み	スキップ	不一致	失敗	Extras
ディレクトリ:	2	2	0	0	0	0
ファイル:	22	22	0	0	0	0
バイト:	31.5 k	31.5 k	0	0	0	0
時刻:	0:00:00	0:00:00			0:00:00	0:00:00

```
    速度:          512,666 バイト/秒
    速度:          29.335 MB/分
  終了: 2021年9月19日 16:27:15
```

■ コマンドの働き

Robocopyコマンドは、次のような操作を実行できる多機能コピーコマンドである。

● 送り元と宛先のファイルを比較して、宛先の古いファイルを上書き更新する
● フォルダツリーやファイルのアクセス権なども含めて、完全なコピーを作成する

- ファイルの更新を継続的に監視して、一定回数に達するとコピーする
- 最終アクセス日時を参照して、最近使ったファイルだけをコピーする

　ボリュームのルートフォルダに対して/Purgeや/Mirスイッチを指定してコピー操作を実行すると、「¥System Volume Information」などの隠しシステムフォルダもコピーする。不要であれば、/Xdスイッチを使用してコピー対象から除外するとよい。

Sort.exe　　　　　　　テキストを整列する

| 2000 | XP | 2003 | 2003R2 | Vista | 2008 | 2008R2 | 7 | 2012 | 8 | 2012R2 | 8.1 |
| 10 | 2016 | 2019 | 2022 | 11 |

構文

[コマンド |] Sort [/r] [/+桁位置] [/m メモリ使用量] [/l] ロケール] [/Rec 1レコードの文字数] [整列対象ファイル名] [/t 一時フォルダ名] [/o 出力ファイル名]

スイッチとオプション

コマンド |
　パイプを通じてSortコマンドに出力を渡すコマンドを指定する。

/r[everse]
　降順に整列する。既定値は昇順。

/+桁位置
　比較対象となる各行の桁位置(行頭からの文字数)を1以上で指定する。既定値は行頭。

/M[emory] メモリ使用量
　整列用のメモリ使用量をKB単位で指定する。既定のメモリ使用量は最小160KB、最大は搭載メモリの90%。

/L[ocale] ロケール
　指定したロケールのルールに従って文字を整列する。現在有効なロケールはCだけ。

/Rec[ord_Maximum] 1レコードの文字数
　1行に複数のレコード(固定長の文字列データ)がある場合、レコードの最大文字数を指定する。既定の文字数は4,096文字、最大値は65,535文字。

整列対象ファイル名
　整列したいデータを含むファイル名を指定する。省略すると標準入力から入力する。

/T[emporary] 一時フォルダ名
　オンメモリでは整列できないときに使用する、一時ファイルを作成するための作業フォルダを指定する。既定値はシステム標準の一時フォルダ。

/O[utput] 出力ファイル名
　整列後のデータを出力するファイル名を指定する。省略すると標準出力に出力する。

実行例

　DIRコマンドの結果を、ファイルサイズ(28桁目)の降順(ファルサイズが大きいもの順)に整列して表示する。

```
C:\Work>DIR /a-D C:\Windows | Sort /r /+28 | More
                    0 個のディレクトリ    49,593,192,448 バイトの空き領域
2021/08/07  09:38         4,847,200 explorer.exe
2021/05/08  17:14         1,097,728 HelpPane.exe
2021/05/08  17:14           397,312 regedit.exe
2021/05/08  17:14           316,640 WMSysPr9.prx
2021/08/20  09:34           233,472 DfsrAdmin.exe
2021/08/07  06:46           225,280 notepad.exe
2021/08/07  09:38           192,512 splwow64.exe
2021/05/08  17:14            98,304 bfsvc.exe
2021/05/08  17:15            68,608 twain_32.dll
2021/08/29  16:51            67,584 bootstat.dat
2021/05/08  17:15            48,122 ServerStandardEval.xml
2021/05/08  17:14            43,131 mib.bin
2021/05/08  17:14            36,864 hh.exe
2021/05/08  06:58            28,672 write.exe
2021/05/08  17:15            12,288 winhlp32.exe
2021/08/20  09:22             1,987 DtcInstall.log
2021/08/20  09:22             1,378 lsasetup.log
2021/08/20  09:34             1,315 DfsrAdmin.exe.config
2021/05/08  17:14               670 WindowsShell.Manifest
2021/08/20  11:18               414 PFRO.log
2021/09/19  11:05               276 WindowsUpdate.log
2021/05/08  17:18               219 system.ini
-- More --
```

コマンドの働き

Sortコマンドは、テキストファイルの内容や他のコマンドの出力を入力として、昇順または降順に整列する。アルファベットは大文字と小文字を区別する。他のコマンドの結果を整列したり、入力や出力を変更したりする場合は、「|」(パイプ)と「<」(リダイレクト)を使用する。

Takeown.exe ファイルやフォルダの所有者情報を変更する

2003 | 2003R2 | Vista | 2008 | 2008R2 | 7 | 2012 | 8 | 2012R2 | 8.1 | 10 | 2016 | 2019 | 2022 | 11

構文

Takeown [/s コンピュータ名 [/u ユーザー名 [/p [パスワード]]]] /f ファイル名
[/a] [/r [/d {y | n}]] [/SkipSl]

スイッチとオプション

/s コンピュータ名

操作対象のコンピュータ名を指定する。省略するとローカルコンピュータでコマンドを実行する。

/u ユーザー名

操作を実行するユーザー名を指定する。

/p [パスワード]

操作を実行するユーザーのパスワードを指定する。パスワードを省略すると、プロンプトを表示する。

/f ファイル名

所有権を取得するファイルやフォルダを指定する。ワイルドカード「*」を使用できる。共有フォルダ内のファイルやフォルダに対しても実行できる。

/a

現在のユーザーではなく、Administrators グループに所有権を与える。 **UAC**

/r

/fスイッチで指定したフォルダと、そのサブフォルダに対して処理を実行する。

/d {y | n}

「フォルダの一覧」アクセス権を持たないフォルダでの処理について、既定の処理をy(所有権を取得する)またはn(スキップ)で指定する。

/SkipSI

/rスイッチと併用して、シンボリックリンクのフォルダを除外する。 **2012R2 以降**

実行例

カレントフォルダとサブフォルダの拡張子.txtのファイルの所有者情報を変更する。

```
C:¥Work>Takeown /f *.txt /r

成功: ファイル (またはフォルダー): "C:¥Work¥2022.txt" は現在ユーザー "AD2022¥user1"
によって所有されています。

成功: ファイル (またはフォルダー): "C:¥Work¥link1.txt" は現在ユーザー
"AD2022¥user1" によって所有されています。
```

▗ コマンドの働き

Takeown コマンドは、ファイルやフォルダの所有者情報をカレントユーザーまたはAdministrators グループに設定する。任意のユーザーやグループに所有権を与えるには、「Icacls /SetOwner」コマンドを使用する。

Tree.com

フォルダツリーを表示する

| 2000 | XP | 2003 | 2003R2 | Vista | 2008 | 2008R2 | 7 | 2012 | 8 | 2012R2 | 8.1 |
| 10 | 2016 | 2019 | 2022 | 11 |

構文

Tree フォルダ名 [/f] [/a]

■ スイッチとオプション

/f

　フォルダ階層に加えてフォルダ内のファイル名も表示する。

/a

　階層を表す罫線を、グラフィック文字（罫線）ではなくASCII文字で表示する。

実行例

　C:¥Windows¥System32¥configフォルダのフォルダツリーを、ファイル名も含めてグラフィック表示する。

```
C:¥Work>Tree C:¥Windows¥System32¥config /f
フォルダー パスの一覧
ボリューム シリアル番号は 30EE-867A です
C:¥WINDOWS¥SYSTEM32¥CONFIG
　│　BBI
　│　BCD-Template
　│　COMPONENTS
　│　DEFAULT
　│　DRIVERS
　│　ELAM
　│　netlogon.dnb
　│　netlogon.dns
　│　SAM
　│　SECURITY
　│　SOFTWARE
　│　SYSTEM
　│
　├─Journal
　├─RegBack
　│　　DEFAULT
　│　　SAM
　│　　SECURITY
　│　　SOFTWARE
　│　　SYSTEM
　│
　├─systemprofile
　└─TxR
```

■ コマンドの働き

　Treeコマンドは、指定したフォルダ名またはカレントフォルダをルートとして、フォルダとサブフォルダの階層構造を疑似グラフィックで表示する。

Vssadmin.exe

ボリュームシャドウコピー
サービスを管理する

XP ｜ 2003 ｜ 2003R2 ｜ Vista ｜ 2008 ｜ 2008R2 ｜ 7 ｜ 2012 ｜ 8 ｜ 2012R2 ｜ 8.1 ｜ 10 ｜
2016 ｜ 2019 ｜ 2022 ｜ 11 ｜ UAC

Vssadmin [スイッチ] [オプション]

スイッチ

スイッチ	説明
Add ShadowStorage	シャドウコピーの記憶域関連付けを追加する 2003 2003R2 2008 2008R2 2012 2012R2 2016 2019 2022
Create Shadow	シャドウコピーを作成する 2003 2003R2 2008 2008R2 2012 2012R2 2016 2019 2022
Delete Shadows	シャドウコピーを削除する 2003 2003R2 2008 以降
Delete ShadowStorage	シャドウコピーの記憶域関連付けを削除する 2003 2003R2 2008 2008R2 2012 2012R2 2016 2019 2022
List Providers	VSS プロバイダを表示する
List Shadows	シャドウコピーを表示する
List ShadowStorage	シャドウコピーの記憶域関連付けを表示する 2003 以降
List Volumes	シャドウコピーで利用できるボリュームを表示する 2003 以降
List Writers	VSS ライターを表示する
Query Reverts	復元操作中に進捗を表示する 2003 2003R2 2008 2008R2 2012 2012R2 2016 2019 2022
Resize ShadowStorage	シャドウコピーに関連付けられた記憶域のサイズを変更する 2003 以降
Revert Shadow	シャドウコピーからボリュームの状態を復元する 2003 2003R2 2008 2008R2 2012 2012R2 2016 2019 2022

共通オプション

/For=*対象ボリューム*

ボリュームシャドウコピーの作成対象、または操作対象となるボリュームを指定する。

/On=*作成先ボリューム*

ボリュームシャドウコピーを保管するボリュームを指定する。

/MaxSize=*最大容量*

ボリュームシャドウコピー用の領域の最大サイズを指定する。最大容量を具体的なサイズで指定する場合は、バイト単位を基本として、数値のあとにKB、MB、GB、TB、PB、EBを付加することができる。短縮形としてB、K、M、G、T、P、Eも使用できる。ボリュームの全容量に対するパーセンテージで指定する場合は、数値のあとに「%」を付加する。

・最低容量は300MBで、オプションを省略すると無制限になる。 2008 以前

・最低容量は320MBで、UNBOUNDEDを指定すると無制限になる。 2008R2 以降

/Quiet

確認メッセージや処理結果を表示しない。

コマンドの働き

Vssadmin コマンドは、ボリュームシャドウコピーサービス(VSS)で使用する対象ドライブ、シャドウコピー作成用の記憶域、シャドウコピーのバージョン、VSS ライター、VSS プロバイダなどを管理する。

VSSの機能は、ファイル共有やWindowsバックアップなどが利用している。Windows ServerバックアップがVSSを利用してバックアップを作成する手順の概要は次のとおり。

1. ユーザーがWindows Serverバックアップに、バックアップの開始を指示する
2. Windows ServerバックアップはVSSリクエスタとなり、VSSに対してシャドウコピーの作成を要求する
3. VSSから指示を受けたVSSライターは、処理のコミットやメモリ内のデータの書き出しを実行して、データを準備する
4. データの準備完了を受けて、VSSはVSSライターに書き込みI/Oの凍結を指示する
5. VSSはVSSプロバイダにシャドウコピーの作成を指示する
6. シャドウコピーの作成完了を受けて、VSSはVSSライターに書き込みI/Oの再開を指示する
7. VSSはVSSリクエスタにシャドウコピーの保存先を通知する
8. Windows Serverバックアップはシャドウコピーを読み出してバックアップを作成する

■ Add ShadowStorage──シャドウコピーの記憶域関連付けを追加する

`2003` `2003R2` `2008` `2008R2` `2012` `2012R2` `2016` `2019` `2022` `UAC`

構文

Vssadmin Add ShadowStorage /For=*対象ボリューム* /On=*作成先ボリューム* [/MaxSize=*最大容量*]

実行例

C:ドライブのシャドウコピー用の記憶域を、E:ドライブに容量30%以下で作成する。この操作には管理者権限が必要。

```
C:¥Work>Vssadmin Add ShadowStorage /For=C: /On=E: /MaxSize=30%
vssadmin 1.1 - ボリューム シャドウ コピー サービス管理コマンド ライン ツール
(C) Copyright 2001-2013 Microsoft Corp.

シャドウ コピーの記憶域関連付けが正しく追加されました
```

■ コマンドの働き

「Vssadmin Add ShadowStorage」コマンドは、シャドウコピーの記憶域関連付けを登録する。/Forスイッチで指定したボリュームのシャドウコピーは、/Onスイッチで指定したボリュームに作成される。

■ Create Shadow──シャドウコピーを作成する

`2003` `2003R2` `2008` `2008R2` `2012` `2012R2` `2016` `2019` `2022` `UAC`

構文

Vssadmin Create Shadow /For=*対象ボリューム* [/AutoRetry=*リトライ時間*]

■ スイッチとオプション

/AutoRetry=リトライ時間
    シャドウコピーを作成できない場合は、指定した時間(分)リトライする。

【実行例】

C:ドライブのシャドウコピーを作成する。この操作には管理者権限が必要。

```
C:\Work>Vssadmin Create Shadow /For=C:
vssadmin 1.1 - ボリューム シャドウ コピー サービス管理コマンド ライン ツール
(C) Copyright 2001-2013 Microsoft Corp.

'C:\' のシャドウ コピーが正しく作成されました
    シャドウ コピー ID: {7f8a34bd-0ffd-42f0-adea-2fbc0cae09a8}
    シャドウ コピー ボリューム名: \\?\GLOBALROOT\Device\HarddiskVolumeShadowCopy2
```

■ コマンドの働き

「Vssadmin Create Shadow」コマンドは、指定したボリュームのシャドウコピーを作成する。作成先のボリュームは、「Vssadmin List ShadowStorage」コマンドで確認できる。また、現在作成されているシャドウコピーは、「Vssadmin List Shadows」コマンドで表示できる。

Delete Shadows——シャドウコピーを削除する

| 2003 | 2003R2 | 2008 | 2008R2 | 7 | 2012 | 8 | 2012R2 | 8.1 | 10 | 2016 | 2019 |
| 2022 | 11 | UAC |

【構文】

Vssadmin Delete Shadows {/For=*対象ボリューム* [/Oldest] [/Quiet] |
/Shadow=*シャドウコピーID* [/Quiet] | /All}

■ スイッチとオプション

/Oldest
    最も古いシャドウコピーを削除する。

/Shadow=*シャドウコピーID*
    削除対象のシャドウコピーIDを指定する。

/All
    すべてのボリュームですべてのシャドウコピーを削除する。

【実行例】

C:ドライブのシャドウコピーのうち、最も古いシャドウコピーを削除する。この操作には管理者権限が必要。

```
C:\Work>Vssadmin Delete Shadows /For=C: /Oldest
vssadmin 1.1 - ボリューム シャドウ コピー サービス管理コマンド ライン ツール
(C) Copyright 2001-2013 Microsoft Corp.
```

1 個のシャドウ コピーを削除しますか (Y/N): [N]? y

1 個のシャドウ コピーが正しく削除されました。

■ コマンドの働き

「Vssadmin Delete Shadows」コマンドは、シャドウコピーを削除する。

Delete ShadowStorage——シャドウコピーの記憶域関連付けを削除する

2003 | 2003R2 | 2008 | 2008R2 | 2012 | 2012R2 | 2016 | 2019 | 2022 | UAC

構文

Vssadmin Delete ShadowStorage /For=*対象ボリューム* [/On=*作成先ボリューム*] [/Quiet]

■ スイッチとオプション

/On=*作成先ボリューム*
シャドウコピーに関連付けられたボリュームを指定する。省略すると/Forで指定したボリュームに関連付けられたすべての作成先ボリュームを削除する。

実行例

C:ドライブ用のシャドウコピーの記憶域関連付けをE:ドライブから削除する。この操作には管理者権限が必要。

```
C:¥Work>Vssadmin Delete ShadowStorage /For=C: /On=E:
vssadmin 1.1 - ボリューム シャドウ コピー サービス管理コマンド ライン ツール
(C) Copyright 2001-2013 Microsoft Corp.

シャドウ コピーの記憶域関連付けが正しく削除されました
```

■ コマンドの働き

「Vssadmin Delete ShadowStorage」コマンドは、ボリュームシャドウコピー用の記憶域を削除する。

List Providers——VSSプロバイダを表示する

XP | 2003 | 2003R2 | Vista | 2008 | 2008R2 | 7 | 2012 | 8 | 2012R2 | 8.1 | 10 | 2016 | 2019 | 2022 | 11 | UAC

構文

Vssadmin List Providers

実行例

VSSプロバイダを表示する。この操作には管理者権限が必要。

```
C:¥Work>Vssadmin List Providers
vssadmin 1.1 - ボリューム シャドウ コピー サービス管理コマンド ライン ツール
```

```
(C) Copyright 2001-2013 Microsoft Corp.

プロバイダー名: 'Microsoft File Share Shadow Copy provider'
   プロバイダーの種類: ファイル共有
   プロバイダー Id: {89300202-3cec-4981-9171-19f59559e0f2}
   バージョン: 1.0.0.1

プロバイダー名: 'Microsoft Software Shadow Copy provider 1.0'
   プロバイダーの種類: システム
   プロバイダー Id: {b5946137-7b9f-4925-af80-51abd60b20d5}
   バージョン: 1.0.0.7
```

■ コマンドの働き

「Vssadmin List Providers」コマンドは、インストールされている VSS プロバイダを表示する。

List Shadows——シャドウコピーを表示する

XP | 2003 | 2003R2 | Vista | 2008 | 2008R2 | 7 | 2012 | 8 | 2012R2 | 8.1 | 10 |
2016 | 2019 | 2022 | 11 | UAC

構文1 Windows XP

Vssadmin List Shadows [/Set=*GUID*]

構文2 Windows Server 2003以降

Vssadmin List Shadows [/For=*対象ボリューム*] [{/Shadow=*シャドウコピー
ID* | /Set=*シャドウセットID*}]

■ スイッチとオプション

/Set=*GUID*
　　表示対象のシャドウコピーセットの GUID を指定する。 XP

/Shadow=*シャドウコピーID*
　　表示対象のシャドウコピーID を指定する。

/Set=*シャドウセットID*
　　表示対象のシャドウセットID を指定する。

実行例

すべてのシャドウコピーを表示する。この操作には管理者権限が必要。

```
C:¥Work>Vssadmin List Shadows
vssadmin 1.1 - ボリューム シャドウ コピー サービス管理コマンド ライン ツール
(C) Copyright 2001-2013 Microsoft Corp.

シャドウ コピー セット ID: {c80b4198-f6ab-4678-b016-cf6a316c115f} の内容
   1 個のシャドウ コピー、作成時刻: 2021/09/19 19:29:51
      シャドウ コピー ID: {6e32189f-e5f1-4ae3-bd8d-c14d1bc5a854}
         元のボリューム: (C:)¥¥?¥Volume{933ae104-5be8-4617-b249-0bd98dfe2ed5}¥
         シャドウ コピー ボリューム: ¥¥?¥GLOBALROOT¥Device¥HarddiskVolumeShadowCopy1
```

```
元のコンピューター: ws22stdc1.ad2022.example.jp
サービス コンピューター: ws22stdc1.ad2022.example.jp
プロバイダー: 'Microsoft Software Shadow Copy provider 1.0'
種類: ApplicationRollback
属性: 恒久, 自動リリースなし, 差分, 自動回復
```

■ コマンドの働き

「Vssadmin List Shadows」コマンドは、保存されているシャドウコピーのIDや作成日時などを表示する。

■ List ShadowStorage——シャドウコピーの記憶域関連付けを表示する

2003 | 2003R2 | Vista | 2008 | 2008R2 | 7 | 2012 | 8 | 2012R2 | 8.1 | 10 | 2016 | 2019 | 2022 | 11 | UAC

構文

Vssadmin List ShadowStorage [{/For=*対象ボリューム* | /On=*作成先ボリューム*}]

実行例

シャドウコピーに関連付けられた記憶域を表示する。この操作には管理者権限が必要。

```
C:¥Work>Vssadmin List ShadowStorage
vssadmin 1.1 - ボリューム シャドウ コピー サービス管理コマンド ライン ツール
(C) Copyright 2001-2013 Microsoft Corp.

シャドウ コピーの記憶域関連付け
   ボリューム: (C:)¥¥?¥Volume{933ae104-5be8-4617-b249-0bd98dfe2ed5}¥
   シャドウ コピーの記憶域ボリューム: (C:)¥¥?¥Volume{933ae104-5be8-4617-b249-
0bd98dfe2ed5}¥
   シャドウ コピーの記憶域の使用領域: 0 バイト (0%)
   シャドウ コピーの記憶域の割り当て領域: 0 バイト (0%)
   シャドウ コピーの記憶域の最大領域: 5.93 GB (10%)

シャドウ コピーの記憶域関連付け
   ボリューム: (¥¥?¥Volume{10b2c293-a5e8-416c-9f8c-cab872a38528}¥)
¥¥?¥Volume{10b2c293-a5e8-416c-9f8c-cab872a38528}¥
   シャドウ コピーの記憶域ボリューム: (¥¥?¥Volume{10b2c293-a5e8-416c-9f8c-
cab872a38528}¥)¥¥?¥Volume{10b2c293-a5e8-416c-9f8c-cab872a38528}¥
   シャドウ コピーの記憶域の使用領域: 0 バイト (0%)
   シャドウ コピーの記憶域の割り当て領域: 0 バイト (0%)
   シャドウ コピーの記憶域の最大領域: 179 MB (30%)
```

■ コマンドの働き

「Vssadmin List ShadowStorage」コマンドは、シャドウコピーの記憶域関連付けを表示する。

■ List Volumes——シャドウコピーで利用できるボリュームを表示する

2003 2003R2 Vista 2008 2008R2 7 2012 8 2012R2 8.1 10 2016 2019 2022 11 UAC

構文

Vssadmin List Volumes

実行例

ボリュームシャドウコピーの対象ボリュームを表示する。この操作には管理者権限が必要。

```
C:\Work>Vssadmin List Volumes
vssadmin 1.1 - ボリューム シャドウ コピー サービス管理コマンド ライン ツール
(C) Copyright 2001-2013 Microsoft Corp.

ボリューム パス: C:\
    ボリューム名: \\?\Volume{933ae104-5be8-4617-b249-0bd98dfe2ed5}\
ボリューム パス: \\?\Volume{10b2c293-a5e8-416c-9f8c-cab872a38528}\
    ボリューム名: \\?\Volume{10b2c293-a5e8-416c-9f8c-cab872a38528}\
ボリューム パス: F:\
    ボリューム名: \\?\Volume{5c9f6596-7c68-46f2-b61e-5cbffd46fcdc}\
ボリューム パス: E:\
    ボリューム名: \\?\Volume{e3eb4882-fb4b-11eb-8109-000c29d6ab7b}\
```

■ コマンドの働き

「Vssadmin List Volumes」コマンドは、シャドウコピーで利用できるボリュームを表示する。

■ List Writers——VSSライターを表示する

XP 2003 2003R2 Vista 2008 2008R2 7 2012 8 2012R2 8.1 10 2016 2019 2022 11 UAC

構文

Vssadmin List Writers

実行例

システムにインストールされているVSSライターを表示する。この操作には管理者権限が必要。

```
C:\Work>Vssadmin List Writers
vssadmin 1.1 - ボリューム シャドウ コピー サービス管理コマンド ライン ツール
(C) Copyright 2001-2013 Microsoft Corp.

ライター名: 'Task Scheduler Writer'
  ライター Id: {d61d61c8-d73a-4eee-8cdd-f6f9786b7124}
  ライター インスタンス Id: {1bddd48e-5052-49db-9b07-b96f96727e6b}
  状態: [1] 安定
```

```
    最後のエラー: エラーなし

ライター名: 'VSS Metadata Store Writer'
  ライター Id: {75dfb225-e2e4-4d39-9ac9-ffaff65ddf06}
  ライター インスタンス Id: {088e7a7d-09a8-4cc6-a609-ad90e75ddc93}
  状態: [1] 安定
  最後のエラー: エラーなし

  (中略)

ライター名: 'NTDS'
  ライター Id: {b2014c9e-8711-4c5c-a5a9-3cf384484757}
  ライター インスタンス Id: {fea43b5c-a805-491c-8967-c0220948b939}
  状態: [1] 安定
  最後のエラー: エラーなし
```

■ コマンドの働き

「Vssadmin List Writers」コマンドは、システムにインストールされている VSS ライターを表示する。

📟 Query Reverts —— 復元操作中に進捗を表示する

2003 | 2003R2 | 2008 | 2008R2 | 2012 | 2012R2 | 2016 | 2019 | 2022 | UAC

構文

Vssadmin Query Reverts [{/For=*対象ボリューム* | /All}]

■ スイッチとオプション

/For=*対象ボリューム*
    指定したボリュームの復元処理の状態を表示する。

/All
    すべての復元処理の状態を表示する。

■ コマンドの働き

「Vssadmin Query Reverts」コマンドは、シャドウコピーの復元操作の進捗状況を表示する。

📟 Resize ShadowStorage
　　—— シャドウコピーに関連付けられた記憶域のサイズを変更する

2003 | 2003R2 | Vista | 2008 | 2008R2 | 7 | 2012 | 8 | 2012R2 | 8.1 | 10 | 2016 | 2019 | 2022 | UAC

構文

Vssadmin Resize ShadowStorage /For=*対象ボリューム*
/On=*作成先ボリューム* /MaxSize=*最大容量*

E:ドライブにある、C:ドライブのシャドウコピー用の記憶域の最大容量を、ボリューム全容量の45%に変更する。この操作には管理者権限が必要。

```
C:¥Work>Vssadmin Resize ShadowStorage /For=C: /On=E: /MaxSize=45%
vssadmin 1.1 - ボリューム シャドウ コピー サービス管理コマンド ライン ツール
(C) Copyright 2001-2013 Microsoft Corp.

シャドウ コピーの記憶域関連付けのサイズが正しく変更されました
```

■ コマンドの働き

「Vssadmin Resize ShadowStorage」コマンドは、シャドウコピーに関連付けられた記憶域のサイズを変更する。

📄 Revert Shadow——シャドウコピーからボリュームの状態を復元する

`2003` `2003R2` `2008` `2008R2` `2012` `2012R2` `2016` `2019` `2022` `UAC`

構文

Vssadmin Revert Shadow /Shadow=*シャドウコピーID* [/ForceDismount]
[/Quiet]

■ スイッチとオプション

/Shadow=*シャドウコピーID*
　　復元対象のシャドウコピーIDを指定する。

/ForceDismount
　　ボリュームを強制的にマウント解除して復元する。

実行例

ボリュームをシャドウコピー時の状態に戻す。この操作には管理者権限が必要。

```
C:¥Work>Vssadmin Revert Shadow /Shadow={b864ea84-94d7-4160-b8b6-dc2c448f46e9}
vssadmin 1.1 - ボリューム シャドウ コピー サービス管理コマンド ライン ツール
(C) Copyright 2001-2013 Microsoft Corp.

このシャドウ コピーを元に戻しますか (Y/N): [N]? y

.....................................................
シャドウ コピーに戻す操作に成功しました。
```

■ コマンドの働き

「Vssadmin Revert Shadow」コマンドは、指定したシャドウコピーを復元する。復元の前に確認プロンプトを表示する。ただし、C:ドライブ（Windowsシステムのあるドライブ）のシャドウコピーを復元することはできない。復元を実行すると、復元したシャドウコピーより新しいシャドウコピーはすべて削除される。

Xcopy.exe

ファイルとフォルダツリーを
コピーする

`2000` `XP` `2003` `2003R2` `Vista` `2008` `2008R2` `7` `2012` `8` `2012R2` `8.1`
`10` `2016` `2019` `2022` `11`

構文

Xcopy *送り元ファイル名* [*宛先フォルダ名*] [*コピーオプション*] [/Exclude:*除外
ファイル*] [/Compress]

スイッチとオプション

送り元ファイル名
> 送り元となるファイルを指定する。ファイル名にはワイルドカード「*」「?」を使用できる。

宛先フォルダ名
> 送り先となるフォルダを指定する。省略するとカレントフォルダを使用する。

/Exclude:*除外ファイル*
> コピーの対象外にするファイルやフォルダの名前について、その一部または全部を1行1件で記述した除外ファイルを、プラス(+)で連結して1つ以上指定する。

/Compress
> 可能であればネットワーク圧縮コピーを実行する。 `10 2004 以降` `10 2004 以降` `2022` `11`

コピーオプション

必要に応じて次のいずれかを指定する。

コピーオプション	説明
/a	アーカイブ属性が設定されているファイルだけをコピーする。送り元ファイルのアーカイブ属性は解除しない
/m	アーカイブ属性が設定されているファイルだけをコピーする。送り元ファイルのアーカイブ属性を解除する
/d[:*年月日*]	MM-DD-YYYY 形式で指定した年月日以後に変更されたファイルだけをコピーする。年月日を省略すると、宛先フォルダ内のファイルより新しいファイルだけをコピーする
/p	宛先フォルダにファイルを作成するごとに確認プロンプトを表示する
/s	空のフォルダ以外のサブフォルダをコピーする
/e	空のフォルダもコピーする
/v	送り元と宛先のファイルに差異がないか検証（ベリファイ）する
/w	コピーを開始する前に確認プロンプトを表示する
/c	エラーが発生しても処理を続行する
/i	送り元がフォルダ名または複数ファイルで、かつ宛先フォルダ名が存在しない場合、宛先をフォルダと推定してコピーする
/q	コピー中のファイル名を表示しない
/f	送り元と宛先のファイル名を表示する
/l	コピー対象のファイル名を表示する。コピー操作は行わない（確認用）

/q	宛先フォルダがファイルの暗号化をサポートしていない場合、ファイルを復号化してコピーする
/h	隠しファイル属性とシステムファイル属性のファイルも操作の対象に含める。既定ではこれらのファイルは操作の対象外になる
/r	宛先フォルダ内の読み取り専用ファイルを上書きコピーする。既定では読み取り専用ファイルは上書きできず、アクセス拒否エラーが発生する
/t	フォルダツリーだけをコピーし、ファイルはコピーしない。/e スイッチと併用して、空のフォルダもコピーできる
/u	送り元と宛先の両方に存在するファイルだけをコピーする（上書き同期）
/k	送り元ファイルの読み取り専用属性を維持したままコピーする
/n	8.3 形式の短いファイル名でコピーする
/o	ファイルのアクセス権設定（DACL）と所有者情報をコピーする **UAC**
/x	ファイルのアクセス権設定（DACL）、所有者情報、監査設定（SACL）をコピーする **UAC**
/y	ファイルを上書きする前に確認プロンプトを表示しない
/-y	ファイルを上書きする前に確認プロンプトを表示する
/z	再起動可能モードでファイルをコピーする
/b	コピー元ファイルがシンボリックリンクの場合、ターゲットではなくシンボリックリンクのままコピーする。既定ではターゲットをコピーする **Vista 以降** **UAC**
/j	バッファなし I/O を使ってコピーする **2008R2 以降**

実行例

Windows フォルダ内のファイルで、2021 年 9 月 1 日以降に作成または変更されたファイルだけを抽出して、E:¥NewFiles フォルダにコピーする。

```
C:¥Work>Xcopy %Windir%¥* E:¥NewFiles /d:09-01-2021
E:¥NewFiles は受け側のファイル名ですか、
またはディレクトリ名ですか
(F= ファイル、D= ディレクトリ)? D
C:¥Windows¥setupact.log
C:¥Windows¥setuperr.log
C:¥Windows¥WindowsUpdate.log
3 個のファイルをコピーしました
```

コマンドの働き

Xcopy コマンドは、ファイルやフォルダ、フォルダツリーをコピーする。更新されたファイル（アーカイブ属性がセットされている）や指定日時以降に更新したファイルだけをコピーする機能などが便利である。

環境変数 COPYCMD に /y スイッチを設定することで、Xcopy コマンドは既定で上書き確認プロンプトを表示しなくなるので、プロンプトを表示させるには /-y スイッチを指定する。

バッチ処理と
タスク管理 編

3

At.exe

指定した日時にコマンドを
自動実行する

| 2000 | XP | 2003 | 2003R2 | Vista | 2008 | 2008R2 | 7 | UAC |

構文1 スケジュールタスクを登録する

At [¥¥コンピュータ名] *実行時刻* [/Interactive] [{/Every:[*日付*] | /Next:[*日付*]}] コマンド

構文2 スケジュールタスクを表示または削除する

At [¥¥コンピュータ名] [*タスクID*] [/Delete] [/Yes]

■ スイッチとオプション

¥¥コンピュータ名
> 操作対象のコンピュータを指定する。省略するとローカルコンピュータを使用する。

実行時刻
> コマンドを実行する時刻を24時間制でhh:mm形式で指定する。

/Interactive
> コマンド実行時に、ログオン中のユーザーのデスクトップを使用することを許可する。

/Every:
> 毎月指定した日付か、毎週指定した曜日にコマンドを実行する。

/Next:
> 指定した日の翌月同日、または指定した曜日の翌週同曜日にコマンドを実行する。

日付
> 実行する日付や曜日を、カンマで区切って1つ以上指定する。日付を省略すると今日の日付を使用する。曜日を指定する場合は次のように標準形か短縮形で指定する。

標準形 1	標準形 2	短縮形 1	短縮形 2
Monday	月曜日	M	月
Tuesday	火曜日	T	火
Wednesday	水曜日	W	水
Thursday	木曜日	Th	木
Friday	金曜日	F	金
Saturday	土曜日	S	土
Sunday	日曜日	Su	日

コマンド
> 実行するコマンド、アプリケーション、バッチファイルとパラメータを絶対パス、または「¥¥ サーバ名¥共有名 [¥サブフォルダ名]¥ファイル名」形式の UNC(Universal Naming Convention)で指定する。コマンドラインにスペースを含む場合はダブルクォートで括る。DIR コマンドなど Cmd.exe の内部コマンドを実行する場合は、「Cmd /c」に続いてコマンドを記述する。ダブルクォートで括らないコマンドラインで、リダイレクト記号「<」「>」および「>>」を使用する場合は、キャレット(^)でリダイレクト記号をエスケープする。

3
バッチ処理と
タスク管理編

タスクID

登録済みスケジュールタスクの識別番号を指定する。省略するとすべてのスケジュールタスクになる。タスクIDを知るには、スイッチとオプションをすべて省略して「At」コマンドを実行する。

/Delete

スケジュールタスクを削除する。

/Yes

ユーザーへの確認なしですべてのスケジュールタスクを削除する。

実行例

毎月1の付く日の午後1時46分にバッチファイルsample.batを実行する。

```
C:\Work>At 13:46 /every:1,11,21,31 C:\Work\sample.bat
新しいジョブをジョブ ID = 1 で追加しました。
```

コマンドの働き

Atコマンドを使用すると、Task Schedulerサービスを通じて指定した日時や曜日にコマンドを自動実行できる。Windows 7では対話型のコマンドを実行できなくなり、Windows Server 2012以降ではAtコマンド自体が廃止になった。すべての操作で「このATコマンドは廃止されました。代わりにschtasks.exeを使用してください。」と表示される。

Choice.exe　　選択肢を表示してキー入力をうながす

3
バッチ処理とタスク管理編

| 2003 | 2003R2 | Vista | 2008 | 2008R2 | 7 | 2012 | 8 | 2012R2 | 8.1 | 10 | 2016 |
| 2019 | 2022 | 11 |

構文

Choice [/c *選択リスト*] [/n] [/Cs] [/t *タイムアウト* /d *既定値*] [/m *メッセージ*]

スイッチとオプション

/c *選択リスト*

ユーザーに提示する選択を、aからz、AからZ、0から9、ASCII文字の128から254の範囲で指定する。既定の選択リストはYNで、画面には「[Y,N]?」と表示される。

/n

プロンプトで選択リストを表示しない。

/Cs

大文字と小文字を区別する。既定では大文字と小文字を区別せず、すべて大文字として扱う。

/t *タイムアウト*

既定値が選択されるまでの時間を、0から9,999まで秒単位で指定する。0を指定すると即座に既定値を採用する。

/d *既定値*

タイムアウト時に自動的に選択される既定値を、/cスイッチで指定した選択リストから1つ指定する。

/m *メッセージ*

選択リストの前に表示するメッセージを指定する。メッセージにスペースを含む場合はダブルクォートで括る。省略すると選択リストだけを表示する。

実行例

小文字のx、y、zから1つを選択する。タイムアウトは30秒で既定の選択肢はzとする。

```
C:¥Work>Choice /c xyz /Cs /t 30 /d z /m "x, y, zから選択してください。"
x, y, zから選択してください。 [x,y,z]?x

C:¥Work>ECHO %ERRORLEVEL%
1
```

コマンドの働き

Choiceコマンドは、バッチファイルでユーザーが処理を選択できるようにする。選択リスト中の文字の順に1から始まる連番を割り当てて、選択結果を環境変数ERRORLEVELにセットするので、IFコマンドなどで分岐できる。無効な選択は255を、[Ctrl] + [C] キーまたは [Ctrl] + [Break] キーによる中断は0をセットする。

Clip.exe

テキストデータをクリップボードに取り込む

| 2003 | 2003R2 | Vista | 2008 | 2008R2 | 7 | 2012 | 8 | 2012R2 | 8.1 | 10 | 2016 |
| 2019 | 2022 | 11 |

構文

[*コマンド* |] Clip [< *ファイル名*]

実行例

C:ドライブのルートフォルダの内容を一覧にして、クリップボードにコピーする。

```
C:¥Work>DIR C:¥ | Clip
```

コマンドの働き

Clipコマンドは、他のコマンドのテキスト出力をパイプで受け取ったり、テキストファイルの内容をリダイレクトで入力したりしてクリップボードに取り込む。扱えるのはテキストデータ限定。また、Clipコマンドでクリップボードの内容を読み出すことはできない。

Cmd.exe

Windowsコマンドインタープリタ（コマンドプロンプト）を開始する

| 2000 | XP | 2003 | 2003R2 | Vista | 2008 | 2008R2 | 7 | 2012 | 8 | 2012R2 | 8.1 |
| 10 | 2016 | 2019 | 2022 | 11 |

構文

Cmd [{/a | /u}] [/q] [/d] [/t:*色指定*] [/e:{On | Off}] [/f:{On | Off}] [/v:{On | Off}] [[/s] [{/c | /k}] *コマンドライン*]

スイッチとオプション

/a

内部コマンドの出力結果をANSIでパイプまたはファイルに出力する。

/u

内部コマンドの出力結果をUnicodeでパイプまたはファイルに出力する。

/q

エコーをオフにする。

/d

レジストリからのAutoRunコマンドの実行を無効にする。

/t:*色指定*

コマンドプロンプトの文字色と背景色をカラーコードで指定する。色指定はCOLORコマンドと同じ。

/e:{On | Off}

コマンド拡張機能を有効(On、既定値)または無効(Off)にする。/eスイッチの設定は、レジストリ設定に優先する。

/f:{On | Off}

ファイル名の補完機能を有効(On)または無効(Off、既定値)にする。/fスイッチの設定は、レジストリ設定に優先する。

/v:{On | Off}

環境変数の遅延展開(第1章のコラム「環境変数の遅延展開機能」を参照)を有効(On)または無効(Off、既定値)にする。

/s

コマンドライン中のダブルクォートの扱いを変更する。

/c

コマンドラインを実行後Cmd.exeを終了する。

/k

コマンドラインを実行後Cmd.exeを継続する。

■ コマンドライン

任意の実行ファイル名や内部コマンド、スイッチ、オプションを指定する。スペースを含むパスやファイル名、スイッチ、オプションを列挙する場合は、基本的にコマンドライン全体をダブルクォートで括る。コマンド間を「&」「&&」「||」などで区切って列挙することで、複数のコマンドを連続実行できる。

3

「DIR /a:d /w %Windir%¥System32¥config」コマンドを実行する。

```
C:¥Work>Cmd /c "DIR /a:d /w %Windir%¥System32¥config"
 ドライブ C のボリューム ラベルがありません。
 ボリューム シリアル番号は 30EE-867A です

 C:¥Windows¥System32¥config のディレクトリ

[.]             [..]            [Journal]        [RegBack]        [systemprofile]
[TxR]
              0 個のファイル                0 バイト
              6 個のディレクトリ   49,590,374,400 バイトの空き領域
```

　次のコマンドはChoiceコマンドを実行しようとしているが、Choiceより右の文字列は
Cmdコマンドに与えられる無効なスイッチとして解釈されるためエラーになる。コマン
ドラインにスイッチやオプションを含める場合は、/cスイッチまたは/kスイッチを指定
する。これらのスイッチより右の文字列は、すべてコマンドラインとして扱う。

```
C:¥Work>Cmd Choice /c xyz /m "x, y, zから選択してください。"
 'xyz' は、内部コマンドまたは外部コマンド、
操作可能なプログラムまたはバッチ ファイルとして認識されていません。

C:¥Work>Cmd /c Choice /c xyz /m "x, y, zから選択してください。"
x, y, zから選択してください。 [X,Y,Z]?X
```

コマンドの働き

　Cmd.exeはコマンドプロンプトの実行ファイルで、コマンドの実行環境を提供するコ
マンドプロセッサでもある。バッチファイル中で内部コマンドを実行する場合はCmd.exe
を呼び出す必要がある。

コマンドラインとダブルクォートの取り扱い

　/cスイッチまたは/kスイッチを指定していて、コマンドラインにダブルクォートが現
れた場合は、コマンドラインを次のように扱う。

1. 次の条件をすべて満たす場合は、ダブルクォートで括った文字列全体をコマンドライン
   として実行する。
   - /sスイッチを使っていない
   - 引用符が1組だけある
   - 引用符の中に特殊文字(&<>()@^|)がない
   - 引用符の中に1つ以上のスペースがある
   - 引用符の中の文字列が、実行可能ファイル名や内部コマンド名である(例：Cmd /c
     "DIR /a:d /w %Windir%")。
2. 1.の条件を満たさない場合は、先頭のダブルクォートと文字列中に現れる最後のダブル
   クォートを対として扱い、これらを自動的に削除して文字列を連結再構成し、新しい文

字列全体をコマンドラインとして扱う。たとえば、「Cmd /c "DIR" /a:d /w %Windir%」というコマンドは、「Cmd /c DIR /a:d /w %Windir%」と等しい。

Cmd.exe のコマンド自動実行機能

Cmd.exeの新しいインスタンスを開始する際に、/dスイッチを指定していなければ、次の2つのレジストリキーからレジストリ値AutoRunの設定値を読み取って、コマンドとして実行する。

優先順位はHKEY_LOCAL_MACHINEの下にあるAutoRunの方が高い。

- キーのパス──HKEY_LOCAL_MACHINE¥Software¥Microsoft¥Command Processor
  またはHKEY_CURRENT_USER¥Software¥Microsoft¥Command Processor
- 値の名前──AutoRun
- データ型──REG_SZまたはREG_EXPAND_SZ
- 設定値──自動実行するコマンドライン

なお、Cmd.exeの新しいインスタンスを開始したり、Cmd.exeのプロセスが残ったりするコマンドをAutoRunに設定してはならない。システムの限界までCmd.exeのプロセスが増殖してしまう。

コマンド拡張機能と環境変数の遅延展開機能の既定値と上書き設定

Cmd.exeのコマンド拡張機能を既定で有効または無効にするには、EnableExtensionsレジストリ値を設定する。

- キーのパス──HKEY_LOCAL_MACHINE¥Software¥Microsoft¥Command Processor
  またはHKEY_CURRENT_USER¥Software¥Microsoft¥Command Processor
- 値の名前──EnableExtensions
- データ型──REG_DWORD
- 設定値──0＝無効、1＝有効

同様に、環境変数の遅延展開機能を既定で有効または無効にするには、DelayedExpansionレジストリ値を設定する。/vスイッチの設定は、レジストリ設定に優先する。

- キーのパス──HKEY_LOCAL_MACHINE¥Software¥Microsoft¥Command Processor
  またはHKEY_CURRENT_USER¥Software¥Microsoft¥Command Processor
- 値の名前──DelayedExpansion
- データ型──REG_DWORD
- 設定値──0＝無効、1＝有効

バッチファイル中で「SETLOCAL |EnableExtensions | DisableExtensions|」内部コマンドを実行すると、ENDLOCAL内部コマンドを実行するまでの間、Cmd.exeの起動時に指定した/eスイッチおよび/vスイッチの設定を局所的に上書きできる。つまり、拡張機能と環境変数の遅延展開機能の設定は、優先順位の高い方からSETLOCALコマンド、/eおよび/vスイッチ、レジストリ値の順で上書き指定できる。

3

バッチ処理と
タスク管理編

■ ファイル名の補完機能の既定値と上書き設定

/f:On スイッチを指定してファイル名とフォルダ名の補完機能を有効にすると、既定では `Ctrl` + `F` キーを押すごとにファイル名とフォルダ名を順に表示し、`Ctrl` + `D` キーを押すごとにフォルダ名だけを順に表示する。`Shift` + `Ctrl` + `F`|`D` キーでは逆順に表示する。特定の文字または文字列で始まるファイル名やフォルダ名だけを補完候補とするには、その文字（文字列）を入力してから `Shift` + `Ctrl` + `F`|`D` キーを押す。

ファイル名やフォルダ名に次の文字を含む場合は、自動的にダブルクォートで括って補完する。

- スペース
- &（アンパサンド）
- (（左丸かっこ）
-)（右丸かっこ）
- [（左角かっこ）
-]（右角かっこ）

- {（左中かっこ）
- }（右中かっこ）
- ^（キャレット）
- =（等号）
- ;（セミコロン）
- !（エクスクラメーション）

- '（シングルクォート）
- +（プラス）
- ,（カンマ）
- `（バッククォート）
- ~（チルダ）

内部コマンドの CD コマンド、MD コマンド、RD コマンドに続いてファイル名の補完機能を実行すると、`Shift` + `Ctrl` + `F` キーでもフォルダ名だけを候補に表示する。

補完機能が無効な場合は、`Tab` キーと `Shift` + `Tab` キーによる基本的な入力補助機能が利用できる。Cmd.exe のファイル名補完機能を既定で有効または無効にするには、CompletionChar レジストリ値と PathCompletionChar レジストリ値を設定する。

- キーのパス──HKEY_LOCAL_MACHINE¥Software¥Microsoft¥Command Processor
  または HKEY_CURRENT_USER¥Software¥Microsoft¥Command Processor
- 値の名前──CompletionChar（ファイル名補完）
  または PathCompletionChar（フォルダ名補完）
- データ型──REG_DWORD
- 設定値──0x20＝無効（スペース）、制御文字＝有効（0x04＝Ctrl-D、0x06＝Ctrl-F）

Forfiles.exe

ファイルごとにコマンドを実行する

2003 | 2003R2 | Vista | 2008 | 2008R2 | 7 | 2012 | 8 | 2012R2 | 8.1 | 10 | 2016 | 2019 | 2022 | 11

構文

Forfiles [/p フォルダ名] [/m 絞り込み条件] [/s] [/c コマンドライン] [/d [{+ | -}]{YYYY/MM/DD | DD}]

■ スイッチとオプション

/p フォルダ名

　　検索するフォルダ名を指定する。省略するとカレントフォルダを検索する。

/m 絞り込み条件

　　ワイルドカード「*」「?」を使用して、操作対象のファイルを絞り込む。既定の絞り込

み条件は「*」。

/s

サブフォルダも検索する。

/c コマンドライン

抽出したファイルごとにコマンドラインのコマンドを実行する。他のスイッチやオプションと区別するため、コマンドラインはダブルクォートで括る。コマンドラインでは、以下の特別な変数を使用できる。

変数	説明
@file	ファイル名
@fname	拡張子なしのファイル名
@ext	拡張子だけ
@path	ファイルの完全なパス
@relpath	ファイルの相対パス
@isdir	ファイルの種類がフォルダの場合は True、ファイルの場合は False
@fsize	ファイルサイズ（バイト）
@fdate	ファイルの最終更新日
@ftime	ファイルの最終更新時刻

既定のコマンドラインは "Cmd /c ECHO @file" で、ファイル名を表示する。コマンドラインでタブ文字などの制御文字を使用する場合は、Ux で始まる16進数で文字コードを指定する。

/d [{+ | -}]{*YYYY/MM/DD* | *DD*}

YYYY/MM/DD形式で指定した日付とファイルの最終更新日を比較する。指定日以降 (+)または指定日以前(-)を合わせて指定する。また、最終更新日が今日から*DD*日後かそれ以降(+)、または今日から*DD*日前かそれ以前(-)で指定することもできる。*DD*は0から32,768の間で指定する。既定の条件は「+」。「/d +*DD*」という指定は、未来の最終更新日を持ったファイルを検索することになり、事実上役に立たない。また、「/d -*DD*」についても、今日から*DD*日前より過去に更新されたファイルがヒットするため、「今日から*DD*日以内」という指定にはならない。

実行例1

Windowsフォルダから2021年9月1日以降に更新されたファイルを検索して、ファイル名を表示する。

```
C:\Work>Forfiles /p %Windir% /m *.log /d +2021/09/01

"PFRO.log"
"setupact.log"
"WindowsUpdate.log"
```

実行例2

Windowsフォルダから拡張子.logのログファイルを抽出し、ファイルごとに「error = 」に続いて1から9までの数字が書かれた行を検索する。ヒットした行があれば、行番号、ファイル先頭からのバイト数、該当行を表示する。

```
C:¥Work>Forfiles /p %Windir% /m *.log /c "Findstr /i /n /o /p "error.=.[1-9]" @
path"

13656:1266218:2015-10-03          14:23:38:403      876    570      PT       WARNING:
GetCookie failure, error = 0x8024400D, soap client error = 7, soap error code = 300,
HTTP status code = 200
15841:1548425:2015-10-06          01:27:13:938      872    7a4      PT       WARNING:
ReportEventBatch failure, error = 0x8024400E, soap client error = 7, soap error code
= 400, HTTP status code = 200
18268:1824177:2015-10-13          17:49:22:637      872    3c0      PT       WARNING:
ReportEventBatch failure, error = 0x8024400E, soap client error = 7, soap error code
= 400, HTTP status code = 200
```

■ コマンドの働き

Forfiles コマンドは、フォルダから名前と最終更新日でファイルを抽出して、ファイル
ごとに指定したコマンドを実行する。最近更新したファイルを見つけたり、指定日より古
いファイルを一括削除したりできる。

Runas.exe
別のユーザーの資格で プログラムを実行する

| 2000 | XP | 2003 | 2003R2 | Vista | 2008 | 2008R2 | 7 | 2012 | 8 | 2012R2 | 8.1 |
| 10 | 2016 | 2019 | 2022 | 11 |

構文1 ユーザー名を指定してコマンドを実行する

Runas [{/NoProfile | /Profile}] [/Env] [{/SaveCred | /NetOnly}] /User:
ユーザー名 コマンド

構文2 スマートカードで認証してコマンドを実行する

Runas [{/NoProfile | /Profile}] [/Env] [/SaveCred] /SmartCard
[/User:*ユーザー名*] *コマンド*

構文3 指定した信頼レベルでコマンドを実行する

Runas [/Machine:*アーキテクチャ*] /TrustLevel:*信頼レベル コマンド*

構文4 使用可能な信頼レベルを表示する

Runas /ShowTrustLevels

■ スイッチ

スイッチは短縮形も使用できる。

スイッチ	短縮形	説明
/NoProfile	/No	指定したユーザーのプロファイルを読み込まない。ユーザープロファイルに依存するアプリケーションが正しく動作しない可能性がある **XP以降**
/Profile	/p	指定したユーザーのプロファイルを読み込む（既定値）。/NetOnly スイッチと併用できない

/Env	/e	ユーザーの環境ではなく、現在のネットワーク環境を使用する
/SaveCred	/s	ユーザーが以前に保存した資格情報を使用する。/SmartCard スイッチと併用できない。また、このスイッチは Windows の Home 系エディションでは使用できない **XP以降**
/NetOnly	/Ne	指定した資格情報をリモートアクセスでだけ使用する。/Profile スイッチと併用できない
/SmartCard	/Sm	資格情報をスマートカードで提供する。/SaveCred スイッチと併用できない **XP以降**
/User:ユーザー名	/u	操作を実行するユーザー名を指定する。パスワードは実行時にプロンプトを表示する
/Machine:アーキテクチャ	/m	アプリケーションプロセスのアーキテクチャ（マシンタイプ）として、次のいずれかを指定する **11 22H2** ・x86 ・amd64 ・arm ・arm64
/TrustLevel:信頼レベル	/t	指定した信頼レベルでコマンドを実行する。信頼レベルは次のいずれかを指定する。**Vista以降** ・0x0 ＝実行不可（SAFER_LEVELID_DISALLOWED） ・0x01000 ＝信頼できないユーザー（SAFER_LEVELID_UNTRUSTED）。既知のグループに許可されたリソースにだけアクセス可能 ・0x10000 ＝制限ユーザー(SAFER_LEVELID_CONSTRAINED)。暗号鍵や資格情報にアクセスできない ・0x20000 ＝通常ユーザー(SAFER_LEVELID_NORMALUSER)。Administrators や Power Users の権利を与えない ・0x40000 ＝制限のないユーザー（SAFER_LEVELID_FULLYTRUSTED）。ユーザーに許されたすべての権利を持つ
/ShowTrustLevels	/Sh	システムで利用可能な信頼レベルを表示する **Vista以降**

オプション

コマンド
> 実行するコマンドを指定する。スペースを含む場合はダブルクォートで括る。

実行例

メモ帳をドメインの Administrator の権限で実行する。hosts ファイルなど、保護されたシステムファイルを一時的に編集したい場合に利用できる。

```
C:¥Work>Runas /NoProfile /User:AD2022¥Administrator %Windir%¥Notepad.exe
AD2022¥Administrator のパスワードを入力してください:
C:¥Windows¥Notepad.exe をユーザー "AD2022¥Administrator" として開始しています...
```

コマンドの働き

Runas コマンドを使用すると、別のユーザーの権限と環境で任意のコマンドを実行できる。どのユーザーの資格情報でも利用できるわけではなく、実行ユーザーアカウントのパスワードを知っている必要がある。

Schtasks.exe
スケジュールタスクを操作する

XP | 2003 | 2003R2 | Vista | 2008 | 2008R2 | 7 | 2012 | 8 | 2012R2 | 8.1 | 10 | 2016 | 2019 | 2022 | 11

構文

Schtasks スイッチ [オプション]

スイッチ

スイッチ	説明
/Create	スケジュールタスクを作成する
/Change	スケジュールタスクの設定を変更する
/Delete	スケジュールタスクを削除する
/Query	スケジュールタスクの設定を表示する
{/Run | /End}	スケジュールタスクを実行または終了する UAC
/ShowSid	スケジュールタスクのセキュリティ ID を表示する 2008R2 以降

共通オプション

/s コンピュータ名

操作対象のコンピュータ名を指定する。省略するとローカルコンピュータでコマンドを実行する。

/u ユーザー名

操作を実行するユーザー名を指定する。/uスイッチと/pスイッチで指定する資格情報は、Schtasksコマンド自体を実行するための資格情報である。

/p [パスワード]

操作を実行するユーザーのパスワードを指定する。省略するとプロンプトを表示する。

/Tn スケジュールタスク名

スケジュールタスクの名前を指定する。ワイルドカード「*」を使用して複数のタスクを指定できる。

・ライブラリとして階層化されたスケジュールタスクの名前を指定する場合は、たとえば "\Microsoft\Windows\Defrag\ScheduledDefrag" のように、場所と名前をあわせて指定する。 Vista 以降

/HResult

プロセス終了コードとして32bitの詳細なステータスを返す。

コマンドの働き

Schtasksコマンドは、プログラムなどを自動的に実行する、スケジュールタスクを構成する。スイッチとオプションを省略すると登録されているタスクを表示する。

Schtasks /Create—スケジュールタスクを作成する

XP | 2003 | 2003R2 | Vista | 2008 | 2008R2 | 7 | 2012 | 8 | 2012R2 | 8.1 | 10
2016 | 2019 | 2022 | 11

構文

Schtasks /Create [*共通オプション*] /Tn *スケジュールタスク名* /Tr *コマンド*
/Sc *スケジュールタイプ* [/Ru *実行ユーザー名*] [/Rp *実行ユーザーのパスワード*]
[/Mo *実行間隔*] [/d *曜日*] [/m *月*] [/i *アイドル時間*] [/Ec *チャネル名*] [/St *開始時刻*] [/Ri *繰り返し間隔*] [{/Et *終了時刻* | /Du *継続時間*} [/k]] [/Xml *XMLファイル名*] [/V1]] [/Sd *開始日*] [/Ed *終了日*] [/Rl *実行レベル*] [/Delay *遅延時間*] [{/It | /Np}] [/z] [/f]

■ スイッチとオプション

/Tr *コマンド*

スケジュールタスクとして実行するコマンドを指定する。スペースを含む場合は全体をダブルクォートで括る必要があるが、スイッチやオプションにもスペースを含む場合は、「""C:¥Program Files¥Internet Explorer¥Iexplorer.exe' ¥"C:¥Sample Folder¥Sample.xml¥""」のように一重引用符(')とエスケープ文字(¥)を使って指定する。

/Sc *スケジュールタイプ*

スケジュールの種類として次のいずれかを指定する。

スケジュールタイプ	説明
Minute	毎分
Hourly	毎時
Daily	毎日
Weekly	毎週
Monthly	毎月
Once	1回だけ
OnStart	コンピュータの起動時
OnLogon	ユーザーのログオン時
OnIdle	アイドル(無操作)時
OnEvent	イベント発生時

/Ru *実行ユーザー名*

スケジュールタスクを実行するユーザー名を指定する。省略すると、現在のユーザーか/uスイッチで指定したユーザーを使用する。/Ruスイッチと/Rpスイッチで指定する資格情報は、スケジュールされたタスクを実行するユーザーの資格情報である。/uスイッチを指定して/Ruスイッチを省略すると、/uスイッチで指定したユーザーの権限で個々のコマンドを実行する。コマンドをシステムアカウントで実行する場合は、次のいずれかを指定する。

・""

・"NT AUTHORITY¥SYSTEM"

・"SYSTEM"

・"NT AUTHORITY¥LOCALSERVICE"

・"NT AUTHORITY¥NETWORKSERVICE"

/Rp *実行ユーザーのパスワード*

　　スケジュールタスクを実行するユーザーのパスワードを指定する。パスワードに「*」を指定するか省略するとプロンプトを表示する。システムアカウントにはパスワードは不要。

/Mo *実行間隔*

　　/Scスイッチで次のスケジュールタイプを指定した場合、具体的な実行間隔を指定する。

スケジュールタイプ	指定できる実行間隔
Minute	1から1,439（分）
Hourly	1から23（時）
Daily	1から365（日）
Weekly	1から52（週）
Monthly	・1から12（月） ・First（最初の週）、Second（2週目）、Third（3週目）、Fourth（4週目）、Last（最終週） ・LastDay（最終日）
OnEvent:	イベントのXPathクエリ文字列

/d *曜日*

　　/ScスイッチでWeeklyかMonthlyを指定した場合、スケジュールタスクを実行する曜日を指定する。「Mon-Fri」のように曜日をハイフン（-）でつないで複数指定できる。また、ワイルドカード「*」を使って1週間のすべての曜日を指定できる。/ScスイッチでMonthlyを指定して、/Moスイッチを省略するか1から12を指定した場合は、/dスイッチにも1から31を指定できる。たとえば「/Sc Monthly /d 1」は、毎月1日の意味になる。

/Scスイッチの指定	指定できる曜日
Weekly	Mon、Tue、Wed、Thu、Fri、Sat、Sun、*
Monthly	Mon、Tue、Wed、Thu、Fri、Sat、Sun

/m *月*

　　/ScスイッチでMonthlyを指定して、/Moスイッチを省略するかLastDayを指定した場合は、スケジュールタスクを実行する月をカンマで区切って1つ以上指定する。ワイルドカード「*」を使って1年間のすべての月を指定できる。

/i *アイドル時間*

　　/ScスイッチでOnIdleを指定した場合、待機するアイドル（無操作）時間を1から999分の間で指定する。

/Ec *チャネル名*

　　/Scスイッチで指定したスケジュールタイプがOnEventの場合、トリガーに対するイベントのチャネル（イベントログ名）を指定する。 **Vista 以降**

/St *開始時刻*

　　スケジュールタスクの開始時刻を24時間制のhh:mm形式で指定する。省略すると現在の時刻を使用する。/ScスイッチでMinute、Hourly、Daily、Weekly、Monthly、Onceを指定した場合に有効。

/Ri *繰り返し間隔*

　　繰り返し間隔を1から599,940分（9,999時間）の間で指定する。/ScスイッチでMinute、Hourly、OnStart、OnLogon、OnIdleを指定した場合は、/Riスイッチを併用できない。/Etスイッチまたは/Duスイッチを指定した場合、繰り返し間隔の既定値は10分になる。 **2023 以降**

/Et 終了時刻

スケジュールタスクの終了時刻を24時間制のhh:mm形式で指定する。/Scスイッチ
でOnStart、OnLogon、OnIdle、OnEventを指定した場合は、/Etスイッチを併用で
きない。 2023 以降

/Du 継続時間

スケジュールタスクの実行を継続する時間を24時間制のhh:mm形式で指定する。/Sc
スイッチでOnStart、OnLogon、OnIdle、OnEventを指定した場合は、/Duスイッ
チを併用できない。また、/Etスイッチと併用はできない。/V1スイッチを併用した
場合、既定の継続時間は1時間になる。 2023 以降

/k

/Etスイッチまたは/Duスイッチと併用して、終了時刻または継続時間経過後にスケ
ジュールタスクを終了する。/ScスイッチでOnStart、OnLogon、OnIdle、OnEvent
を指定した場合は、/kスイッチを併用できない。 2023 以降

/Xml XMLファイル名

XMLファイルに記述した設定でスケジュールタスクを作成する。 Vista 以降

/V1

Vistaより前のバージョンのWindowsで実行可能なスケジュールタスクを作成する。
Vista 以降

/Sd 開始日

スケジュールタスクを初めて実行する年月日をYYYY/MM/DD形式で指定する。

/Ed 終了日

スケジュールタスクの実行を終了する最終日を指定する。

/Rl 実行レベル

スケジュールタスクの実行レベルを、次のいずれかから指定する。 Vista 以降

・Limited（既定値）

・Highest

/Delay 遅延時間

トリガーからタスクを実行するまでの待機時間をmmmm:ss形式で指定する。/Scス
イッチでOnStart、OnLogon、OnEventを指定した場合に有効。 Vista 以降

/It

/Ruスイッチで指定したユーザーがログオンしているときにだけ、スケジュールタス
クを実行する。 2023 以降

/Np

パスワードを保存しない。 Vista 以降

/z

最後のスケジュール実行後にタスクを削除する。 2023 以降

/f

指定したスケジュールタスクがすでに存在する場合、上書きの警告なしでタスクを作
成する。 2023 以降

実行例 1

隔週土曜日の午後11時30分にバッチファイルC:¥Work¥Sample.batを実行するタスク
「スケジュール1」を作成する。

```
C:¥Work>Schtasks /Create /Tn "スケジュール1" /Tr C:¥Work¥Sample.bat /Sc Weekly /Mo 2
/d Sat /St 23:30
成功: スケジュール タスク "スケジュール1" は正しく作成されました。
```

実行例2

　ドメイン管理者AD2022¥Administratorで、リモートコンピュータws22stdc1.ad2022.
example.jpに、1月から3か月ごとの最終日午前1時に、バッチファイルC:¥Work¥Sample.
bat(パスはリモートコンピュータ上のもの)をSYSTEMアカウントで実行するタスク「ス
ケジュール2」を作成する。この操作には管理者権限が必要。

```
C:¥Work>Schtasks /Create /s ws22stdc1.ad2022.example.jp /u AD2022¥Administrator /Tn
"スケジュール2" /Tr C:¥Work¥Sample.bat /Ru SYSTEM /Sc Monthly /Mo LastDay /m
Jan,Apr,Jul,Oct /St 01:00
AD2022¥Administrator の実行者パスワードを入力してください: ********

成功: スケジュール タスク "スケジュール2" は正しく作成されました。
```

実行例3

　現在ログオンしているユーザーで、システムイベントログにイベントID 999のイベン
トが記録されたら、イベントビューア(Eventvwr.msc)を起動するタスク「スケジュール3」
を作成する。

```
C:¥Work>Schtasks /Create /Tn "スケジュール3" /Tr %Windir%¥System32¥Eventvwr.msc /Sc
OnEvent /Ec System /Mo *[System[(EventID=999)]]
成功: スケジュール タスク "スケジュール3" は正しく作成されました。
```

3
バッチ処理と
タスク管理編

■ コマンドの働き

　「Schtasks /Create」コマンドは、スケジュールタスクを作成する。Schtasksコマンドは
Atコマンドと異なり、繰り返しやタスクの起動条件、実行ユーザーアカウントを設定で
きる。XMLを使ってタスクを設定すれば、「電子メールの送信」や「メッセージの表示」の
操作を実行するタスクを作成できるが、これらの操作が非推奨になっているバージョンの
Windowsではエラーになる。

▚ Schtasks /Change——スケジュールタスクの設定を変更する

| XP | 2003 | 2003R2 | Vista | 2008 | 2008R2 | 7 | 2012 | 8 | 2012R2 | 8.1 | 10 |
| 2016 | 2019 | 2022 | 11 |

構文

Schtasks /Change [*共通オプション*] /Tn *スケジュールタスク名* [/Tr *コマンド*]
[/Ru *実行ユーザー名*] [/Rp *実行ユーザーのパスワード*] [/St *開始時刻*] [/Ri *実行間
隔*] [{/Et *終了時刻* | /Du *継続時間*} [/k]] [/Sd *開始日*] [/Ed *終了日*] [/Rl *実行レベ
ル*] [/Delay *遅延時間*] [/It] [/z] [{/Enable | /Disable}]

■ スイッチとオプション

{/Enable | /Disable}

スケジュールタスクを有効または無効にする。 **2023 以降**

他のスイッチとオプションは「Schtasks /Create」コマンドを参照。

実行例

「スケジュール1」の開始時刻を午前9時に変更して、終了時刻を新たに午後5時に設定する。

```
C:¥Work>Schtasks /Change /Tn "スケジュール1" /St 09:00 /et 17:00
user1 の実行者パスワードを入力してください: ********

成功: スケジュール タスク "スケジュール1" のパラメーターは変更されました。
```

■ コマンドの働き

「Schtasks /Change」コマンドは、スケジュールタスクの設定を変更する。「/Sc スケジュールタイプ」や「/Mo 実行間隔」など、「Schtasks /Create」コマンドにあって「Schtasks /Change」コマンドにないスイッチとオプションは変更できないので、スケジュールタスクの再作成で対応する。

◤ Schtasks /Delete ―― スケジュールタスクを削除する

| XP | 2003 | 2003R2 | Vista | 2008 | 2008R2 | 7 | 2012 | 8 | 2012R2 | 8.1 | 10 |
| 2016 | 2019 | 2022 | 11 |

構文

Schtasks /Delete [*共通オプション*] /Tn *スケジュールタスク名* [/f]

■ スイッチとオプション

/f

実行中のタスクでも警告なしで強制的に削除する。

実行例

スケジュールタスク「スケジュール1」を削除する。

```
C:¥Work>Schtasks /Delete /Tn "スケジュール1"
警告: タスク "スケジュール1" を削除しますか (Y/N) ? y
成功: スケジュール タスク "スケジュール1" は正しく削除されました。
```

■ コマンドの働き

「Schtasks /Delete」コマンドは、スケジュールタスクを削除する。

Schtasks /Query —— スケジュールタスクの設定を表示する

XP | 2003 | 2003R2 | Vista | 2008 | 2008R2 | 7 | 2012 | 8 | 2012R2 | 8.1 | 10 | 2016 | 2019 | 2022 | 11

構文

Schtasks /Query [*共通オプション*] [/Tn *スケジュールタスク名*] [{/Fo *表示形式* | /Xml [One]}] [/Nh] [/v]

■ スイッチとオプション

/Fo *表示形式*

表示形式を次のいずれかで指定する。

表示形式	説明
TABLE	表形式（既定値）
LIST	一覧形式
CSV	カンマ区切り

/Xml [One]

スケジュールタスクの定義をXML形式で表示する。/Fo、/Nh、/vオプションと併用できない。 **Vista 以降**

・ONEを指定すると、全スケジュールタスクの定義を合成して1つのXMLファイルとして出力する。省略するとスケジュールタスクごとに定義をXMLにして、連続して出力する。XMLをファイルに保存すればスケジュールタスクのエクスポートになるので、「Schtasks /Create」コマンドで読み込んでインポートできる。 **2008R2 以降**

/Nh

カラムヘッダを出力しない。このオプションは、/Foオプションで結果の表示形式をTABLEまたはCSVに設定した場合に有効。

/v

詳細情報を表示する。

実行例

スケジュールタスク「スケジュール1」の詳細情報を一覧形式で表示する。

```
C:¥Work>Schtasks /Query /Tn "スケジュール1" /Fo LIST /v

フォルダー¥
ホスト名:                    WS22STDC1
タスク名:                    ¥スケジュール1
次回の実行時刻:              2021/09/25 23:30:00
状態:                       準備完了
ログオン モード:             対話型のみ
前回の実行時刻:              1999/11/30 0:00:00
前回の結果:                  267011
作成者:                     AD2022¥user1
実行するタスク:              C:¥Work¥Sample.bat
開始:                       N/A
コメント:                    N/A
```

スケジュールされたタスクの状態:	有効
アイドル時間:	無効
電源管理:	バッテリ モードで停止，バッテリで開始しない
ユーザーとして実行:	user1
再度スケジュールされない場合はタスクを削除する:	無効
タスクを停止するまでの時間:	72:00:00
スケジュール:	スケジュール データをこの形式で使用することはできません。
スケジュールの種類:	毎週
開始時刻:	23:30:00
開始日:	2021/09/21
終了日:	N/A
日:	SAT
月:	2 週ごと
繰り返し: 間隔:	無効
繰り返し: 終了時刻:	無効
繰り返し: 期間:	無効
繰り返し: 実行中の場合は停止:	無効

■ コマンドの働き

「Schtasks /Query」コマンドは、スケジュールタスクの情報を表示する。システムの全スケジュールタスクの情報を表示するには管理者権限が必要。

Schtasks {/Run | /End}──スケジュールタスクを実行または終了する

2003 | 2003R2 | Vista | 2008 | 2008R2 | 7 | 2012 | 8 | 2012R2 | 8.1 | 10 | 2016 | 2019 | 2022 | 11 | UAC

構文

Schtasks {/Run | /End} [*共通オプション*] [/i] /Tn *スケジュールタスク名*

■ スイッチとオプション

/i
　　/Runスイッチと併用して、スケジュールの実行条件を無視してスケジュールタスクを即座に実行する。 2008R2 以降

実行例

スケジュールタスク「スケジュール1」をすぐに実行する。

```
C:\Work>Schtasks /Run /Tn "スケジュール1"
成功: スケジュール タスク "スケジュール1" の実行が試行されました。
```

■ コマンドの働き

「Schtasks /Run」または「Schtasks /End」コマンドは、スケジュールを待たずにスケジュールタスクを実行または終了する。スケジュールタイプがOnEventなどの特殊なスケジュールタスクでも即座に実行できる。

3

バッチ処理とタスク管理編

221

■ Schtasks /ShowSid——スケジュールタスクのセキュリティIDを表示する

`2008R2` `7` `2012` `8` `2012R2` `8.1` `10` `2016` `2019` `2022` `11`

構文

Schtasks /ShowSid /Tn スケジュールタスク名 [/HResult]

実行例

スケジュールタスク「スケジュール1」のSIDを表示する。

```
C:\Work>Schtasks /ShowSid /Tn "スケジュール1"
成功: SID "S-1-5-87-1748479885-377453168-867856653-505460871-3619091206" (ユーザー名
"スケジュール1") は正しく計算されました。
```

■ コマンドの働き

「Schtasks /ShowSid」コマンドは、スケジュールタスクに設定されているセキュリティID(SID)を表示する。スケジュールタスクにはそれぞれ仮想のSIDが割り当てられており、識別やアクセス制御などに利用される。リモートコンピュータ上のタスクのSIDは表示できない。

Setx.exe　　　　　　　　　　永続的な環境変数を設定する

`2003` `2003R2` `Vista` `2008` `2008R2` `7` `2012` `8` `2012R2` `8.1` `10` `2016`
`2019` `2022` `11` `UAC`

構文1　環境変数を登録する

Setx [/s コンピュータ名 [/u ユーザー名 [/p [パスワード]]]] 環境変数名 {設定値 |
/k レジストリ値} [/m]

構文2　ファイル内の文字を読み取って環境変数を登録する

Setx [/s コンピュータ名 [/u ユーザー名 [/p [パスワード]]]] /f ファイル名 {環境変
数名 {/a 座標 | /r 座標 キーワード} | /x} [/d 区切り文字] [/m]

■ スイッチとオプション

/s コンピュータ名
　　操作対象のコンピュータ名を指定する。省略するとローカルコンピュータでコマンドを実行する。

/u ユーザー名
　　操作を実行するユーザー名を指定する。

/p [パスワード]
　　操作を実行するユーザーのパスワードを指定する。省略するとプロンプトを表示する。

環境変数名
　　登録する環境変数を指定する。

設定値

環境変数にセットする値を指定する。日本語などは使用できない(文字化けする)。

/k レジストリ値

指定したレジストリ値の設定値を読み取って環境変数に設定する。レジストリ値のパスにスペースを含む場合は、パスをダブルクォートで括る。レジストリ値のパスを指定する際に有効なレジストリハイブ(レジストリのルート)は次のとおり。HKEY_LOCAL_MACHINEにアクセスする場合は管理者権限が必要。 `UAC`

・HKEY_LOCAL_MACHINE または HKLM

・HKEY_CURRENT_USER または HKCU

また、有効なレジストリ値のデータ型は次のとおり。数値は10進数として読み取る。

・REG_DWORD

・REG_SZ

・REG_EXPAND_SZ

・REG_MULTI_SZ

/m

システム環境変数として登録する。システム環境変数はレジストリHKEY_LOCAL_MACHINE の下に記録する。既定値はユーザー環境変数で、レジストリHKEY_CURRENT_USERの下に記録する。 `UAC`

/f ファイル名

指定したテキストファイルから任意の文字や文字列を読み取って環境変数に設定する。

/a 座標

ファイルの先頭を原点(0, 0)とする仮想の絶対座標系を構成し、「行番号, トークン番号」形式で指定したトークンを環境変数に設定する。/aスイッチと/rスイッチで指定する座標は、ファイル内の行番号と、その行内のトークンの番号である。テキストファイルは横書きが前提のため、コマンドプロンプトやメモ帳などの左上を(行0, 列0)として、行番号は上から下に、列番号は左から右に増加する。トークンとは、区切り文字で区切った文字または文字列である。

/r 座標 キーワード

ファイルの先頭からキーワードを検索し、最初にヒットした位置(キーワードの最初の文字の位置)を原点(0, 0)とする仮想の相対座標系を構成し、相対座標を「行番号, トークン番号」形式で指定する。

/x

テキストファイルを自動的に解析してトークンを作成し、座標とともに表示する。/xスイッチは、環境変数名や/aスイッチ、/rスイッチと併用できない。

/d 区切り文字

トークンを切り出す際に使用する追加の区切り文字(たとえばカンマ)を指定する。既定ではスペース、タブ文字、CR(キャリッジリターン)、LF(ラインフィード)が設定されている。区切り文字は大文字と小文字を区別し、最大15個まで指定できる。

実行例1

現在の壁紙のファイル名をレジストリから読み取り、環境変数MYWALLPAPERに設定する。作成した環境変数を参照するには、コマンドプロンプトを再起動する必要がある。

3

バッチ処理とタスク管理編

```
C:\Work>Setx MYWALLPAPER /k "HKEY_CURRENT_USER\Control Panel\Desktop\Wallpaper"

抽出した値: "C:\Windows\web\wallpaper\Windows\img0.jpg".
成功: 指定した値は保存されました。
```

実行例2

Ipconfigコマンドの結果をC:\Work\Ipconfig.txtファイルに保存し、キーワード「IPv4」のある行の14番目のトークン(IPアドレス)を抽出して、環境変数MYIPADDRESSに設定する。Ipconfig.txtファイルの2行目には、スペースを区切り文字として「Windows」「IP」「構成」の3つのトークンがあり、それぞれ絶対座標は(1, 0)、(1, 1)、(1, 2)となる。

```
C:\Work>Ipconfig > Ipconfig.txt

C:\Work>Type Ipconfig.txt

Windows IP 構成


イーサネット アダプター Ethernet0:

   接続固有の DNS サフィックス . . . . .:
   リンクローカル IPv6 アドレス. . . . .: fe80::893:3694:54f0:5495%5
   IPv4 アドレス . . . . . . . . . . .: 192.168.1.226
   サブネット マスク . . . . . . . . .: 255.255.255.0
   デフォルト ゲートウェイ . . . . . .: fe80::6284:bdff:fefb:79a8%5
                                       192.168.1.1

C:\Work>Setx /f Ipconfig.txt MYIPADDRESS /r 0,14 "IPv4"

抽出した値: 192.168.1.226.

成功: 指定した値は保存されました。
```

コマンドの働き

Setxコマンドは、SET内部コマンドと異なり、Cmd.exeのインスタンスを終了しても残る永続的な環境変数を設定できる。Setxコマンドの特長として、レジストリ値を取り出したり、ファイルからトークンを切り出したりして環境変数にセットできる。ただし、Setxコマンドで作成した環境変数は、そのコマンドプロンプトのインスタンスでは参照できないので、コマンドプロンプトを再起動する必要がある。また、リモートコンピュータに作成した環境変数は、次回ログオン時から参照できる。

Tasklist.exe　　プロセスの情報を表示する

XP | 2003 | 2003R2 | Vista | 2008 | 2008R2 | 7 | 2012 | 8 | 2012R2 | 8.1 | 10 | 2016 | 2019 | 2022 | 11

構文

Tasklist [/s コンピュータ名 [/u ユーザー名 [/p [パスワード]]]] [{/m [モジュール名] | /Svc | /Apps | /v}] [/Fi フィルタ] [/Fo 表示形式] [/Nh]

スイッチとオプション

/s コンピュータ名
> 操作対象のコンピュータ名を指定する。省略するとローカルコンピュータでコマンドを実行する。

/u ユーザー名
> 操作を実行するユーザー名を指定する。

/p [パスワード]
> 操作を実行するユーザーのパスワードを指定する。パスワードに「*」を指定するか省略すると、プロンプトを表示する。

/m [モジュール名]
> 指定した名前のDLLファイルを使用しているタスクを表示する。モジュール名にはワイルドカード「*」を使用できる。モジュール名を省略すると、読み込まれている全モジュールについて実行する。

/Svc
> プロセスをホストしているサービスを表示する。

/Apps
> Microsoft Storeアプリ関連のプロセスを表示する。 2012 以降

/v
> 詳細情報を表示する。

/Fi フィルタ
> プロセスの抽出条件を次のフィルタを使って指定する。フィルタ全体をダブルクォートで括る。フィルタ中にワイルドカード「*」を使用できる。複数のフィルタを指定する場合は、/Fiスイッチとフィルタの組を複数指定する。

フィルタ名	有効な演算子※						有効な値
	eq	ne	gt	lt	ge	le	
CPUTIME	○	○	○	○	○	○	CPU時間（HH:mm:ss形式）
IMAGENAME	○	○					イメージ名。「IMAGENAM」は誤り
MEMUSAGE	○	○	○	○	○	○	メモリ使用量（KB）
MODULES	○	○					DLL名
PID	○	○	○	○	○	○	プロセスID
SERVICES	○	○					サービス名
SESSION	○	○	○	○	○	○	セッション番号
SESSIONNAME	○	○					セッション名

STATUS	○	○						RUNNING、NOT RESPONDING、UNKNOWN。 ・SUSPENDED. リモートコンピュータでは無効 **2012R2 以降**
USERNAME	○	○						ユーザー名
WINDOWTITLE	○	○						ウィンドウタイトル。リモートコンピュータでは無効

※ eq＝EQual（等しい）、ne＝Not Equal（等しくない）、gt＝Greater Than（より大きい）、lt＝Less Than（より小さい）、ge＝Greater than or Equal（以上）、le＝Less than or Equal（以下）

/Fo 表示形式

表示形式を次のいずれかで指定する。

表示形式	説明
TABLE	表形式（既定値）
LIST	一覧形式
CSV	カンマ区切り

/Nh

カラムヘッダを出力しない。このオプションは、/Foオプションで結果の表示形式をTABLEまたはCSVに設定した場合に有効。

実行例 1

ユーザーUser1が実行中で、メモリ使用量が64MBを超えるタスクを表示する。

```
C:\Work>Tasklist /Fi "USERNAME eq User1" /Fi "MEMUSAGE gt 65536"

イメージ名                    PID セッション名      セッション# メモリ使用量
========================= ======= ================ =========== ============
explorer.exe                 1184 Console                    1    141,404 K
ServerManager.exe            5212 Console                    1    118,048 K
explorer.exe                 5708 Console                    1     77,616 K
```

実行例 2

「mmc.exe」経由で実行している管理ツールを表示する。

```
C:\Work>Tasklist /Fi "IMAGENAME eq mmc.exe" /v

イメージ名                    PID セッション名      セッション# メモリ使用量 状態
ユーザー名                                          CPU 時間 ウィンドウ タイトル
========================= ======= ================ =========== ============ ====
============= ================================================ ============ ====
=================================================
mmc.exe                      1544 Console                    1     23,220 K Running
AD2022\user1                                        0:00:04 タスク スケジューラ
mmc.exe                      5492 Console                    1     13,240 K Running
AD2022\user1                                        0:00:00 Active Directory
ユーザーとコンピューター
```

3
バッチ処理と
タスク管理編

■ コマンドの働き

Tasklist コマンドは、実行ファイル名などの条件に一致するプロセスの情報を表示する。

Taskkill.exe   プロセスを終了する

XP | 2003 | 2003R2 | Vista | 2008 | 2008R2 | 7 | 2012 | 8 | 2012R2 | 8.1 | 10 |
2016 | 2019 | 2022 | 11 | UAC

構文

Taskkill [/s コンピュータ名 [/u ユーザー名 [/p [パスワード]]]] [/Fi フィルタ]
[{/Pid プロセスID | /Im ファイル名}] [/t] [/f]

■ スイッチとオプション

/s コンピュータ名
操作対象のコンピュータ名を指定する。省略するとローカルコンピュータでコマンド
を実行する。

/u ユーザー名
操作を実行するユーザー名を指定する。

/p [パスワード]
操作を実行するユーザーのパスワードを指定する。パスワードに「*」を指定するか省
略すると、プロンプトを表示する。

/Fi フィルタ
プロセスの抽出条件を次のフィルタを使って指定する。フィルタ全体をダブルクォー
トで括る。フィルタ中にワイルドカード「*」を使用できる。複数のフィルタを指定す
る場合は、/Fiスイッチとフィルタの組を複数指定する。

フィルタ名	有効な演算子※						有効な値
	eq	ne	gt	lt	ge	le	
CPUTIME	○	○	○	○	○	○	CPU 時間（HH:mm:ss 形式）
IMAGENAME	○	○					イメージ名
MEMUSAGE	○	○	○	○	○	○	メモリ使用量（KB）
MODULES	○	○					DLL 名
PID	○	○	○	○	○	○	プロセス ID
SERVICES	○	○					サービス名
SESSION	○	○	○	○	○	○	セッション番号
STATUS	○	○					RUNNING、NOT RESPONDING、UNKNOWN。リモートコンピュータでは無効
USERNAME	○	○					ユーザー名
WINDOWTITLE	○	○					ウィンドウタイトル。リモートコンピュータでは無効

※ eq ＝ EQual（等しい）、ne ＝ Not Equal（等しくない）、gt ＝ Greater Than（より大
きい）、lt ＝ Less Than（より小さい）、ge ＝ Greater than or Equal（以上）、le ＝
Less than or Equal（以下）

終了するプロセスのプロセスID(PID)を指定する。PIDはTasklistコマンドやタスク
マネージャで確認できる。

/Im ファイル名

終了するプロセスのファイル名(イメージ名)を指定する。ワイルドカード「*」を使用
できる。

/t

指定したプロセスと、そのプロセスが開始したすべての子プロセス(プロセスツリー)
を終了する。

/f

ローカルのプロセスを強制終了する。リモートプロセスに対しては無効。

実行例

mmc.exe経由で実行中の[Active Directoryユーザーとコンピューター]管理ツールを終
了する。この操作には管理者権限が必要。

```
C:¥Work>Taskkill /Fi "IMAGENAME eq mmc.exe" /Fi "WINDOWTITLE eq Active Directory ユ
ーザーとコンピューター"
成功: PID 1424 のプロセスに強制終了のシグナルを送信しました。
```

コマンドの働き

Taskkillコマンドは、プロセスIDや実行ファイル名などの条件に一致するプロセスを
終了する。

Timeout.exe

キーを押すか時間を過ぎるまで
処理を止める

| 2003 | 2003R2 | Vista | 2008 | 2008R2 | 7 | 2012 | 8 | 2012R2 | 8.1 | 10 | 2016 |
| 2019 | 2022 | 11 |

構文

Timeout [/t] *待ち時間* [/NoBreak]

スイッチとオプション

[/t] *待ち時間*

待機する時間を-1から99,999まで秒単位で指定する。-1を指定すると任意のキーを
押すまで待ち続ける。

/NoBreak

任意のキーを押しても無視してタイムアウトまで待つ。タイムアウト待ちを強制終了
するには Ctrl + C キーを押す。

実行例

10秒間処理を停止する。

```
C:¥Work>Timeout /t 10

10 秒待っています。続行するには何かキーを押してください ...
```

コマンドの働き

Timeoutコマンドは、ユーザーが任意のキーを押すか指定した待ち時間が経過するまで処理を停止する。PAUSEコマンドとは異なり、待ち時間を設定可能でキー入力を無視する設定がある。

Waitfor.exe シグナルを送受信して処理を同期する

2003 | 2003R2 | Vista | 2008 | 2008R2 | 7 | 2012 | 8 | 2012R2 | 8.1 | 10 | 2016 | 2019 | 2022 | 11

構文1 シグナルを送信する
Waitfor [/s コンピュータ名 [/u ユーザー名 [/p [パスワード]]]] /Si シグナル名

構文2 シグナルを受信する
Waitfor [/t タイムアウト] シグナル名

スイッチとオプション

/s コンピュータ名
　シグナルを送信する宛先コンピュータ名を指定する。省略するとローカルコンピュータを含むドメイン内の全コンピュータに同じシグナルを一斉送信する。

/u ユーザー名
　操作を実行するユーザー名を指定する。

/p [パスワード]
　操作を実行するユーザーのパスワードを指定する。省略するとプロンプトを表示する。

/Si
　シグナルを送信する。

/t タイムアウト
　待機時間を1から99,999秒の間で指定する。既定値は無限に待ち受ける。

シグナル名
　送受信するシグナルに任意の名前を設定する。シグナル名は次の長さを満たす英数字（大文字と小文字を区別しない）で指定する。

　・225文字以下 2003 | 2003R2

　・214文字以下 Vista 以降

実行例1

シグナル名SampleSignalを5分間待ち受ける（結果は5分以内にシグナルを受信した）。

```
C:¥Work>Waitfor /t 300 SampleSignal
```

3

バッチ処理と
タスク管理編

成功: シグナルを受信しました。

実行例2

シグナル名SampleSignalをドメイン内に一斉送信する。

```
C:¥Work>Waitfor /Si SampleSignal
```

成功: シグナルを送信しました。

◤ コマンドの働き

　Waitforコマンドは、シグナルという通信パケットを、Server Message Block(SMB)の
メールスロットを使って送受信する。あるコンピュータで処理が終わったらシグナルを送
信し、待ち受けていた別のコンピュータが処理を開始するといった使い方ができる。

システム管理 編

Chcp.com コードページを設定する

2000 | XP | 2003 | 2003R2 | Vista | 2008 | 2008R2 | 7 | 2012 | 8 | 2012R2 | 8.1 | 10 | 2016 | 2019 | 2022 | 11

構文

Chcp [コードページ番号]

スイッチとオプション

コードページ番号

コマンドプロンプトで使用する言語セットを番号で指定する。代表的なコードページは次のとおり。

コードページ番号	国/地域または言語
437	OEM 米国
932	ANSI/OEM 日本語（Shift-JIS）
10001	日本語（Mac）
20285	IBM EBCDIC 日本
20290	IBM EBCDIC 日本（カタカナ拡張）
20932	EUC-JP（日本語 JIS 0208-1990 および 0212-1990）
50220	iso-2022-jp（半角カナなし）
50221	csISO2022JP（半角カナあり）
50222	iso-2022-jp（JIS X 0201-1989）
65000	UTF-7
65001	UTF-8

実行例

コードページを英語に切り替える。

```
C:\Work>Chcp 437

Active code page: 437
```

コマンドの働き

Chcpコマンドは、コンソールのコードページを設定する。まれにヘルプや実行結果が適切でない和訳のコマンドがあるが、コードページを英語に変更して確認するとよい。

Dism.exe

Windowsのインストールイメージを操作する

`2008R2` `7` `2012` `8` `2012R2` `8.1` `10` `2016` `2019` `2022` `11` `UAC`

構文

Dism [{/Online | /Image:*イメージルート*}] [*コマンド*] [*オプション*]

スイッチとオプション

/Online

現在実行中のWindowsインスタンスをターゲットにする。

/Image:*イメージルート*

オフラインのイメージのルートフォルダ(サブフォルダに「Windows」フォルダを持つ)へのパスを指定する。Windowsフォルダがない場合は/WinDirオプションも指定する。

/WinDir:*Windowsフォルダの相対パス*

/Imageオプションで指定したイメージルートを基準として、Windowsフォルダへの相対パスを指定する。

/English

コマンドラインの出力を英語にする。

/Format:{Table | List}

レポートの出力形式を、表形式(Table)または一覧(List)にする。

/LogLevel:*レベル*

ログに出力する内容を数値で指定する。

レベル	説明
1	エラーだけ
2	エラーと警告
3	エラー、警告、情報
4	エラー、警告、情報、デバッグ情報

/LogPath:*ログファイル名*

ログファイル名を指定する。既定値は%Windir%¥Logs¥Dism¥dism.log。

/NoRestart

再起動の要求を抑制する。

/Quiet

エラーメッセージ以外の表示を抑制する。

/ScratchDir:*作業フォルダ*

作業フォルダを指定する。既定値は「%Temp%」フォルダ。

/SysDriveDir: *BootMgrファイルのパス*

BootMgrファイルのパスを指定する。

イメージ管理コマンド

「展開イメージのサービスと管理」(DISM: Deployment Image Servicing and Management)コマンドは、イメージ管理コマンドとサービスコマンドを使ってデプロイイメージを操作

4

システム管理編

する。イメージ管理コマンドは、イメージファイルとコンテンツを操作する。

■ /Append-Image──イメージをWIMファイルに追加する

`2012` `8` `2012R2` `8.1` `10` `2016` `2019` `2022` `11`

構文

Dism /Append-Image /ImageFile:*イメージファイル名* /CaptureDir:*ソース
フォルダ* /Name:*イメージ名* [/Description:*説明*] [/ConfigFile:*設定ファイル
名*] [/Bootable] [/WIMBoot] [/CheckIntegrity] [/Verify] [/NoRpFix] [Ea]

スイッチとオプション

/ImageFile:*イメージファイル名*
　　操作対象のWIMイメージファイル名を指定する。

/CaptureDir:*ソースフォルダ*
　　キャプチャ対象のフォルダを指定する。

/Name:*イメージ名*
　　追加するイメージの名前を指定する。

/Description:*説明*
　　追加するイメージの説明を指定する。

/ConfigFile:*設定ファイル名*
　　除外リストなどを含む設定ファイル(WimScript.ini)を指定する。

/Bootable
　　Windows PEボリュームイメージを起動可能としてマークする。

/WIMBoot
　　Windowsイメージファイルブート(WIMBoot)用のイメージを追加する。

/CheckIntegrity
　　イメージファイルの破損などを検出し、整合性に問題があれば操作を中止する。

/Verify
　　エラーやファイルの重複の有無を確認する。

/NoRpFix
　　/ImageFileで指定したファイルに含まれないリンクもキャプチャする。

/Ea
　　拡張属性もキャプチャする。　`10 1607 以降` `2016 以降` `11`

コマンドの働き

　「Dism /Append-Image」コマンドは、イメージをWIMファイルに追加する。

■ /Apply-CustomDataImage
──カスタムデータイメージに含まれるファイルを退避して領域を節約する

`10` `2016` `2019` `2022` `11`

Dism /Apply-CustomDataImage /SingleInstance
/CustomDataImage:**パッケージファイル名** /ImagePath:**ドライブ**

スイッチとオプション

/SingleInstance
　圧縮後、元のファイルを削除する。

/CustomDataImage:パッケージファイル名
　プロビジョニングパッケージファイル（拡張子 .ppkg）を指定する。

/ImagePath: ドライブ
　Windowsイメージを含むドライブを指定する。

コマンドの働き

　「Dism /Apply-CustomDataImage」コマンドは、カスタムデータイメージに含まれるファイルを退避して、領域を節約する。

■ /Apply-Ffu——FFUイメージを適用する

`10` `2016` `2019` `2022` `11`

構文

Dism /Apply-Ffu /ImageFile:**イメージファイル名** /ApplyDrive:**ドライブID**
[/SFUFile:**パターン**]

スイッチとオプション

/ImageFile:イメージファイル名
　操作対象のFFUイメージファイル名を指定する。

/ApplyDrive: ドライブID
　イメージの適用先ドライブをデバイスIDで指定する。デバイスIDは「Wmic DiskDrive
List Brief」コマンドで表示できる。

/SFUFile:パターン
　分割FFUファイル（拡張子 .sfu）を使用する場合、パスと名前付けパターンを指定する。
　ワイルドカード「*」「?」を使用できる。

コマンドの働き

　「Dism /Apply-Ffu」コマンドは、FFU（Full Flash Update、拡張子 .ffu）イメージや分割
FFUイメージをドライブに適用する。Windows 10 1709以降で実行可能。

■ /Apply-Image——FFU/WIMイメージを適用する

`2012` `8` `2012R2` `8.1` `10` `2016` `2019` `2022` `11`

4

システム管理編

Dism /Apply-Image /ImageFile:*イメージファイル名* /ApplyDir:*ターゲット*
フォルダ {/Index:*インデックス番号* | /Name:*イメージ名*} [/CheckIntegrity]
[/Verify] [/NoRpFix] [/SWMFile:*パターン*] [/ConfirmTrustedFile]
[/WIMBoot] [/Compact] [/ApplyDrive:*ドライブ*] [/SFUFile:*パターン*]
[/SkipPlatformCheck] [/Ea]

スイッチとオプション

/ImageFile:*イメージファイル名*
　　操作対象のWIMイメージファイル名を指定する。

/ApplyDir:*ターゲットフォルダ*
　　イメージの適用先フォルダを指定する。

/Index:*インデックス番号*
　　イメージ内に複数のイメージがある場合、インデックス番号を指定する。

/Name:*イメージ名*
　　イメージ内に複数のイメージがある場合、イメージ名を指定する。

/CheckIntegrity
　　イメージファイルの破損などを検出し、整合性に問題があれば操作を中止する。

/Verify
　　エラーやファイルの重複の有無を確認する。

/NoRpFix
　　/ImageFileで指定したファイルに含まれないリンクもキャプチャする。

/SWMFile:*パターン*
　　分割WMIファイルを使用する場合、パスと名前付けパターンを指定する。ワイルドカー
　　ド「*」「?」を使用できる。

/ConfirmTrustedFile
　　信頼されたデスクトップのイメージを検証する。

/WIMBoot
　　WIMBoot用のイメージを追加する。

/Compact
　　コンパクトモードのイメージを適用する

/ApplyDrive:*ドライブ*
　　イメージの適用先ドライブを指定する。ドライブには「Wmic DiskDrive List Brief」コ
　　マンドで表示されるデバイスIDを指定する。 `10 1507〜1703`

/SFUFile:*パターン*
　　分割FFUファイル(拡張子.sfu)を使用する場合、パスと名前付けパターンを指定する。
　　ワイルドカード「*」「?」を使用できる。 `10 1507〜1703`

/SkipPlatformCheck
　　OSバージョンなどを確認しない。 `10 1507〜1703`

/Ea
　　拡張属性を適用する。 `10 1607 以降` `2016 以降` `11`

コマンドの働き

「Dism /Apply-Image」コマンドは、FFU または WIM イメージを適用する。

■ /Capture-CustomImage——ファイルの変更を増分 WIM ファイルにキャプチャする

`2012` `8` `2012R2` `8.1` `10` `2016` `2019` `2022` `11`

構文

Dism /Capture-CustomImage /CaptureDir:*ソースフォルダ* [/ConfigFile:
設定ファイル名] [/CheckIntegrity] [/Verify] [/ConfirmTrustedFile]

スイッチとオプション

/CaptureDir:*ソースフォルダ*
　　キャプチャ対象のフォルダを指定する。

/ConfigFile:*設定ファイル名*
　　除外リストなどを含む設定ファイル（WimScript.ini）を指定する。

/CheckIntegrity
　　イメージファイルの破損などを検出し、整合性に問題があれば操作を中止する。

/Verify
　　エラーやファイルの重複の有無を確認する。

/ConfirmTrustedFile
　　信頼されたデスクトップのイメージを検証する。

コマンドの働き

「Dism /Capture-CustomImage」コマンドは、install.wim ファイルを基準とした変更差分を custom.wim にキャプチャする。

■ /Capture-Ffu——ドライブのイメージを FFU ファイルにキャプチャする

`10` `2016` `2019` `2022` `11`

構文

Dism /Capture-Ffu /ImageFile:*イメージファイル名* /CaptureDrive:*ドライ
ブ番号* /Name:*イメージ名* [/Description:*説明*] [/PlatformIds:*プラットフォー
ムID*] [/Compress {Default | None}]

スイッチとオプション

/ImageFile:*イメージファイル名*
　　操作対象の FFU イメージファイル名を指定する。

/CaptureDrive:*ドライブ番号*
　　キャプチャ対象のドライブを番号で指定する。ドライブ番号は Diskpart コマンドの「List Disk」コマンドで表示できる。

/Name:*イメージ名*
　　作成するイメージの名前を指定する。

/Description:*説明*
　　作成するイメージの説明を指定する。

/PlatformIds:*プラットフォームID*
　　プラットフォームIDをセミコロン(;)で区切って1つ以上指定する。既定値は「*」。

/Compress {Default | None}
　　圧縮方法を、既定(Default)または無圧縮(None)から指定する。分割FFUを作る場合
　　はNoneを指定する。

コマンドの働き

　「Dism /Capture-Ffu」コマンドは、ドライブのイメージをFFUファイルにキャプチャ
する。Windows 10 1709以降で実行可能。

■ /Capture-Image──ドライブのイメージをWIMファイルにキャプチャする

`2012` `8` `2012R2` `8.1` `10` `2016` `2019` `2022` `11`

構文

Dism /Capture-Image /ImageFile:*イメージファイル名* /CaptureDir:*ソース*
フォルダ /Name:*イメージ名* [/Description:*説明*] [/ConfigFile:*設定ファイル*
名] [/Compress:{Fast | Max | None}] [/Bootable] [/WIMBoot]
[/CheckIntegrity] [/Verify] [/NoRpFix] [/Ea]

スイッチとオプション

/ImageFile:*イメージファイル名*
　　作成するWIMイメージファイル名を指定する。

/CaptureDir:*ソースフォルダ*
　　キャプチャ対象のフォルダを指定する。

/Name:*イメージ名*
　　作成するイメージの名前を指定する。

/Description:*説明*
　　作成するイメージの説明を指定する。

/ConfigFile:*設定ファイル名*
　　除外リストなどを含む設定ファイル(WimScript.ini)を指定する。

/Compress:{Fast | Max | None}
　　圧縮方法を、速度優先(Fast)、圧縮率優先(Max)、無圧縮(None)から指定する。

/Bootable
　　Windows PEボリュームイメージを起動可能としてマークする。

/WIMBoot
　　WIMBoot用のイメージを追加する。

/CheckIntegrity
　　イメージファイルの破損などを検出し、整合性に問題があれば操作を中止する。

/Verify
　　エラーやファイルの重複の有無を確認する。

/NoRpFix

　/ImageFileで指定したファイルに含まれないリンクもキャプチャする。

/Ea

　拡張属性もキャプチャする。 `10 1607 以降` `2016 以降` `11`

コマンドの働き

　「Dism /Capture-Image」コマンドは、ドライブのイメージをWIMファイルにキャプチャする。

■ /Cleanup-MountPoints
──マウント中の破損したイメージに関連付けられているリソースを削除する

`2012` `8` `2012R2` `8.1` `10` `2016` `2019` `2022` `11`

構文

Dism /Cleanup-MountPoints

コマンドの働き

　「Dism /Cleanup-MountPoints」コマンドは、マウント中の破損したイメージに関連付けられているリソースを削除する。

■ /Cleanup-Wim
──マウント中の破損したWIMイメージに関連付けられているリソースを削除する

構文

Dism /Cleanup-Wim

コマンドの働き

　「Dism /Cleanup-Wim」コマンドは、マウント中の破損したWIMイメージに関連付けられているリソースを削除する。

■ /Commit-Image──マウントされたイメージへの変更を保存する

`2012` `8` `2012R2` `8.1` `10` `2016` `2019` `2022` `11`

構文

Dism /Commit-Image /MountDir:マウントフォルダ [/Append]
[/CheckIntegrity]

スイッチとオプション

/MountDir: マウントフォルダ

　操作対象のイメージをマウントしたフォルダを指定する。

/Append

　イメージを上書きしないで追加する。

/CheckIntegrity
　　イメージファイルの破損などを検出し、整合性に問題があれば操作を中止する。

コマンドの働き

　「Dism /Commit-Image」コマンドは、マウントされたイメージへの変更を保存する。

■ /Commit-Wim──マウントされたWIMイメージへの変更を保存する

構文

Dism /Commit-Wim /MountDir:*マウントフォルダ* [/Ea]

スイッチとオプション

/MountDir: *マウントフォルダ*
　　操作対象のイメージをマウントしたフォルダを指定する。

/Ea
　　拡張属性を保存する。 `10 1709 以降` `2019 以降` `11`

コマンドの働き

　「Dism /Commit-Wim」コマンドは、マウントされたWIMイメージへの変更を保存する。

■ /Delete-Image──指定したイメージをWIMファイルから削除する

`2012` `8` `2012R2` `8.1` `10` `2016` `2019` `2022` `11`

構文

Dism /Delete-Image /ImageFile:*イメージファイル名* {/Index:*インデックス番号* | /Name:*イメージ名*} [/CheckIntegrity]

スイッチとオプション

/ImageFile:*イメージファイル名*
　　操作対象のWIMイメージファイル名を指定する。

/Index:*インデックス番号*
　　イメージ内に複数のイメージがある場合、インデックス番号を指定する。

/Name:*イメージ名*
　　イメージ内に複数のイメージがある場合、イメージ名を指定する。

/CheckIntegrity
　　イメージファイルの破損などを検出し、整合性に問題があれば操作を中止する。

コマンドの働き

　「Dism /Delete-Image」コマンドは、指定したイメージをWIMファイルから削除する。

■ /Export-Image──指定したイメージのコピーを別のファイルにエクスポートする

`2012` `8` `2012R2` `8.1` `10` `2016` `2019` `2022` `11`

Dism /Export-Image /SourceImageFile:*ソースイメージファイル名*
[/SWMFile:*パターン*] {/SourceIndex:*インデックス番号* | /SourceName:*イ*
メージ名} /DestinationImageFile:*エクスポート先イメージファイル名*
[/DestinationName:*エクスポート先イメージ名*] [/Compress:{Fast | Max |
None | Recovery}] [/Bootable] [/WIMBoot] [/CheckIntegrity]

スイッチとオプション

/SourceImageFile: *ソースイメージファイル名*
 エクスポート元のイメージファイル名を指定する。

/SWMFile:*パターン*
 分割 WIM ファイルを使用する場合、パスと名前付けパターンを指定する。ワイルドカー
 ド「*」「?」を使用できる。

/SourceIndex:*インデックス番号*
 エクスポート元イメージのインデックス番号を指定する。

/SourceName:*イメージ名*
 エクスポート元のイメージ名を指定する。

/DestinationImageFile:*エクスポート先イメージファイル名*
 エクスポート先のイメージファイル名を指定する。

/DestinationName:*エクスポート先イメージ名*
 エクスポート先のイメージ名を指定する。

/Compress:{Fast | Max | None | Recovery}
 圧縮方法を、速度優先(Fast)、圧縮率優先(Max)、無圧縮(None)、プッシュボタン
 リセット用(Recovery)から指定する。

/Bootable
 Windows PEボリュームイメージを起動可能としてマークする。

/WIMBoot
 WIMBoot用のイメージを追加する。

/CheckIntegrity
 イメージファイルの破損などを検出し、整合性に問題があれば操作を中止する。

コマンドの働き

 「Dism /Export-Image」コマンドは、指定したイメージのコピーを別のファイルにエクス
ポートする。

■ /Get-ImageInfo
——FFU/WIM/VHDファイルに含まれているイメージ情報を表示する

`2012` `8` `2012R2` `8.1` `10` `2016` `2019` `2022` `11`

構文

Dism /Get-ImageInfo /ImageFile:*イメージファイル名* [{/Index:*インデック*
ス番号 | /Name:*イメージ名*}]

4

システム管理編

スイッチとオプション

/ImageFile:*イメージファイル名*
　　操作対象のWIMイメージファイル名を指定する。

/Index:*インデックス番号*
　　イメージ内に複数のイメージがある場合、インデックス番号を指定する。

/Name:*イメージ名*
　　イメージ内に複数のイメージがある場合、イメージ名を指定する。

コマンドの働き

　「Dism /Get-ImageInfo」コマンドは、FFU/WIM/VHDファイルに含まれているイメージ情報を表示する。イメージファイル内に複数のイメージがある場合は、インデックス番号とイメージ名を確認できる。

■ **/Get-MountedImageInfo**
──マウントしているFFU/WIM/VHDイメージの情報を表示する

`2012` `8` `2012R2` `8.1` `10` `2016` `2019` `2022` `11`

構文

```
Dism /Get-MountedImageInfo
```

コマンドの働き

　「Dism /Get-MountedImageInfo」コマンドは、マウントしているFFU/WIM/VHDイメージの情報を表示する。

■ **/Get-MountedWimInfo──マウントしているWIMイメージの情報を表示する**

構文

```
Dism /Get-MountedWimInfo
```

コマンドの働き

　「Dism /Get-MountedWimInfo」コマンドは、マウントしているWIMイメージの情報を表示する。

■ **/Get-WIMBootEntry──指定したボリュームのWIMBoot構成エントリを表示する**

`2012R2` `8.1` `10` `2016` `2019` `2022` `11`

構文

```
Dism /Get-WIMBootEntry /Path:ボリューム
```

スイッチとオプション

/Path:*ボリューム*
　　C:¥などのボリュームを指定する。

コマンドの働き

「Dism /Get-WIMBootEntry」コマンドは、指定したボリュームのWIMBoot構成エント
リを表示する。本コマンドは複数のバージョンのWindowsで実行できるが、サポートさ
れるのはWindows 8.1だけ。

■ /Get-WimInfo——WIMファイル内のイメージ情報を表示する

構文

Dism /Get-WimInfo /WimFile:*イメージファイル名* [{/Index:*インデックス番
号* | /Name:*イメージ名*}]

スイッチとオプション

/WimFile:*イメージファイル名*
　　操作対象のWIMイメージファイル名を指定する。

/Index:*インデックス番号*
　　イメージ内に複数のイメージがある場合、インデックス番号を指定する。

/Name:*イメージ名*
　　イメージ内に複数のイメージがある場合、イメージ名を指定する。

コマンドの働き

「Dism /Get-WimInfo」コマンドは、WIMファイル内のイメージ情報を表示する。

■ /List-Image——イメージファイルに含まれるファイルやフォルダを表示する

`2012` `8` `2012R2` `8.1` `10` `2016` `2019` `2022` `11`

構文

Dism /List-Image /ImageFile:*イメージファイル名* {/Index:*インデックス番号*
| /Name:*イメージ名*}

スイッチとオプション

/ImageFile:*イメージファイル名*
　　操作対象のイメージファイル名を指定する。

/Index:*インデックス番号*
　　イメージ内に複数のイメージがある場合、インデックス番号を指定する。

/Name:*イメージ名*
　　イメージ内に複数のイメージがある場合、イメージ名を指定する。

コマンドの働き

「Dism /List-Image」コマンドは、イメージファイルに含まれるファイルやフォルダを表
示する。

■ /Mount-Image —— FFU/WIM/VHD ファイル内のイメージをマウントする

`2012` `8` `2012R2` `8.1` `10` `2016` `2019` `2022` `11`

構文

Dism /Mount-Image /ImageFile:*イメージファイル名* {/Index:*インデックス番号* | /Name:*イメージ名*} /MountDir:*マウントフォルダ名* [/ReadOnly] [/Optimize] [/CheckIntegrity] [/Ea]

スイッチとオプション

/ImageFile:*イメージファイル名*
　　操作対象のイメージファイル名を指定する。

/Index:*インデックス番号*
　　イメージ内に複数のイメージがある場合、インデックス番号を指定する。

/Name:*イメージ名*
　　イメージ内に複数のイメージがある場合、イメージ名を指定する。

/MountDir:*マウントフォルダ名*
　　操作対象のイメージをマウントしたフォルダを指定する。

/ReadOnly
　　読み取り専用でマウントする。

/Optimize
　　初回のマウント時間を短縮する。

/CheckIntegrity
　　イメージファイルの破損などを検出し、整合性に問題があれば操作を中止する。

/Ea
　　拡張属性を指定してマウントする。 `11 22H2`

コマンドの働き

　　「Dism /Mount-Image」コマンドは、FFU/WIM/VHD ファイル内のイメージをマウントする。

■ /Mount-Wim —— WIM ファイル内のイメージをマウントする

構文

Dism /Mount-Wim /WimFile:*イメージファイル名* {/Index:*インデックス番号* | /Name:*イメージ名*} /MountDir:*マウントフォルダ名* [/ReadOnly] [/Ea]

スイッチとオプション

/WimFile:*イメージファイル名*
　　操作対象の WIM ファイル名を指定する。

/Index:*インデックス番号*
　　イメージ内に複数のイメージがある場合、インデックス番号を指定する。

/Name:*イメージ名*
　　イメージ内に複数のイメージがある場合、イメージ名を指定する。

/MountDir: マウントフォルダ名
    操作対象のイメージをマウントしたフォルダを指定する。

/ReadOnly
    読み取り専用でマウントする。

/Ea
    拡張属性も含めてマウントする。 `10 1709 以降` `2019 以降` `11`

コマンドの働き

    「Dism /Mount-Wim」コマンドは、WIMファイル内のイメージをマウントする。

■ /Optimize-Ffu──FFUイメージを最適化する

`10` `2022` `11`

構文

Dism /Optimize-Ffu /ImageFile:*イメージファイル名* [/PartitionNumber:
パーティション番号]

スイッチとオプション

/ImageFile:*イメージファイル名*
    操作対象のイメージファイル名を指定する。

/PartitionNumber:*パーティション番号*
    最適化対象のパーティションを番号で指定する。既定値はOSパーティション。

コマンドの働き

    「Dism /Optimize-Ffu」コマンドは、FFUイメージを最適化する。

■ /Remount-Image
──操作できなくなったFFU/WIM/VHDイメージを再マウントして回復する

`2012` `8` `2012R2` `8.1` `10` `2016` `2019` `2022` `11`

構文

Dism /Remount-Image /MountDir:*マウントフォルダ名*

スイッチとオプション

/MountDir: マウントフォルダ名
    操作対象のイメージをマウントしたフォルダを指定する。

コマンドの働き

    「Dism /Remount-Image」コマンドは、孤立して操作できなくなったFFU/WIM/VHD
イメージを再マウントして回復する。

■ **/Remount-Wim──操作できなくなった WIM イメージを再マウントして回復する**

構文

Dism /Remount-Wim /MountDir:マウントフォルダ名

スイッチとオプション

/MountDir: マウントフォルダ名
　　操作対象のイメージをマウントしたフォルダを指定する。

コマンドの働き

　「Dism /Remount-Wim」コマンドは、孤立して操作できなくなった WIM イメージを再マウントして回復する。

■ **/Split-Ffu──FFU ファイルを読み取り専用の分割 FFU ファイルに小分けする**

`10` `2019` `2022` `11`

構文

Dism /Split-Ffu /ImageFile:イメージファイル名 /SfuFile:分割ファイル名
/FileSize:ファイルサイズ [/CheckIntegrity]

スイッチとオプション

/ImageFile:イメージファイル名
　　操作対象の FFU イメージファイル名を指定する。

/SfuFile:分割ファイル名
　　分割後のファイル名を指定する。ファイル名には自動的に連番が設定される。

/FileSize: ファイルサイズ
　　分割後のファイルが指定したファイルサイズ（MB単位）になるように分割する。

/CheckIntegrity
　　イメージファイルの破損などを検出し、整合性に問題があれば操作を中止する。

コマンドの働き

　「Dism /Split-Ffu」コマンドは、FFU ファイルを読み取り専用の分割 FFU ファイル（拡張子.sfu）に小分けする。

■ **/Split-Image──WIM ファイルを読み取り専用の分割 WIM ファイルに小分けする**

`2012` `8` `2012R2` `8.1` `10` `2016` `2019` `2022` `11`

構文

Dism /Split-Image /ImageFile:イメージファイル名 /SWMFile:分割ファイル名 /FileSize:ファイルサイズ [/CheckIntegrity]

4

システム管理編

スイッチとオプション

/ImageFile:*イメージファイル名*

操作対象のWIMイメージファイル名を指定する。

/SWMFile:*分割ファイル名*

分割後のファイル名を指定する。ファイル名には自動的に連番が設定される。

/FileSize:*ファイルサイズ*

分割後のファイルが指定したファイルサイズ(MB単位)になるように分割する。

/CheckIntegrity

イメージファイルの破損などを検出し、整合性に問題があれば操作を中止する。

コマンドの働き

「Dism /Split-Image」コマンドは、WIMファイルを読み取り専用の分割WIMファイル(拡張子.swm)に小分けする。

■ /Unmount-Image——マウント中のFFU/WIM/VHDイメージをアンマウントする

`2012` `8` `2012R2` `8.1` `10` `2016` `2019` `2022` `11`

構文

```
Dism /Unmount-Image /MountDir:マウントフォルダ {/Discard |
/Commit [/Append] [/CheckIntegrity] [/Ea]}
```

スイッチとオプション

/MountDir:*マウントフォルダ*

操作対象のイメージをマウントしたフォルダを指定する。

{/Discard | /Commit}

変更を破棄(/Discard)または保存(/Commit)する。

/Append

イメージを上書きしないで追加する。

/CheckIntegrity

イメージファイルの破損などを検出し、整合性に問題があれば操作を中止する。

/Ea

拡張属性も保存する。 `11 22H2`

コマンドの働き

「Dism /Unmount-Image」コマンドは、マウント中のFFU/WIM/VHDイメージをアンマウントする。

■ /Unmount-Wim——マウント中のWIMイメージをアンマウントする

構文

```
Dism /Unmount-Wim /MountDir:マウントフォルダ {/Discard | /Commit
[/Ea]}
```

スイッチとオプション

/MountDir:マウントフォルダ
　　操作対象のイメージをマウントしたフォルダを指定する。

{/Discard | /Commit}
　　変更を破棄(/Discard)または保存(/Commit)する。

/Ea
　　拡張属性も保存する。　`10 1709 以降`　`2019 以降`　`11`

コマンドの働き

　　「Dism /Unmount-Wim」コマンドは、マウント中のWIMイメージをアンマウントする。

■ /Update-WIMBootEntry —— WIMBoot構成エントリを更新する

`2012R2`　`8.1`　`10`　`2016`　`2019`　`2022`　`11`

構文

```
Dism /Update-WIMBootEntry /Path:ボリューム /DataSourceId:データ
ソースID /ImageFile:新イメージファイル名
```

スイッチとオプション

/Path:ボリューム
　　C:¥などのボリュームを指定する。

/DataSourceId:データソースID
　　WIMBoot構成エントリをIDで指定する。IDは「Dism /Get-WIMBootEntry」コマンド
　　で確認できる。

/ImageFile:新イメージファイル名
　　ファイル名またはパスを変更したイメージファイル名を指定する。

コマンドの働き

　　「Dism /Update-WIMBootEntry」コマンドは、WIMBoot構成エントリを更新する。

■ サービスコマンド

　　イメージ管理コマンドがFFU/WIM/VHDイメージを操作するのに対して、サービスコマンドはイメージ内のOSやアプリケーション、デバイスドライバなどをカスタマイズするために使用する。

　　サービスコマンドは種類が多いため、概要の説明にとどめる。サービスコマンドの一覧や追加オプションの詳細は、次の書式で表示できる。

　　● 一覧——Dism {/Online | /Image:イメージルート } /?
　　● 詳細——Dism {/Online | /Image:イメージルート } コマンド /?

■ OSサービスコマンド

　　OSサービスコマンドは/Imageスイッチとともに使用して、WindowsがWIMBootシステムにインストールされるよう構成する。

コマンド	説明
/Optimize-Image	WIMBoot システムを使用するようにオフラインイメージを構成する **2012R2 以降** **8.1 以降**

■ Windowsエディションサービスコマンド

Windowsエディションサービスコマンドは、Windowsのエディションを表示または変更したり、使用許諾契約やプロダクトキーを設定したりする。

コマンド	説明
/Get-CurrentEdition	現在のエディションを表示する
/Get-TargetEditions	アップグレード可能なエディションを表示する
/Set-Edition	指定のエディションに変更する。次のスイッチを追加できる。 ・/GetEula：使用許諾契約書を指定したパスに保存する ・/AcceptEula：使用許諾契約に同意する ・/Set-ProductKey：プロダクトキーを指定する
/Set-ProductKey	プロダクトキーを設定する

■ OSアンインストールサービスコマンド

OSアンインストールサービスコマンドは/Onlineスイッチとともに使用して、現在実行中のOSインスタンスのアンインストール（以前のバージョンのWindowsへのロールバック）を実行する。

コマンド	説明
/Initiate-OSUninstall	今のインスタンスをアンインストール／ロールバックして以前のWindowsに戻す **10 1803 以降** **2019 以降** **11**
/Get-OSUninstallWindow	アンインストール／ロールバックを開始可能な、アップグレードからの日数を表示する **10 1803 以降** **2019 以降** **11**
/Set-OSUninstallWindow	アンインストール／ロールバックを開始可能な、アップグレードからの日数を設定する **10 1803 以降** **2019 以降** **11**
/Remove-OSUninstall	アンインストール／ロールバック機能を削除する **10 1803 以降** **2019 以降** **11**

■ アプリケーションサービスコマンド

アプリケーションサービスコマンドは/Imageスイッチとともに使用して、アプリケーション情報とWindowsインストーラアプリケーションパッチファイル（拡張子.msp）の適用情報を表示する。

コマンド	説明
/Check-AppPatch	イメージに MSP パッチが適用されているか確認する
/Get-AppPatchInfo	イメージに適用されている MSP パッチの詳細情報を表示する
/Get-AppPatches	イメージに適用されている MSP パッチの情報を表示する
/Get-AppInfo	イメージにインストールされている Windows インストーラアプリケーションの詳細情報を表示する
/Get-Apps	イメージにインストールされている Windows インストーラアプリケーションの情報を表示する

システム管理編

■ ストアアプリサービスコマンド

ストアアプリサービスコマンドは、拡張子.appxまたは.appxbundleのストアアプリの追加や削除、削除不可設定などを実行する。

コマンド	説明
/Get-ProvisionedAppxPackages	ユーザーのログオン時にインストールされるアプリケーションバッケージの情報を表示する 2012以降 8以降
/Add-ProvisionedAppxPackage	イメージにアプリケーションバッケージを追加する
/Remove-ProvisionedAppxPackage	イメージからアプリケーションバッケージを削除する
/Optimize-ProvisionedAppxPackages	アプリケーションバッケージの同一ファイルをハードリンクに置き換えてディスク使用量を節約する 10 1803以降 2019以降 11
/Set-ProvisionedAppxDataFile	アプリケーションバッケージにカスタムデータファイルを設定する 2012R2以降 8.1以降
/Get-NonRemovableAppPolicy	ポリシーで削除不可に指定されているアプリケーションバッケージを表示する 10 1809以降 2019以降 11
/Set-NonRemovableAppPolicy	アプリケーションバッケージの削除不可ポリシーを設定する 10 1809以降 2019以降 11

■ ドライバサービスコマンド

ドライバサービスコマンドは、.infファイルを使用するデバイスドライバのインストールを構成する。

コマンド	説明
/Add-Driver	イメージにサードパーティ製のデバイスドライバを追加する
/Remove-Driver	イメージからサードパーティ製のデバイスドライバを削除する
/Get-Drivers	イメージ内のデバイスドライバ情報を表示する
/Get-DriverInfo	指定したデバイスドライバの情報を表示する
/Export-Driver	サードパーティ製のデバイスドライバをエクスポートする。エクスポートしたデバイスドライバは、/Add-Driverスイッチでインポートできる 2012R2以降 8.1以降

■ 既定の関連付けサービスコマンド

既定の関連付けサービスコマンドは、アプリケーションとファイルタイプの関連付けを操作する。

コマンド	説明
/Get-DefaultAppAssociations	イメージ内の既定のアプリケーションの関連付けを表示する 2012以降 8以降
/Export-DefaultAppAssociations	既定のアプリケーションの関連付けをXMLファイルにエクスポートする 2012以降 8以降
/Import-DefaultAppAssociations	既定のアプリケーションの関連付けをXMLファイルからインポートする 2012以降 8以降
/Remove-DefaultAppAssociations	イメージ内の既定のアプリケーションの関連付けを削除する 2012以降 8以降

4

システム管理編

■ 地域と言語サービスコマンド

地域と言語サービスコマンドは、UIやシステムの言語、日付と時刻の形式、キーボードレイアウトなどを構成する。

コマンド	説明
/Get-Intl	地域と言語の設定を表示する
/Set-SysUILang	システムの UI 言語を設定する **10 2004 以降** **2022** **11**
/Set-SysLocale	システムロケールを設定する
/Set-UILang	既定の UI 言語を設定する
/Set-UILangFallback	既定の UI 言語を補うフォールバック言語を設定する
/Set-UserLocale	ユーザーロケールを設定する
/Set-InputLocale	入力ロケールとキーボードレイアウトを設定する
/Set-AllIntl	既定のシステム UI 言語、システムロケール、ユーザーロケール、入力ロケールとキーボードレイアウトを一括設定する
/Set-Timezone	既定のタイムゾーンを設定する
/Set-SKUIntlDefaults	既定の UI 言語、システムロケール、ユーザーロケール、入力ロケールとキーボードレイアウト、タイムゾーンを設定する
/Set-LayeredDriver	日本語と韓国語のキーボードドライバを設定する
/Gen-Langini	新しい lang.ini ファイルを生成する
/Set-SetupUILang	セットアップ時の既定の言語を指定する

■ 無人セットアップサービスコマンド

無人セットアップサービスコマンドは、Windowsの自動インストール時に使用するXMLファイル（unattend.xml）を指定する。

コマンド	説明
/Apply-Unattend	イメージに Unattend.xml ファイルを適用する

■ OS パッケージサービスコマンド

OSパッケージサービスコマンドは、Windowsキャビネットファイル（拡張子.cab）とWindows Updateスタンドアロンインストーラファイル（拡張子.msu）を操作する。

コマンド	説明
/Add-Package	イメージに OS パッケージを追加する
/Remove-Package	イメージからパッケージを削除する
/Get-Packages	イメージ内のパッケージ情報を表示する
/Get-PackageInfo	指定したパッケージの情報を表示する
/Enable-Feature	指定した機能を有効化または更新する
/Disable-Feature	指定した機能を無効にする
/Get-Features	パッケージ内の機能を表示する
/Get-FeatureInfo	指定した機能の詳細情報を表示する
/Cleanup-Image	イメージのクリーンアップまたは回復を実行する

■ 機能パッケージサービスコマンド

機能パッケージサービスコマンドは、オンデマンド機能の追加と削除を実行する。

コマンド	説明
/Add-Capability	イメージに機能を追加する 10 2016 以降 11
/Remove-Capability	イメージから機能を削除する 10 2016 以降 11
/Get-Capabilities	イメージ内の機能情報を表示する 10 2016 以降 11
/Get-CapabilityInfo	指定した機能の情報を表示する 10 2016 以降 11
/Export-Source	新しいリポジトリに機能の設定をエクスポートする 10 2016 以降 11

■ Edge サービスコマンド

Edge サービスコマンドは、Microsoft Edge をイメージに追加する。

コマンド	説明
/Add-Edge	Microsoft Edge を追加する 2022 11
/Add-EdgeBrowser	Microsoft Edge ブラウザを追加する 11
/Add-EdgeWebView	Microsoft Edge WebView を追加する 11

■ プロビジョニングパッケージサービスコマンド

プロビジョニングパッケージサービスコマンドは、プロビジョニングパッケージファイル（拡張子.ppkg）を構成する。

コマンド	説明
/Get-ProvisioningPackageInfo	プロビジョニングパッケージの情報を表示する 10 2016 以降 11
/Add-ProvisioningPackage	プロビジョニングパッケージを追加する 10 2016 以降 11

■ Windows PE サービスコマンド

Windows PE サービスコマンドは、マウントした Windows PE（Windows Preinstallation Environment）イメージを構成する。

コマンド	説明
/Get-PESettings	イメージ内の Windows PE 設定を表示する 2012 以降
/Get-ScratchSpace	Windows PE システムボリュームの、書き込み可能な領域のサイズを表示する 2012 以降
/Set-ScratchSpace	書き込み可能領域のサイズを MB 単位で指定する 2012 以降
/Get-TargetPath	Windows PE イメージのルートを表示する 2012 以降
/Set-TargetPath	Windows PE イメージのルートを指定する 2012 以降

■ 予約済み記憶域サービスコマンド

予約済み記憶域サービスコマンドは、Windows Update などで使用するディスク領域を予約する機能を設定する。

コマンド	説明
/Get-ReservedStorageState	予約済み記憶域の状態を表示する **10 2004 以降** **2022** **11**
/Set-ReservedStorageState	予約済み記憶域の状態を設定する **10 2004 以降** **2022** **11**

実行例

現在のWindowsインスタンスからパッケージ情報を取得して、更新プログラムが適用されているか確認する。この操作には管理者権限が必要。

```
C:¥Work>Dism /Online /Get-Packages | Findstr /i "_KB"
パッケージ ID : Package_for_KB5007040~31bf3856ad364e35~amd64~~22000.251.1.3
```

コマンドの働き

Dismコマンドを使用すると、Windowsのインストールイメージや仮想ハードディスク、Full Flash Updateイメージを編集できる。たとえば、利用環境に応じてカスタマイズしたソースコンピュータを用意して、Dismコマンドでインストールイメージを作成し、複数のコンピュータに展開することができる。

Driverquery.exe   デバイスドライバの情報を表示する

XP **2003** **2003R2** **Vista** **2008** **2008R2** **7** **2012** **8** **2012R2** **8.1** **10** **2016** **2019** **2022** **11**

構文

Driverquery [/s *コンピュータ名* [/u *ユーザー名* [/p [*パスワード*]]]] [/Fo *表示形式*] [/Nh] [/Si] [/v]

スイッチとオプション

/s *コンピュータ名*
　操作対象のコンピュータ名を指定する。省略するとローカルコンピュータでコマンドを実行する。

/u *ユーザー名*
　操作を実行するユーザー名を指定する。

/p [*パスワード*]
　操作を実行するユーザーのパスワードを指定する。省略するとプロンプトを表示する。

/Fo *表示形式*
　表示形式を次のいずれかで指定する。

表示形式	説明
TABLE	表形式（既定値）
LIST	一覧形式
CSV	カンマ区切り

/Nh
　カラムヘッダを出力しない。/Foオプションで結果の表示形式をTABLEまたはCSV

に設定した場合に有効。

/Si

デバイスドライバのデジタル署名の有無と製造元情報を表示する。

/v

結果を詳細モードで表示する。

実行例

インストールされているデバイスドライバを表示する。

```
C:¥Work>Driverquery /Si

デバイス名                                   Inf 名          署名済み 製造元
=================================== ============ ======= ========================
Local Print Queue                   printqueue.in TRUE    Microsoft
Local Print Queue                   printqueue.in TRUE    Microsoft
Local Print Queue                   printqueue.in TRUE    Microsoft
Local Print Queue                   printqueue.in TRUE    Microsoft
Generic software device             c_swdevice.in TRUE    Microsoft
Generic software device             c_swdevice.in TRUE    Microsoft
Remote Desktop Device Redirect      rdpbus.inf    TRUE    Microsoft
Plug and Play Software Device       swenum.inf    TRUE    (Standard system devices)
Microsoft System Management BI      mssmbios.inf  TRUE    (Standard system devices)
  (以下略)
```

■ コマンドの働き

Driverquery コマンドは、インストールされているデバイスドライバの情報を表示する。

Eventcreate.exe イベントログにカスタムイベントを記録する

XP | 2003 | 2003R2 | Vista | 2008 | 2008R2 | 7 | 2012 | 8 | 2012R2 | 8.1 | 10
2016 | 2019 | 2022 | 11 | UAC

構文

Eventcreate [/s コンピュータ名 [/u ユーザー名 [/p [パスワード]]]] /Id イベント
ID [/l イベントログ名] [/So ソース名] /t イベントレベル /d イベントの説明

■ スイッチとオプション

/s コンピュータ名

操作対象のコンピュータ名を指定する。省略するとローカルコンピュータでコマンド
を実行する。

/u ユーザー名

操作を実行するユーザー名を指定する。

/p [パスワード]

操作を実行するユーザーのパスワードを指定する。省略するとプロンプトを表示する。

/Id イベントID

カスタムイベントのイベントIDを、1から1,000の範囲（65,535以下ではない）の番号で指定する。

/l イベントログ名

カスタムイベントを作成するイベントログ名をフルネームで指定する。セキュリティイベントログは指定できない。

/So ソース名

カスタムイベントのソース情報を指定する。省略するとEventCreateを使用する。

/t イベントレベル

カスタムイベントのレベル（種類）を次のいずれかで指定する。SUCCESSAUDITとFAILUREAUDITはセキュリティイベントログ用のため使用できない。

イベントレベル	説明
SUCCESS	成功
SUCCESSAUDIT	成功の監査（使用不可）
FAILUREAUDIT	失敗の監査（使用不可）
ERROR	エラー
WARNING	警告
INFORMATION	情報

/d イベントの説明

カスタムイベントの説明文を指定する。複数行の説明文を指定するには、改行の前にキャレット（^）を使用する。

実行例

アプリケーションイベントログに、イベントID 999、イベントソース「サンプルソース」の警告イベントを記録する。この操作には管理者権限が必要。

```
C:\Work>Eventcreate /l Application /Id 999 /t WARNING /d "これはサンプルの警告イベントです。"

成功: 種類が 'WARNING' のイベントが、'Application' ログ内に、'EventCreate' をソースとして作成されました。
```

■ コマンドの働き

Eventcreateコマンドは、セキュリティイベントログ以外の任意のイベントログに任意のカスタムイベントを記録する。バッチファイルの実行結果の記録などに利用できる。

Logman.exe　　　　　データコレクタセットを構成する

XP | 2003 | 2003R2 | Vista | 2008 | 2008R2 | 7 | 2012 | 8 | 2012R2 | 8.1 | 10 | 2016 | 2019 | 2022 | 11

構文

Logman [スイッチ] [オプション]

4

システム管理編

スイッチ

スイッチ	説明
Create	新しいデータコレクタセットを作成する
Update	データコレクタセットの設定を変更する
{Import | Export}	データコレクタセットをインポート／エクスポートする
Query	データコレクタセットの設定を表示する
{Start | Stop | Delete}	データコレクタセットを開始／停止／削除する

データコレクタセット

　Logmanコマンドは、任意のパフォーマンスカウンタをチェックするデータコレクタと、1つ以上のデータコレクタを集めたデータコレクタセットを操作する。

　CreateスイッチとUpdateスイッチでは、操作対象のデータコレクタセットとして以下のいずれかを指定する。

データコレクタセット	説明
Counter	パフォーマンスカウンタ
Trace	イベントトレース
Alert	パフォーマンスカウンタの警告 Vista 以降
Cfg	システム構成情報 Vista 以降
Api	API トレース Vista 2008

共通オプション

-s コンピュータ名
　　操作対象のコンピュータ名を指定する。省略するとローカルコンピュータでコマンドを実行する。

-Config 設定ファイル名
　　コマンドオプションを記述した設定ファイル(WimScript.ini)を指定する。

[-n] データコレクタセット名
　　操作対象のデータコレクタセットの名前を指定する。

-[-]u ユーザー名 [パスワード]
　　操作を実行するユーザー名を指定する。パスワードに「*」を指定するか省略するとプロンプトを表示する。GUIのデータコレクタセットのプロパティで、[全般]タブの[別のユーザーとして実行]オプションに相当する。

-m [Start] [Stop]
　　-bスイッチと-eスイッチで指定した日時での開始と停止から、手動での開始(Start)、手動での停止(Stop)に変更する。

-Rf 実行間隔
　　[[hh:]mm:]ss形式で指定した間隔でデータコレクタを実行する。GUIのデータコレクタセットのプロパティで、[停止条件]タブの[全体の期間][単位]オプションに相当する。

-b YYYY/MM/DD hh:mm:ss[{午前 | AM | 午後 | PM}]
　　指定した日時にデータコレクタを開始する。12時間制では午前か午後も指定する。GUIのデータコレクタセットのプロパティで、[スケジュール]タブのエントリと、[ア

クティブな範囲］[開始日］[起動］[開始時刻]オプションに相当する。

-e *YYYY/MM/DD hh:mm:ss*[{午前 | AM | 午後 | PM }]

指定した日時にデータコレクタを終了する。12時間制では午前か午後も指定する。
GUIのデータコレクタセットのプロパティで、［スケジュール]タブのエントリと、［ア
クティブな範囲］[有効期限]オプションに相当する。

-o {*出力ファイル名* | DSN}

パフォーマンスデータファイルを保存するファイル名またはデータソース名(DSN：
Data Source Name)を 指 定 す る。フ ァ イ ル 出 力 時 の 既 定 の フ ォ ル ダ は
%SystemDrive%¥PerfLogs¥Adminフォルダ。GUIのデータコレクタセットのプロ
パティで[ディレクトリ]タブの[ルートディレクトリ]オプションと、データコレクタ
のプロパティで[ファイル]タブの[ログファイル名]オプションに相当する。

SQL Serverなどのデータベースに出力する場合は、ODBCを使って「SQL：データセッ
ト名！ログセット名」の形式でDSNを指定する。こちらはGUIの各データコレクタの
プロパティで、[ログフォーマット]オプションと[データソース名]オプションに相当す
る。

-[-]a

既存のログファイルにデータを追記する。GUIのデータコレクタのプロパティで、［ファ
イル]タブの[ログモード］[追加]オプションに相当する。

-[-]Ow

既存のログファイルを上書きする。GUIのデータコレクタのプロパティで、［ファイル]
タブの[ログモード］[上書き]オプションに相当する。

-[-]v {*nnnnnn* | *MMDDhhmm*}

ログファイル名にファイルのバージョン情報を追加する。バージョン情報は次のいず
れかを指定する。GUIのデータコレクタのプロパティで、[ファイル]タブの[ファイ
ル名のフォーマット]オプションに相当する。

バージョン情報	説明
nnnnnn	000001 から始まる 6 桁の連番（既定値）
MMDDhhmm	実行した月日時刻（24 時間制）

-[-]Rc *スケジュールタスク名*

データコレクタセットを停止するごとに、指定したスケジュールタスクを実行する。
GUIのデータコレクタセットのプロパティで、[タスク]タブの[データコレクタセッ
トの停止時にこのタスクを実行]オプションに相当する。

-[-]Max *上限値*

ログファイルに出力する場合、最大ログファイルサイズをMB単位で指定する。SQL
データベースに出力する場合は最大レコード数を指定する。GUIのデータコレクタセッ
トのプロパティで、[停止条件]タブの[制限値］[最大サイズ]オプションに相当する。

-[-]Cnf *経過時間*

[[hh:]mm:]ss形式で指定した時間が経過したら、新しいログファイルでデータコレク
タセットを再開する。GUIのデータコレクタセットのプロパティで、[停止条件]タブ
の[制限値］[制限に達したらデータコレクタセットを再開する]オプションと[期間］[単
位]オプションに相当する。

-[-]r

指定した開始時刻と終了時刻でデータコレクタを毎日繰り返し実行する。GUIのデー
タコレクタセットのプロパティで、[スケジュール]タブのエントリと、[月曜日]から
[金曜日]のオプションに相当する。

-y

すべての質問に対して確認なしで「はい」で応答する。

--オプション名

指定したオプションを無効にする。

-Ets

コマンドを保存またはスケジュールしないで、イベントトレースセッションを直接操作する。

-Fd

「Logman Update」コマンドにおいて、-Etsスイッチと併用して、イベントトレースセッションのバッファをディスクに書き出す。

コマンドの働き

Logmanコマンドは、パフォーマンスカウンタをチェックするデータコレクタと、1つ以上のデータコレクタを集めたデータコレクタセットを作成する。データコレクタセットを一定間隔で実行して継続的にパフォーマンスデータを収集することもできる。

Logman {Create | Update} Alert
——パフォーマンスカウンタの警告データコレクタセットを作成／変更する

`2003` `2003R2` `Vista` `2008` `2008R2` `7` `2012` `8` `2012R2` `8.1` `10` `2016`
`2019` `2022` `11` `UAC`

構文

Logman {Create Alert | Update [Alert]} [-n] データコレクタセット名 [-[-]
El] [-Th しきい値] [-[-]Rdcs データコレクタセット名] [-[-]Tn スケジュールタスク名] [-[-]Targ 引数] [-Si サンプリング間隔] [共通オプション]

■ スイッチとオプション

-[-]El

アプリケーションイベントログのレポートを有効(-El)または無効(--El)にする。GUIのデータコレクタのプロパティで、[警告の動作]タブの[アプリケーションイベントログにエントリを記録する]オプションに相当する。

-Th しきい値

監視するパフォーマンスカウンタとしきい値を、スペースで区切って1つ以上指定する。しきい値には次のいずれかを指定する。しきい値として「以上」「以下」「等しい」は指定できない。GUIのデータコレクタのプロパティで、[警告]タブの[パフォーマンスカウンタ][警告する時期][制限値]オプションに相当する。

しきい値	説明
>数値	より上
<数値	より下

-[-]Rdcs データコレクタセット名

警告が発生したときに開始するデータコレクタセット名を指定する。GUIのデータコレクタのプロパティで、[警告の動作]タブの[データコレクタセットの開始]オプションに相当する。

-[-]Tn *スケジュールタスク名*

　警告が発生したときに実行するスケジュールタスクを指定する。GUIのデータコレクタのプロパティで、[警告のタスク]タブの[警告が出されたときに実行するタスク]オプションに相当する。

-[-]Targ *引数*

　スケジュールタスクの引数を指定する。GUIのデータコレクタのプロパティで、[警告のタスク]タブの[タスクの引数][タスクの引数のユーザーテキスト]オプションに相当する。

-Si *サンプリング間隔*

　サンプリング周期を[[hh:]mm:]ss形式で指定する。既定値は15秒間隔。GUIのデータコレクタのプロパティで、[警告]タブの[サンプルの間隔][単位]オプションに相当する。

（実行例）

　CPUの合計使用率が50%を超えるか監視するパフォーマンスカウンタの警告データコレクタセットSamplePerf1を作成し、サンプリング間隔を3秒に変更する。この操作には管理者権限が必要。

```
C:¥Work>Logman Create Alert SamplePerf1 -El -Th "¥Processor(_Total)¥% Processor
Time>50"
コマンドは、正しく完了しました。

C:¥Work>Logman Update Alert SamplePerf1 -Si 3
コマンドは、正しく完了しました。

C:¥Work>Logman Query SamplePerf1

名前:                    SamplePerf1
状態:                    停止
ルート パス:             %systemdrive%¥PerfLogs¥Admin
セグメント:              オフ
スケジュール:            オン
別のユーザーとして実行: SYSTEM

名前:                    SamplePerf1¥SamplePerf1
種類:                    警告
サンプルの間隔:          3 秒
イベント ログ:           オン

しきい値:
  ¥Processor(_Total)¥% Processor Time>50

コマンドは、正しく完了しました。
```

■ コマンドの働き

　「Logman Create Alert」コマンドは、パフォーマンスカウンタが一定の数値を超えるか下回るかしたときに、警告を発行する「パフォーマンスカウンタの警告データコレクタセッ

ト」とデータコレクタを作成する。また、「Logman Update Alert」コマンドは、既存の「パフォーマンスカウンタの警告データコレクタセット」とデータコレクタを編集する。

　パフォーマンスカウンタの警告データコレクタは、パフォーマンスカウンタを監視するだけでデータを収集および蓄積しないので、ログファイルは作成しない。

◼ Logman {Create | Update} Api
──APIトレースデータコレクタセットを作成／変更する

`Vista` `2008` `UAC`

構文

Logman {Create Api| Update [Api]} [-n] *データコレクタセット名* [-Mods *ファイル名*] [-f *ログ形式*] [-InApis *モジュール名!API名*] [-ExApis *モジュール名!API名*] [-[-]Ano] [-[-]Recursive] [-Exe *実行ファイル名*] [*共通オプション*]

◼ スイッチとオプション

-Mods *ファイル名*

　監視対象に含めるAPIをコールするファイル名を、スペースで区切って1つ以上指定する。

-f *ログ形式*

　ログ出力のフォーマットを次のいずれかで指定する。GUIのデータコレクタのプロパティで、[パフォーマンスカウンタ]タブの[ログフォーマット]オプションと、[ファイル]タブの[ログモード][循環（ゼロ以外の最大ファイルサイズが必要です）]オプションに相当する。

ログ形式	説明
BIN	バイナリファイル（既定値）
BINCIRC	循環バイナリファイル
CSV	カンマ区切りテキスト
SQL	SQLデータベーステーブル
TSV	タブ区切りテキスト

-InApis *モジュール名!API名*

　監視対象に含めるファイル名とAPI名の組を、スペースで区切って1つ以上指定する。

-ExApis *モジュール名!API名*

　監視対象に含めないファイル名とAPI名の組を、スペースで区切って1つ以上指定する。

-[-]Ano

　「Log API Names Only」で、API名だけを記録する(-Ano)か、API名以外も記録する(--Ano)か指定する。

-[-]Recursive

　APIコールを再帰的に記録する(-Recursive)か、再帰的に記録しない(--Recursive)か指定する。

-Exe *実行ファイル名*

　監視対象に含める、APIをコールする実行ファイル名を指定する。

4

システム管理編

User32.dllからのAPIコールを監視する、APIトレースデータコレクタセットSamplePerf2
を作成し、メモ帳の実行監視を追加する。この操作には管理者権限が必要。

```
C:\Work>Logman Create Api SamplePerf2 -Mods %Windir%\System32\user32.dll
コマンドは、正しく完了しました。

C:\Work>Logman Update Api SamplePerf2 -Exe C:\Windows\Notepad.exe
コマンドは、正しく完了しました。

C:\Work>Logman Query SamplePerf2

名前:                    SamplePerf2
状態:                    停止
ルート パス:             %systemdrive%\PerfLogs\Admin
セグメント:              オフ
スケジュール:            オン
別のユーザーとして実行:         SYSTEM

コマンドは、正しく完了しました。
```

■ コマンドの働き

「Logman Create Api」コマンドは、APIトレースデータコレクタセットとデータコレク
タを作成する。また、「Logman Update Api」コマンドは、既存のAPIトレースデータコ
レクタセットとデータコレクタを編集する。

APIトレースデータコレクタセットはGUIにはなく、Logmanコマンドでだけ作成およ
び編集できる。

■ Logman {Create | Update} Counter
──パフォーマンスカウンタデータコレクタセットを作成／変更する

XP | 2003 | 2003R2 | Vista | 2008 | 2008R2 | 7 | 2012 | 8 | 2012R2 | 8.1 | 10 | 10 | 2016 | 2019 | 2022 | 11 | UAC

構文

Logman {Create Counter | Update [Counter]} [-n] *データコレクタセット
名* [-c *カウンタ名*] [-Cf *カウンタファイル名*] [-f *ログ形式*] [-Sc *サンプリング数*]
[-Si *サンプリング間隔*] [*共通オプション*]

■ スイッチとオプション

-c *カウンタ名*

監視するパフォーマンスカウンタを、スペースで区切って1つ以上指定する。GUIの
データコレクタのプロパティで、[パフォーマンスカウンタ]タブの[パフォーマンス
カウンタ]オプションに相当する。カウンタ名は次の形式で指定する。

"[*コンピュータ名*]*カウンタオブジェクト名*[(*インスタンス*)][*カウンタ名*]"

例1)"\\Processor Information(_Total)\% Processor Time"

例2) "¥PhysicalDisk(0 C:)¥Current Disk Queue Length"

例3) "¥¥Server1¥Processor(0)¥% User Time"

-Cf カウンタファイル名

監視するパフォーマンスカウンタを、1行1カウンタで列挙したファイル名を指定する。

-f ログ形式

ログ出力のフォーマットを次のいずれかで指定する。GUIのデータコレクタのプロパティで、[パフォーマンスカウンタ]タブの[ログフォーマット]オプションと、[ファイル]タブの[ログモード][循環(ゼロ以外の最大ファイルサイズが必要です)]オプションに相当する。

ログ形式	説明
BIN	バイナリファイル(既定値)
BINCIRC	循環バイナリファイル
CSV	カンマ区切りテキスト
SQL	SQL データベーステーブル
TSV	タブ区切りテキスト

-Sc サンプリング数

パフォーマンスデータの収集数を指定する。GUIのデータコレクタのプロパティで、[パフォーマンスカウンタ]タブの[最大サンプル]オプションに相当する。

-Si サンプリング間隔

サンプリング周期を[[hh:]mm:]ss形式で指定する。既定値は15秒間隔。GUIのデータコレクタのプロパティで、[パフォーマンスカウンタ]タブの[サンプルの間隔][単位]オプションに相当する。

実行例

CPUの合計使用時間を15秒間隔で10回計測し、CSV形式のテキストファイルにログを出力するパフォーマンスカウンタデータコレクタセットSamplePerf3を作成し、C:ドライブの処理待ち数のパフォーマンスカウンタを追加し、計測間隔を3秒間隔に変更する。この操作には管理者権限が必要。

```
C:¥Work>Logman Create Counter SamplePerf3 -c "¥Processor Information(_Total)¥%
Processor Time" -f CSV -Sc 10 -Ow
コマンドは、正しく完了しました。

C:¥Work>Logman Update Counter SamplePerf3 -c "¥Processor Information(_Total)¥%
Processor Time" "¥PhysicalDisk(0 C:)¥Current Disk Queue Length" -Si 3
コマンドは、正しく完了しました。

C:¥Work>Logman Query SamplePerf3

名前:                SamplePerf3
状態:                停止
ルート パス:         %systemdrive%¥PerfLogs¥Admin
セグメント:          オフ
スケジュール:         オン
別のユーザーとして実行:   SYSTEM
```

```
名前:                SamplePerf3¥SamplePerf3
種類:                カウンター
追加:                オフ
循環:                オフ
上書き:              オン
サンプルの間隔:       3 秒

カウンター:
 ¥Processor Information(_Total)¥% Processor Time
 ¥PhysicalDisk(0 C:)¥Current Disk Queue Length

コマンドは、正しく完了しました。
```

■ コマンドの働き

「Logman Create Counter」コマンドは、パフォーマンスカウンタデータコレクタセットとデータコレクタを新規作成する。また、「Logman Update Counter」コマンドは、既存のパフォーマンスカウンタデータコレクタセットとデータコレクタを編集する。

パフォーマンスカウンタデータコレクタセットは、パフォーマンスカウンタの値を一定周期でサンプリングして、指定したファイルやSQLデータベースに保存する。使用可能なパフォーマンスカウンタはシステムによって異なるので、GUIのパフォーマンスモニタでカウンタを確認するとよい。

カウンタの具体的な書式は、GUIの[パフォーマンスモニタのプロパティ][データ]タブで確認できる。

■ Logman {Create | Update} Cfg
──システム構成情報データコレクタセットを作成／変更する

2003 | 2003R2 | Vista | 2008 | 2008R2 | 7 | 2012 | 8 | 2012R2 | 8.1 | 10 | 2016
2019 | 2022 | 11 | UAC

構文

Logman {Create Cfg | Update [Cfg]} [-n] *データコレクタセット名* [-[-]Ni]
[-Reg *レジストリキー*] [-Mgt WQL] [-Ftc *ファイル名*] [*共通オプション*]

■ スイッチとオプション

-[-]Ni

　　ネットワークインターフェイスの照会を有効(-Ni)または無効(--Ni)にする。GUIのデータコレクタのプロパティで、[状態のキャプチャ]タブの[ネットワークインターフェイスプロパティをキャプチャする]オプションに相当する。

-Reg *レジストリキー*

　　監視するレジストリキーを、スペースで区切って1つ以上指定する。GUIのデータコレクタのプロパティで、[レジストリ]タブの[レジストリキー]エントリに相当する。

-Mgt WQL

　　監視するWMI(Windows Management Instrumentation)オブジェクトをWQL(WMI Query Language)で記述して、スペースで区切って1つ以上指定する。GUIのデータコレクタのプロパティで、[管理パス]タブの[管理パス]エントリに相当する。

-「tc ファイル名

　　監視するファイルのパスを、スペースで区切って1つ以上指定する。GUIのデータコレクタのプロパティで、[ファイルキャプチャ]タブの[ファイル]エントリに相当する。

実行例

　　レジストリキーを監視するシステム構成情報データコレクタセット SamplePerf4 を作成し、ファイルの監視を追加する。この操作には管理者権限が必要。

```
C:\Work>Logman Create Cfg SamplePerf4 -Reg "HKEY_LOCAL_MACHINE\SOFTWARE\Microsoft\Wi
ndows NT\CurrentVerion"
コマンドは、正しく完了しました。

C:\Work>Logman Update Cfg SamplePerf4 -Ftc %Windir%\System32\drivers\etc\*
コマンドは、正しく完了しました。

C:\Work>Logman Query SamplePerf4

名前:                    SamplePerf4
状態:                    停止
ルート パス:             %systemdrive%\PerfLogs\Admin
セグメント:              オフ
スケジュール:            オン
別のユーザーとして実行:  SYSTEM

名前:                    SamplePerf4\SamplePerf4
種類:                    構成
追加:                    オフ
循環:                    オフ
上書き:                  オフ
ネットワーク インターフェイス:      オフ

ファイル:
  C:\Windows\System32\drivers\etc\*

レジストリ エントリ:
  HKEY_LOCAL_MACHINE\SOFTWARE\Microsoft\Windows NT\CurrentVerion

コマンドは、正しく完了しました。
```

■ コマンドの働き

　　「Logman Create Cfg」コマンドは、レジストリやWMIオブジェクト、ファイル操作、ネットワークの接続状態などを追跡する「システム構成情報データコレクタセット」とデータコレクタを作成する。また、「Logman Update Cfg」コマンドは、既存の「システム構成情報データコレクタセット」とデータコレクタを編集する。

4

Logman {Create | Update} Trace
──イベントトレースデータコレクタセットを作成／変更する

XP 2003 2003R2 Vista 2008 2008R2 7 2012 8 2012R2 8.1 10 2016 2019 2022 11 UAC

構文

Logman {Create Trace | Update [Trace]} [-n] *データコレクタセット名* [-f *ログ形式*] [-Mode *トレースモード*] [-Ct *時間精度*] [-Ln *ロガー名*] [-Ft [[hh:] mm:]ss] [-[-]p *プロバイダ名* [*フラグ* [*レベル*]]] [-Pf *ファイル名*] [-[-]Rt] [-[-] Ul] [-Bs *バッファサイズ*] [-Nb *最小値 最大値*] [*共通オプション*]

■ スイッチとオプション

-f *ログ形式*

ログ出力のフォーマットを次のいずれかで指定する。GUIのデータコレクタのプロパティで、[パフォーマンスカウンタ]タブの[ログフォーマット]オプションと、[ファイル]タブの[ログモード][循環（ゼロ以外の最大ファイルサイズが必要です）]オプションに相当する。ヘルプではCSV、TSV、SQLも使えるとあるが、使用するとエラーになる。

ログ形式	説明
BIN	バイナリファイル（既定値）
BINCIRC	循環バイナリファイル
CSV	カンマ区切りテキスト（使用不可）
SQL	SQL データベーステーブル（使用不可）
TSV	タブ区切りテキスト（使用不可）

-Mode *トレースモード*

イベントトレースセッションのログモードとして、次のいずれかを指定する。

トレースモード	説明
GlobalSequence	全トレースセッションを通じて一意なシーケンス番号を付加する
LocalSequence	トレースセッションごとに一意なシーケンス番号を付加する
PagedMemory	内部バッファに非ページプールメモリではなく、ページメモリを使用する

-Ct *時間精度*

各イベントのタイムスタンプの記録時に使用する時間精度を、次のいずれかで指定する。GUIのデータコレクタのプロパティで、[トレースセッション]タブの[クロックタイプ]オプションに相当する。 2003 以降

時間精度	説明
Perf	パフォーマンスカウンタ
System	システム時刻
Cycle	CPU サイクル

-Ln *ロガー名*

イベントトレースセッションのロガー名を指定する。

-Ft [[*hh*:]*mm*:]*ss*

イベントトレースセッションのデータをバッファから書き出す間隔を指定する。GUIのデータコレクタのプロパティで、[トレースバッファ]タブの[フラッシュタイマ]オ

プションに相当する。

-[-]p プロバイダ名 [フラグ [レベル]]

有効にするイベントトレースプロバイダを指定する。使用可能なフラグとレベルはプロバイダによって異なる。GUIのデータコレクタのプロパティで、[トレースプロバイダ]タブの[プロバイダ][プロパティ]オプションに相当する。

-Pf ファイル名

有効にするイベントトレースプロバイダを、1行1プロバイダで列挙したファイル名を指定する。

-[-]Rt

リアルタイムモードでトレースセッションを実行する。GUIのデータコレクタのプロパティで、[トレースセッション]タブの[ストリームモード]オプションに相当する。

-[-]Ul

ユーザーモードでイベントトレース セッションを実行する。GUIのデータコレクタのプロパティで、[トレースセッション]タブの[プロセスモード]オプションに相当する。

-Bs バッファサイズ

イベントトレースセッションのバッファサイズをKB単位で指定する。バッファ数は-Nbスイッチで指定する。GUIのデータコレクタのプロパティで、[トレースバッファ]タブの[バッファサイズ]オプションに相当する。

-Nb 最小値 最大値

イベントトレースセッションの最小バッファ数と最大バッファ数を指定する。1バッファのサイズは-Bsスイッチで指定する。GUIのデータコレクタのプロパティで、[トレースバッファ]タブの[最小バッファ][最大バッファ]オプションに相当する。

実行例

イベントトレースプロバイダとして「Active Directory: NetLogon」を使用し、循環バイナリファイルに出力するイベントトレースデータコレクタセットSamplePerf5を作成して、最小バッファ数を4、最大バッファ数を128、バッファサイズを32KBに変更する。フラッシュタイマも1時間30分(5,400秒)に設定する。この操作には管理者権限が必要。

4

システム管理編

```
C:¥Work>Logman Create Trace SamplePerf5 -p "Active Directory: NetLogon" -f BINCIRC
コマンドは、正しく完了しました。

C:¥Work>Logman Update Trace SamplePerf5 -Nb 4 128 -Bs 32 -Ft 01:30:00
コマンドは、正しく完了しました。

C:¥Work>Logman Query SamplePerf5


名前:                      SamplePerf5
状態:                      停止
ルート パス:               %systemdrive%¥PerfLogs¥Admin
セグメント:                オフ
スケジュール:              オン
別のユーザーとして実行:    SYSTEM

名前:                      SamplePerf5¥SamplePerf5
```

```
種類:                        トレース
追加:                        オフ
循環:                        オン
上書き:                      オフ
バッファー サイズ:            32
損失バッファー数:            0
書き込みバッファー数:        0
バッファー フラッシュ タイマー: 5400
クロック タイプ:             パフォーマンス
ファイル モード:             ファイル

プロバイダー:
名前:                        Active Directory: NetLogon
プロバイダー GUID:           {F33959B4-DBEC-11D2-895B-00C04F79AB69}
Level:                       0
KeywordsAll:                 0x0
KeywordsAny:                 0x0
Properties:                  0
フィルターの種類:            0

コマンドは、正しく完了しました。
```

■ コマンドの働き

「Logman Create Trace」コマンドは、イベントトレースデータコレクタセットとデータコレクタを作成する。また、「Logman Update Trace」コマンドは、既存のイベントトレースデータコレクタセットとデータコレクタを編集する。

イベントトレースデータコレクタセットは、任意のイベントトレースプロバイダが出力するイベント情報を収集して、指定したファイルやSQLデータベースに保存する。

▚ Logman {Import | Export}
──データコレクタセットをインポート／エクスポートする

| Vista | 2008 | 2008R2 | 7 | 2012 | 8 | 2012R2 | 8.1 | 10 | 2016 | 2019 | 2022 | 11 |
| UAC |

4

システム管理編

構文

Logman {Import | Export} [-n] データコレクタセット名 -Xml 構成ファイル名
[共通オプション]

■ スイッチとオプション

-Xml 構成ファイル名
　　インポートまたはエクスポートするXMLファイルを指定する。

実行例

SamplePerf5をエクスポートし、削除後にインポートする。この操作には管理者権限が必要。

```
C:¥Work>Logman Export SamplePerf5 -Xml .¥SamplePerf5.xml
コマンドは、正しく完了しました。

C:¥Work>Logman Delete SamplePerf5
コマンドは、正しく完了しました。

C:¥Work>Logman Import SamplePerf5 -Xml .¥SamplePerf5.xml
コマンドは、正しく完了しました。
```

■ コマンドの働き

「Logman Export」コマンドは、データコレクタセットの設定をXMLファイルに保存する。このXMLファイルを「Logman Import」コマンドで読み込むことで、データコレクタセットの移植や再作成が可能。

Logman Query──データコレクタセットの設定を表示する

XP | 2003 | 2003R2 | Vista | 2008 | 2008R2 | 7 | 2012 | 8 | 2012R2 | 8.1 | 10 | 2012R2 | 8.1 | 10 | 2016 | 2019 | 2022 | 11

構文

Logman [Query] [{Providers [プロバイダ名] | [-n] データコレクタセット名}]
[共通オプション]

■ スイッチとオプション

Providers [プロバイダ名]
　　　イベントトレース用のプロバイダ情報を表示する。プロバイダ名を指定すると、そのプロバイダの情報だけを表示する。

実行例

実行中のイベントトレースセッションを表示する。システムのすべてのイベントトレースセッションを表示するには管理者権限が必要。

```
C:¥Work>Logman Query -Ets

データ コレクター セット             種類                    状態
-------------------------------------------------------------------------
Eventlog-Security                    トレース                実行中
DiagLog                              トレース                実行中
Diagtrack-Listener                   トレース                実行中
EventLog-Application                 トレース                実行中
EventLog-System                      トレース                実行中
Microsoft-Windows-Rdp-Graphics-RdpIdd-Traceトレース          実行中
NtfsLog                              トレース                実行中
UAL_Usermode_Provider                トレース                実行中
UBPM                                 トレース                実行中
WdiContextLog                        トレース                実行中
MpWppTracing-20230116-184947-00000003-ffffffffトレース        実行中
MSDTC_TRACE_SESSION                  トレース                実行中
```

```
NetCfgTrace                              トレース                 実行中
UAL_Kernelmode_Provider                  トレース                 実行中
ECCB175F-1EB2-43DA-BFB5-A8D58A40A4D7     トレース                 実行中

コマンドは、正しく完了しました。
```

■ コマンドの働き

「Logman Query」コマンドは、既存のデータコレクタセットの設定や実行中のイベントトレースセッション、システムに登録されているイベントトレース用のプロバイダ情報を表示する。

▶ Logman {Start | Stop | Delete}
──データコレクタセットを開始/停止/削除する

`XP` `2003` `2003R2` `Vista` `2008` `2008R2` `7` `2012` `8` `2012R2` `8.1` `10` `2012R2` `8.1` `10` `2016` `2019` `2022` `11` `UAC`

構文

Logman {Start | Stop | Delete} [-n] *データコレクタセット名* [-As] [*共通オプション*]

■ スイッチとオプション

-As
> 非同期(Asymmetric)で実行する。 `2008R2 以降`

■ コマンドの働き

「Logman Start」コマンドと「Logman Stop」コマンドは、データコレクタセットを開始または終了する。また、「Logman Delete」コマンドは、停止中のデータコレクタセットを削除する。実行中のデータコレクタセットは削除できない。

Logoff.exe
デスクトップセッションを終了してログオフ(サインアウト)する

`2000` `XP` `2003` `2003R2` `Vista` `2008` `2008R2` `7` `2012` `8` `2012R2` `8.1` `10` `2016` `2019` `2022` `11`

構文

Logoff [{*セッション名* | *セッションID*}] [/Server:*コンピュータ名*] [/v] [/Vm]

▶ スイッチとオプション

{*セッション名* | *セッションID*}
> ログオフするデスクトップセッションを、名前またはIDで指定する。

/Server:*コンピュータ名*
> ログオフするリモートデスクトップサーバを指定する。省略するとローカルコンピュータからログオフする。

/v

結果を詳細モードで表示する。

/Vm

リモートデスクトップサーバ上または仮想マシン内のセッションをログオフする。リモートデスクトップセッションを特定できるIDを指定する必要がある。
`2008R2 以降`

実行例

セッション名rdp-tcp#0(セッションID 3)のリモートデスクトップセッションをログオフする。

```
C:\Work>Query Session
 セッション名        ユーザー名          ID  状態    種類      デバイス
  services                            0  Disc
  console          user2             2  Active
 >rdp-tcp#0        user1             3  Active
  rdp-tcp                        65536  Listen

C:\Work>Logoff rdp-tcp#0
```

コマンドの働き

Logoffコマンドは、ログオン(サインイン)中のデスクトップセッションを終了してログオフ(サインアウト)する。セッション名とセッションIDを両方省略すると、Logoffコマンドを実行したセッションを終了する。セッション名とセッションIDは、「Query Session」コマンドまたはQwinstaコマンドで確認できる。

Mode.com
シリアルポートやコンソールなどを設定する

`2000` `XP` `2003` `2003R2` `Vista` `2008` `2008R2` `7` `2012` `8` `2012R2` `8.1`
`10` `2016` `2019` `2022` `11`

構文1 シリアルポートを設定する

Mode *シリアルポート*[:] [Baud=*ビット/秒*] [Parity=*パリティチェック*] [Data=*データビット数*] [Stop=*ストップビット数*] [To={On | Off}] [Xon={On | Off}] [Odsr={On | Off}] [Octs={On | Off}] [Dtr={On | Off}] [Rts={On | Off | Hs | Tg}] [Idsr={On | Off}]

構文2 デバイスへの出力をシリアルポートにリダイレクトする

Mode *デバイス*[=*シリアルポート*]

構文3 コンソールのコードページを設定する

Mode CON[:] Cp [Select=*コードページ番号*] [/Status]

構文4 画面バッファのサイズを設定する

Mode CON[:] [Cols=*桁数*] [Lines=*行数*]

Mode CON[:] [Rate=**キーボード速度** Delay=**キーボードディレイ**]

■ スイッチとオプション

■ 構文1

シリアルポート [:]
COM1、COM2などのシリアルポートデバイス名を指定する。

Baud=ビット/秒
1秒間の転送ビット数を指定する。任意のビット数のほか、次の省略値も使用できる。

省略値	ビット / 秒
11	110
15	150
30	300
60	600
12	1,200（既定値）
24	2,400
48	4,800
96	9,600
19	19,200

Parity=パリティチェック
パリティチェックの設定を次の表から指定する。

パリティチェック	説明
n	なし（既定値）
e	偶数
o	奇数
m	マーク
s	スペース

Data=データビット数
データビット数として5~8の数値を指定する。既定値は7。

Stop=ストップビット数
ストップビット数として1、1.5、2のいずれかを指定する。既定値は1。

To={On | Off}
通信タイムアウトを、タイムアウトあり(On)またはタイムアウトなし(Off)で設定する。
既定値はタイムアウトなし(Off)

Xon={On | Off}
XON/XOFFプロトコルを有効(On)または無効(Off)に設定する。既定値は無効(Off)。

Odsr={On | Off}
Data Set Ready(DSR)ハンドシェイクを有効(On)または無効(Off)に設定する。既
定値は無効(Off)。

Octs={On | Off}
Clear to Send(CTS)ハンドシェイクを有効(On)または無効(Off)に設定する。既定

4

システム管理編

値は無効（Off）。

Dtr={On | Off}

　　Data Terminal Ready（DTR）ハンドシェイクを有効（On）または無効（Off）に設定する。
　　既定値は有効（On）。

Rts={On | Off | Hs | Tg}

　　Request to Send（RTS）ハンドシェイクを設定する。

RTS 設定	説明
On	有効（既定値）
Off	無効
Hs	ハンドシェイク
Tg	トグル

Idsr={On | Off}

　　DSR検知を有効（On）または無効（Off）に設定する。DSRハンドシェイクを有効にする場合はこの設定も有効にする。

■ 構文2

デバイス

　　LPT1などのデバイスを指定する。

シリアルポート

　　リダイレクト先のシリアルポートを指定する。

■ 構文3

Select=*コードページ番号*

　　コードページを番号で指定する。詳細はChcpコマンドを参照。

/Status

　　現在のコードページ設定を表示する。

■ 構文4

Cols=*桁数*

　　バッファの桁数を指定する。既定値は80文字または120文字。

Lines=*行数*

　　バッファの行数を指定する。既定値は300行または9,001行。

■ 構文5

Rate=*文字数*

　　キーを押したままのとき、1秒間にリピート入力できる文字数を指定する。既定値は31文字。

Delay=*待ち時間*

　　キーを押したままのとき、リピート入力を開始するまでの待ち時間を指定する。既定値は1（0.25秒）。

待ち時間	説明
1	0.25 秒（既定値）
2	0.50 秒
3	0.75 秒
4	1.00 秒

実行例1

シリアルポートCOM1を設定する。

```
C:¥Work>Mode COM1 Baud=19 Data=7 Stop=1 Parity=o

デバイス状態 COM1:
------------
    ボー レート:         19200
    パリティ:            Odd
    データ ビット:       7
    ストップ ビット:     1
    タイムアウト:        OFF
    XON/XOFF:           OFF
    CTS ハンドシェイク:  OFF
    DSR ハンドシェイク:  OFF
    DSR の検知:          OFF
    DTR サーキット:      ON
    RTS サーキット:      ON
```

実行例2

プリンタポートLPT1への出力をシリアルポートCOM2にリダイレクトする。

```
C:¥Work>Mode LPT1=COM2

デバイス状態 LPT1:
------------
    プリンター出力先の経路をシリアル ポート COM2 に変更します
```

██ コマンドの働き

Modeコマンドは、シリアルポートの通信設定やコンソールのバッファサイズなどを構成する。

Msiexec.exe　アプリケーションパッケージをインストール／アンインストールする

`2000` `XP` `2003` `2003R2` `Vista` `2008` `2008R2` `7` `2012` `8` `2012R2` `8.1` `10` `2016` `2019` `2022` `11`

構文1 アプリケーションパッケージをインストールまたはアンインストールする

Msiexec [*インストールオプション*] パッケージファイル名 [*表示オプション*] [*再起動オプション*] [*\ログオプション ログファイル名*] [*属性名=設定値*]

構文2 アプリケーションパッケージを更新する

Msiexec [*更新オプション*] パッチファイル名 [*表示オプション*] [*再起動オプション*] [*属性名=設定値*]

構文3 アプリケーションパッケージを修復する

Msiexec [*修復オプション*] パッケージファイル名 [*表示オプション*] [*再起動オプション*] [*属性名=設定値*]

スイッチとオプション

■ インストールオプション

インストールオプションは、アプリケーションパッケージのインストールまたはアンインストールを指示する。パッケージファイル名には、拡張子.msiのWindowsインストーラファイルを指定する。

インストールオプション	説明
{/i | /Package}	通常インストールを実行する
/a	管理インストールを実行する
/ju	現在のユーザーにアプリケーションを提供する
/jm	すべてのユーザーにアプリケーションを提供する
/g *言語ID*	/ju または /jm スイッチと併用して、言語 ID を指定する
/t *変換ファイル*	/ju または /jm スイッチと併用して、変換ファイル（拡張子 .mst）をセミコロン（;）で区切って 1 つ以上指定する
{/x | /Uninstall}	アンインストールを実行する

■ 表示オプション

表示オプションは、インストール、アンインストール、更新、修復の操作を実行中の、GUI表示を制御する。

表示オプション	説明
/Quiet	無人モードで操作を実行し、何も表示しない
/Passive	無人モードで操作を実行し、進捗バーを表示する
/Qn	UI を表示しない
/Qn+	最後のダイアログを除いて UI を表示しない
/Qb	基本的な UI だけを表示する
/Qb+	最後のダイアログを含めて基本的な UI だけを表示する
{/Qb+! | /Qb!+}	最後のダイアログを含めて基本的な UI だけを表示するが、キャンセルボタンを表示しない
/Qr	最小限の UI だけを表示する
/Qf	完全な UI を表示する（既定値）

■ 再起動オプション

再起動オプションは、操作完了時の再起動を制御する。

再起動オプション	説明
/NoRestart	再起動しない
/PromptRestart	再起動を実行するかユーザーに確認する
/ForceRestart	強制的に再起動する

■ ログオプション

ログオプションは、インストールオプションに /i、/Package、/x、/Uninstall を指定した場合に利用できる。/l に続いて次のオプションを1つ以上並べて指定する。/l だけを指定すると /liwearmo と同じ動作になる。

ログオプション	説明
a	操作開始時刻を含める（既定値）
c	初期 UI パラメータを含める
e	すべてのエラーメッセージを含める（既定値）
i	ステータス情報を含める（既定値）
m	メモリ不足または致命的な終了情報を含める（既定値）
o	ディスク領域不足情報を含める（既定値）
p	ターミナル情報を含める
r	操作固有の情報を含める（既定値）
u	ユーザー要求情報を含める
v	詳細出力を含める
w	致命的でない警告を含める（既定値）
x	追加のデバッグ情報を含める
!	行単位で情報をフラッシュする
*	v または x を除く情報を記録する
+	既存のログファイルに情報を追加する

■ 更新オプション

更新オプションは、Microsoft パッチファイル（拡張子 .msp）の適用または削除を制御する。パッチファイル名は、パッチファイルをセミコロン(;)で区切って1つ以上指定する。

更新オプション	説明
/p	更新プログラム（パッチ）をインストールする。管理インストール（/a）と併用できる
/Update	製品を更新する

■ 修復オプション

修復オプションは、アプリケーションパッケージを修復する。/f に続いて次のオプションを1つ以上並べて指定する。/f だけを指定すると /fomus と同じ動作になる。

修復オプション	説明
a	すべてのファイルを強制的に再インストールする
c	ファイルが見つからないか、チェックサムが異なる場合
d	ファイルが見つからないか、別のバージョンの場合
e	ファイルが見つからないか、バージョンが同じか、バージョンが古い場合
m	コンピュータのレジストリを修復する（既定値）
o	ファイルが見つからないか、バージョンが古い場合（既定値）
p	ファイルが見つからない場合
s	ショートカットを修復する（既定値）
u	ユーザーのレジストリを修復する（既定値）
v	ソースから実行して、パッケージをキャッシュしなおす

■ パッケージファイル名

インストールするパッケージファイル名(拡張子.msi)、または製品コードのGUIDを指定する。

■ パッチファイル名

適用するMicrosoftパッチファイル名(拡張子.msp)を指定する。

実行例

管理用テンプレートのパッケージファイルを、最小限のUI表示でインストールする。

```
C:¥Work>Msiexec /i "Administrative Templates (.admx) for Windows 11 September 2022
Update.msi" /Qr
```

コマンドの働き

Msiexecコマンドは、WindowsインストールパッケージやMicrosoftパッチファイルをインストール／更新／修復／削除する。

Powercfg.exe

電源オプション（電源プラン）を設定する

XP | 2003 | 2003R2 | Vista | 2008 | 2008R2 | 7 | 2012 | 8 | 2012R2 | 8.1 | 10 | 2016 | 2019 | 2022 | 11

構文

Powercfg スイッチ [オプション]

スイッチ

スイッチの先頭はスラッシュ(/)とハイフン(-)のどちらも使用できる。

スイッチ	説明
/Aliases	エイリアスと対応する GUID を表示する **Vista 以降**
/AvailableSleepStates	使用可能なスリープ状態のレベルを表示する
/BatteryAlarm	バッテリアラームを構成する **2003R2 以前**
/BatteryReport	バッテリの使用状況レポートを作成する **2012 以降**
/Change	電源プランの詳細な設定値を変更する **UAC**
/ChangeName	電源プランの名前と説明を変更する **Vista 以降**
/Create	アクティブな電源プランをコピーして新しい電源プランを作成する **2003R2 以前**
/Delete	電源プランを削除する
/DeleteSetting	電源プランから電源設定を削除する **Vista 以降**
/DeviceDisableWake	デバイスによるスリープ解除を無効にする **UAC**
/DeviceEnableWake	デバイスによるスリープ解除を有効にする **UAC**
/DeviceQuery	条件を満たすデバイスを表示する
/DuplicateScheme	電源プランを複製する **Vista 以降** **UAC**
/Energy	電源効率の診断レポートを作成する **2008R2 以降** **UAC**
/Export	電源プラン設定をファイルに書き出す **UAC**
/GetActiveScheme	アクティブな電源プランを表示する **Vista 以降**
/GetSecurityDescriptor	電源プランのセキュリティ記述子を表示する **Vista 以降**
/GlobalPowerFlag	グローバルな電源プラン機能を設定する **2003R2 以前**
/Hibernate	休止状態を有効または無効にする **UAC**
/Import	電源プラン設定をファイルから読み込む **UAC**
/LastWake	スリープ状態を最後に解除したイベント情報を表示する **Vista 以降**
/List	利用可能な電源プランを表示する
/Numerical	操作対象の電源プランを数字で指定できるようにする **2003R2 以前**
/PowerThrottling	アプリケーションの電源調整を設定する **10 1709 以降** **2019 以降** **11** **UAC**
/ProvisioningXml	電源プランのオーバーライドを含む XML ファイルを作成する **2022** **11**
/Query	電源プランの設定内容を表示する
/Requests	デバイスなどからの電源要求を表示する **2008R2 以降** **UAC**
/RequestsOverride	デバイスなどからの電源要求を上書きする **2008R2 以降** **UAC**
/SetActive	指定した電源プランをアクティブにする **UAC**
/SetACValueIndex	AC 電源使用時の電源オプションを設定する **Vista 以降** **UAC**
/SetDCValueIndex	バッテリ使用時の電源オプションを設定する **Vista 以降** **UAC**
/SetSecurityDescriptor	電源プランのセキュリティ記述子を設定する **Vista 以降** **UAC**
/SleepStudy	電源状態の変化に関するレポートを作成する **2012R2 以降** **UAC**
/SrumUtil	システムリソース使用状況モニタのデータベースをダンプする **10** **2016 以降** **11** **UAC**
/SystemPowerReport	システム電源切り替えの診断レポートを作成する **10 1703 以降** **2019 以降** **11** **UAC**
/SystemSleepDiagnostics	スリープ状態移行の診断レポートを作成する **10 1607 以降** **2016** **2019** **UAC**
/WakeTimers	アクティブなスリープ解除タイマーを表示する **2008R2 以降** **UAC**

「バランス」電源プランを複製して「スペシャル設定」電源プランを作成し、AC電源接続時にディスプレイの電源を切らないように設定する。

```
C:¥Work>Powercfg /List

既存の電源設定 (* アクティブ)
-----------------------------------
電源設定の GUID: 381b4222-f694-41f0-9685-ff5bb260df2e  (バランス) *
電源設定の GUID: 8c5e7fda-e8bf-4a96-9a85-a6e23a8c635c  (高パフォーマンス)
電源設定の GUID: a1841308-3541-4fab-bc81-f71556f20b4a  (省電力)

C:¥Work>Powercfg /DuplicateScheme 381b4222-f694-41f0-9685-ff5bb260df2e
電源設定の GUID: e70fcfa2-7227-425c-9a74-56124851d8d9  (バランス)

C:¥Work>Powercfg /List

既存の電源設定 (* アクティブ)
--------------------------------------
電源設定の GUID: 381b4222-f694-41f0-9685-ff5bb260df2e  (バランス) *
電源設定の GUID: 8c5e7fda-e8bf-4a96-9a85-a6e23a8c635c  (高パフォーマンス)
電源設定の GUID: a1841308-3541-4fab-bc81-f71556f20b4a  (省電力)
電源設定の GUID: e70fcfa2-7227-425c-9a74-56124851d8d9  (バランス)

C:¥Work>Powercfg /ChangeName e70fcfa2-7227-425c-9a74-56124851d8d9 スペシャル設定

C:¥Work>Powercfg /SetActive e70fcfa2-7227-425c-9a74-56124851d8d9

C:¥Work>Powercfg /Change Monitor-Timeout-AC 0
```

現在の電源プランを確認し、「自宅または会社のデスク」プランの「モニタの電源を切る」設定（AC電源使用時）を5分に変更する。

4

システム管理編

```
C:¥Work>Powercfg /List

既存の電源設定
----------------------
バッテリの最大利用
最小の電源管理
常にオン
プレゼンテーション
ポータブル/ラップトップ
自宅または会社のデスク

C:¥Work>Powercfg /Change 自宅または会社のデスク /Monitor-Timeout-AC 5
```

コマンドの働き

　Powercfgコマンドは、コンピュータの電源オプションを設定する。電源プランと利用可能な設定は、コンピュータのハードウェア構成、特にバッテリ動作が可能か否かで異なる。

■ Powercfg /Aliases —— エイリアスと対応するGUIDを表示する

Vista **2008** **2008R2** **7** **2012** **8** **2012R2** **8.1** **10** **2016** **2019** **2022** **11**

構文

Powercfg /Aliases

■ コマンドの働き

　「Powercfg /Aliases」コマンドは、Powercfgコマンドで使用するエイリアスを表示する。エイリアスは、電源プランやサブグループなどを指定する際に、GUIDの代わりに使用できる。代表的なエイリアスは次のとおり。

エイリアス	対象	GUID
SCHEME_BALANCED	バランス	381b4222-f694-41f0-9685-ff5bb260df2e
SCHEME_MAX	省電力	a1841308-3541-4fab-bc81-f71556f20b4a
SCHEME_MIN	高パフォーマンス	8c5e7fda-e8bf-4a96-9a85-a6e23a8c635c
SUB_BATTERY	バッテリ	e73a048d-bf27-4f12-9731-8b2076e8891f
SUB_BUTTONS	電源ボタンとカバー	4f971e89-eebd-4455-a8de-9e59040e7347
SUB_DISK	ハード ディスク	0012ee47-9041-4b5d-9b77-535fba8b1442
SUB_PCIEXPRESS	PCI Express	501a4d13-42af-4429-9fd1-a8218c268e20
SUB_PROCESSOR	プロセッサの電源管理	54533251-82be-4824-96c1-47b60b740d00
SUB_SLEEP	スリープ	238c9fa8-0aad-41ed-83f4-97be242c8f20
SUB_VIDEO	ディスプレイ	7516b95f-f776-4464-8c53-06167f40cc99

実行例

　エイリアスを表示する。

```
C:\Work>Powercfg /Aliases

a1841308-3541-4fab-bc81-f71556f20b4a  SCHEME_MAX
8c5e7fda-e8bf-4a96-9a85-a6e23a8c635c  SCHEME_MIN
381b4222-f694-41f0-9685-ff5bb260df2e  SCHEME_BALANCED
e73a048d-bf27-4f12-9731-8b2076e8891f  SUB_BATTERY
637ea02f-bbcb-4015-8e2c-a1c7b9c0b546   BATACTIONCRIT
d8742dcb-3e6a-4b3c-b3fe-374623cdcf06   BATACTIONLOW
 (以下略)
```

■ Powercfg /AvailableSleepStates
—— 使用可能なスリープ状態のレベルを表示する

XP **2003** **2003R2** **Vista** **2008** **2008R2** **7** **2012** **8** **2012R2** **8.1** **10**
2016 **2019** **2022** **11**

Powercfg {/AvailableSleepStates | /a}

実行例

コンピュータがサポートしているスリープ状態を表示する。

```
C:¥Work>Powercfg /AvailableSleepStates
以下のスリープ状態がこのシステムで利用可能です:
    スタンバイ (S3)
    休止状態
    高速スタートアップ

以下のスリープ状態はこのシステムでは利用できません:
    スタンバイ (S1)
        システム ファームウェアはこのスタンバイ状態をサポートしていません。

    スタンバイ (S2)
        システム ファームウェアはこのスタンバイ状態をサポートしていません。

    スタンバイ (S0 低電力アイドル)
        システム ファームウェアはこのスタンバイ状態をサポートしていません。

    ハイブリッド スリープ
        ハイパーバイザーはこのスタンバイ状態をサポートしていません。
```

■ コマンドの働き

「Powercfg /AvailableSleepStates」コマンドは、システムがサポートするスリープ状態のレベルを表示する。

ACPI（Advanced Configuration and Power Interface）では次の6段階のスリープモードを定めており、数字が大きいほど消費電力が少なくなる。利用可能なスリープ状態や詳細な電源管理はコンピュータによって異なる。

スリープ状態	説明
S0	通常実行
S1	省電力（クロックダウンなど）
S2	省電力（CPUの給電停止）
S3	スリープ
S4	休止状態（ハイバネーション）
S5	電源オフ（起動待機）

■ Powercfg /BatteryAlarm ── バッテリアラームを構成する

XP | 2003 | 2003R2

構文

Powercfg {/BatteryAlarm | /b} {Low | Critical} [設定 設定値]

■ スイッチとオプション

Low
> バッテリ残量低下時の動作を設定する。

Critical
> バッテリ切れの動作を設定する。

設定 設定値
> 以下のサブスイッチのいずれかを指定する。

設定	設定値	説明
/Activate	{On | Off}	アラームを有効（On）または無効（Off）にする
/Level	パーセンテージ	電源レベルが指定したパーセンテージに達したら、アラームをアクティブにする。パーセンテージは 0 から 100 の範囲で指定する
/Text	{On | Off}	メッセージによる通知を有効（On）または無効（Off）にする
/Sound	{On | Off}	音声による通知を有効（On）または無効（Off）にする
/Action	{None | Shutdown | Hibernate | Standby}	アラームがアクティブになったときの動作を指定する
/ForceAction	{On | Off}	プログラムが応答しない場合でもスタンバイまたはシャットダウンを実行する
/Program	{On | Off}	アラームがアクティブになったときに、あらかじめ設定しておいたタスクを実行するか指定する。コマンドは「Schtasks /Change」コマンドで構成する

■ コマンドの働き

「Powercfg /BatteryAlarm」コマンドは、バッテリ残量低下時の動作を設定する。

Powercfg /BatteryReport——バッテリの使用状況レポートを作成する

2012 8 2012R2 8.1 10 2016 2019 2022 11

構文

Powercfg /BatteryReport [/Output *ファイル名*] [/Xml] [/Duration *分析日数*] [/TransformXml *XMLファイル名*]

■ スイッチとオプション

/Output *ファイル名*
> レポートファイル名を指定する。省略すると、カレントフォルダにHTML形式で battery-report.html ファイルを作成する。

/Xml
> レポートをXML形式で出力する。

/Duration *分析日数*
> 指定した日数分の分析を実行する。省略すると全使用期間を対象にする。

/TransformXml XML *ファイル名*
> 指定したXML形式のレポートファイルをHTML形式に変換する。 10 1607 以降 2016 以降 11

4

システム管理編

バッテリの使用状況レポートを作成する。

```
C:¥Work>Powercfg /BatteryReport
バッテリ寿命レポートがファイル パス C:¥Work¥battery-report.html に保存されました。
```

■ コマンドの働き

「Powercfg /BatteryReport」コマンドは、バッテリ使用状況のレポートファイルを作成する。

Powercfg /Change——電源プランの詳細な設定値を変更する

[XP] [2003] [2003R2] [Vista] [2008] [2008R2] [7] [2012] [8] [2012R2] [8.1] [10]
[2016] [2019] [2022] [11] [UAC]

構文1 現在アクティブな電源プランの設定値を変更する [Vista 以降]

Powercfg {/Change | /x} 電源設定 設定値

構文2 指定した電源プランの詳細な設定値を変更する [Windows Server 2003 R2 以前]

Powercfg {/Change | /x} 設定名 電源設定 設定値 [{/Numerical | /n}]

■ スイッチとオプション

電源設定 設定値

次の電源設定と、対応する設定値を指定する。設定値に0を指定すると、電源設定は無効（たとえば電源を切らない）になる。Windows Serverだけは権限の昇格が必要。

・電源設定名の先頭にスラッシュ「/」を付ける。 [XP] [2003] [2003R2]

電源設定	説明
Monitor-Timeout-AC	AC 電源動作時に、指定時間経過後ディスプレイの電源を切る（単位：分）
Monitor-Timeout-DC	バッテリ動作時に、指定時間経過後ディスプレイの電源を切る（単位：分）
Disk-Timeout-AC	AC 電源動作時に、指定時間経過後ハードディスクの電源を切る（単位：分）
Disk-Timeout-DC	バッテリ動作時に、指定時間経過後ハードディスクの電源を切る（単位：分）
Standby-Timeout-AC	AC 電源動作時に、指定時間経過後スタンバイ状態にする（単位：分）
Standby-Timeout-DC	バッテリ動作時に、指定時間経過後スタンバイ状態にする（単位：分）
Hibernate-Timeout-AC	AC 電源動作時に、指定時間経過後休止状態にする（単位：分）
Hibernate-Timeout-DC	バッテリ動作時に、指定時間経過後休止状態にする（単位：分）
/Processor-Throttle-AC	調整設定を指定する [XP] [2003] [2003R2]
/Processor-Throttle-DC	調整設定を指定する [XP] [2003] [2003R2]

調整設定	説明
None	最大パフォーマンス
Constant	最小パフォーマンス
Degrade	最小パフォーマンスでバッテリ低下に従ってクロック低下
Adaptive	動的に調整する

4

システム管理編

設定名

電源プランの名前を指定する。 **XP** **2003** **2003R2**

{/Numerical | /n}

操作対象の電源プランを番号で指定できるようにする。 **XP** **2003** **2003R2**

実行例

AC電源接続時はディスプレイをオフにしないように設定する。

```
C:¥Work>Powercfg /Change Monitor-Timeout-AC 0
```

■ **コマンドの働き**

「Powercfg /Change」コマンドは、電源設定の値を変更する。

Powercfg /ChangeName——電源プランの名前と説明を変更する

Vista **2008** **2008R2** **7** **2012** **8** **2012R2** **8.1** **10** **2016** **2019** **2022** **11**

構文

Powercfg /ChangeName *電源プランのGUID 新しい名前 [説明]*

■ **スイッチとオプション**

電源プランのGUID

変更対象の電源プランのGUIDを指定する。

新しい名前

新しい電源プラン名を指定する。

説明

説明を指定する。

実行例

電源プラン「バランス」の名前をSAMPLE_PLANに変更する。

```
C:¥Work>Powercfg /ChangeName SCHEME_BALANCED SAMPLE_PLAN 電源プランのサンプル
```

■ **コマンドの働き**

「Powercfg /ChangeName」コマンドは、電源プランの名前と説明を変更する。

Powercfg /Create
——アクティブな電源プランをコピーして新しい電源プランを作成する

XP **2003** **2003R2**

構文

Powercfg {/Create | /c} *設定名*

設定名
　　新しい電源プランの名前を指定する。

■ コマンドの働き

　「Powercfg /Create」コマンドは、現在アクティブな電源プランをコピーして、指定した設定名で新しい電源プランを作成する。

◤ Powercfg /Delete——電源プランを削除する

`XP` `2003` `2003R2` `Vista` `2008` `2008R2` `7` `2012` `8` `2012R2` `8.1` `10` `2016` `2019` `2022` `11`

構文 1 GUIDで指定した電源プランを削除する `Vista 以降`

Powercfg {/Delete | /d} *電源プランのGUID*

構文 2 設定名で指定した電源プランを削除する `Windows Server 2003 R2 以前`

Powercfg {/Delete | /d} *設定名* [{/Numerical | /n}]

■ スイッチとオプション

電源プランのGUID
　　操作対象の電源プランをGUIDで指定する。

設定名
　　操作対象の電源プランを名前で指定する。

{/Numerical | /n}
　　操作対象の電源プランを番号で指定できるようにする。 `XP` `2003` `2003R2`

実行例

　後述する「Powercfg /DuplicateScheme」コマンドで作成した電源プラン「全力」を削除する。

```
C:\Work>Powercfg /Delete 28369c67-2e8c-45f4-8f26-ca95f33bfde7
```

■ コマンドの働き

　「Powercfg /Delete」コマンドは、電源プランを削除する。現在アクティブな電源プランは削除できない。

◤ Powercfg /DeleteSetting——電源プランから電源設定を削除する

`Vista` `2008` `2008R2` `7` `2012` `8` `2012R2` `8.1` `10` `2016` `2019` `2022` `11`

構文

Powercfg /DeleteSetting *サブグループのGUID* *電源設定のGUID*

■ スイッチとオプション

サブグループの GUID

削除したい電源設定を含むサブグループの GUID を指定する。サブグループと電源設定の GUID は「Powercfg /Query」コマンドで確認できる。

電源設定の GUID

削除対象の電源設定を GUID で指定する。

実行例

電源プラン「サンプル」から、「次の時間が経過後ハード ディスクの電源を切る」設定を削除する。

```
C:¥Work>Powercfg /Query
電源設定の GUID: 366e9ef0-9e66-4013-86e2-f8a4896ca43a   (サンプル)
  サブグループの GUID: 0012ee47-9041-4b5d-9b77-535fba8b1442   (ハード ディスク)
    GUID エイリアス: SUB_DISK
    電源設定の GUID: 6738e2c4-e8a5-4a42-b16a-e040e769756e   (次の時間が経過後ハード
ディスクの電源を切る)
      GUID エイリアス: DISKIDLE
      利用可能な設定の最小値: 0x00000000
      利用可能な設定の最大値: 0xffffffff
      利用可能な設定の増分: 0x00000001
      利用可能な設定の単位: 秒
      現在の AC 電源設定のインデックス: 0x0000001e
      現在の DC 電源設定のインデックス: 0x0000001e
  (以下略)

C:¥Work>Powercfg /DeleteSetting 0012ee47-9041-4b5d-9b77-535fba8b1442 6738e2c4-e8a5-
4a42-b16a-e040e769756e
```

■ コマンドの働き

「Powercfg /DeleteSetting」コマンドは、電源プランから電源設定を削除する。

▐ Powercfg {/DeviceEnableWake | /DeviceDisableWake} ── デバイスによるスリープ解除を有効／無効にする

[XP] [Vista] [2008] [2008R2] [7] [2012] [8] [2012R2] [8.1] [10] [2016] [2019] [2022]
[11] [UAC]

構文

Powercfg {/DeviceEnableWake | /DeviceDisableWake} *デバイス名*

■ スイッチとオプション

デバイス名

スリープ解除を有効または無効にするデバイスの名前を指定する。指定可能なデバイス名は、「Powercfg /DeviceQuery Wake_Programmable」コマンドで確認できる。スペースを含むデバイス名はダブルクォートで括る。

デバイス「ELAN Clickpad」のスリープ解除を設定する。この操作には管理者権限が必要。

```
C:¥Work>Powercfg /DeviceQuery Wake_Programmable
リモート デスクトップ マウス デバイス
Realtek I2S Audio Codec
ELAN Clickpad
HID キーボード デバイス (001)
HID 準拠コンシューマー制御デバイス (001)
HID 準拠ワイヤレス無線コントロール
リモート デスクトップ キーボード デバイス
HID 準拠マウス (001)
HID 準拠デバイス

C:¥Work>Powercfg /DeviceDisableWake "ELAN Clickpad"

C:¥Work>Powercfg /DeviceEnableWake "ELAN Clickpad"
```

■ コマンドの働き

「Powercfg /DeviceEnableWake」コマンドは、デバイスがスリープ状態を解除できるようにする。また、「Powercfg /DeviceDisableWake」コマンドは、デバイスがスリープ状態を解除できないようにする。

GUIのデバイスマネージャのデバイスのプロパティで、[電源の管理]タブの[このデバイスで、コンピュータのスタンバイ状態を解除する]オプションの設定に相当する。

Powercfg /DeviceQuery——条件を満たすデバイスを表示する

XP | Vista | 2008 | 2008R2 | 7 | 2012 | 8 | 2012R2 | 8.1 | 10 | 2016 | 2019 | 2022 | 11

構文

Powercfg /DeviceQuery フラグ

■ スイッチとオプション

フラグ
次のフラグのいずれかを指定する。

フラグ	説明
Wake_From_S1_Supported	浅いスリープ状態（S1）の解除をサポートするデバイス
Wake_From_S2_Supported	深いスリープ状態（S2）の解除をサポートするデバイス
Wake_From_S3_Supported	最深のスリープ状態（S3）の解除をサポートするデバイス
Wake_From_Any	すべてのスリープ状態の解除をサポートするデバイス
S1_Supported	浅いスリープ状態（S1）をサポートするデバイス
S2_Supported	深いスリープ状態（S2）をサポートするデバイス
S3_Supported	最深のスリープ状態（S3）をサポートするデバイス
S4_Supported	休止状態（S4）をサポートするデバイス
Wake_Programmable	スリープ状態の解除をユーザーが構成できるデバイス

4

システム管理編

Wake_Armed	スリープ状態を解除可能なデバイス
All_Devices	システム上の全デバイス
All_Devices_Verbose	システム上の全デバイスの詳細 **XP Vista 2008 2008R2 7**

最深のスリープ状態(S3)の解除をサポートするデバイスを表示する。

```
C:¥Work>Powercfg /DeviceQuery Wake_From_S3_Supported
USB ルート ハブ (USB 3.0)
標準 SATA AHCI コントローラー
PCI Express 下位スイッチ ポート
HID キーボード デバイス
High Definition Audio デバイス
(以下略)
```

■ コマンドの働き

「Powercfg /DeviceQuery」コマンドは、条件に一致するデバイスを表示する。

⊿ Powercfg /DuplicateScheme ── 電源プランを複製する

Vista 2008 2008R2 7 2012 8 2012R2 8.1 10 2016 2019 2022 11 UAC

構文

Powercfg /DuplicateScheme *複製元GUID* [*複製先GUID*]

■ スイッチとオプション

複製元GUID
　　複製元の電源プランをGUIDで指定する。

複製先GUID
　　既存の電源プランを上書きする場合に、複製先の電源プランをGUIDで指定する。省略すると新しい電源プランを作成して新規にGUIDを発行する。

実行例

電源プラン「バランス」をコピーして新しい電源プラン「全力」を作成する。

```
C:¥Work>Powercfg /DuplicateScheme SCHEME_BALANCED
電源設定の GUID: 28369c67-2e8c-45f4-8f26-ca95f33bfde7  (バランス)

C:¥Work>Powercfg /ChangeName 28369c67-2e8c-45f4-8f26-ca95f33bfde7 全力
```

■ コマンドの働き

「Powercfg /DuplicateScheme」コマンドは、GUIDで指定した電源プランを複製する。Windows Serverだけは権限の昇格が必要。

4

システム管理編

`2008R2` `7` `2012` `8` `2012R2` `8.1` `10` `2016` `2019` `2022` `11` `UAC`

構文

```
Powercfg /Energy [{/Output ファイル名 | /Trace [/d フォルダ名]}] [/Xml]
[/Duration 監視時間]
```

■ スイッチとオプション

/Output ファイル名

> レポートファイル名を指定する。省略すると、カレントフォルダにHTML形式で energy-report.htmlを作成して分析結果を表示する。

/Trace

> 分析なしでシステムの動作を記録する。

/d フォルダ名

> トレースデータファイルの出力先フォルダを指定する。省略すると、カレントフォルダにenergy-trace.etlファイルを作成する。

/Xml

> レポートをXML形式で出力する。

/Duration 監視時間

> 指定した秒数の間分析を実行する。既定値は60秒。

実行例

エネルギー効率とバッテリ寿命に関するレポートを作成する。この操作には管理者権限が必要。

```
C:\Work>Powercfg /Energy
トレースを 60 秒間有効にしています...
システムの動作を監視しています...
トレース データを分析しています...
分析が完了しました。

エネルギー効率の問題が見つかりました。

6 個のエラー
5 個の警告
20 個の情報

詳細については、C:\Work\energy-report.html を参照してください。
```

■ コマンドの働き

「Powercfg /Energy」コマンドは、エネルギー効率とバッテリ寿命に関するレポートを作成する。

4

■ Powercfg /Export —— 電源プランをファイルに書き出す

XP | 2003 | 2003R2 | Vista | 2008 | 2008R2 | 7 | 2012 | 8 | 2012R2 | 8.1 | 10 | 2016 | 2019 | 2022 | 11 | UAC

構文1 GUIDで指定した電源プランをエクスポートする Vista 以降

Powercfg /Export ファイル名 電源プランのGUID

構文2 指定した電源プランをエクスポートする Windows Server 2003 R2 以前

Powercfg {/Export | /e} 設定名 [/File ファイル名] [{/Numerical | /n}]

■ スイッチとオプション

ファイル名
　　エクスポート先のファイル名を指定する。

電源プランのGUID
　　操作対象の電源プランをGUIDで指定する。

設定名
　　エクスポートする電源プラン名を指定する。 XP | 2003 | 2003R2

/File ファイル名
　　エクスポート先のファイル名を指定する。拡張子は必須ではないが、.powなどわかりやすいものを指定するとよい。省略すると、カレントフォルダにscheme.powファイルを作成する。 XP | 2003 | 2003R2

{/Numerical | /n}
　　操作対象の電源プランを番号で指定できるようにする。 XP | 2003 | 2003R2

実行例

電源プラン「サンプル」をエクスポートする。この操作には管理者権限が必要。

```
C:\Work>Powercfg /DuplicateScheme SCHEME_BALANCED
電源設定の GUID: a735f9a3-6aaa-4d14-9564-0becea76d4ca  (バランス)

C:\Work>Powercfg /ChangeName a735f9a3-6aaa-4d14-9564-0becea76d4ca サンプル

C:\Work>Powercfg /Export Sample.pow a735f9a3-6aaa-4d14-9564-0becea76d4ca
```

■ コマンドの働き

「Powercfg /Export」コマンドは、電源プランの設定をファイルに書き出す。

■ Powercfg /GetActiveScheme —— アクティブな電源プランを表示する

Vista | 2008 | 2008R2 | 7 | 2012 | 8 | 2012R2 | 8.1 | 10 | 2016 | 2019 | 2022 | 11

構文

Powercfg /GetActiveScheme

4

システム管理編

アクティブな電源プランを表示する。

```
C:¥Work>Powercfg /GetActiveScheme
電源設定の GUID: 381b4222-f694-41f0-9685-ff5bb260df2e  (バランス)
```

■ コマンドの働き

「Powercfg /GetActiveScheme」コマンドは、アクティブな電源プランのGUIDと名前を表示する。

■ Powercfg /GetSecurityDescriptor
―― 電源プランのセキュリティ記述子を表示する

`Vista` `2008` `2008R2` `7` `2012` `8` `2012R2` `8.1` `10` `2016` `2019` `2022` `11`

構文

Powercfg /GetSecurityDescriptor {*電源プランのGUID* | *アクション*}

■ スイッチとオプション

電源プランのGUID
操作対象の電源プランのGUIDを指定する。

アクション
次のいずれかを指定する。

アクション	説明
ActionSetActive	電源プランをアクティブにする
ActionCreate	電源プランを新規作成する
ActionDefault	電源プランを既定値にする

実行例

「Powercfg /Export」コマンドで作成した電源プラン「サンプル」のSDDLを表示する。

```
C:¥Work>Powercfg /GetSecurityDescriptor a735f9a3-6aaa-4d14-9564-0becea76d4ca
O:BAG:SYD:P(A;CI;KRKW;;;BU)(A;CI;KA;;;BA)(A;CI;KA;;;SY)(A;CI;KA;;;CO)(A;CI;KR;;;AC)
(A;CI;KR;;;S-1-15-3-1024-1502825166-1963708345-2616377461-2562897074-4192028372-
3968301570-1997628692-1435953622)
```

■ コマンドの働き

「Powercfg /GetSecurityDescriptor」コマンドは、指定した電源プランまたはアクションのアクセス許可設定などを、セキュリティ記述子(SDDL：Security Descriptor Definition Language)形式で表示する。

■ Powercfg /GlobalPowerFlag
―― グローバルな電源プラン機能を設定する

`XP` `2003` `2003R2`

Powercfg {/GlobalPowerFlag | /g} {On | Off} /Option フラグ

■ スイッチとオプション

{On | Off}
　電源プランの機能を有効(On)または無効(Off)にする。

/Option フラグ
　設定する機能を次のいずれかのフラグで指定する。

フラグ	説明
BatteryIcon	システムトレイのバッテリメーターアイコン表示（GUI 設定の ［アイコンをタスクバーに常に表示する］オプションに相当）
MultiBattery	システムの電源メーターの複数のバッテリ表示
ResumePassword	回復時にパスワードの入力を求める（GUI 設定の ［スタンバイから回復するときにパスワードの入力を求める］オプションに相当）
WakeOnRing	Wake on Ring を設定する
VideoDim	バッテリ電源使用時に画面を暗くする

■ コマンドの働き

　「Powercfg /GlobalPowerFlag」コマンドは、電源プランに共通の電源プラン機能をオンまたはオフにする。

■ Powercfg /Hibernate──休止状態を有効または無効にする

XP | 2003 | 2003R2 | Vista | 2008 | 2008R2 | 7 | 2012 | 8 | 2012R2 | 8.1 | 10 |
2016 | 2019 | 2022 | 11 | UAC

Powercfg {/Hibernate | /h} {{On | Off} | /Size パーセンテージ | /Type タイプ}

■ スイッチとオプション

{On | Off}
　休止状態を有効(On)または無効(Off)にする。

/Size パーセンテージ
　休止状態を有効にして、全メモリに対する指定パーセンテージのサイズの休止状態ファイルを作成する。パーセンテージは50以上を指定する。 2008R2 以降

/Type タイプ
　休止状態ファイルの種類として、縮小(Reduced)または完全(Full)を指定する。
　Reducedを設定する場合は、事前に/Sizeオプションでサイズを0にして、システムでサイズを管理するよう設定する必要がある。 10 | 2016 | 2019 | 2022 | 11

　休止状態をいったん無効化したあと有効にして縮小設定にする。この操作には管理者権限が必要。

```
C:¥Work>Powercfg /Hibernate Off

C:¥Work>Powercfg /Hibernate On

C:¥Work>Powercfg /Hibernate /Size 0
        休止状態ファイルのサイズが 13715066880 バイトに設定されています。

C:¥Work>Powercfg /Hibernate /Type Reduced
        休止状態ファイルのサイズが 6857531392 バイトに設定されています。
```

■ コマンドの働き

「Powercfg /Hibernate」コマンドは、システムがサポートする場合、休止状態を有効また
は無効にする。

◢◣ Powercfg /Import —— 電源プラン設定をファイルから読み込む

| XP | 2003 | 2003R2 | XP | 2003 | 2003R2 | Vista | 2008 | 2008R2 | 7 | 2012 | 8 |
| 2012R2 | 8.1 | 10 | 2016 | 2019 | 2022 | 11 | UAC |

構文1 ファイルを読み込んで電源プランを構成する **Vista 以降**

Powercfg /Import ファイル名 [電源プランのGUID]

構文2 ファイルを読み込んで電源プランを構成する **Windows Server 2003 R2 以前**

Powercfg {/Import | /i} 設定名 [/File ファイル名] [{/Numerical | /n}]

■ スイッチとオプション

ファイル名

インポートするファイル名を絶対パスで指定する。

電源プランのGUID

操作対象の電源プランをGUIDで指定する。省略すると、エクスポート時のGUIDと
は異なるGUIDを新規に発行する。

設定名

インポートする電源プラン名を指定する。 **XP** **2003** **2003R2**

/File ファイル名

インポートするファイル名を指定する。省略すると、カレントフォルダのscheme.
powファイルを使用する。 **XP** **2003** **2003R2**

{/Numerical | /n}

操作対象の電源プランを番号で指定できるようにする。 **XP** **2003** **2003R2**

実行例

「Powercfg /Export」コマンドでエクスポートした電源プランをインポートする。この
操作には管理者権限が必要。

```
C:¥Work>Powercfg /Import C:¥Work¥Sample.pow
電源設定が正常にインポートされました。GUID: 7bcda230-3e10-42ac-8431-b7e70950cd3f
```

■ コマンドの働き

「Powercfg /Import」コマンドは、ファイルから電源プランの構成を読み込んで設定する。Windows Serverだけは権限の昇格が必要。

▌ Powercfg /LastWake
――スリープ状態を最後に解除したイベント情報を表示する

Vista | 2008 | 2008R2 | 7 | 2012 | 8 | 2012R2 | 8.1 | 10 | 2016 | 2019 | 2022 | 11

構文

Powercfg /LastWake

実行例

スリープ状態を最後に解除したイベント情報を表示する。

```
C:\Work>Powercfg /LastWake
スリープ状態の解除履歴カウント - 1
スリープ状態の解除履歴 [0]
  スリープ状態の解除元カウント - 0
```

■ コマンドの働き

「Powercfg /LastWake」コマンドは、スリープ状態を最後に解除したイベント情報を表示する。

▌ Powercfg /List――利用可能な電源プランを表示する

XP | 2003 | 2003R2 | Vista | 2008 | 2008R2 | 7 | 2012 | 8 | 2012R2 | 8.1 | 10
2016 | 2019 | 2022 | 11

構文

Powercfg {/List | /l}

実行例

電源プランを表示する。

```
C:\Work>Powercfg /List

既存の電源設定 (* アクティブ)
-----------------------------------
電源設定の GUID: 381b4222-f694-41f0-9685-ff5bb260df2e  (バランス) *
電源設定の GUID: 7bcda230-3e10-42ac-8431-b7e70950cd3f  (サンプル)
電源設定の GUID: 8c5e7fda-e8bf-4a96-9a85-a6e23a8c635c  (高パフォーマンス)
電源設定の GUID: a1841308-3541-4fab-bc81-f71556f20b4a  (省電力)
```

■ コマンドの働き

「Powercfg /List」コマンドは、現在のユーザーが利用可能な電源プランを表示する。

◢ Powercfg /PowerThrottling
── アプリケーションの電源調整を設定する

`10` `2019` `2022` `11` `UAC`

構文

Powercfg /PowerThrottling {Disable | Reset | List} [{/Path ファイル名 | /Pfn パッケージファミリ名}]

■ スイッチとオプション

{Disable | Reset | List}
    アプリケーションの電源調整を無効化(Disable)、リセット(Reset)、表示(List)する。
    `10 1709 以降` `2019 以降` `11`

/Path ファイル名
    調整対象のプログラムファイル名を指定する。

/Pfn パッケージファミリ名
    調整対象のパッケージファミリ名を指定する。

実行例

アプリケーションの電源調整を表示する。この操作には管理者権限が必要。

```
C:\Work>Powercfg /PowerThrottling List
Battery Usage Settings By App
============================
```

■ コマンドの働き

「Powercfg /PowerThrottling」コマンドは、アプリケーションの電源調整を設定する。

◢ Powercfg /ProvisioningXml
── 電源プランのオーバーライドを含むXMLファイルを作成する

`2022` `11`

構文

Powercfg {/ProvisioningXml | /Pxml} /Output ファイル名 [/Name フィールド値] [/Version フィールド値] [/Owner フィールド値] [/Id フィールド値]

■ スイッチとオプション

/Output ファイル名
    XMLファイルの保存先ファイル名を指定する。

/Name フィールド値
    XMLファイル中の "Name" フィールド値を指定する。

/Version フィールド値
    XMLファイル中の "Version" フィールド値を指定する。

/Owner *フィールド値*

XMLファイル中の"OwnerType"フィールド値を指定する。

/Id *フィールド値*

XMLファイル中の"ID"フィールド値を指定する。

(実行例)

フィールドの値を指定してXMLファイルを作成する。

```
C:¥Work>Powercfg /ProvisioningXml /Output Balance.xml /Name Sample.Power.Settings.
Control /Version 0.99 /Owner SOHO
```

■ コマンドの働き

「Powercfg /ProvisioningXml」コマンドは、アクティブな電源プランのオーバーライド
を含むXMLファイルを作成する。オプションで指定したフィールド値はXMLファイル
に埋め込まれる。XMLファイルをWindows構成デザイナーツールの入力として、プロビ
ジョニングパッケージを作成できる。

■ Powercfg /Query —— 電源プランの設定を表示する

XP **2003** **2003R2** **Vista** **2008** **2008R2** **7** **2012** **8** **2012R2** **8.1** **10**
2016 **2019** **2022** **11**

構文1 Vista以降

Powercfg {/Query | /q} [*電源プランのGUID*] [*サブグループのGUID*]

構文2 Windows Server 2003 R2以前

Powercfg {/Query | /q} [*設定名*] [{/Numerical | /n}]

■ スイッチとオプション

電源プランのGUID

操作対象の電源プランをGUIDで指定する。省略すると現在アクティブな電源プラン
の内容を表示する。GUIDは「Powercfg /List」コマンドで確認できる。

サブグループのGUID

電源プラン内のハードディスクやワイヤレスアダプタなど、サブ設定のGUIDを指定
する。省略すると現在アクティブな電源プランのサブ設定をすべて表示する。GUID
は「Powercfg /Query」コマンドで確認できる。

設定名

指定した電源プランの構成を表示する。省略すると現在アクティブな電源プランの構
成を表示する。 **XP** **2003** **2003R2**

{/Numerical | /n}

操作対象の電源プランを番号で指定できるようにする。 **XP** **2003** **2003R2**

(実行例)

電源プラン「サンプル」の設定を表示する。

```
C:\Work>Powercfg /Query 7bcda230-3e10-42ac-8431-b7e70950cd3f
電源設定の GUID: 7bcda230-3e10-42ac-8431-b7e70950cd3f  (サンプル)
  サブグループの GUID: 0012ee47-9041-4b5d-9b77-535fba8b1442  (ハード ディスク)
    GUID エイリアス: SUB_DISK
    電源設定の GUID: 6738e2c4-e8a5-4a42-b16a-e040e769756e  (次の時間が経過後ハード
ディスクの電源を切る)
      GUID エイリアス: DISKIDLE
      利用可能な設定の最小値: 0x00000000
      利用可能な設定の最大値: 0xffffffff
      利用可能な設定の増分: 0x00000001
      利用可能な設定の単位: 秒
    現在の AC 電源設定のインデックス: 0x000004b0
    現在の DC 電源設定のインデックス: 0x00000258
(以下略)
```

■ コマンドの働き

「Powercfg /Query」コマンドは、電源プランの設定内容を表示する。

■ Powercfg /Requests——デバイスなどからの電源要求を表示する

`2008R2` `7` `2012` `8` `2012R2` `8.1` `10` `2016` `2019` `2022` `11` `UAC`

構文

```
Powercfg /Requests
```

実行例

電源要求を表示する。この操作には管理者権限が必要。

```
C:\Work>Powercfg /Requests
DISPLAY:
なし。

SYSTEM:
なし。

AWAYMODE:
なし。

実行:
なし。

PERFBOOST:
なし。

ACTIVELOCKSCREEN:
なし。
```

■ コマンドの働き

「Powercfg /Requests」コマンドは、アプリケーションやデバイスドライバなどからの電源要求を表示する。

■ Powercfg /RequestsOverride
── デバイスなどからの電源要求を上書きする

`2008R2` `7` `2012` `8` `2012R2` `8.1` `10` `2016` `2019` `2022` `11` `UAC`

構文

Powercfg /RequestsOverride [*呼び出し元の種類 呼び出し元の名前* [*電源要求*]]

■ スイッチとオプション

呼び出し元の種類

次のいずれかを指定する。

呼び出し元の種類	説明
Process	プロセス
Service	サービス
Driver	デバイスドライバ

呼び出し元の名前

アプリケーションまたはデバイスドライバの名前を指定する。呼び出し元の種類と呼び出し元の名前は、「Powercfg /Requests」コマンドで確認できる。

電源要求

次のいずれかを1つ以上指定する。省略すると既存の優先設定を削除する。

電源要求	説明
Display	ディスプレイの設定
System	システムの設定
AwayMode	アウェーモードの設定

実行例

Realtek High Definition Audioドライバの電源要求を上書きする。この操作には管理者権限が必要。

```
C:¥Work>Powercfg /RequestsOverride Driver "Realtek High Definition Audio" System
```

■ コマンドの働き

「Powercfg /RequestsOverride」コマンドは、アプリケーションやデバイスドライバの電源要求に対して、システムの設定を優先するよう設定する。オプションをすべて省略すると、現在の電源要求の優先設定を表示する。

■ Powercfg /SetActive ── 電源プランをアクティブにする

`XP` `2003` `2003R2` `Vista` `2008` `2008R2` `7` `2012` `8` `2012R2` `8.1` `10`
`2016` `2019` `2022` `11` `UAC`

構文1 GUIDで指定した電源プランをアクティブにする `Vista 以降`

Powercfg {/SetActive | /s} *電源プランのGUID*

構文2 名前で指定した電源プランをアクティブにする `Windows Server 2003 R2 以前`

Powercfg {/SetActive | /s} *設定名* [{/Numerical | /n}]

■ スイッチとオプション

電源プランのGUID
　　操作対象の電源プランをGUIDで指定する。GUIDは「Powercfg /List」コマンドで確認できる。

設定名
　　指定した電源プランをアクティブにする。 `XP` `2003` `2003R2`

{/Numerical | /n}
　　操作対象の電源プランを番号で指定できるようにする。 `XP` `2003` `2003R2`

実行例

電源プラン「サンプル」をアクティブにする。

```
C:¥Work>Powercfg /List

既存の電源設定 (* アクティブ)
------------------------------------
電源設定の GUID: 381b4222-f694-41f0-9685-ff5bb260df2e  (バランス) *
電源設定の GUID: 7bcda230-3e10-42ac-8431-b7e70950cd3f  (サンプル)
電源設定の GUID: 8c5e7fda-e8bf-4a96-9a85-a6e23a8c635c  (高パフォーマンス)
電源設定の GUID: a1841308-3541-4fab-bc81-f71556f20b4a  (省電力)

C:¥Work>Powercfg /SetActive 7bcda230-3e10-42ac-8431-b7e70950cd3f
```

■ コマンドの働き

「Powercfg /SetActive」コマンドは、GUIDまたは名前で指定した電源プランをアクティブにする。Windows Serverだけは権限の昇格が必要。

■ Powercfg /SetACValueIndex
——AC電源使用時の電源オプションを設定する

`Vista` `2008` `2008R2` `7` `2012` `8` `2012R2` `8.1` `10` `2016` `2019` `2022` `11` `UAC`

構文

Powercfg /SetACValueIndex *電源プランのGUID* *サブグループのGUID* *サブグループ内設定のGUID* *設定値*

電源プランのGUID

操作対象の電源プランをGUIDで指定する。GUIDは「Powercfg /Query」コマンドで確認できる。

サブグループのGUID

操作対象のサブグループのGUIDを指定する。GUIDは「Powercfg /Query」コマンドで確認できる。

サブグループ内設定のGUID

操作対象のサブグループ内設定のGUIDを指定する。GUIDは「Powercfg /Query」コマンドで確認できる。

設定値

対応する値を指定する。

実行例

電源プラン「サンプル」で、AC電源使用時の「低残量バッテリの動作」を「何もしない」に設定する。「現在の AC 電源設定のインデックス」の設定値が0x00000000になる。

```
C:¥Work>Powercfg /SetACValueIndex 7bcda230-3e10-42ac-8431-b7e70950cd3f SUB_BATTERY
BATACTIONLOW 0

C:¥Work>Powercfg /Query 7bcda230-3e10-42ac-8431-b7e70950cd3f
(中略)
    電源設定の GUID: d8742dcb-3e6a-4b3c-b3fe-374623cdcf06  (低残量バッテリの動作)
      GUID エイリアス: BATACTIONLOW
      利用可能な設定のインデックス: 000
      利用可能な設定のフレンドリ名: 何もしない
      利用可能な設定のインデックス: 001
      利用可能な設定のフレンドリ名: スリープ
      利用可能な設定のインデックス: 002
      利用可能な設定のフレンドリ名: 休止状態
      利用可能な設定のインデックス: 003
      利用可能な設定のフレンドリ名: シャットダウン
     現在の AC 電源設定のインデックス: 0x00000000
     現在の DC 電源設定のインデックス: 0x00000000
(以下略)
```

■ コマンドの働き

「Powercfg /SetACValueIndex」コマンドは、AC電源使用時の電源オプションを設定する。Windows Serverだけは権限の昇格が必要。

■ Powercfg /SetDCValueIndex
——バッテリ使用時の電源オプションを設定する

Vista **2008** **2008R2** **7** **2012** **8** **2012R2** **8.1** **10** **2016** **2019** **2022** **11**
UAC

4

システム管理編

Powercfg /SetDCValueIndex *電源プランのGUID* *サブグループのGUID* *サブグ
ループ内設定のGUID* *設定値*

■ スイッチとオプション

電源プランのGUID
　　操作対象の電源プランをGUIDで指定する。GUIDは「Powercfg /Query」コマンドで
　　確認できる。

サブグループのGUID
　　操作対象のサブグループのGUIDを指定する。GUIDは「Powercfg /Query」コマンド
　　で確認できる。

サブグループ内設定のGUID
　　操作対象のサブグループ内設定のGUIDを指定する。GUIDは「Powercfg /Query」コ
　　マンドで確認できる。

設定値
　　対応する値を指定する。

実行例

　　電源プラン「サンプル」で、バッテリ使用時の「低残量バッテリの動作」を「休止状態」に
設定する。「現在の DC 電源設定のインデックス」の設定値が0x00000003になる。

```
C:¥Work>Powercfg /SetDCValueIndex 7bcda230-3e10-42ac-8431-b7e70950cd3f SUB_BATTERY
BATACTIONLOW 3

C:¥Work>Powercfg /Query 7bcda230-3e10-42ac-8431-b7e70950cd3f
(中略)
    電源設定の GUID: d8742dcb-3e6a-4b3c-b3fe-374623cdcf06  (低残量バッテリの動作)
      GUID エイリアス: BATACTIONLOW
      利用可能な設定のインデックス: 000
      利用可能な設定のフレンドリ名: 何もしない
      利用可能な設定のインデックス: 001
      利用可能な設定のフレンドリ名: スリープ
      利用可能な設定のインデックス: 002
      利用可能な設定のフレンドリ名: 休止状態
      利用可能な設定のインデックス: 003
      利用可能な設定のフレンドリ名: シャットダウン
    現在の AC 電源設定のインデックス: 0x00000000
    現在の DC 電源設定のインデックス: 0x00000003
(以下略)
```

■ コマンドの働き

　　「Powercfg /SetDCValueIndex」コマンドは、バッテリ使用時の電源オプションを設定
する。Windows Serverだけは権限の昇格が必要。

4

システム管理編

Powercfg /SetSecurityDescriptor
―― 電源プランのセキュリティ記述子を設定する

[Vista] [2008] [2008R2] [7] [2012] [8] [2012R2] [8.1] [10] [2016] [2019] [2022] [11]
[UAC]

構文

Powercfg /SetSecurityDescriptor {*電源プランのGUID* | *アクション*} *SDDL*

■ スイッチとオプション

電源プランのGUID
　　操作対象の電源プランのGUIDを指定する。

アクション
　　次のいずれかを指定する。

アクション	説明
ActionSetActive	電源プランをアクティブにする
ActionCreate	電源プランを新規作成する
ActionDefault	電源プランを既定値にする

SDDL
　　電源プランまたはアクションに対応するセキュリティ記述子を指定する。

実行例

　電源プラン「サンプル」で、Authenticated Usersにフルコントロールのアクセス許可を設定する。この操作には管理者権限が必要。

```
C:\Work>Powercfg /SetSecurityDescriptor a735f9a3-6aaa-4d14-9564-0becea76d4ca
O:BAG:SYD:P(A;CI;GA;;;AU)
```

■ コマンドの働き

　「Powercfg /SetSecurityDescriptor」コマンドは、指定した電源プランまたはアクションに、SDDL形式でアクセス許可などを設定する。

Powercfg /SleepStudy ―― 電源状態の変化に関するレポートを作成する

[2012R2] [8.1] [10] [2016] [2019] [2022] [11] [UAC]

構文

Powercfg /SleepStudy [/Output *ファイル名*] [/Xml] [/Duration *分析日数*]
[/TransformXml *XMLファイル名*]

■ スイッチとオプション

/Output *ファイル名*
　　レポートファイル名を指定する。省略すると、カレントフォルダにHTML形式でsleepstudy-report.htmlファイルを作成する。

/Xml

レポートをXML形式で出力する。

/Duration *分析日数*

指定した日数分の分析を実行する。省略すると過去3日を対象にする。

/TransformXml *XMLファイル名*

指定したXML形式のレポートファイルをHTML形式に変換する。 `10` `2016` `2019` `2022` `11`

実行例

電源状態の変化に関するレポートを作成する。この操作には管理者権限が必要。

```
C:\Work>Powercfg /SleepStudy
スリープ検査レポートがファイル パス C:\Work\sleepstudy-report.html に保存されました。
```

■ コマンドの働き

「Powercfg /SleepStudy」コマンドは、電源状態の変化に関するレポートファイルを作成する。

Powercfg /SrumUtil
——システムリソース使用状況モニタのデータベースをダンプする

`10` `2016` `2019` `2022` `11` `UAC`

構文

Powercfg /SrumUtil [/Output *ファイル名*] [{/Xml | /Csv}]

■ スイッチとオプション

/Output *ファイル名*

レポートファイル名を指定する。省略すると、カレントフォルダにCSV形式でsrumutil.csvファイルを作成する。

{/Xml | /Csv}

出力ファイルの形式をXMLまたはCSVで指定する。

実行例

システムリソース使用状況モニタのデータベースをダンプする。この操作には管理者権限が必要。

```
C:\Work>Powercfg /SrumUtil
Completed with status 0 (0x00000000)
```

■ コマンドの働き

「Powercfg /SrumUtil」コマンドは、システムリソース使用状況モニタ(SRUM：System Resource Usage Monitor)のデータベースをファイルにダンプする。

Powercfg /SystemPowerReport
——システム電源切り替えの診断レポートを作成する

`10` `2019` `2022` `11` `UAC`

構文

Powercfg {/SystemPowerReport | /Spr} [/Output *ファイル名*] [/Xml]
[/Duration *分析日数*] [/TransformXml *XMLファイル名*] [/Transform *ファイ
ル名*] [/Json]

■ スイッチとオプション

/Output *ファイル名*

レポートファイル名を指定する。省略すると、カレントフォルダにHTML形式で
sleepstudy-report.htmlファイルを作成する。 `10 1703 以降` `2019` `2022` `11`

/Xml

レポートをXML形式で出力する。 `10 1703 以降` `2019` `2022` `11`

/Duration *分析日数*

指定した日数分の分析を実行する。省略すると過去3日を対象にする。 `10 1703 以降`
`2019` `2022` `11`

/TransformXml *XML ファイル名*

指定したXML形式のレポートファイルをHTML形式に変換する。 `10 1703 以降`
`2019`

/Transform *ファイル名*

XMLまたはJSON形式のファイルをHTML形式に変換する。 `2022` `11`

/Json

JSON（JavaScript Object Notation）形式のファイルを生成する。 `2022` `11`

実行例

システム電源切り替えの診断レポートを作成する。この操作には管理者権限が必要。

```
C:\Work>Powercfg /SystemPowerReport
スリープ検査レポートがファイル パス C:\Work\sleepstudy-report.html に保存されました。
```

■ コマンドの働き

「Powercfg /SystemPowerReport」コマンドは、システム電源切り替えの診断レポートファ
イルを作成する。

Powercfg /SystemSleepDiagnostics
——スリープ状態移行の診断レポートを作成する

`10` `2016` `2019` `UAC`

構文

Powercfg /SystemSleepDiagnostics [/Output *ファイル名*] [/Xml]
[/Duration *分析日数*] [/TransformXml *XMLファイル名*]

/Output ファイル名

　　レポートファイル名を指定する。省略すると、カレントフォルダにHTML形式で
　　system-sleep-diagnostics.htmlファイルを作成する。 `10 1607 以降` `2016` `2019`

/Xml

　　レポートをXML形式で出力する。 `10 1607 以降` `2016` `2019`

/Duration 分析日数

　　指定した日数分の分析を実行する。省略すると過去3日を対象にする。 `10 1607 以降`
　　`2016` `2019`

/TransformXml XML ファイル名

　　指定したXML形式のレポートファイルをHTML形式に変換する。 `10 1607 以降`
　　`2016` `2019`

実行例

　　スリープ状態移行の診断レポートを作成する。この操作には管理者権限が必要。

```
C:\Work>Powercfg /SystemSleepDiagnostics
システム スリープ タイムライン レポートがファイル パス C:\Work\system-sleep-
diagnostics.html に保存されました。
```

■ **コマンドの働き**

　「Powercfg /SystemSleepDiagnostics」コマンドは、スリープ状態移行の診断レポートを作
成する。Windows Server 2022 および Windows 11 では「Powercfg /SystemPowerReport」
スイッチを使用する。

■ Powercfg /WakeTimers
── アクティブなスリープ解除タイマーを表示する

`2008R2` `7` `2012` `8` `2012R2` `8.1` `10` `2016` `2019` `2022` `11` `UAC`

構文

Powercfg /WakeTimers

実行例

　　アクティブなスリープ解除タイマーを表示する。この操作には管理者権限が必要。

```
C:\Work>Powercfg /WakeTimers
システムにアクティブなスリープ解除タイマーがありません。
```

■ **コマンドの働き**

　「Powercfg /WakeTimers」コマンドは、アクティブなスリープ解除タイマーを表示する。

Reg.exe — レジストリを編集する

XP 2003 2003R2 Vista 2008 2008R2 7 2012 8 2012R2 8.1 10 2016 2019 2022 11

構文

Reg スイッチ [オプション]

スイッチ

スイッチ	説明
Add	レジストリキーやレジストリ値を作成する
Compare	2つのレジストリキーの下のレジストリ値を比較する
Copy	レジストリキーをコピーする
Delete	レジストリキーやレジストリ値を削除する
Export	レジストリキーをレジストリ登録ファイルに保存する
Flags	レジストリの仮想化フラグを操作する Vista以降 UAC
Import	レジストリ登録ファイルを読み込んで恒久的に使用する
Load	レジストリハイブファイルを読み込んで一時的に使用する
Query	レジストリキーやレジストリ値を検索して表示する
Restore	レジストリハイブファイルを読み込んで恒久的に使用する UAC
Save	レジストリキーをレジストリハイブファイルに保存する UAC
Unload	一時的に読み込んだレジストリハイブを解放する

共通オプション

レジストリキー

操作対象のレジストリキーを指定する。HKLMとHKUはリモートコンピュータを指定できる。ローカルコンピュータを指定する場合は「¥¥コンピュータ名」と同様に「¥¥.」も使用できる。

省略形	完全形
[¥¥コンピュータ名¥]HKLM	[¥¥ コンピュータ名 ¥]HKEY_LOCAL_MACHINE
[¥¥コンピュータ名¥]HKU	[¥¥ コンピュータ名 ¥]HKEY_USERS
HKCU	HKEY_CURRENT_USER
HKCR	HKEY_CLASSES_ROOT
HKCC	HKEY_CURRENT_CONFIG

/v レジストリ値

操作対象のレジストリ値を指定する。

/ve

操作対象のレジストリキーの既定値(名前のない空の値)を指定する。

/s

指定したキーとサブキーを操作対象にする。

4

システム管理編

305

/Se セパレータ

REG_MULTI_SZ型のレジストリ値を扱う際に、セパレータとなる文字を指定する。既定値は「¥0」(ヌル文字)。 2003 以降

/t データ型

データ型を次のいずれかで指定する。 2003 以降

データ型	説明
REG_NONE	データ型なし
REG_SZ	ヌル文字(¥0)で終わる文字列値
REG_EXPAND_SZ	展開可能な(環境変数など未展開の値を含む)文字列値
REG_BINARY	バイナリ値
REG_DWORD	DWORD値(32bit整数)
REG_DWORD_LITTLE_ENDIAN	リトルエンディアン形式のDWORD値
REG_DWORD_BIG_ENDIAN	ビッグエンディアン形式のDWORD値
REG_LINK	Unicodeのシンボリックリンク
REG_MULTI_SZ	ヌル文字(¥0)で終わる複数行文字列値
REG_RESOURCE_LIST	デバイスドライバのハードウェアリソースリスト
REG_FULL_RESOURCE_DESCRIPTOR	物理デバイスが使用するハードウェアリソースリスト
REG_RESOURCE_REQUIREMENTS_LIST	デバイスドライバのハードウェアリソース要求リスト
REG_QWORD	QWORD値(64bit整数)
REG_QWORD_LITTLE_ENDIAN	リトルエンディアン形式のQWORD値

/f

警告なしで操作を実行する。

/Reg:32

64bit版Windowsで32bitモードのレジストリを参照する。 2012 以降

/Reg:64

64bit版Windowsで64bitモードのレジストリを参照する。 2012 以降

コマンドの働き

Regコマンドは、レジストリキーとレジストリ値を参照および編集する。レジストリは複数のハイブで構成されており、実体はファイルとして%Windir%¥System32¥configフォルダなどに分割して保存されている。レジストリキーやレジストリ値、設定値にスペースを含む場合はダブルクォートで括る。コマンドの実行ユーザーにアクセス許可のないレジストリキーを操作する場合は権限の昇格が必要。

Reg Add——レジストリキーやレジストリ値を作成する

XP | 2003 | 2003R2 | Vista | 2008 | 2008R2 | 7 | 2012 | 8 | 2012R2 | 8.1 | 10 | 2016 | 2019 | 2022 | 11

構文

Reg Add レジストリキー [{/v レジストリ値 | /Ve}] [/t データ型] [/s セパレータ]
[/d 設定値] [/f] [{/Reg:32 | /Reg:64}]

■ スイッチとオプション

/d 設定値

　レジストリ値の設定値を指定する。

【実行例】

　レジストリキーHKEY_LOCAL_MACHINE¥SOFTWARE¥Policies¥Sample と、レジストリ値TestStringを作成する。HKLMの下にレジストリキーを作成するため管理者権限が必要。

```
C:¥Work>Reg Add HKLM¥SOFTWARE¥Policies¥Sample /v TestString /t REG_SZ /d "String
Sample"
この操作を正しく終了しました。

C:¥Work>Reg Query HKLM¥SOFTWARE¥Policies¥Sample

HKEY_LOCAL_MACHINE¥SOFTWARE¥Policies¥Sample
    TestString    REG_SZ    String Sample
```

■ コマンドの働き

　「Reg Add」コマンドは、レジストリキーやレジストリ値を作成する。既存のレジストリキーやレジストリ値を指定すると、上書きの確認プロンプトを表示する。

▎ Reg Compare —— 2つのレジストリキーの下のレジストリ値を比較する

XP 2003 2003R2 Vista 2008 2008R2 7 2012 8 2012R2 8.1 10
2016 2019 2022 11

【構文】

Reg Compare レジストリキー1 レジストリキー2 [{/v レジストリ値 | /Ve}] [/s]
[出力指定] [{/Reg:32 | /Reg:64}]

■ スイッチとオプション

レジストリキー1 レジストリキー2

　操作対象のレジストリキーを指定する。レジストリキー2でコンピュータ名だけを指定すると、キーのパスはレジストリキー1で指定したものを使用する。

/v レジストリ値

　指定したレジストリ値だけを比較する。省略すると指定した2つのレジストリキーの下のすべてのレジストリ値を比較する。

出力指定

　次のいずれかを指定する。

出力指定	説明
/Oa	一致するレジストリ値と一致しないレジストリ値を両方表示する
/Od	一致しないレジストリ値だけを表示する（既定値）
/Os	一致するレジストリ値だけを表示する
/On	比較結果を表示しない

4

システム管理編

レジストリキーHKLM¥SOFTWARE¥Microsoft¥OfficeとHKCU¥SOFTWARE¥Sample
の下を比較して、設定が異なるレジストリ値を表示する。

```
C:¥Work>Reg Compare HKLM¥SOFTWARE¥Microsoft¥Office HKCU¥SOFTWARE¥Sample /s
> 値: HKEY_CURRENT_USER¥SOFTWARE¥Sample¥Common  UserOriginal REG_SZ Test Value

比較の結果: 一致
この操作を正しく終了しました。
```

■ コマンドの働き

「Reg Compare」コマンドは、指定した2つのレジストリキーについて、サブキーやレジ
ストリ値、設定値の差異を比較して表示する。

✂ Reg Copy——レジストリキーをコピーする

| XP | 2003 | 2003R2 | Vista | 2008 | 2008R2 | 7 | 2012 | 8 | 2012R2 | 8.1 | 10 |
| 2016 | 2019 | 2022 | 11 |

構文

Reg Copy 送り元レジストリキー 宛先レジストリキー [/s] [/f] [{/Reg:32 |
/Reg:64}]

■ スイッチとオプション

送り元レジストリキー 宛先レジストリキー
　　コピー元とコピー先のレジストリキーを指定する。宛先レジストリキーがない場合は
　　新規作成する。

実行例

レジストリキーHKCU¥SOFTWARE¥Sampleを新規作成して、レジストリキーHKLM¥
SOFTWARE¥Microsoft¥Office以下すべてをコピーする。

```
C:¥WINDOWS¥system32>Reg Copy HKLM¥SOFTWARE¥Microsoft¥Office HKCU¥SOFTWARE¥Sample /s
この操作を正しく終了しました。
```

■ コマンドの働き

「Reg Copy」コマンドは、レジストリキーやレジストリ値を複製する。

✂ Reg Delete——レジストリキーやレジストリ値を削除する

| XP | 2003 | 2003R2 | Vista | 2008 | 2008R2 | 7 | 2012 | 8 | 2012R2 | 8.1 | 10 |
| 2016 | 2019 | 2022 | 11 |

構文

Reg Delete レジストリキー [{/v レジストリ値 | /Ve | /Va}] [/f] [{/Reg:32 |
/Reg:64}]

/Va

　　指定したレジストリキーの下にあるすべてのレジストリ値を削除する。サブキーは残る。

実行例

　　レジストリ値 TestString を削除する。HKLM の下のレジストリ値を削除するため管理者権限が必要。

```
C:¥Work>Reg Delete HKLM¥SOFTWARE¥Policies¥Sample /v TestString
レジストリ値 TestString を削除しますか? (Yes/No) y
この操作を正しく終了しました。
```

■ コマンドの働き

　　「Reg Delete」コマンドは、レジストリキーやレジストリ値を削除する。

Reg Export──レジストリキーをレジストリ登録ファイルに保存する

`XP` `2003` `2003R2` `Vista` `2008` `2008R2` `7` `2012` `8` `2012R2` `8.1` `10` `2016` `2019` `2022` `11`

構文

Reg Export *レジストリキー レジストリ登録ファイル名* [/y] [{/Reg:32 | /Reg:64}]

■ スイッチとオプション

レジストリ登録ファイル名

　　保存するレジストリ登録ファイルのファイル名を指定する。

/y

　　警告なしで既存のファイルを上書きする。 `2003 以降`

実行例

　　レジストリキー HKCU¥SOFTWARE¥Microsoft¥Office のすべてのサブキーとレジストリ値を、カレントフォルダのファイル MyOffice.reg に保存する。

```
C:¥Work>Reg Export HKCU¥SOFTWARE¥Microsoft¥Office MyOffice.reg
この操作を正しく終了しました。
```

■ コマンドの働き

　　「Reg Export」コマンドは、ローカルのレジストリキーとレジストリ値を、テキスト形式のレジストリ登録ファイルに保存する。レジストリキーのアクセス権設定は保存できない。

4

システム管理編

■ Reg Flags──レジストリの仮想化フラグを操作する

Vista | 2008 | 2008R2 | 7 | 2012 | 8 | 2012R2 | 8.1 | 10 | 2016 | 2019 | 2022 | 11
UAC

構文

Reg Flags *レジストリキー* [{Query | Set [*仮想化フラグ*]}] [/s] [{/Reg:32 |
/Reg:64}]

■ スイッチとオプション

レジストリキー
　　操作対象のHKLM¥SOFTWAREのサブキーを指定する。

Query
　　指定したレジストリキーのフラグを表示する（既定値）。

Set [*仮想化フラグ*]
　　次のフラグを並べて指定する。指定されていないフラグはクリアされる。フラグを省
　　略するとすべてのフラグをクリアする。 UAC

仮想化フラグ	説明
DONT_VIRTUALIZE	レジストリ書き込みの仮想化を無効にする
DONT_SILENT_FAIL	レジストリ読み取りの仮想化を無効にする
RECURSE_FLAG	仮想化設定を親キーから継承する

実行例

　レジストリキーHKLM¥SOFTWARE¥Sampleに、すべての仮想化フラグをセットする。
この操作には管理者権限が必要。

```
C:¥Work>Reg Flags HKLM¥SOFTWARE¥Sample Set DONT_VIRTUALIZE DONT_SILENT_FAIL RECURSE_
FLAG
この操作を正しく終了しました。

C:¥Work>Reg Flags HKLM¥SOFTWARE¥Sample

HKEY_LOCAL_MACHINE¥SOFTWARE¥Sample
        REG_KEY_DONT_VIRTUALIZE: SET
        REG_KEY_DONT_SILENT_FAIL: SET
        REG_KEY_RECURSE_FLAG: SET

この操作を正しく終了しました。
```

■ コマンドの働き

　「Reg Flags」コマンドは、HKEY_LOCAL_MACHINE¥SOFTWAREレジストリキー以
下の仮想化に対応した、レジストリ設定フラグを表示または編集する。仮想化設定の表示
はUACの制限を受けないが、編集には権限の昇格が必要。

■ Reg Import——レジストリ登録ファイルを読み込んで恒久的に使用する

| XP | 2003 | 2003R2 | Vista | 2008 | 2008R2 | 7 | 2012 | 8 | 2012R2 | 8.1 | 10 |
| 2016 | 2019 | 2022 | 11 |

構文

Reg Import *レジストリ登録ファイル名* [{/Reg:32 | /Reg:64}]

■ スイッチとオプション

レジストリ登録ファイル名
　　インポートするレジストリ登録ファイルのファイル名を指定する。

実行例

　レジストリ登録ファイル MyOffice.reg をインポートする。

```
C:¥Work>Reg Import MyOffice.reg
この操作を正しく終了しました。
```

■ コマンドの働き

　「Reg Import」コマンドは、ローカルのレジストリキーにレジストリ登録ファイルの内容を書き込む。レジストリキーのアクセス権設定は復元できない。

■ Reg Load——レジストリハイブファイルを読み込んで一時的に使用する

| XP | 2003 | 2003R2 | Vista | 2008 | 2008R2 | 7 | 2012 | 8 | 2012R2 | 8.1 | 10 |
| 2016 | 2019 | 2022 | 11 |

構文

Reg Load *レジストリキー ファイル名* [{/Reg:32 | /Reg:64}]

■ スイッチとオプション

レジストリキー
　　レジストリハイブを一時的に読み込むために使用するレジストリキーを指定する。使用可能なレジストリキーは、HKLM または HKU の直下にあるキーに限る。

ファイル名
　　ロードするレジストリハイブファイルのファイル名を指定する。

実行例

　レジストリキー HKU¥TempHive を作成して、レジストリハイブファイル Sample.hiv の内容をロードする。この操作には管理者権限が必要。

```
C:¥Work>Reg Load HKU¥TempHive Sample.hiv
この操作を正しく終了しました。
```

4

システム管理編

■ コマンドの働き

「Reg Load」コマンドは、レジストリハイブファイルの内容を任意のレジストリキーの下に読み込んで、一時的に参照および編集可能にする。

ロードできるのはHKEY_LOCAL_MACHINEまたはHKEY_USERSの直下のサブキーに限定されており、他のハイブや深い階層にロードすることはできない。また、ロード中はレジストリハイブファイルをロックしているため、他のプロセスはレジストリハイブファイルを使用できない。

■ Reg Query──レジストリキーやレジストリ値を検索して表示する

XP 2003 2003R2 Vista 2008 2008R2 7 2012 8 2012R2 8.1 10 2016 2019 2022 11

構文

Reg Query *レジストリキー* [{/v *レジストリ値* | /ve}] [/s] [/f *設定値* [{/k | /d}]
[/c] [/e]] [/t *データ型*] [/z] [/se *セパレータ*] [{/Reg:32 | /Reg:64}]

■ スイッチとオプション

/f *設定値*

検索する設定値またはパターンを指定する。スペースを含む場合はダブルクォートで括る。設定値にはワイルドカード「*」「?」を使用できる。 2003 以降

/k

/fスイッチと併用して、キー名だけを検索対象にする。 2003 以降

/d

/fスイッチと併用して、設定値だけを検索対象にする。 2003 以降

/c

/fスイッチと併用して、大文字と小文字を区別する。 2003 以降

/e

/fスイッチと併用して、完全に一致するものだけを返す。 2003 以降

/z

/vスイッチで指定したレジストリ値のデータ型を数値でも表示する。 2003 以降

実行例

TCP/IPv4のレジストリ設定からホスト名を検索して表示する。

```
C:¥Work>Reg Query "HKEY_LOCAL_MACHINE¥SYSTEM¥CurrentControlSet¥Services¥Tcpip¥Parame
ters" /v Hostname

HKEY_LOCAL_MACHINE¥SYSTEM¥CurrentControlSet¥Services¥Tcpip¥Parameters
    Hostname    REG_SZ    ws22stdc1
```

■ コマンドの働き

「Reg Query」コマンドは、レジストリキー、レジストリ値、設定値を表示する。

■ Reg Restore——レジストリハイブファイルを読み込んで恒久的に使用する

XP | 2003 | 2003R2 | Vista | 2008 | 2008R2 | 7 | 2012 | 8 | 2012R2 | 8.1 | 10 | 2016 | 2019 | 2022 | 11 | UAC

構文

Reg Restore *レジストリキー ファイル名* [{/Reg:32 | /Reg:64}]

■ スイッチとオプション

ファイル名
　　読み込むレジストリハイブファイルのファイル名を指定する。

実行例

　レジストリキーSample に、レジストリハイブファイル Sample.hiv の内容を復元する。この操作には管理者権限が必要。

```
C:¥Work>Reg Restore HKCU¥SOFTWARE¥Sample Sample.hiv
この操作を正しく終了しました。
```

■ コマンドの働き

　「Reg Restore」コマンドは、レジストリハイブファイルの内容を読み取り、アクセス許可も含めて指定したレジストリキーに恒久的に書き込む。指定したレジストリキーがない場合はエラーになる。レジストリキーのアクセス許可の有無にかかわらず権限の昇格が必要。

■ Reg Save——レジストリキーをレジストリハイブファイルに保存する

XP | 2003 | 2003R2 | Vista | 2008 | 2008R2 | 7 | 2012 | 8 | 2012R2 | 8.1 | 10 | 2016 | 2019 | 2022 | 11 | UAC

構文

Reg Save *レジストリキー ファイル名* [/y] [{/Reg:32 | /Reg:64}]

■ スイッチとオプション

ファイル名
　　保存するレジストリハイブファイル(バイナリ形式)のファイル名を指定する。

/y
　　警告なしで既存のファイルを上書きする。 **2003 以降**

実行例

　レジストリキーHKCU¥SOFTWARE¥Sample のすべてのサブキーとレジストリ値、設定値を、カレントフォルダのファイル Sample.hiv に保存する。この操作には管理者権限が必要。

```
C:¥Work>Reg Save HKCU¥SOFTWARE¥Sample Sample.hiv
この操作を正しく終了しました。
```

4

システム管理編

■ コマンドの働き

「Reg Save」コマンドは、レジストリキーをアクセス許可も含めてバイナリファイルに保存する。レジストリキーのアクセス許可の有無にかかわらず権限の昇格が必要。

Reg Unload──一時的に読み込んだレジストリハイブを解放する

XP | 2003 | 2003R2 | Vista | 2008 | 2008R2 | 7 | 2012 | 8 | 2012R2 | 8.1 | 10 | 2016 | 2019 | 2022 | 11

構文

Reg Unload *レジストリキー*

■ スイッチとオプション

レジストリキー

レジストリハイブをロードしたレジストリキーのパスを指定する。HKLM または HKU の直下にあるキーに限る。

実行例

レジストリキー HKU¥TempHive をアンロードする。この操作には管理者権限が必要。

```
C:¥Work>Reg Unload HKU¥TempHive
この操作を正しく終了しました。
```

■ コマンドの働き

「Reg Unload」コマンドは、「Reg Load」コマンドで読み込んだレジストリキーの編集結果をハイブファイルに保存して、レジストリキーとレジストリハイブファイルを解放する。

Regini.exe

設定ファイルを使用して
レジストリを編集する

2000 | XP | 2003 | 2003R2 | Vista | 2008 | 2008R2 | 7 | 2012 | 8 | 2012R2 | 8.1 | 10 | 2016 | 2019 | 2022 | 11

構文

Regini [{-m ¥¥*コンピュータ名* | -h*ハイブファイル ハイブルート* | -w *Win95パス*}] [-i *インデント*] [-o *出力文字数*] [-b] *設定ファイル*

スイッチとオプション

-m ¥¥*コンピュータ名*

操作対象のコンピュータ名を指定する。省略するとローカルコンピュータでコマンドを実行する。

-h *ハイブファイル ハイブルート*

操作対象のレジストリハイブファイルと、マウントするレジストリハイブのルートを指定する。Ntuser.dat などをマウントする際に指定する。

-w *Win95パス*

    Windows 95のSystem.datファイルとUser.datファイルのパスを指定する。 `2003` `2003R2`

-i *インデント*

    入力ファイルで使用するインデント(字下げ)の文字数を指定する。既定値は4文字。

-o *出力文字数*

    出力時の1行の最大文字数を指定する。既定値はコンソールウィンドウの幅。

-b

    古いReginiコマンドとの互換性を高める。

設定ファイル

    レジストリキーやレジストリ値の操作方法と、アクセス権の設定を記述したテキストファイルを、スペースで区切って1つ以上指定する。

■ 入力ファイルの文法

  セミコロン(;)よりあとはコメントとして扱う。また、複数行にまたがる行を記述する場合は「¥」記号を使って継続を示す。レジストリキーは次のように置換して記述する。

レジストリキー	置換後の記述
¥registry¥machine	HKEY_LOCAL_MACHINE 相当
¥registry¥users	HKEY_USERS 相当
¥registry¥user¥*ユーザーのSID*	HKEY_CURRENT_USER 相当
¥registry¥machine¥software¥classes	HKEY_CLASSES_ROOT 相当

  アクセス権は「キー名 [アクセス許可値リスト]」の形式で指定する。アクセス許可値リストは、以下の数値をスペースで区切って[]内に列挙する。既存のアクセス権を完全に置換するので、漏れがないようにする。

数値	説明
1	Administrators：フルコントロール
2	Administrators：読み取り
3	Administrators：読み取りと書き込み
4	Administrators：読み取り、書き込み、削除
5	CREATOR OWNER：フルコントロール
6	CREATOR OWNER：読み取りと書き込み
7	Everyone：フルコントロール
8	Everyone：読み取り
9	Everyone：読み取りと書き込み
10	Everyone：読み取り、書き込み、削除
11	Power Users：フルコントロール
12	Power Users：読み取りと書き込み
13	Power Users：読み取り、書き込み、削除
14	System Operators：フルコントロール
15	System Operators：読み取りと書き込み

4
システム管理編

前ページよりの続き

16	System Operators：読み取り、書き込み、削除
17	SYSTEM：フルコントロール
18	SYSTEM：読み取りと書き込み
19	SYSTEM：読み取り
20	Administrators：読み取り、書き込み、実行
21	INTERACTIVE：フルコントロール
22	INTERACTIVE：読み取りと書き込み
23	INTERACTIVE：読み取り、書き込み、削除

レジストリ値は「*レジストリ値 = データ型 設定値*」の形式で指定する。名前のない既定値は次のいずれかの書式で指定する。

● *= データ型 設定値*
● *@ = データ型 設定値*

キーやレジストリ値を削除するには次のように記述する。

● *キー名またはレジストリ値* = DELETE

使用可能なデータ型と設定値は次のとおり。

データ型	設定値
REG_SZ	テキスト（既定値）
REG_EXPAND_SZ	テキスト
REG_MULTI_SZ	" 文字列リスト "
REG_DATE	mm/dd/yyyy HH:MM DayOfWeek
REG_DWORD	DWORD 値
REG_BINARY	16 進数値
REG_NONE	16 進数値
REG_RESOURCE_LIST	16 進数値
REG_RESOURCE_REQUIREMENTS	16 進数値
REG_RESOURCE_REQUIREMENTS_LIST	16 進数値
REG_FULL_RESOURCE_DESCRIPTOR	16 進数値
REG_QWORD	QWORD 値
REG_MULTISZ_FILE	ファイル名
REG_BINARYFILE	ファイル名

16進数値を使用する場合は必ず最初にバイト数を指定する。

実行例

レジストリキーHKCUの下にレジストリキーTestを作成して、レジストリ値SampleValueと設定値「This is a test.」を追加する。また、レジストリ値OldValueがあれば削除する。レジストリキーTestのアクセス権は、Administrators、CREATOR OWNER、Everyone、SYSTEM、INTERACTIVEにフルコントロールを与える。自分自身のSIDは「Whoami

4

システム管理編

「/User」コマンドで確認できる。

```
C:¥Work>TYPE ReginiSample.txt
¥registry¥user¥S-1-5-21-2249762365-3817833934-863554133-1103
    Test [1 5 7 17 21]
¥registry¥user¥S-1-5-21-2249762365-3817833934-863554133-1103¥Test
    SampleValue = REG_SZ "This is a test."
    OldValue = DELETE

C:¥Work>Regini ReginiSample.txt
¥registry¥user¥S-1-5-21-2249762365-3817833934-863554133-1103
    Test [1 5 7 17 21]
¥registry¥user¥S-1-5-21-2249762365-3817833934-863554133-1103¥Test
    SampleValue = This is a test.
```

■ コマンドの働き

Reginiコマンドは、Windows 95やWindows NTと互換性のあるコマンドで、設定ファイルの指示に基づいてレジストリキー、レジストリ値、設定値、アクセス権を編集する。コマンドの実行ユーザーにアクセス許可のないレジストリキーを操作する場合は権限の昇格が必要。

Regsvr32.exe　　　DLLファイルを登録／削除する

| 2000 | XP | 2003 | 2003R2 | Vista | 2008 | 2008R2 | 7 | 2012 | 8 | 2012R2 | 8.1 |
| 10 | 2016 | 2019 | 2022 | 11 | UAC |

構文

Regsvr32 [/u] [/s] [/n] [/i[:コマンドライン]] DLLファイル名

■ スイッチとオプション

/u

　　DLL（Dynamic Link Library）を登録解除する。

/s

　　GUIのメッセージを表示しない。

/n

　　/iスイッチと併用して、DllRegisterServerまたはDllUnregisterServer APIを呼び出さず、/iスイッチで指定したコマンドを実行する。

/i[:コマンドライン]

　　/nスイッチと併用して、DllInstall APIを実行する。登録または登録解除用のコマンドラインを指定できる。

DLLファイル名

　　操作対象のDLLファイルを指定する。

4
システム管理編

317

ドメインコントローラでSchmmgmt.dllファイルを登録する。この操作には管理者権限が必要。

```
C:\Work>Regsvr32 /u /s Schmmgmt.dll
```

■ コマンドの働き

Regsvr32コマンドは、ActiveXコントロール、OLE(Object Linking and Embedding)コントロール、COM(Component Object Model)コンポーネントなどをシステムに登録または削除する。

Relog.exe
パフォーマンスログから新しいパフォーマンスログを作る

XP | 2003 | 2003R2 | Vista | 2008 | 2008R2 | 7 | 2012 | 8 | 2012R2 | 8.1 | 10 | 2016 | 2019 | 2022 | 11

構文

Relog *ログファイル名* [-a] [-c *カウンタ名*] [-Cf *カウンタファイル名*] [-f *ログ形式*] [-t *抽出間隔*] [-o *出力先*] [-b *開始日時*] [-e *終了日時*] [-Config *設定ファイル名*] [-q] [-y]

■ スイッチとオプション

ログファイル名
　編集対象のログファイル名をスペースで区切って1つ以上指定する。ファイル名にはワイルドカード「*」「?」を使用できる。

-a
　結果出力を既存のバイナリファイルに追加する。

-c *カウンタ名*
　編集するパフォーマンスカウンタをスペースで区切って1つ以上指定する。カウンタ名は次の形式で指定する。

　"[\\コンピュータ名]\カウンタオブジェクト名[(インスタンス)][\カウンタ名]"

　例1)"\\Processor Information(_Total)\% Processor Time"

　例2)"\PhysicalDisk(0 C:)\Current Disk Queue Length"

　例3)"\\Server1\Processor(0)\% User Time"

-Cf *カウンタファイル名*
　編集するパフォーマンスカウンタを、1行1カウンタで列挙したファイル名を指定する。

-f *ログ形式*
　ログ出力のフォーマットを次のいずれかで指定する。

出力形式	説明
BIN	バイナリファイル（既定値）
CSV	カンマ区切りテキスト

SQL	SQL データベーステーブル
TSV	タブ区切りテキスト

-t *抽出間隔*

指定した間隔(番号)おきにデータを抽出することで、サンプリング間隔を変更する。オリジナルのサンプリング間隔より短くすることはできない。

-o *出力先*

編集したパフォーマンスデータの出力先を指定する。既定値は標準出力(STDOUT)。ファイルに出力する場合はファイル名を指定する。SQL Server などのデータベースに出力する場合は、ODBCを使って「SQL:データセット名!ログセット名」の形式で指定する。

-b *YYYY/MM/DD hh:mm:ss*[{午前 | AM | 午後 | PM}]

指定した日時以降のデータを編集対象にする(begin)。

-e *YYYY/MM/DD hh:mm:ss*[{午前 | AM | 午後 | PM }]

指定した日時以前のデータを編集対象にする(end)。

-Config *設定ファイル名*

コマンドオプションを記述した設定ファイルを指定する。

-q

ログファイル中のパフォーマンスカウンタを表示する。

-y

すべての質問に対して確認なしで「はい」で応答する。

実行例

既存のパフォーマンスカウンタデータファイルからデータを3つおきに抽出して、CSV形式でNewLogData.csvファイルに保存する。

```
C:¥Work>Relog C:¥PerfLogs¥Admin¥SamplePerf1_000003.csv -f CSV -o NewLogData.csv -t 3

入力
----------------
ファイル:
    C:¥PerfLogs¥Admin¥SamplePerf1_000003.csv (CSV)

開始:       2021/10/31 17:03:24
終了:       2021/10/31 17:04:26
サンプル:   63


100.00%

出力
----------------
ファイル:   NewLogData.csv

開始:       2021/10/31 17:03:24
終了:       2021/10/31 17:04:26
サンプル:   21
```

コマンドは、正しく完了しました。

コマンドの働き

Relogコマンドは、既存のパフォーマンスログファイルから、任意のパフォーマンスカウンタや抽出間隔、抽出対象範囲を指定して切り出し、新しいパフォーマンスログファイルを生成する。

Rundll32.exe　　　　　　　DLL内の関数を実行する

2000 | XP | 2003 | 2003R2 | Vista | 2008 | 2008R2 | 7 | 2012 | 8 | 2012R2 | 8.1 | 10 | 2016 | 2019 | 2022 | 11

構文

Rundll32 DLL名, 関数名 [オプション]

スイッチとオプション

DLL名
　　DLLのファイル名を指定する。

関数名
　　DLLに定義された関数名を指定する。

オプション
　　関数に渡す設定を指定する。

実行例

コンピュータをロックする。

```
C:\Work>Rundll32.exe User32.dll, LockWorkStation
```

コマンドの働き

Rundll32コマンドは、DLLに内蔵されている関数を直接実行する。実行できない関数もある。コマンドなどが用意されていないWindowsの機能を呼び出すことができる。

Sc.exe　　　　　　　　　　サービスを構成する

XP | 2003 | 2003R2 | Vista | 2008 | 2008R2 | 7 | 2012 | 8 | 2012R2 | 8.1 | 10 | 2016 | 2019 | 2022 | 11

構文

Sc [\\コンピュータ名] スイッチ [サービス名] [オプション]

▚ スイッチ

スイッチ	説明
Boot	現在の起動設定を「前回正常起動時の構成」として保存する **UAC**
{Create | Config}	サービスを作成または編集する **UAC**
Control	サービスに制御コードを送信する **UAC**
Delete	サービスを削除する **UAC**
Description	サービスの説明文を編集する **UAC**
EnumDepend	サービスと依存関係のあるシステムコンポーネントを表示する
Failure	サービスのエラー回復設定を変更する **UAC**
FailureFlag	サービスがエラーで停止したときの操作の有無を構成する **UAC** **Vista 以降**
GetDisplayName	レジストリ登録名（キー名）を指定して表示名を表示する
GetKeyName	表示名を指定してレジストリ登録名（キー名）を表示する
Interrogate	SCM でのサービスの状態を更新する
{Lock | QueryLock}	SCM データベースのロックを操作する **UAC**
ManagedAccount	サービスの実行ユーザーを「グループの管理されたサービスアカウント」に設定する **UAC** **2012 以降**
PreferredNode	サービスの優先 NUMA ノードを設定する **UAC** **2008R2 以降**
Privs	サービスの特権を設定する **UAC** **Vista 以降**
Qc	サービスのレジストリ登録情報を表示する
QDescription	サービスの説明を表示する
QFailure	サービスのエラー回復設定を表示する
QFailureFlag	サービスの回復処理実行設定を表示する **Vista 以降**
QManagedAccount	サービスの実行ユーザーが「グループの管理されたサービスアカウント」か照会する **2012 以降**
QPreferredNode	サービスの優先 NUMA ノードを表示する **2008R2 以降**
QPrivs	サービスが要求する特権を表示する **Vista 以降**
QProtection	サービスのプロセス保護レベルを表示する **2012R2 以降**
QRunLevel	サービスの最低実行レベルを表示する **UAC** **2012** **8** **2012R2** **8.1**
QSidType	サービスの SID 種別を表示する
QTriggerInfo	サービスの起動トリガーを表示する **2008R2 以降**
{Query | QueryEx}	条件を指定してサービスの情報を表示する
QUserService	ユーザーごとのサービスのインスタンス情報を表示する **10 1607 以降** **2016 以降** **11**
RunLevel	サービスの最低実行レベルを設定する **UAC** **2012** **8** **2012R2** **8.1**
SdSet	サービスのアクセス権を SDDL 形式で設定する **UAC**
SdShow	サービスのアクセス権を SDDL 形式で表示する
ShowSid	サービスの SID を表示する
SidType	サービスの SID 種別を設定する **UAC**
{Start | Stop | Pause | Continue}	サービスを開始／停止／一時停止／再開する **UAC**
TriggerInfo	サービスの起動トリガーを設定する **UAC** **2008R2 以降**

4

システム管理編

共通オプション

¥¥コンピュータ名

　操作対象のコンピュータ名を指定する。省略するとローカルコンピュータでコマンドを実行する。

サービス名

　レジストリHKLM¥SYSTEM¥CurrentControlSet¥services以下に登録するサービス名を指定する。Scコマンドでは、基本的に表示名ではなくサービスの登録名を使用する。

バッファサイズ

　情報を保持するためのメモリ容量をバイト単位で指定する。表示情報＋1バイト以上のバッファが必要。

コマンドの働き

　Scコマンドは、サービスコントロールマネージャ（SCM：Service Control Manager）を通じてサービスを操作する。

Sc Boot——現在の起動設定を「前回正常起動時の構成」として保存する

| XP | 2003 | 2003R2 | Vista | 2008 | 2008R2 | 7 | 2012 | 8 | 2012R2 | 8.1 | 10 |
| 2016 | 2019 | 2022 | 11 | UAC |

構文

Sc [¥¥コンピュータ名] Boot {Ok | Bad}

■ スイッチとオプション

{Bad | Ok}

　前回正常起動時の構成（Last Known Good）として保存する（Ok）、または保存しない（Bad）。

実行例

　現在の起動設定を前回正常起動時の構成として保存する。この操作には管理者権限が必要。

```
C:¥Work>Sc Boot Ok
```

■ コマンドの働き

　Windowsのシステム設定を変更したあとにWindowsを正しく起動できなくなった場合、起動メニューで「前回正常起動時の構成」を選択することで、変更内容を取り消して起動できるようになる場合がある。

　起動時の構成はレジストリキー「HKEY_LOCAL_MACHINE¥SYSTEM¥ControlSet番号」に1つ以上保存されており、現在の起動時構成はHKEY_LOCAL_MACHINE¥SYSTEM¥CurrentControlSetが示している。

　最後に正常起動した構成は「HKEY_LOCAL_MACHINE¥SYSTEM¥Select¥LastKnownGood」にControlSet番号として記録されており、現在使用している起動時の構成を

4

システム管理編

LastKnownGoodに保存または破棄するよう指示するのが「Sc Boot」コマンドである。

■ Sc {Create | Config}──サービスを作成／編集する

XP | 2003 | 2003R2 | Vista | 2008 | 2008R2 | 7 | 2012 | 8 | 2012R2 | 8.1 | 10 | 2016 | 2019 | 2022 | 11 | UAC

構文

Sc [¥¥コンピュータ名] {Create | Config} サービス名 [Type= サービスの種類] [Start= スタートアップの種類] [Error= 回復オプション] [BinPath= 実行ファイルのパス] [Group= サービスグループオーダー] [Tag= {Yes | No}] [Depend= 依存関係] [Obj= ユーザー名] [DisplayName= 表示名] [Password= パスワード]

■ スイッチとオプション

「値 = 設定値」形式のオプションは、「=」(等号)と設定値の間にスペースを入れる必要がある。

Type= サービスの種類

サービスの種類(Typeレジストリ値)として、次のいずれかを指定する。

サービスの種類	設定値	説明
Kernel	1	サービスをデバイスドライバとして実行する
Filesys	2	サービスをファイルシステムドライバとして実行する
Adapt	4	サービスをアダプタドライバとして実行する
Rec	8	サービスをファイルシステム認識ドライバとして実行する
Own	16	サービスを自分自身のプロセスで実行する(既定値)
Share	32	サービスを共有プロセスとして実行する
UserOwn	80	サービスをユーザーモードの自身のプロセスとして実行する
UserShare	96	サービスをユーザーモードの共有プロセスとして実行する
Interact Type= {Own | Share}	Own=272 Share=288	デスクトップとの対話型サービスとして実行する。このオプションを指定すると、サービスはローカルシステムアカウント(Local System Account)で実行される

Start= スタートアップの種類

スタートアップの種類(Startレジストリ値およびDelayedAutoStartレジストリ値)として、次のいずれかを指定する。

スタートアップの種類	設定値	説明
Boot	0	ブート
System	1	システム
Auto	2	自動
Delayed-Auto	Start=2 DelayedAutostart=1	自動(遅延開始) Vista以降
Demand	3	手動(既定値)
Disabled	4	無効

Error= 回復オプション

システム起動時にサービスがエラーになった場合の回復オプション(ErrorControlレジストリ値)として、次のいずれかを指定する。

回復オプション	設定値	説明
Ignore	0	ログを記録しシステムの起動を継続する
Normal	1	ログを記録しエラーメッセージを表示するが、システムの起動は継続する（既定値）
Severe	2	ログを記録し、前回正常起動時の構成を使ってシステムを再起動する
Critical	3	ログを記録し、前回正常起動時の構成を使ってシステムを再起動するが、再度サービスがエラーになった場合はシステムを停止する

BinPath= 実行ファイルのパス

サービスとして実行するファイルのパス（ImagePathレジストリ値）を指定する。

Group= サービスグループオーダー

サービスがメンバーとして所属するグループ名（Groupレジストリ値）を指定する。指定可能なグループは、レジストリのHKLM¥System¥CurrentControlSet¥Control¥ServiceGroupOrderに保存される。

Tag= {Yes | No}

スタートアップの種類がBootまたはSystemのデバイスドライバについて、Tagレジストリ値を使用する（Yes）または使用しない（No）を指定する。

Depend= 依存関係

このサービスが開始される前に開始する必要のあるサービスまたはサービスグループ（DependOnServiceレジストリ値）を指定する。複数の依存関係がある場合は、名前をスラッシュで区切って指定する。

Obj= ユーザー名

サービスを実行するユーザー名（ObjectNameレジストリ値）を指定する。特殊なユーザーとして次のユーザー名を指定できる。ユーザー名にスペースを含む場合はダブルクォートで括る。特殊なユーザーにはパスワードは不要。

ユーザー名	説明
LocalSystem	ローカルシステムアカウント（既定値）。Administratorsグループのメンバーで、レジストリのプロファイルはHKEY_USERS¥.DEFAULTを使用する
NT AUTHORITY¥NETWORK SERVICE	コンピュータアカウントを使用してネットワークを使用できる。レジストリのプロファイルはHKEY_USERS¥S-1-5-20を使用する
NT AUTHORITY¥LOCAL SERVICE	匿名アクセスを許可するネットワークリソースにだけアクセスできる。レジストリのプロファイルはHKEY_USERS¥S-1-5-19を使用する
NT SERVICE¥ サービス名	仮想サービスアカウント

DisplayName= 表示名

サービスの表示名（DisplayNameレジストリ値）を指定する。

Password= パスワード

Objオプションで指定したユーザーのパスワードを指定する。

実行例1

メモ帳をNotepadサービスとして登録する。この操作には管理者権限が必要。

```
C:¥Work>Sc Create Notepad Type= Own Start= Demand Error= Normal Binpath=
```

```
%Systemroot%¥System32¥notepad.exe Obj= LocalSystem DisplayName= "Notepad Service"
[SC] CreateService SUCCESS
```

実行例2

Notepadサービスのスタートアップの種類を「無効」に、エラー回復オプションを「ログ
を記録しシステムの起動を継続」に設定する。この操作には管理者権限が必要。

```
C:¥Work>Sc Config Notepad Start= Disabled Error= Ignore
[SC] ChangeServiceConfig SUCCESS
```

■ コマンドの働き

「Sc Create」コマンドは、サービスを新規に登録する。サービスの種類やスタートアッ
プの種類などは、実行するサービスアプリケーションによって異なる。「Sc Config」コマ
ンドは、すでに登録されているサービスの設定を変更する。

▌ Sc Control——サービスに制御コードを送信する

XP | **2003** | **2003R2** | **Vista** | **2008** | **2008R2** | **7** | **2012** | **8** | **2012R2** | **8.1** | **10**
2016 | **2019** | **2022** | **11** | **UAC**

構文

Sc [¥¥コンピュータ名] Control サービス名 制御コード

■ スイッチとオプション

制御コード

サービスに通知する制御コードとして、次のいずれかを指定する。

制御コード	説明
NetBindAdd	ネットワークのバインドの追加
NetBindDisable	ネットワークのバインドの無効化
NetBindEnable	ネットワークのバインドの有効化
NetBindRemove	ネットワークのバインドの削除
ParamChange	設定変更
ユーザー定義コード	独自コード

実行例

DNS Clientサービスに設定変更の制御コードを送信する。この操作には管理者権限が
必要。

```
C:¥Work>Sc Control dnscache ParamChange

SERVICE_NAME: dnscache
        TYPE             : 10  WIN32_OWN_PROCESS
        STATE            : 4   RUNNING
                               (NOT_STOPPABLE, NOT_PAUSABLE, IGNORES_SHUTDOWN)
        WIN32_EXIT_CODE  : 0   (0x0)
```

```
        SERVICE_EXIT_CODE : 0  (0x0)
        CHECKPOINT        : 0x0
        WAIT_HINT         : 0x0
```

■ コマンドの働き

　サービスによっては、ネットワークに接続したり離脱したりしたときに、特別な動作を行うように設定されているものがある。こうしたサービスにシステム状態の変化を通知するのが「Sc Control」コマンドである。

■ Sc Delete──サービスを削除する

XP | 2003 | 2003R2 | Vista | 2008 | 2008R2 | 7 | 2012 | 8 | 2012R2 | 8.1 | 10
2016 | 2019 | 2022 | 11 | UAC

構文

Sc [¥¥コンピュータ名] Delete サービス名

実行例

　Notepadサービスを削除する。この操作には管理者権限が必要。

```
C:¥Work>Sc Delete Notepad
[SC] DeleteService SUCCESS
```

■ コマンドの働き

　「Sc Delete」コマンドは、サービスを削除する。実行中のサービスを削除する場合は、再起動時に完全に削除される。

■ Sc Description──サービスの説明文を編集する

XP | 2003 | 2003R2 | Vista | 2008 | 2008R2 | 7 | 2012 | 8 | 2012R2 | 8.1 | 10
2016 | 2019 | 2022 | 11 | UAC

構文

Sc [¥¥コンピュータ名] Description サービス名 *説明*

■ スイッチとオプション

説明
　サービスの説明を指定する。

実行例

　Notepadサービスに説明文を設定する。この操作には管理者権限が必要。

```
C:¥Work>Sc Description Notepad "メモ帳をバックグラウンドで起動する"
[SC] ChangeServiceConfig2 SUCCESS
```

■ コマンドの働き

　「Sc Description」コマンドは、サービスの説明文を設定する。設定した説明文はGUIのサービス管理コンソールにも表示される。

■ Sc EnumDepend
──サービスと依存関係のあるシステムコンポーネントを表示する

`XP` `2003` `2003R2` `Vista` `2008` `2008R2` `7` `2012` `8` `2012R2` `8.1` `10` `2016` `2019` `2022` `11`

構文

Sc [¥¥コンピュータ名] EnumDepend サービス名 [バッファサイズ]

実行例

　DHCP Clientサービスが依存するか、または依存されているシステムコンポーネントを表示する。

```
C:¥Work>Sc EnumDepend Dhcp
[SC] EnumDependentServices: entriesread = 3

SERVICE_NAME: NcaSvc
DISPLAY_NAME: Network Connectivity Assistant
        TYPE               : 20  WIN32_SHARE_PROCESS
        STATE              : 1  STOPPED
        WIN32_EXIT_CODE    : 1077  (0x435)
        SERVICE_EXIT_CODE  : 0  (0x0)
        CHECKPOINT         : 0x0
        WAIT_HINT          : 0x0


SERVICE_NAME: iphlpsvc
DISPLAY_NAME: IP Helper
        TYPE               : 30  WIN32
        STATE              : 4  RUNNING
                             (STOPPABLE, NOT_PAUSABLE, IGNORES_SHUTDOWN)
        WIN32_EXIT_CODE    : 0  (0x0)
        SERVICE_EXIT_CODE  : 0  (0x0)
        CHECKPOINT         : 0x0
        WAIT_HINT          : 0x0

SERVICE_NAME: WinHttpAutoProxySvc
DISPLAY_NAME: WinHTTP Web Proxy Auto-Discovery Service
        TYPE               : 30  WIN32
        STATE              : 4  RUNNING
                             (NOT_STOPPABLE, NOT_PAUSABLE, ACCEPTS_SHUTDOWN)
        WIN32_EXIT_CODE    : 0  (0x0)
        SERVICE_EXIT_CODE  : 0  (0x0)
        CHECKPOINT         : 0x0
        WAIT_HINT          : 0x0
```

4

システム管理編

■ コマンドの働き

「Sc DnumDepend」コマンドは、指定したサービスが他のサービスに依存している場合、そのサービス名を表示する。

■ Sc Failure──サービスのエラー回復設定を変更する

| XP | 2003 | 2003R2 | Vista | 2008 | 2008R2 | 7 | 2012 | 8 | 2012R2 | 8.1 | 10 |
| 2016 | 2019 | 2022 | 11 | UAC |

構文

Sc [¥¥*コンピュータ名*] Failure *サービス名* [Reset= *エラーカウントのリセット*]
[Reboot= *再起動メッセージ*] [Command= *プログラムの実行*] [Actions= *アクション*]

■ スイッチとオプション

「*値 = 設定値*」形式のオプションは、「=」(等号)と設定値の間にスペースを入れる必要がある。

Reset= *エラーカウントのリセット*

エラーカウントを0にリセットするまでの待ち時間を秒単位で指定する。Actionsスイッチも指定する必要がある。GUIの[回復]タブの[エラーカウントのリセット]オプションに相当する。

Reboot= *再起動メッセージ*

コンピュータを再起動する際に、ネットワーク上に送信するメッセージを指定する。GUIの[回復]タブの、[コンピュータの再起動のオプション]ー[再起動する前に、このメッセージをネットワーク上のコンピュータに送信する]オプションに相当する。

Command= *プログラムの実行*

エラー発生時に実行するプログラムとコマンドラインを指定する。GUIの[回復]タブの[プログラムの実行]オプションに相当する。

Actions= *アクション*

エラー発生時の回復オプション(FailureActionsレジストリ値)として、次のいずれかを指定する。複数のオプションを指定する場合は、スラッシュで区切って指定する。GUIの[回復]タブの、[最初のエラー][次のエラー][その後のエラー]の設定と[サービスの再起動]オプション、[コンピュータの再起動のオプション]ー[次の時間を経過後、コンピュータを再起動する]オプションに相当する。

アクション	説明
""	何もしない
restart/ミリ秒	サービスを再起動する
run/ミリ秒	プログラムを実行する
reboot/ミリ秒	コンピュータを再起動する

実行例

Notepadサービスで、リセット待ち時間を1時間に、再起動メッセージを「Notepadサービスを再起動します」に、エラー時の対応をサービス再起動、プログラム実行、システム再起動の順に設定し、それぞれの待ち時間を5秒、10秒、60秒に設定する。実行コマンド

4
システム管理編

はCmd.exeとする。この操作には管理者権限が必要。

```
C:¥Work>Sc Failure Notepad Reset= 3600 Reboot= "再起動します" Command= Cmd.exe
Actions= Restart/5000/Run/10000/Reboot/60000
[SC] ChangeServiceConfig2 SUCCESS
```

■ コマンドの働き

「Sc Failure」コマンドは、サービスの起動時や実行中にエラーが発生した場合の対処方法(エラー回復設定)を設定する。

■ Sc FailureFlag
——サービスがエラーで停止したときの操作の有無を構成する

| Vista | 2008 | 2008R2 | 7 | 2012 | 8 | 2012R2 | 8.1 | 10 | 2016 | 2019 | 2022 | 11 |
| UAC |

構文

Sc [¥¥コンピュータ名] FailureFlag サービス名 フラグ

■ スイッチとオプション

フラグ

回復オプションを実行について、次のいずれかを指定する。GUIの[回復]タブの[エラーで停止したときの操作を有効にする]オプションに相当する。

フラグ	説明
0	障害動作フラグをクリアし、回復オプションを実行しない
1	障害動作フラグをセットし、回復オプションを実行する

実行例

Notepadサービスでエラー停止時の操作を有効にする。この操作には管理者権限が必要。

```
C:¥Work>Sc FailureFlag Notepad 1
[SC] ChangeServiceConfig2 SUCCESS
```

■ コマンドの働き

「Sc FailureFlag」コマンドは、サービスがエラーで停止した際に、あらかじめ設定しておいたエラー回復処理を実行するか設定する。

■ Sc GetDisplayName——キー名を指定して表示名を表示する

| XP | 2003 | 2003R2 | Vista | 2008 | 2008R2 | 7 | 2012 | 8 | 2012R2 | 8.1 | 10 |
| 2016 | 2019 | 2022 | 11 |

構文

Sc [¥¥コンピュータ名] GetDisplayName サービス名 [バッファサイズ]

wuauservサービスの表示名を表示する。

```
C:¥Work>Sc GetDisplayName wuauserv
[SC] GetServiceDisplayName SUCCESS
名前 = Windows Update
```

■ コマンドの働き

「Sc GetDisplayName」コマンドは、レジストリ登録名(キー名)を指定して、対応する表示名を表示する。

Sc GetKeyName——表示名を指定してキー名を表示する

| XP | 2003 | 2003R2 | Vista | 2008 | 2008R2 | 7 | 2012 | 8 | 2012R2 | 8.1 | 10 |
| 2016 | 2019 | 2022 | 11 |

構文

Sc [¥¥コンピュータ名] GetKeyName サービスの表示名 [バッファサイズ]

■ スイッチとオプション

サービスの表示名
　　サービスの表示名を指定する。表示名にスペースを含む場合はダブルクォートで括る。

実行例

サービス表示名「Notepad Service」のサービス名を表示する。

```
C:¥Work>Sc GetKeyName "Notepad Service"
[SC] GetServiceKeyName SUCCESS
名前 = Notepad
```

■ コマンドの働き

「Sc GetKeyName」コマンドは、サービスの表示名を指定して、対応するレジストリ登録名(キー名)を表示する。

Sc Interrogate——SCMでのサービスの状態を更新する

| XP | 2003 | 2003R2 | Vista | 2008 | 2008R2 | 7 | 2012 | 8 | 2012R2 | 8.1 | 10 |
| 2016 | 2019 | 2022 | 11 |

構文

Sc [¥¥コンピュータ名] Interrogate サービス名

実行例

Remote Procedure Call(RPC)サービスの状態を更新する。

```
C:¥Work>Sc Interrogate Rpcss
```

```
SERVICE_NAME: Rpcss
        TYPE              : 20  WIN32_SHARE_PROCESS
        STATE             : 4  RUNNING
                                (NOT_STOPPABLE, NOT_PAUSABLE, IGNORES_SHUTDOWN)
        WIN32_EXIT_CODE   : 0  (0x0)
        SERVICE_EXIT_CODE : 0  (0x0)
        CHECKPOINT        : 0x0
        WAIT_HINT         : 0x0
```

■ コマンドの働き

「Sc Interrogate」コマンドは、指定したサービスに対して、最新の実行状態をSCMに報告するように指示する。

◤ Sc {Lock | QueryLock}──SCMデータベースのロックを操作する

XP | 2003 | 2003R2 | Vista | 2008 | 2008R2 | 7 | 2012 | 8 | 2012R2 | 8.1 | 10 | 2016 | 2019 | 2022 | 11 | UAC

構文

Sc [¥¥コンピュータ名] {Lock | QueryLock}

実行例

SCMデータベースをロックして、別のコマンドプロンプトでロック状態を表示する。「Sc Lock」コマンドの操作には管理者権限が必要。

```
C:¥Work>Sc Lock

アクティブなデータベースはロックされています。
API 経由でロックを解除するには u を押してください:

C:¥Work>Sc QueryLock
[SC] QueryServiceLockStatus SUCCESS
        IsLocked     : TRUE
        LockOwner    : .¥user1
        LockDuration : 7 (取得されてからの秒単位の時間)
```

■ コマンドの働き

「Sc Lock」コマンドは、SCMのデータベース編集などの目的で、SCMデータベースをロックする。ロック状態は、[Enter] キーを押してコマンドを終了するか、[U] キーを押して明示的にロックを解除するまで継続する。Windows 7以前のバージョンのWindowsでは、ロック中は新たにサービスを起動できなくなる。

◤ Sc ManagedAccount──サービスの実行ユーザーを「グループの管理 されたサービスアカウント」に設定する

2012 | 8 | 2012R2 | 8.1 | 10 | 2016 | 2019 | 2022 | 11 | UAC

Sc [¥¥コンピュータ名] ManagedAccount サービス名 {True | False}

■ スイッチとオプション

{True | False}
　グループの管理されたサービスアカウントを使用する(True)、または使用しない(False)
を指定する。

　Notepadサービスの実行ユーザーを、グループの管理されたサービスアカウントに設定
する。この操作には管理者権限が必要。

```
C:¥Work>Sc ManagedAccount Notepad True
[SC] ChangeServiceConfig2 SUCCESS
```

■ コマンドの働き

　「Sc ManagedAccount」コマンドは、サービスの実行ユーザーアカウントを「グループの
管理されたサービスアカウント」に設定する。「グループの管理されたサービスアカウント」
のパスワードを変更すると、同じ実行ユーザーアカウントを使用するすべてのサービスで
パスワードが変更される。

🔧 Sc PreferredNode──サービスの優先NUMAノードを設定する

| 2008R2 | 7 | 2012 | 8 | 2012R2 | 8.1 | 10 | 2016 | 2019 | 2022 | 11 | UAC |

Sc [¥¥コンピュータ名] PreferredNode サービス名 *NUMAノード番号*

■ スイッチとオプション

NUMAノード番号
　サービスを優先的に実行するNUMAノード番号(CPU番号)を指定する。設定を削除
するには-1を指定する。

　NotepadサービスをCPU 0で優先的に実行するよう設定する。この操作には管理者権
限が必要。

```
C:¥Work>Sc PreferredNode Notepad 0
[SC] ChangeServiceConfig2 SUCCESS
```

■ コマンドの働き

　「Sc PreferredNode」コマンドは、マルチプロセッサシステムなどにおいて、サービス
アプリケーションを優先的に実行するNUMAノード(CPU)を指定する。実行するNUMA

4

システム管理編

ノードを限定することで、他のアプリケーションのパフォーマンス向上などの効果を期待できる。

🔲 Sc Privs——サービスの特権を設定する

`Vista` `2008` `2008R2` `7` `2012` `8` `2012R2` `8.1` `10` `2016` `2019` `2022` `11` `UAC`

構文

Sc [¥¥コンピュータ名] Privs サービス名 *特権*

■ スイッチとオプション

特権
> サービスの特権(RequiredPrivilegesレジストリ値)を、スラッシュ(/)で区切って1つ以上指定する。特権を取り消す場合は、""またはスラッシュを指定する。

実行例

Notepadサービスに「プロセスレベルトークンの置き換え」「プログラムのデバッグ」「認証後にクライアントを偽装」の特権を設定する。この操作には管理者権限が必要。

```
C:¥Work>Sc Privs Notepad SeAssignPrimaryTokenPrivilege/SeDebugPrivilege/
SeImpersonatePrivilege
[SC] ChangeServiceConfig2 SUCCESS
```

■ コマンドの働き

「Sc Privs」コマンドは、サービスの実行に必要となる任意の特権を設定する。

参考

● 特権定数 (承認)
  https://learn.microsoft.com/ja-jp/windows/win32/secauthz/privilege-constants

🔲 Sc Qc——サービスのレジストリ登録情報を表示する

`XP` `2003` `2003R2` `Vista` `2008` `2008R2` `7` `2012` `8` `2012R2` `8.1` `10` `2016` `2019` `2022` `11`

構文

Sc [¥¥コンピュータ名] Qc サービス名 [バッファサイズ]

実行例

Notepadサービスのレジストリ設定を表示する。

```
C:¥Work>Sc Qc Notepad
[SC] QueryServiceConfig SUCCESS

SERVICE_NAME: Notepad
        TYPE               : 10  WIN32_OWN_PROCESS
```

```
START_TYPE          : 3    DEMAND_START
ERROR_CONTROL       : 1    NORMAL
BINARY_PATH_NAME    : C:\Windows\System32\notepad.exe
LOAD_ORDER_GROUP    :
TAG                 : 0
DISPLAY_NAME        : Notepad Service
DEPENDENCIES        :
SERVICE_START_NAME  : LocalSystem
```

■ コマンドの働き

「Sc Qc」コマンドは、指定したサービスのレジストリ登録情報を表示する。「Sc Query」コマンドや「Sc QueryEx」コマンドは、サービスの種類や実行状態を表示するので、目的に応じて使い分ける。

▎Sc QDescription──サービスの説明を表示する

XP 2003 2003R2 Vista 2008 2008R2 7 2012 8 2012R2 8.1 10 2016 2019 2022 11

構文

Sc [\\コンピュータ名] QDescription サービス名 [バッファサイズ]

実行例

Notepadサービスの説明文を表示する。

```
C:\Work>Sc QDescription Notepad
[SC] QueryServiceConfig2 SUCCESS

SERVICE_NAME: Notepad
説明:    メモ帳をバックグラウンドで起動する
```

■ コマンドの働き

「Sc QDescription」コマンドは、指定したサービスの説明文を表示する。

▎Sc QFailure──サービスのエラー回復設定を表示する

XP 2003 2003R2 Vista 2008 2008R2 7 2012 8 2012R2 8.1 10 2016 2019 2022 11

構文

Sc [\\コンピュータ名] QFailure サービス名 [バッファサイズ]

実行例

Notepadサービスのエラー回復設定を表示する。

```
C:\Work>Sc QFailure Notepad
[SC] QueryServiceConfig2 SUCCESS
```

```
SERVICE_NAME: Notepad
        RESET_PERIOD (in seconds)    : 3600
        REBOOT_MESSAGE               : 再起動します
        COMMAND_LINE                 : Cmd.exe
        FAILURE_ACTIONS              : RESTART -- 遅延 = 5000 ミリ秒です。
                                       RUN PROCESS -- 遅延 = 10000 ミリ秒です。
                                       REBOOT -- 遅延 = 60000 ミリ秒です。
```

■ コマンドの働き

「Sc QFailure」コマンドは、指定したサービスのエラー回復設定を表示する。

▓ Sc QFailureFlag
――サービスがエラーで停止したときの操作の有無を表示する

`Vista` `2008` `2008R2` `7` `2012` `8` `2012R2` `8.1` `10` `2016` `2019` `2022` `11`

構文

Sc [¥¥コンピュータ名] QFailureFlag サービス名

実行例

Notepadサービスの回復処理実行フラグを表示する。

```
C:¥Work>Sc QFailureFlag Notepad
[SC] QueryServiceConfig2 SUCCESS

SERVICE_NAME: Notepad
FAILURE_ACTIONS_ON_NONCRASH_FAILURES:  TRUE
```

■ コマンドの働き

「Sc QFailureFlag」コマンドは、指定したサービスがエラーで停止したときの操作の有無を表示する。

▓ Sc QManagedAccount
――サービスの実行ユーザーが「グループの管理されたサービスアカウント」か照会する

`2012` `8` `2012R2` `8.1` `10` `2016` `2019` `2022` `11`

構文

Sc [¥¥コンピュータ名] QManagedAccount サービス名

実行例

Notepadサービスの実行アカウントが、グループの管理されたサービスアカウントか表示する。

```
C:¥Work>Sc QManagedAccount Notepad
[SC] QueryServiceConfig2 SUCCESS
```

4
システム管理編

335

アカウントの管理 ： TRUE

■ コマンドの働き

「Sc QManagedAccount」コマンドは、サービスの実行ユーザーアカウントが「グループ管理されたサービスアカウント」か表示する。

■ Sc QPreferredNode——サービスの優先NUMAノードを表示する

`2008R2` `7` `2012` `8` `2012R2` `8.1` `10` `2016` `2019` `2022` `11`

構文

Sc [¥¥コンピュータ名] QPreferredNode サービス名

実行例

Notepadサービスの優先NUMAノード番号を表示する。

```
C:¥Work>Sc QPreferredNode Notepad
[SC] QueryServiceConfig2 SUCCESS

優先ノード ： 0
```

■ コマンドの働き

「Sc QPreferredNode」コマンドは、指定したサービスのNUMAノード番号を表示する。優先NUMAノード番号を設定していないサービスについて「Sc QPreferredNode」コマンドを実行すると、「パラメーターが間違っています。」というエラーが発生する。

■ Sc QPrivs——サービスが要求する特権を表示する

`Vista` `2008` `2008R2` `7` `2012` `8` `2012R2` `8.1` `10` `2016` `2019` `2022` `11`

構文

Sc [¥¥コンピュータ名] QPrivs サービス名 [バッファサイズ]

実行例

Notepadサービスが必要とする特権を表示する。

```
C:¥Work>Sc QPrivs Notepad
[SC] QueryServiceConfig2 SUCCESS

SERVICE_NAME: Notepad
        PRIVILEGES      : SeAssignPrimaryTokenPrivilege
                        : SeDebugPrivilege
                        : SeImpersonatePrivilege
```

■ コマンドの働き

「Sc QPrivs」コマンドは、指定したサービスが要求する特権を表示する。

■ Sc QProtection──サービスのプロセス保護レベルを表示する

`2012R2` `8.1` `10` `2016` `2019` `2022` `11`

構文

Sc [¥¥コンピュータ名] QProtection サービス名

実行例

Microsoft Defender Antivirus Service サービスの保護レベルを表示する。

```
C:¥Work>Sc QProtection WinDefend
[SC] QueryServiceConfig2 SUCCESS
サービス WinDefend 保護レベル: マルウェア対策 (低い)。
```

■ コマンドの働き

「Sc QProtection」コマンドは、指定したサービスのプロセス保護レベルを表示する。ウイルス対策ソフトなどの重要なサービスは、一般のサービスより高い保護レベルで実行されていることがある。

■ Sc QRunLevel──サービスの最低実行レベルを表示する

`2012` `8` `2012R2` `8.1`

構文

Sc [¥¥コンピュータ名] QRunLevel サービス名

実行例

Spooler サービスの最低実行レベルを表示する。

```
C:¥Work>Sc QRunLevel Spooler
[SC] QueryServiceConfig2 SUCCESS

最低実行レベル : 300
```

■ コマンドの働き

「Sc QRunLevel」コマンドは、指定したサービスの最低実行レベルを表示する。

■ Sc QSidType──サービスのSID種別を表示する

`XP` `2003` `2003R2` `Vista` `2008` `2008R2` `7` `2012` `8` `2012R2` `8.1` `10` `2016` `2019` `2022` `11`

構文

Sc [¥¥コンピュータ名] QSidType サービス名

実行例

Notepad サービスの SID 種別を表示する。

4

システム管理編

337

```
C:¥Work>Sc QSidType Notepad
[SC] QueryServiceConfig2 SUCCESS

SERVICE_NAME: Notepad
SERVICE_SID_TYPE:  RESTRICTED
```

■ コマンドの働き

「Sc QSidType」コマンドは、指定したサービスのSID種別を表示する。SID種別の詳細は「Sc SidType」コマンドを参照。

▟ Sc QTriggerInfo──サービスの起動トリガーを表示する

2008R2　7　2012　8　2012R2　8.1　10　2016　2019　2022　11

構文

Sc [¥¥コンピュータ名] QTriggerInfo サービス名 [バッファサイズ]

実行例

Notepadサービスのトリガーを表示する。

```
C:¥Work>Sc QTriggerInfo Notepad
[SC] QueryServiceConfig2 SUCCESS

サービス名: Notepad

        サービスの開始
          ドメインの参加状態          : 1ce20aba-9851-4421-9430-1ddeb766e809 [ドメイ
ンに参加済みです]
        サービスの停止
          ドメインの参加状態          : ddaf516e-58c2-4866-9574-c3b615d42ea1 [ドメイ
ンに参加していません]
```

■ コマンドの働き

「Sc QTriggerInfo」コマンドは、指定したサービスのトリガー設定を表示する。

▟ Sc {Query | QueryEx}──条件を指定してサービスの情報を表示する

XP　2003　2003R2　Vista　2008　2008R2　7　2012　8　2012R2　8.1　10
2016　2019　2022　11

構文

Sc [¥¥コンピュータ名] {Query | QueryEx} [サービス名] [type= サービスの種類] [state= サービス状態] [bufsize= バッファサイズ] [ri= インデックス番号]
[group= サービスグループオーダー]

■ スイッチとオプション

「値＝設定値」形式のオプションは、値も設定値も小文字で指定する。「＝」(等号)と設定

値の間にスペースを入れる必要がある。

type= サービスの種類

サービスの種類として次のいずれかを指定する。

サービスの種類	説明
driver	デバイスドライバだけ
service	サービスだけ（既定値）
userservice	ユーザーサービスだけ 10 1607 以降 2016 以降 11
all	デバイスドライバとサービス
own	自分自身のプロセスで実行するサービス
share	共有プロセスとして実行するサービス
interact	対話型サービス
kernel	デバイスドライバ
filesys	ファイルシステムドライバ
rec	ファイルシステム認識ドライバ（使用不可）
adapt	アダプタドライバ（使用不可）

state= サービス状態

サービスの実行状態として次のいずれかを指定する。

サービス状態	説明
all	すべてのサービス
active	実行中のサービス（使用不可）
inactive	一時停止または停止中のサービス

bufsize= バッファサイズ

情報を保持するためのメモリ容量をバイト単位で指定する。既定値は4,096バイト。

ri= インデックス番号

問い合わせの結果がバッファサイズを超える場合、インデックス番号で指定したところから情報を表示する。既定値は0。

group= サービスグループオーダー

サービスがメンバーとして所属するグループ名(Group)を指定する。指定可能なグループは、レジストリのHKLM¥System¥CurrentControlSet¥Control¥ServiceGroupOrderに保存されている。既定値は無指定("")で、全グループを表示する。

4

実行例1

Notepadサービスの設定を表示する。

```
C:¥Work>Sc Query Notepad

SERVICE_NAME: Notepad
        TYPE              : 10  WIN32_OWN_PROCESS
        STATE             : 1   STOPPED
        WIN32_EXIT_CODE   : 1077  (0x435)
        SERVICE_EXIT_CODE : 0   (0x0)
        CHECKPOINT        : 0x0
        WAIT_HINT         : 0x0
```

ファイルシステムドライバサービスで停止中のサービスについて、情報を表示する。

```
C:\Work>Sc Query type= filesys state= inactive

SERVICE_NAME: AppvStrm
DISPLAY_NAME: AppvStrm
        TYPE               : 2  FILE_SYSTEM_DRIVER
        STATE              : 1  STOPPED
        WIN32_EXIT_CODE    : 1077  (0x435)
        SERVICE_EXIT_CODE  : 0  (0x0)
        CHECKPOINT         : 0x0
        WAIT_HINT          : 0x0

SERVICE_NAME: AppvVemgr
DISPLAY_NAME: AppvVemgr
        TYPE               : 2  FILE_SYSTEM_DRIVER
        STATE              : 1  STOPPED
        WIN32_EXIT_CODE    : 1077  (0x435)
        SERVICE_EXIT_CODE  : 0  (0x0)
        CHECKPOINT         : 0x0
        WAIT_HINT          : 0x0
(以下略)
```

■ コマンドの働き

「Sc Query」コマンドは、指定した条件に一致するサービスの情報を表示する。「Sc QueryEx」コマンドは、「Sc Query」コマンドより詳細なサービスの情報を表示する。

■ Sc QUserService
── ユーザーごとのサービスのインスタンス情報を表示する

10 | 2016 | 2019 | 2022 | 11

構文

Sc QUserService サービステンプレート名

実行例

BluetoothUserServiceサービステンプレートから作成されたユーザーごとのサービスのインスタンスを表示する。

```
C:\Work>Sc QUserService BluetoothUserService
ユーザー サービス テンプレート BluetoothUserService、ローカル サービス インスタンス
BluetoothUserService_206f0。
```

■ コマンドの働き

「Sc QUserService」コマンドは、指定したユーザーサービステンプレートから作られた、ユーザーごとのサービス(Per-User Service)のインスタンス情報を表示する。

ユーザーごとのサービスは、ユーザーのログオン(サインイン)時に作成され、ログオフ(サインアウト)時に削除される、そのユーザーのためだけのサービスである。Windows Serverでは、デスクトップエクスペリエンスをインストールした環境で利用できる。

参考

- Per-user services in Windows 10 and Windows Server
  https://learn.microsoft.com/en-us/windows/application-management/per-user-services-in-windows

■ Sc RunLevel──サービスの最低実行レベルを設定する

`2012` `8` `2012R2` `8.1` `UAC`

構文

Sc [¥¥コンピュータ名] RunLevel サービス名 実行レベル番号

■ スイッチとオプション

実行レベル番号
　サービスを実行するための、最低レベルを指定する。0を指定すると実行レベル番号の設定を解除する。

実行例

　Spoolerサービスの最低実行レベルを300に設定する。この操作には管理者権限が必要。

```
C:\Work>Sc RunLevel Spooler 300
[SC] ChangeServiceConfig2 SUCCESS
```

■ コマンドの働き

　「Sc RunLevel」コマンドは、指定したサービスの最低実行レベル(実行優先度)を設定する。依存するサービスの最低実行レベルより低く設定することはできない。

■ Sc SdSet──サービスのアクセス権をSDDL形式で設定する

`XP` `2003` `2003R2` `Vista` `2008` `2008R2` `7` `2012` `8` `2012R2` `8.1` `10` `2016` `2019` `2022` `11` `UAC`

構文

Sc [¥¥コンピュータ名] SdSet サービス名 *SDDL*

■ スイッチとオプション

SDDL
　サービスのアクセス権をSDDL形式で指定する。

実行例

　Notepadサービスのアクセス権を設定する。この操作には管理者権限が必要。

```
C:\Work>Sc SdSet Notepad D:(A;;CCLCSWRPWPDTLOCRRC;;;SY)(A;;CCDCLCSWRPWPDTLOCRSDRCWDW
O;;;BA)(A;;CCLCSWLOCRRC;;;IU)(A;;CCLCSWLOCRRC;;;SU)
[SC] SetServiceObjectSecurity SUCCESS
```

■ コマンドの働き

「Sc SdSet」コマンドは、サービスのアクセス権をSDDL形式で設定する。

▒ Sc SdShow──サービスのアクセス権をSDDL形式で表示する

XP 2003 2003R2 Vista 2008 2008R2 7 2012 8 2012R2 8.1 10 2016 2019 2022 11

構文

Sc [¥¥コンピュータ名] SdShow サービス名 [ShowRights]

ShowRights
SDDL形式のアクセス権表示と権限値の対応表を表示する。 Vista 以降

実行例

Notepadサービスのアクセス権設定と対応表を表示する。

```
C:\Work>Sc SdShow Notepad ShowRights

D:(A;;CCLCSWRPWPDTLOCRRC;;;SY)(A;;CCDCLCSWRPWPDTLOCRSDRCWDWO;;;BA)(A;;CCLCSWLOCRRC
;;;IU)(A;;CCLCSWLOCRRC;;;SU)

SDDL 権限        権限値
----------      -----------
    GA      -   GENERIC_ALL
    GR      -   GENERIC_READ
    GW      -   GENERIC_WRITE
    GX      -   GENERIC_EXECUTE
    RC      -   READ_CONTROL
    SD      -   DELETE
    WD      -   WRITE_DAC
    WO      -   WRITE_OWNER
    RP      -   SERVICE_START
    WP      -   SERVICE_STOP
    CC      -   SERVICE_QUERY_CONFIG
    DC      -   SERVICE_CHANGE_CONFIG
    LC      -   SERVICE_QUERY_STATUS
    SW      -   SERVICE_ENUMERATE_DEPENDENTS
    LO      -   SERVICE_INTERROGATE
    DT      -   SERVICE_PAUSE_CONTINUE
    CR      -   SERVICE_USER_DEFINED_CONTROL
```

4

システム管理編

■ コマンドの働き

「Sc SdShow」コマンドは、指定したサービスのアクセス権をSDDL形式で表示する。

■ Sc ShowSid──サービスのSIDを表示する

XP | 2003 | 2003R2 | Vista | 2008 | 2008R2 | 7 | 2012 | 8 | 2012R2 | 8.1 | 10 | 2016 | 2019 | 2022 | 11

構文

Sc [¥¥コンピュータ名] ShowSid サービス名

実行例

Notepadサービスのセキュリティ IDを表示する。

```
C:¥Work>Sc ShowSid Notepad

名前: Notepad
サービス SID: S-1-5-80-925703721-314606805-551911790-3178661510-1204516282
状態: 非アクティブ
```

■ コマンドの働き

「Sc ShowSid」コマンドは、指定したサービスのセキュリティ ID（SID）を表示する。各サービスには固有のSIDが割り当てられており、アクセス制御などに利用される。

■ Sc SidType──サービスのSID種別を設定する

XP | 2003 | 2003R2 | Vista | 2008 | 2008R2 | 7 | 2012 | 8 | 2012R2 | 8.1 | 10 | 2016 | 2019 | 2022 | 11 | UAC

構文

Sc [¥¥コンピュータ名] SidType サービス名 *SID種別*

■ スイッチとオプション

SID種別

サービスのセキュリティ ID種別（ServiceSidTypeレジストリ値）として、次のいずれかを指定する。

SID 種別	説明
Restricted	制限されたアクセストークンで実行する（SERVICE_SID_TYPE_RESTRICTED）
Unrestricted	制限のないアクセストークンで実行する（SERVICE_SID_TYPE_UNRESTRICTED）
None	指定なし（SERVICE_SID_TYPE_NONE）

実行例

Notepadサービスの SID種別を制限されたサービスSIDに設定する。この操作には管理者権限が必要。

```
C:¥Work>Sc SidType Notepad Restricted
[SC] ChangeServiceConfig2 SUCCESS
```

4

システム管理編

「Sc SidType」コマンドは、サービスのSID種別を設定する。SID種別によって、サービスの実行アカウントがアクセスできるリソースを制限できる。

■ Sc {Start | Stop | Pause | Continue}
──サービスを開始／停止／一時停止／再開する

(XP) (2003) (2003R2) (Vista) (2008) (2008R2) (7) (2012) (8) (2012R2) (8.1) (10)
(2016) (2019) (2022) (11) (UAC)

構文1 サービスを開始する

Sc [¥¥コンピュータ名] Start サービス名 [起動オプション]

構文2 サービスを停止する

Sc [¥¥コンピュータ名] Stop サービス名 [停止理由コード] [コメント]

構文3 サービスを一時停止または再開する

Sc [¥¥コンピュータ名] {Pause | Continue} サービス名

■ スイッチとオプション

起動オプション

 サービスを開始する際に、サービスアプリケーションに与えるコマンドラインを指定する。

停止理由コード

 サービスを停止する際の理由を、「フラグ：主な理由：二次的な理由」の形式で指定する。
(Vista 以降)

フラグ	説明
1	計画外
2	カスタム
4	計画内

主な理由	説明
1	その他
2	ハードウェア
3	オペレーティングシステム
4	ソフトウェア
5	アプリケーション
64 ～ 255	カスタム

二次的な理由	説明
1	その他
2	メンテナンス
3	インストール
4	アップグレード
5	再構成

6	ハング
7	不安定
8	ディスク
9	ネットワークカード
10	環境
11	ハードウェアドライバ
12	その他のドライバ
13	Service Pack
14	ソフトウェアの更新プログラム
15	セキュリティの修正プログラム
16	セキュリティ
17	ネットワークの接続性
18	WMI
19	Service Pack のアンインストール
20	ソフトウェア更新プログラムのアンインストール
22	セキュリティの修正プログラムのアンインストール
23	MMC
256 ～ 65535	カスタム

コメント

サービスを停止する際の理由を127文字以内で指定する。 **Vista 以降**

実行例

Windows Time サービスを停止および開始する。この操作には管理者権限が必要。

```
C:\Work>Sc Stop W32Time

SERVICE_NAME: W32Time
        TYPE               : 30  WIN32
        STATE              : 3  STOP_PENDING
                                (NOT_STOPPABLE, NOT_PAUSABLE, IGNORES_SHUTDOWN)
        WIN32_EXIT_CODE    : 0  (0x0)
        SERVICE_EXIT_CODE  : 0  (0x0)
        CHECKPOINT         : 0x4
        WAIT_HINT          : 0x3e8

C:\Work>Sc Start W32Time

SERVICE_NAME: W32Time
        TYPE               : 30  WIN32
        STATE              : 2  START_PENDING
                                (NOT_STOPPABLE, NOT_PAUSABLE, IGNORES_SHUTDOWN)
        WIN32_EXIT_CODE    : 0  (0x0)
        SERVICE_EXIT_CODE  : 0  (0x0)
        CHECKPOINT         : 0x0
        WAIT_HINT          : 0x7d0
        PID                : 2920
        FLAGS              :
```

4

システム管理編

　「Sc |Start | Stop | Pause | Continue|」コマンドは、サービスの開始、停止、一時停止、再開をサービスコントロールマネージャに指示する。同様のコマンドに「Net |Start | Stop | Pause | Continue|」コマンドがある。

■ Sc TriggerInfo——サービスの起動トリガーを設定する

`2008R2` `7` `2012` `8` `2012R2` `8.1` `10` `2016` `2019` `2022` `11` `UAC`

構文

Sc [¥¥コンピュータ名] TriggerInfo サービス名 起動トリガー

■ スイッチとオプション

起動トリガー

　　サービスの開始または停止の契機となるイベントとして、次のいずれかを指定する。

起動トリガー	説明
Start/Device/*UUID*/ハードウェア*ID*	UUID（Universally Unique Identifier、汎用一意識別子）とハードウェア ID で指定するハードウェアがインストールされた場合に、サービスを開始する
{Start	Stop}/Custom/*UUID*/イベントデータ	ETW（Event Tracing for Windows）プロバイダの UUID 文字列と 4 バイトのバイナリデータで指定するイベントが発生した場合に、サービスを開始または停止する
{Start	Stop}/StrCustom/*UUID*/イベント文字列	ETW プロバイダの UUID 文字列と文字列で指定するイベントが発生した場合に、サービスを開始または停止する
{Start	Stop}/LvlCustom/*UUID*/イベントデータ	ETW プロバイダの UUID 文字列と数値で指定するレベル以上のイベントが発生した場合に、サービスを開始または停止する `2012 以降`
{Start	Stop}/KwAnyCustom/*UUID*/イベントデータ	ETW プロバイダの UUID 文字列とバイナリデータ内の任意のビットが一致した場合に、サービスを開始または停止する `2012 以降`
{Start	Stop}/KwAllCustom/*UUID*/イベントデータ	ETW プロバイダの UUID 文字列とバイナリデータの全ビットが一致した場合に、サービスを開始または停止する `2012 以降`
{Start	Stop}/NetworkOn	最初の IP アドレスが有効になったとき（ネットワークに接続したとき）サービスを開始し、最後の IP アドレスが無効になったとき（ネットワークを切断したとき）サービスを停止する
{Start	Stop}/DomainJoin	ドメインに参加したときにサービスを開始し、ドメインから離れたときにサービスを停止する
{Start	Stop}/PortOpen/ポート番号;プロトコル名;イメージパス;サービス名	ファイアウォールのポートを開くときにサービスを開始し、閉じるときにサービスを停止する
Start/{MachinePolicy	UserPolicy}	コンピュータのポリシーまたはユーザーのポリシーが変更されたときにサービスを開始する
Start/RpcInterface/*UUID*	UUID で指定したインターフェイスの RPC エンドポイントマッパーに要求が到着したときにサービスを開始する `2012 以降`
Start/NamedPipe/パイプ名	指定した名前付きパイプに対する要求が到着した場合にサービスを開始する。パイプ名には「"¥¥.¥pipe¥"」の部分を含めない `2012 以降`
Delete	トリガー設定を削除する

Notepadサービスをドメイン参加時に開始し、ドメイン離脱時に終了するように設定する。この操作には管理者権限が必要。

```
C:¥Work>Sc TriggerInfo Notepad Start/DomainJoin Stop/DomainLeave
[SC] ChangeServiceConfig2 SUCCESS
```

■ コマンドの働き

「Sc Triggerinfo」コマンドは、ネットワーク接続時やドメイン参加時などの契機でサービスを起動または停止するためのトリガーを設定する。

既存のトリガー設定を上書きするため、条件をもれなく指定する必要がある。たとえばStart/Domainjoin と Stop/Domainleave のトリガーが設定されているサービスに対してStop/Domainleave だけを設定すると、Start/Domainjoin のトリガーが失われる。

参考

● Service Trigger Events
  https://learn.microsoft.com/en-us/windows/win32/services/service-trigger-events

---

Shutdown.exe

コンピュータを
シャットダウンする

XP | 2003 | 2003R2 | Vista | 2008 | 2008R2 | 7 | 2012 | 8 | 2012R2 | 8.1 | 10
2016 | 2019 | 2022 | 11

構文

Shutdown [*操作*] [/Hybrid] [/Soft] [/Fw] [/f] [/m ¥¥*コンピュータ名*] [/t *タイムアウト*] [/d [{p: | u:}]*主因番号:副因番号*] [/c "*コメント*"]

スイッチとオプション

操作

次のいずれかを1つ以上指定する。

操作	説明
/a	タイムアウト期間内であれば操作を中止する
/e	予期しないシャットダウンの理由を記録する **2003 以降**
/g	Winlogon 自動再起動サインオン（ARSO：Winlogon automatic restart sign-on）を使ってコンピュータを再起動する。ASRO は、再起動が必要な更新プログラムの適用時にユーザーのデスクトップセッションを保存しておき、起動後に再現する機能である
/h	ローカルコンピュータを休止状態にする。/f スイッチと併用できる **2003 以降**
/i	リモートシャットダウンダイアログを表示する。このスイッチは他のスイッチより前に指定する必要があり、他のスイッチと併用できない
/l	ユーザーを即座にログオフする。/m および /t スイッチと併用できない
/o	/r スイッチと併用して、詳細ブートオプションメニューを表示する **2012 以降**
/p	ローカルコンピュータがサポートする場合、タイムアウトや警告なしで即座にシャットダウンし電源を切る。/d および /f スイッチと併用できる **2003 以降**

前ページよりの続き

/r	コンピュータを再起動する
/s	コンピュータをシャットダウンする
/Sg	ARSOを使ってシャットダウンする `10 1709 以降` `2019 以降` `11`

/Hybrid

/sスイッチと併用してコンピュータをシャットダウンし、高速スタートアップ(ハイブリッドブート)を準備する。 `2012 以降`

/Fw

次回起動時にファームウェアのユーザーインターフェイスで起動する。 `10 1607 以降` `2016 以降` `11`

/Soft

ハードウェアを初期化しないで再起動する。 `10 以降` `2016 以降` `11`

/f

警告なしで実行中のアプリケーションを強制終了する。

/m ¥¥コンピュータ名

操作するコンピュータを指定する。省略するとローカルコンピュータを操作する。

/t タイムアウト

シャットダウンや再起動までのタイムアウト期間を、0から315,360,000(10年)まで秒単位で指定する。既定値は30秒。タイムアウト期間を指定すると自動的に/fオプションも指定される。タイムアウト期間内に「Shutdown /a」コマンドを実行すると、操作を取り消すことができる。

/d [{p: | u:}]主因番号:副因番号

シャットダウン(再起動)の理由を指定する。pは計画済みの理由を、uはユーザー定義の理由を表し、どちらも指定しない場合は予期しないシャットダウン(再起動)となる。主因番号は0から255の範囲で指定し、副因番号は0から65,535の範囲で指定する。定義済みの番号は次のとおり。

主因	副因	タイトル
0	0	その他
0	5	その他の障害:システム応答なし
1	1	ハードウェア:メンテナンス
1	2	ハードウェア:インストール
2	2	オペレーティングシステム:回復
2	3	オペレーティングシステム:アップグレード
2	4	オペレーティングシステム:再構成
2	16	オペレーティングシステム:Service Pack
2	17	オペレーティングシステム:ホットフィックス
2	18	オペレーティングシステム:セキュリティフィックス
4	1	アプリケーション:メンテナンス
4	2	アプリケーション:インストール
4	5	アプリケーション:応答なし
4	6	アプリケーション:不安定
5	15	システム障害:STOPエラー
5	19	セキュリティの問題
5	20	ネットワーク接続の損失

4

システム管理編

6	11	電源障害：コードが抜けました
6	12	電源障害：環境
7	0	レガシー API シャットダウン

/c " コメント "

　　任意のコメントを指定する。コメントはシステムイベントログに記録される。

実行例

　「アプリケーション：メンテナンス」の理由でローカルコンピュータを60秒後に再起動する。

```
C:¥Work>Shutdown /r /t 60 /d p:4:1 /c "計画済みのアプリケーションメンテナンスのため
再起動します"

※システムイベントログに次のイベントが記録される

ログの名前:        System
ソース:           User32
日付:             2021/12/25 17:59:30
イベント ID:       1074
タスクのカテゴリ:    なし
レベル:            情報
キーワード:         クラシック
ユーザー:          w11pro21h2¥user1
コンピューター:     w11pro21h2
説明:
次の理由で、プロセス C:¥Windows¥system32¥shutdown.exe (W11PRO21H2) は、ユーザー
w11pro21h2¥user1 の代わりに、コンピューター W11PRO21H2 の 再起動 を始めました: アプ
リケーション: メンテナンス (計画済)
 理由コード: 0x80040001
 シャットダウンの種類: 再起動
 コメント: 計画済みのアプリケーションメンテナンスのため再起動します
イベント XML:
 (以下略)
```

■ コマンドの働き

　Shutdownコマンドは、コンピュータのシャットダウンや再起動、ユーザーのログオフを実行する。Shutdownコマンドを実行すると、User32をソースとしてシステムイベントログに記録される。

参考

● Winlogon 自動再起動サインオン (ARSO)

　https://learn.microsoft.com/ja-jp/windows-server/identity/ad-ds/manage/
　component-updates/winlogon-automatic-restart-sign-on--arso-

4

システム管理編

Sysprep.exe

Windowsの展開用に
システムを準備する

2000 | XP | 2003 | 2003R2 | Vista | 2008 | 2008R2 | 7 | 2012 | 8 | 2012R2 | 8.1
10 | 2016 | 2019 | 2022 | 11 | UAC

構文1 Windows Vista以降

Sysprep {/Audit | /Oobe} [/Generalize] [{/Reboot | /Shutdown | /Quit}] [/Unattend:*応答ファイル名*] [/Mode:Vm] [/Quiet]

構文2 Windows XP～Windows Server 2003 R2

Sysprep [-Activated] [-Audit] [-Bmsd] [-Clean] [-Factory] [-ForceShutdown] [-Mini] [{-NoReboot | -Reboot}] [-NoSidGen] [-Pnp] [-Quiet] [-Reseal]

構文3 Windows 2000だけ

Sysprep [/NoSidGen] [/Reboot] [/Pnp] [/Quiet]

スイッチとオプション

■ 構文1

/Audit
コンピュータを監査モードで再起動する。

/Oobe
コンピュータを再起動して、[Windowsへようこそ]画面を表示するセットアップモードにする。

/Generalize
セキュリティIDや復元ポイントなどを削除して一般化し、Windowsの展開を準備する。

/Reboot
コンピュータを再起動する。

/Shutdown
Sysprepの実行後にコンピュータをシャットダウンする。

/Quit
指定したコマンドの実行後にSysprepを終了する。

/Unattend:*応答ファイル名*
応答ファイルの設定に従ってWindowsを自動構成する。

/Mode:Vm
仮想ハードディスクファイル(VHD)を一般化して、仮想マシンの展開を準備する。
2012 以降

/Quiet
確認メッセージを表示しない。

4
システム管理編

■ 構文2

-Activated

Windowsのライセンス認証が済んでいる場合、ライセンス認証までの猶予期間をリセットせず、再認証を要求しない。

-Audit

Factoryモードで実行中の場合、SIDの生成などを行わずにコンピュータを再起動する。

-Bmsd

Sysprep.infファイルの[SysprepMassStorage]セクションに記載した大容量記憶装置のうち、システムで利用可能なものを表示して、大容量記憶装置を選択可能にする。

-Clean

Sysprep.infファイルの[SysprepMassStorage]セクションに記載した大容量記憶装置のうち、使用しないデバイスドライバを削除する。

-Factory

[Windowsへようこそ]画面やミニセットアップを実行しないで、ネットワークを利用可能な状態(Factoryモード)で再起動する。アプリケーションやデバイスドライバのインストール、システムの設定変更などを実行できる。

-ForceShutdown

Sysprepの通常のシャットダウン処理にシステムのACPI(Advanced Configuration and Power Interface)BIOS対応していない場合、Sysprep終了後にコンピュータを強制的にシャットダウンする。

-Mini

Windows XP Professionalで、[Windowsへようこそ]画面を表示せず、ミニセットアップを実行する。Windows XP Home Editionでは必ず[Windowsへようこそ]画面を表示する。 **XP**

-Noreboot

インストールと設定のテストのために、コンピュータを再起動しない。SIDの書き換えは実行されるので、レジストリなどの変更を追跡検証することができる。

-Reboot

Sysprepの実行後にコンピュータを再起動する。

-NoSidGen

SIDを生成しないでSysprepを実行する。

-Pnp

ミニセットアップ中に、レガシーデバイス(非プラグアンドプレイデバイス)の検出とインストールを実行する。

Quict

確認メッセージを表示しない。

-Reseal

Factoryモードにおいて、イベントログの削除などを実行してWindowsの展開を準備する。

■ 構文3

/NoSidGen

再起動時に新しいセキュリティIDを生成しない。

/Reboot

コンピュータを自動的に再起動する。

/Pnp

プラグアンドプレイデバイスの検出処理を実行する。

/Quiet

画面表示を行わない。

実行例

システムを一般化して展開を準備する。

```
C:¥Windows¥System32¥Sysprep>Sysprep /Generalize /Shutdown /Oobe
```

コマンドの働き

システム準備ツール(Sysprep)は、実行中のWindowsに対してカスタマイズを実行し、インスタンス固有の情報を削除して一般化したうえで、他のコンピュータにインストール可能な状態に設定を変更する。

Sysprepはコマンドモードでも GUIモードでも実行できる。インストールイメージや無人インストール用の応答ファイルを作成するには、別のツールを利用する。

Windows 2000から Windows Server 2003 R2 までのSysprepコマンドは、次の場所から入手できる。

- Windowsのインストールメディア
- サービスパック
- マイクロソフトダウンロードセンター

Windows Vista以降は既定で%Windir%¥System32¥Sysprepフォルダにインストールされているが、パスが通っていないため直接実行する。

Systeminfo.exe
ハードウェアとソフトウェアの情報を表示する

XP | 2003 | 2003R2 | Vista | 2008 | 2008R2 | 7 | 2012 | 8 | 2012R2 | 8.1 | 10 | 2016 | 2019 | 2022 | 11

構文

Systeminfo [/s *コンピュータ名* [/u *ユーザー名* [/p [*パスワード*]]]] [/Fo *表示形式*] [/Nh]

スイッチとオプション

/s *コンピュータ名*

操作対象のコンピュータ名を指定する。省略するとローカルコンピュータでコマンドを実行する。

/u ユーザー名

操作を実行するユーザー名を指定する。

/p [パスワード]

操作を実行するユーザーのパスワードを指定する。省略するとプロンプトを表示する。

/Fo 表示形式

表示形式を次のいずれかで指定する。

表示形式	説明
CSV	カンマ区切り
LIST	一覧形式
TABLE	表形式（既定値）

/Nh

/Foオプションで TABLE または CSV の指定と併用して、列名を出力しない。

実行例

システム情報から、適用済みの更新プログラム情報を抽出して表示する。

```
C:¥Work>Systeminfo | Find /i ": KB"
                    [01]: KB5006363
                    [02]: KB5007040
                    [03]: KB5006746
                    [04]: KB5006755
```

■ コマンドの働き

Systeminfo コマンドは、コンピュータのハードウェア情報と、適用済みの更新プログラムを含むソフトウェア情報を表示する。適用済みの更新プログラムは、「Wmic Qfe」コマンドでも得ることができる。

Tpmtool.exe　　　　　　　TPMの情報を表示する

10 | 2022 | 11

構文

Tpmtool {GetDeviceInformation | GatherLogs [フォルダ名] |
DriverTracing {Start | Stop} | ParseTcgLogs [-Validate]}

■ スイッチとオプション

GetDeviceInformation

TPMデバイスの情報を表示する。

GatherLogs [フォルダ名]

指定したフォルダに次のTPM情報ファイルを作成する。フォルダがない場合は作成する。

- ・TpmEvents.evtx
- ・TpmInformation.txt
- ・SRTMBoot.dat
- ・SRTMResume.dat
- ・DRTMBoot.dat
- ・DRTMResume.dat

DriverTracing {Start | Stop}

TPMドライバのトレースを開始(Start)または終了(Stop)する。

ParseTcgLogs [-Validate]

TCGログ(Windowsブート構成ログ、WBCL)を表示する。-Validateを指定すると、PCR(Platform Configuration Register)を検証する。ヘルプで表示されるスイッチ名 PARSETTCGLOGSは誤り。 `10 2004 以降` `11`

実行例

TPMデバイスの情報を表示する。

```
C:\Work>Tpmtool GetDeviceInformation

-TPM あり: 真
-TPM のバージョン: 2.0
-TPM 製造元 ID: VMW
-TPM 製造元の完全な名前: VMWare
-TPM 製造元のバージョン: 2.101.0.1
-PPI のバージョン: 1.3
-初期化済み: 真
-保管の準備完了: 真
-構成証明の準備完了: 真
-構成証明に対応: 真
-回復にはクリアが必要: 偽
-クリア可能: 真
-TPM に脆弱なファームウェアが使用されています: 偽
-PCR7 バインドの状態: 0
-メンテナンス タスク完了: 真
-TPM 仕様のバージョン: 1.16
-TPM 不具合の日付: Friday, January 15, 2016
-PC クライアントのバージョン: 1.00
-ロックアウト済み: 偽
```

■ コマンドの働き

Tpmtoolコマンドは、TPM(Trusted Platform Module)の情報を表示する。Windows 10 2004以降、Windows Server 2022、Windows 11で使用できる。

Typeperf.exe

XP | 2003 | 2003R2 | Vista | 2008 | 2008R2 | 7 | 2012 | 8 | 2012R2 | 8.1 | 10 | 2016 | 2019 | 2022 | 11

構文

Typeperf {カウンタ名 | -Cf カウンタファイル名 | -q [オブジェクト名] | -Qx [オブジェクト名]} [-f ログ形式] [-Sc サンプリング数] [-Si サンプリング間隔] [-o 出力先] [-Config 設定ファイル名] [-s コンピュータ名] [-y]

■ スイッチとオプション

カウンタ名

表示するパフォーマンスカウンタを、スペースで区切って1つ以上指定する。

-Cf カウンタファイル名

表示するパフォーマンスカウンタを、1行1カウンタで列挙したファイル名を指定する。

-q [オブジェクト名]

インストールされているカウンタを表示する。出力にはインスタンスは含まれない。オブジェクト名も指定すると、そのオブジェクトのカウンタだけを表示する。

-Qx [オブジェクト名]

インストールされているカウンタとインスタンスを表示する。オブジェクト名も指定すると、そのオブジェクトのカウンタだけを表示する。

-f ログ形式

ログ出力のフォーマットを次のいずれかで指定する。

出力形式	説明
BIN	バイナリファイル
CSV	カンマ区切りテキスト（既定値）
SQL	SQLデータベーステーブル
TSV	タブ区切りテキスト

-Sc サンプリング数

パフォーマンスデータの収集数を指定する。既定値は Ctrl + C キーを押すまで無限に収集する。

-Si サンプリング間隔

サンプリング周期を[[hh:]mm:]ss形式で指定する。既定値は1秒間隔。

-o 出力先

パフォーマンスデータの出力先を指定する。既定値は標準出力(STDOUT)。ファイルに出力する場合はファイル名を指定する。SQL Serverなどのデータベースに出力する場合は、ODBCを使って「SQL:データセット名!ログセット名」の形式で指定する。

-Config 設定ファイル名

コマンドオプションを記述した設定ファイルを指定する。

-s コンピュータ名

操作対象のコンピュータ名を指定する。省略するとローカルコンピュータでコマンドを実行する。

4

システム管理編

-y

すべての質問に対して確認なしで「はい」で応答する。

実行例

パフォーマンスカウンタ ¥Processor(_Total)¥% Processor Time を、既定の1秒間隔で10回サンプリングする。

```
C:¥Work>Typeperf "¥Processor(_Total)¥% Processor Time" -Sc 10

"(PDH-CSV 4.0)","¥¥WS22STDC1¥Processor(_Total)¥% Processor Time"
"10/04/2021 01:33:31.414","0.000000"
"10/04/2021 01:33:32.427","1.278152"
"10/04/2021 01:33:33.429","0.000000"
"10/04/2021 01:33:34.445","0.000000"
"10/04/2021 01:33:35.446","0.099720"
"10/04/2021 01:33:36.446","0.005590"
"10/04/2021 01:33:37.458","1.223671"
"10/04/2021 01:33:38.461","0.000000"
"10/04/2021 01:33:39.462","0.020576"
"10/04/2021 01:33:40.475","0.000000"
```

コマンドの働き

Typeperfコマンドは、コマンドプロンプトやログファイルなどに任意のパフォーマンスデータを出力する。

Tzutil.exe   タイムゾーンを表示／設定する

2008R2 | 7 | 2012 | 8 | 2012R2 | 8.1 | 10 | 2016 | 2019 | 2022 | 11

構文

Tzutil {/g | /s タイムゾーン*ID*[_DstOff] | /l}

スイッチとオプション

/g

タイムゾーンIDを表示する。

/s タイムゾーン*ID*[_DstOff]

指定したタイムゾーンに変更する。タイムゾーンIDにスペースを含む場合はダブルクォートで括る。タイムゾーンIDのあとに_DstOffを付けると夏時間の調整をしない。_DstOffは、タイムゾーンIDをダブルクォートで括った中に入れてもあとに追加してもよい。

/l

使用可能なタイムゾーンを表示する。

現在のタイムゾーンIDを表示する。

```
C:¥Work>Tzutil /g
Tokyo Standard Time
```

コマンドの働き

Tzutilコマンドは、システムのタイムゾーンを表示または設定する。

Usoclient.exe

Windows Updateを実行する

`10` `2016` `2019`

構文

Usoclient スイッチ

スイッチとオプション

StartScan
　適用可能な更新プログラムを検出する。

StartDownload
　検出した更新プログラムをダウンロードする(機能しない)。

StartInstall
　ダウンロード済みの更新プログラムを適用する(機能しない)。

実行例

コンピュータに適用可能な更新プログラムを確認する。

```
C:¥Work>Usoclient StartScan
```

コマンドの働き

Usoclientコマンドは、USO(Update Session Orchestrator)を操作するコマンドで、更新プログラムの検出、ダウンロード、適用などを手動で実行する。

参考

● wuauclt /detectnow in Windows 10 and Windows Server 2016
https://learn.microsoft.com/en-us/archive/blogs/yongrhee/wuauclt-detectnow-in-windows-10-and-windows-server-2016

4

システム管理編

W32tm.exe

NTPサーバ／クライアントを
構成する

2000 | XP | 2003 | 2003R2 | Vista | 2008 | 2008R2 | 7 | 2012 | 8 | 2012R2 | 8.1 | 10 | 2016 | 2019 | 2022 | 11

構文1 Windows XP以降

W32tm スイッチ [オプション]

構文2 Windows 2000だけ

W32tm [-v] {-Tz | -s コンピュータ名 | -Adj | -AdjOff | -Source | -Once}
[-Test] [-p ポート番号] [-Period 同期頻度]

■ スイッチ（Windows XP以降）

スイッチ	説明
/Config	Windows Time サービスを構成する UAC
/Debug	Windows Time サービスのログを設定する UAC Vista 以降
/DumpReg	Windows Time サービスのレジストリ設定を表示する
/Monitor	ドメインコントローラの時刻同期状態を調査する
{/NtpTe	/NtTe}	Windows 内部形式の日付時刻を読み取り可能な形式に変換する
/Query	Windows Time サービスの状態を照会する UAC Vista 以降
{/Register	/Unregister}	Windows Time サービスを登録／削除する UAC
/Resync	エラー統計情報を削除して同期しなおす UAC
/Stripchart	コンピュータ間の時刻のずれを追跡する
/Tz	タイムゾーン設定を表示する
/LeapSeconds	うるう秒の状態を表示する 10 1809 以降 2019 以降 11
/Ptp_Monitor	PTP 通信を監視する 2022 11

■ 共通オプション

/Computer：コンピュータ名
　　操作対象のコンピュータ名を指定する。

/Verbose
　　結果を詳細モードで表示する。

■ コマンドの働き

　Windows XP 以降の W32tm コマンドは、SNTP に代わって NTP(Network Time Protocol)を利用した時刻同期を構成する。

■ スイッチとオプション（Windows 2000だけ）

-v
　　結果を詳細モードで表示する。他のスイッチより前に指定する。

-Tz

現在のタイムゾーン設定を表示する。日本語版 Windows 2000 ではタイムゾーンを正しく表示できない。

-s コンピュータ名

指定したコンピュータで時刻同期を実行する。

-Adj

最後に同期した時刻を使ってシステムの時刻を調整する。

-AdjOff

システムの時計を使ってシステムの時刻を調整する。

-Source

ドメイン環境で時刻同期のソースを自動的に決定する。-v スイッチと併用すると、決定までの過程を表示できる。

-Once

1 回だけ同期する。既定では [Ctrl] + [C] キーを押して中断するまで継続して同期を実行する。

-Test

時刻同期の動作テスト用で、実際には同期しない。

-p ポート番号

SNTP サーバとして利用する場合の待ち受けポート番号を指定する。

-Period 同期頻度

次のルールで同期の実行頻度を設定する。

同期頻度	説明
0	1 日に 1 回
65535	2 日に 1 回
65534	3 日に 1 回
65533	7 日に 1 回
65532	3 回正常に同期するまで 45 分おき、以後 1 日 3 回（8 時間おき）
65531	1 回正常に同期するまで 45 分おき、以後 1 日 1 回
n	1 日に n 回

実行例

Windows 2000 でタイムソースに time.windows.com を設定して時刻を同期する。

```
C:¥Work>Net Time /SetSntp:time.windows.com
コマンドは正常に終了しました。


C:¥Work>W32tm -v -Adj
W32Time: BEGIN:InitAdjIncr
W32Time:    Adj 156246 , Incr 156250  fAdjust 0
W32Time:    156246 Adj!=Incr 156250
W32Time: END:Line 2503
```

4

システム管理編

■ コマンドの働き

Windows 2000のW32tmコマンドは、Windows 2000 Server Active DirectoryドメインコントローラとSNTPを使って時刻を同期するために使用する。既定のタイムソースは「Net Time /SetSntp」コマンドで指定できる。レジストリのLocalNTPを1に設定することで、Windows 2000コンピュータをSTNPサーバとして利用することもできる。

- キーのパス──HKEY_LOCAL_MACHINE¥SYSTEM¥CurrentControlSet¥Services¥W32Time¥Parameters
- 値の名前──LocalNTP
- データ型──REG_DWORD
- 設定値──0(ドメインコントローラの場合にだけSNTPサーバを起動する、既定値)、1(常にSNTPサーバを起動する)

■ W32tm /Config──Windows Timeサービスを構成する

XP 2003 2003R2 Vista 2008 2008R2 7 2012 8 2012R2 8.1 10 2016 2019 2022 11 UAC

構文

```
W32tm /Config [/Computer:コンピュータ名] [/Update]
[/ManualPeerList:同期ソース] [/SyncFromFlags:ソース]
[/LocalClockDispersion:分散] [/Reliable:{Yes | No}]
[/LargePhaseOffset:しきい値]
```

■ スイッチとオプション

/Update

Windows Timeサービスに設定変更を通知して、変更内容を反映させる。

/ManualPeerList:同期ソース

同期元のコンピュータ名を、スペースで区切って1つ以上指定する。スペースを含む場合はリスト全体をダブルクォートで括る。

コンピュータ名のあとにカンマで区切って、次の同期方法を指定することもできる。複数の同期方法を組み合わせて指定する場合は、同期方法の16進数を足せばよい。

同期方法	説明
0x0または省略	標準の同期方法(対称アクティブ)
0x1	レジストリ値 SpecialPollInterval に従って同期間隔を調整する
0x2	指定したタイムソースをフォールバック用にする。このタイムソースは同期失敗時に使用する
0x4	対称アクティブモードで同期する
0x8	クライアントモードで同期する

/SyncFromFlags:ソース

同期に使用するソースを、以下からカンマで区切って1つ以上指定する。

ソース	説明
Manual	/ManualPeerList スイッチで指定した同期ソースを使用する
Domhier	ドメインコントローラから、ドメインの階層に従って自動選択する

No	どこからも同期しない
All	/ManualPeerList スイッチとドメインの両方を使用する

/LocalClockDispersion:*分散*

コンピュータのシステム時計と正確な時刻との想定誤差を秒単位で指定する。既定値は10秒。指定した同期ソースと同期できない場合にコンピュータのシステム時計を使用する。 **2003 以降**

/Reliable:{Yes | No}

ドメインコントローラにおいて、コンピュータが信頼性の高いタイムソース（Yes）か否か（No）を指定する。既定では、フォレストルートドメインの1台目のドメインコントローラが信頼性の高いタイムソースとなる。 **2003 以降**

/LargePhaseOffset:*しきい値*

ローカルとリモートの時間差がしきい値（ミリ秒）を超えた場合は同期しない（スパイク除去機能）。しきい値は0から120,000までの間で指定する。なお、同名のレジストリ値は100ナノ秒単位で設定する。 **2003 以降**

実行例 1

Windows Timeサービスのタイムソースとして、「time.windows.com」をSpecialPollInterval とクライアントモード用に、「time.nict.jp」をフォールバック用に設定し、信頼できるタイムソースとする。この操作には管理者権限が必要。

```
C:¥Work>W32tm /Config /ManualPeerList:"time.windows.com,0x9 ntp.nict.jp,0x2" /
SyncFromFlags:All /Reliable:Yes /Update
コマンドは正しく完了しました。
```

■ コマンドの働き

「W32tm /Config」コマンドは、Windows Timeサービスの同期ソースや動作モードを設定する。Active Directoryドメインと Kerberos認証では時刻の同期が重要で、特にフォレストルートドメインの1台目のドメインコントローラでは、正確な時刻をドメインメンバーに提供するよう、タイムソースを正しく構成する必要がある。

■ W32tm /Debug —— Windows Timeサービスのログを設定する

Vista | **2008** | **2008R2** | **7** | **2012** | **8** | **2012R2** | **8.1** | **10** | **2016** | **2019** | **2022** | **11**
UAC

構文

W32tm /Debug {/Disable | /Enable [/File:*ファイル名*] [/Size:*最大サイズ*]
[/Entries:*ログレベル*] [/Truncate]}

■ スイッチとオプション

/Disable

ログを無効にする。

/Enable

ログを有効にする。

/File: *ファイル名*

ログのファイル名を指定する。

/Size: *最大サイズ*

循環ログの最大サイズをバイト単位で指定する。

/Entries: *情報の種類*

ログに記録する情報の種類を、「0-100,103,106」のように数値または範囲で指定する。
複数指定する場合はカンマで区切る。

種類	説明
0-116	デバッグレベル
0-300	完全

/Truncate

ログファイルを破棄する。

> **実行例**

デバッグを有効にして、ログファイル「C:¥Work¥w32time.log」にデバッグレベルまで
記録したあと、デバッグを無効にする。この操作には管理者権限が必要。

```
C:¥Work>W32tm /Debug /Enable /File:C:¥Work¥w32time.log /Size:10240 /Entries:0-116
プライベート ログを有効にするコマンドをローカル コンピューターに送信しています...
コマンドは正しく完了しました。

C:¥Work>W32tm /Debug /Disable
プライベート ログを無効にするコマンドをローカル コンピューターに送信しています...コ
マンドは正しく完了しました。
```

■ コマンドの働き

「W32tm /Debug」コマンドは、時刻同期の動作検証などのためにログを作成する。ロ
グは循環形式で、最大サイズに到達すると古いログを上書きする。

■ W32tm /DumpReg
──Windows Timeサービスのレジストリ設定を表示する

`XP` `2003` `2003R2` `Vista` `2008` `2008R2` `7` `2012` `8` `2012R2` `8.1` `10` `2016` `2019` `2022` `11`

> **構文**

W32tm /DumpReg [/Subkey:*サブキー*] [/Computer:*コンピュータ名*]

■ スイッチとオプション

/Subkey: *サブキー*

HKEY_LOCAL_MACHINE¥SYSTEM¥CurrentControlSet¥Services¥W32Time のサ
ブキーを指定する。

> **実行例**

Parametersサブキーの設定を表示する。

```
C:\Work>W32tm /DumpReg /Subkey:Parameters

値の名前                    値の種類             値のデータ
------------------------  -------------------  ----------

NtpServer                 REG_SZ               time.windows.com,0x9 ntp.nict.jp,0x2
ServiceDll                REG_EXPAND_SZ        %systemroot%\system32\w32time.dll
ServiceDllUnloadOnStop    REG_DWORD            1
ServiceMain               REG_SZ               SvchostEntry_W32Time
Type                      REG_SZ               AllSync
```

■ コマンドの働き

「W32tm /DumpReg」コマンドは、Windows Time サービスのレジストリ設定を表示する。

W32tm /Monitor——ドメインコントローラの時刻同期状態を調査する

XP | 2003 | 2003R2 | Vista | 2008 | 2008R2 | 7 | 2012 | 8 | 2012R2 | 8.1 | 10
2016 | 2019 | 2022 | 11

構文

W32tm /Monitor [/Domain:*ドメイン名*] [/Computers:*コンピュータ名*]
[/Threads:*同時分析数*] [/IpProtocol:{4 | 6}] [/NoWarn]

■ スイッチとオプション

/Domain: *ドメイン名*

調査対象のドメインを指定する。省略すると現在所属しているドメインを使用する。
複数のドメインを指定する場合は、/Domainスイッチ全体を繰り返し指定する。

/Computers: *コンピュータ名*

調査対象のコンピュータ名をカンマで区切って1つ以上指定する。/Computersスイッチ全体を繰り返し指定することもできる。省略するとドメイン内のすべてのドメインコントローラを調査する。コンピュータ名の先頭に「*」を付けると、Active DirectoryのPDCエミュレータとして比較の基準とする。

/Threads: *同時分析数*

同時に分析するコンピュータ数を1から50の間で指定する。既定値は3。

/IpProtocol:{4 | 6}

調査に使用するTCP/IPのバージョンを指定する。 **Vista 以降**

/NoWarn

警告メッセージを表示しない。 **Vista 以降**

実行例

ドメインコントローラの同期状況を表示する。

```
C:\Work>W32tm /Monitor
ws22stdc1.ad2022.example.jp *** PDC ***[[fe80::893:3694:54f0:5495%5]:123]:
    ICMP: エラー 0x8007271D
    NTP: +0.0000000s ws22stdc1.ad2022.example.jp の時刻からのオフセット
        RefID: 'LOCL' [0x4C434F4C]
```

```
        階層: 1

警告:
逆名前解決が最適な方法です。タイム パケット内の
RefID フィールドは NTP 実装間で異なっており、IP
アドレスを使用していない場合があるため、名前が正しくない可能性があります。
```

■ コマンドの働き

「W32tm /Monitor」コマンドは、PDCエミュレータを実行するドメインコントローラと、その他のドメインコントローラとのICMP遅延時間、時間差（オフセット）、同期元、同期階層を調査して表示する。

W32tm {/NtpTe | /NtTe}
——Windows内部形式の日付時刻を読み取り可能な形式に変換する

`XP` `2003` `2003R2` `Vista` `2008` `2008R2` `7` `2012` `8` `2012R2` `8.1` `10` `2016` `2019` `2022` `11`

構文

W32tm {/NtpTe | /NtTe} タイムエポック

■ スイッチとオプション

/NtpTe
    タイムエポックがNTP形式であることを指定する。

/NtTe
    タイムエポックがWindows NT形式であることを指定する。

タイムエポック
    NTP形式では、1900年1月1日0時を起点として、2のマイナス32乗秒の単位でカウントする値を指定する。Windows NT形式では、1601年1月1日0時を起点として、100ナノ秒単位でカウントする値を指定する。

実行例

ドメインのユーザーやコンピュータの、lastLogon属性値（Windows NT形式）を変換する。lastLogonTimestamp属性値もWindows NT形式である。

```
C:\Work>W32tm /NtTe 132840381687069962
153750 10:36:08.7069962 - 2021/12/15 19:36:08
```

■ コマンドの働き

「W32tm /NtpTe」コマンドと「W32tm /NtTe」コマンドは、システム内部形式の日時情報をユーザーが理解できる日時形式に変換する。

W32tm /Query——Windows Timeサービスの状態を照会する

`Vista` `2008` `2008R2` `7` `2012` `8` `2012R2` `8.1` `10` `2016` `2019` `2022` `11`

W32tm /Query [/Computer:**コンピュータ名**] {/Source | /Configuration | /Peers | /Status} [/Verbose]

■ スイッチとオプション

/Source
　　現在のタイムソースを表示する。 `UAC`

/Configuration
　　Windows Timeサービスの詳細設定を表示する。 `UAC`

/Peers
　　タイムソースの一覧と状態を表示する。

/Status
　　Windows Timeサービスの動作状態を表示する。

実行例

　　Windows Timeサービスの動作状態を表示する。

```
C:\Work>W32tm /Query /Status
閏インジケーター: 0 (警告なし)
階層: 4 (二次参照 - (S)NTP で同期)
精度: -23 (ティックごとに 119.209ns)
ルート遅延: 0.0208319s
ルート分散: 0.5305766s
参照 ID: 0x2851BC55 (ソース IP: 40.81.188.85)
最終正常同期時刻: 2021/12/26 12:39:37
ソース: time.windows.com,0x9
ポーリング間隔: 15 (32768s)
```

■ コマンドの働き

　　「W32tm /Query」コマンドは、Windows Timeサービスの設定や状態を表示する。

4
システム管理編

W32tm {/Register | /Unregister}
──Windows Timeサービスを登録／削除する

`XP` `2003` `2003R2` `Vista` `2008` `2008R2` `7` `2012` `8` `2012R2` `8.1` `10` `2016` `2019` `2022` `11` `UAC`

構文

W32tm {/Register | /Unregister}

実行例

　　Windows Timeサービスをレジストリごと削除する。

```
C:\Work>W32tm /Unregister
W32Time が正しく登録解除されました。
```

■ コマンドの働き

「W32tm /Register」コマンドは、Windows Time サービスを既定の構成で、停止状態で登録する。「W32tm /Unregister」コマンドは、Windows Time サービスをレジストリごと削除する。Windows Time サービスが実行中の場合、削除は Windows Time サービスの停止後に完了する。

■ W32tm /Resync——エラー統計情報を削除して同期しなおす

| XP | 2003 | 2003R2 | Vista | 2008 | 2008R2 | 7 | 2012 | 8 | 2012R2 | 8.1 | 10 |
| 2016 | 2019 | 2022 | 11 | UAC |

構文

W32tm /Resync [/Computer:*コンピュータ名*] [/NoWait] [/ReDiscover] [/Soft]

■ スイッチとオプション

/NoWait
　　同期処理の完了を待たずにコマンドを終了する。省略すると完了を待ってからコマンドを終了する。

/ReDiscover
　　利用可能なタイムソースを探索してから同期する。

/Soft
　　同期エラー統計情報を参照して同期しなおす。/Rediscover スイッチとは併用できない。

実行例

同期をやりなおす。この操作には管理者権限が必要。

```
C:\Work>W32tm /Resync
再同期コマンドをローカル コンピューターに送信しています
コマンドは正しく完了しました。
```

■ コマンドの働き

「W32tm /Resync」コマンドは、エラー統計情報をクリアしてタイムソースと同期しなおす。

■ W32tm /Stripchart——コンピュータ間の時刻のずれを追跡する

| XP | 2003 | 2003R2 | Vista | 2008 | 2008R2 | 7 | 2012 | 8 | 2012R2 | 8.1 | 10 |
| 2016 | 2019 | 2022 | 11 |

構文

W32tm /Stripchart /Computer:*ターゲットコンピュータ名* [/Period:*サンプリング間隔*] [/DataOnly] [/Samples:*サンプル数*] [/PacketInfo] [/IpProtocol:{4 | 6}] [/RdTsc]

4

システム管理編

■ スイッチとオプション

/Computer: ターゲットコンピュータ名

時刻のずれ(オフセット)の計測対象コンピュータを指定する。計測基準は常に自コンピュータ。

/Period: サンプリング間隔

チェック間隔を秒単位で指定する。既定値は2秒。

/DataOnly

グラフィック表示を省略してオフセット情報だけを表示する。

/Samples: サンプル数

チェック回数を指定する。省略すると Ctrl + C キーを押すまで継続調査する。

/PacketInfo

NTPの通信パケットの内容を表示する。 `Vista 以降`

/IpProtocol:{4 | 6}

計測に使用するTCP/IPのバージョンを指定する。 `Vista 以降`

/RdTsc

TSC(Time Stamp Counter)の値と時間オフセットデータをCSV形式で表示する。
`10 1709 以降` `2019` `2022` `11`

実行例

タイムサーバtime.windows.comとの時刻のずれを3回追跡して、データだけを表示する。

```
C:¥Work>W32tm /Stripchart /Computer:time.windows.com /Samples:3 /DataOnly
time.windows.com [40.81.188.85:123] を追跡中。
3 サンプルを収集中。
現在の時刻は 2021/12/26 16:00:40 です。
16:00:40, -00.2557447s
16:00:42, -00.2555061s
16:00:44, -00.2555841s
```

■ コマンドの働き

「W32tm /Stripchart」コマンドは、このコマンドを実行中のコンピュータと、指定したターゲットコンピュータとの間の時刻のずれを調査して表示する。

██ W32tm /Tz──タイムゾーン設定を表示する

`XP` `2003` `2003R2` `Vista` `2008` `2008R2` `7` `2012` `8` `2012R2` `8.1` `10` `2016` `2019` `2022` `11`

構文

W32tm /Tz

実行例

システムのタイムゾーン設定を表示する。

```
C:¥Work>W32tm /Tz
```

```
タイムゾーン: 現在:TIME_ZONE_ID_UNKNOWN バイアス: -540分 (UTC=ローカル時間+バイアス)
  [標準時名:"東京 (標準時)" バイアス:0分 日付:(指定されていません)]
  [夏時間名:"東京 (夏時間)" バイアス:-60分 日付:(指定されていません)]
```

■ コマンドの働き

「W32tm /Tz」コマンドは、システムのタイムゾーン設定を標準時と夏時間に分けて表示する。タイムゾーンの表示や設定には Tzutil コマンドも利用できる。

■ W32tm /LeapSeconds——うるう秒の状態を表示する

`10` `2019` `2022` `11`

構文

W32tm /LeapSeconds /GetStatus [/Verbose]

実行例

うるう秒の状態を詳細表示する。

```
C:\Work>W32tm /LeapSeconds /GetStatus /Verbose
[うるう秒]
有効: 1 (ローカル)
うるう秒数 (2018 年 6 月以降): 0 (ローカル)
うるう秒リスト (ローカル):
```

■ コマンドの働き

「W32tm /LeapSeconds」コマンドは、コンピュータのうるう秒の状態を表示する。

■ W32tm /Ptp_Monitor——PTP 通信を監視する

`2022` `11`

構文

W32tm /Ptp_Monitor /Duration:*監視時間*

■ スイッチとオプション

/Duration:*監視時間*
　監視時間を秒単位で指定する。

■ コマンドの働き

「W32tm /Ptp_Monitor」コマンドは、別途設置した PTP（Precision Time Protocol）サーバと Windows PTP クライアント間の通信を監視して状態を表示する。

Windows 10 1809 以降と Windows Server 2019 以降では、より精度の高い時刻同期のために PTP クライアント機能を搭載しており、レジストリとファイアウォールの規則設定を追加することで、PTP を利用可能になる。ただし、「W32tm /Ptp_Monitor」コマンドを使えるのは Windows Server 2022 と Windows 11 からである。

参考

● Top 10 Networking Features in Windows Server 2019: #10 Accurate Network Time
https://techcommunity.microsoft.com/t5/networking-blog/top-10-networking-
features-in-windows-server-2019-10-accurate/ba-p/339739

Wecutil.exe

Windowsイベントコレクタを構成する

`2003R2` `Vista` `2008` `2008R2` `7` `2012` `8` `2012R2` `8.1` `10` `2016` `2019`
`2022` `11`

構文

Wecutil スイッチ [オプション]

■ スイッチ

スイッチ	説明
Create-Subscription	新しいサブスクリプションを作成する **UAC**
Delete-Subscription	サブスクリプションを削除する **UAC**
Enum Subscription	サブスクリプションを表示する
Get-Subscription	サブスクリプションの構成を表示する
Get-SubscriptionRuntimeStatus	サブスクリプションの実行状態を表示する
Quick-Config	Windows Event Collector サービスを構成する **UAC**
Retry-Subscription	サブスクリプションを再実行する **UAC**
Set-Subscription	サブスクリプションの構成を編集する **UAC**

■ 共通オプション

サブスクリプションID
　サブスクリプションの識別子(名前)を指定する。XML形式の構成ファイルで
<SubscriptionId>タグの値と同じ。

構成ファイル名
　サブスクリプションとイベントソースを作成および編集するための、XML形式のファイルを指定する。

■ コマンドの働き

　Wecutilコマンドは、リモートコンピュータのイベントログを収集して管理するように、Windows Event Collector(WEC)サービスを構成する。

　イベントログの収集は、Windows Server 2003 R2から搭載されたWindowsリモート管理(WinRM)の機能の1つで、イベントを収集する側(コレクタ)が処理を開始するプル方式と、イベント提供側(ソース)が処理を開始するプッシュ方式を選択できる。

■ Wecutil Create-Subscription──新しいサブスクリプションを作成する

`2003R2` `Vista` `2008` `2008R2` `7` `2012` `8` `2012R2` `8.1` `10` `2016` `2019`
`2022` `11` `UAC`

Wecutil {Create-Subscription | Cs} *構成ファイル名*
[{/CommonUserName | /Cun}:*ユーザー名* {/CommonUserPassword |
/Cup}:*パスワード*]

■ スイッチとオプション

{/CommonUserName | /Cun}:*ユーザー名*
　　構成ファイル中のユーザー名を、指定したユーザー名に置き換える。

{/CommonUserPassword | Cup}:*パスワード*
　　/CommonUserName スイッチで指定したユーザー名に対応するパスワードを指定する。「*」を指定するとプロンプトを表示する。

実行例

　　ソース ws22stdc1.ad2022.example.jp のセキュリティイベントログをプル方式で収集するサブスクリプション「PullSubscription1」を作成する。この操作には管理者権限が必要。

```
C:¥Work>Wecutil Create-Subscription PullSubscription1.xml

構成ファイル「PullSubscription1.xml」の内容
<Subscription xmlns="http://schemas.microsoft.com/2006/03/windows/events/
subscription">
    <SubscriptionId>PullSubscription1</SubscriptionId>
    <SubscriptionType>CollectorInitiated</SubscriptionType>
    <Description>Pull Subscription Sample No.1</Description>
    <Enabled>true</Enabled>
    <Uri>http://schemas.microsoft.com/wbem/wsman/1/windows/EventLog</Uri>

    <!-- Use Normal (default), Custom, MinLatency, MinBandwidth -->
    <ConfigurationMode>Custom</ConfigurationMode>

    <Query>
        <![CDATA[
            <QueryList>
                <Query Path="Security">
                    <Select>*</Select>
                </Query>
            </QueryList>
        ]]>
    </Query>

    <EventSources>
        <EventSource Enabled="true">
            <Address> ws22stdc1.ad2022.example.jp</Address>
        </EventSource>
    </EventSources>
</Subscription>
```

■ コマンドの働き

「Wecutil Create-Subscription」コマンドは、XMLで記述した構成ファイルを使用して、サブスクリプションを新規作成する。

Wecutil Delete-Subscription —— サブスクリプションを削除する

2003R2 | Vista | 2008 | 2008R2 | 7 | 2012 | 8 | 2012R2 | 8.1 | 10 | 2016 | 2019 | 2022 | 11 | UAC

構文

Wecutil {Delete-Subscription | Ds} サブスクリプションID

実行例

サブスクリプション「PullSubscription1」を削除する。この操作には管理者権限が必要。

```
C:\Work>Wecutil Delete-Subscription PullSubscription1
```

■ コマンドの働き

「Wecutil Delete-Subscription」コマンドは、サブスクリプションを削除する。

Wecutil Enum-Subscription —— サブスクリプションを表示する

2003R2 | Vista | 2008 | 2008R2 | 7 | 2012 | 8 | 2012R2 | 8.1 | 10 | 2016 | 2019 | 2022 | 11

構文

Wecutil {Enum-Subscription | Es}

実行例

サブスクリプションを表示する。

```
C:\Work>Wecutil Enum-Subscription
PullSubscription1
```

■ コマンドの働き

「Wecutil Enum-Subscription」コマンドは、サブスクリプションを表示する。

Wecutil Get-Subscription —— サブスクリプションの構成を表示する

2003R2 | Vista | 2008 | 2008R2 | 7 | 2012 | 8 | 2012R2 | 8.1 | 10 | 2016 | 2019 | 2022 | 11

構文

Wecutil {Get-Subscription | Gs} サブスクリプションID [{/Format | /f}:{Xml | Terse}] [{/Unicode | /u}:{True | False}]

■ スイッチとオプション

{/Format | /f}:{Xml | Terse}

結果表示の形式として、XML形式（Xml）または値と名前の一覧形式（Terse）を指定する。
既定値はTerse。

{/Unicode | /u}:{True | False}

結果表示の文字コードとしてUTF-16を使用する（True）または使用しない（False）を
指定する。

Unicode 使用フラグ	説明
True	Unicode（UTF-16）を使用する
False	Unicode を使用しない

実行例

サブスクリプション「PullSubscription1」の設定をXML形式で表示する。

```
C:¥Work>Wecutil Get-Subscription PullSubscription1 /Format:Xml
<?xml version="1.0" encoding="UTF-8"?>
<Subscription xmlns="http://schemas.microsoft.com/2006/03/windows/events/
subscription">
        <SubscriptionId>PullSubscription1</SubscriptionId>
        <SubscriptionType>CollectorInitiated</SubscriptionType>
        <Description>Pull Subscription Sample No.1</Description>
        <Enabled>true</Enabled>
        <Uri>http://schemas.microsoft.com/wbem/wsman/1/windows/EventLog</Uri>
        <ConfigurationMode>Custom</ConfigurationMode>
        <Delivery Mode="Pull">
                <Batching>
                        <MaxLatencyTime>900000</MaxLatencyTime>
                </Batching>
                <PushSettings>
                        <Heartbeat Interval="3600000"/>
                </PushSettings>
        </Delivery>
(以下略)
```

■ コマンドの働き

「Wecutil Get-Subscription」コマンドは、サブスクリプションの設定を表示する。

■ Wecutil Get-SubscriptionRuntimeStatus
——サブスクリプションの実行状態を表示する

| 2003R2 | Vista | 2008 | 2008R2 | 7 | 2012 | 8 | 2012R2 | 8.1 | 10 | 2016 | 2019 |
| 2022 | 11 |

構文

Wecutil {Get-SubscriptionRuntimeStatus | Gr} *サブスクリプションID* [*イ
ベントソース*] [/PurgeInactiveEs:*日数*]

■ **スイッチとオプション**

イベントソース
 イベント収集対象のコンピュータ名を、スペースで区切って1つ以上指定する。

/PurgeInactiveEs:日数
 アクティブでないイベントソースを削除する間隔を日数で指定する。 **11 22H2**

実行例

サブスクリプション「PullSubscription1」の実行状態を表示する。

```
C:\Work>Wecutil Get-SubscriptionRuntimeStatus PullSubscription1

Subscription: PullSubscription1
        RunTimeStatus: Active
        LastError: 0
        EventSources:
                ws22stdc1.ad2022.example.jp
                        RunTimeStatus: Trying
                        LastError: 5
                        ErrorMessage: <f:WSManFault xmlns:f="http://schemas.
microsoft.com/wbem/wsman/1/wsmanfault" Code="5" Machine="ws22stdc1.ad2022.example.
jp"><f:Message>アクセスが拒否されました。 </f:Message></f:WSManFault>
                        ErrorTime: 2021-12-31T15:50:20.716
                        NextRetryTime: 2021-12-31T15:55:20.716
```

■ **コマンドの働き**

「Wecutil Get-SubscriptionRuntimeStatus」コマンドは、サブスクリプションの実行状態を表示する。

■ Wecutil Quick-Config
——Windows Event Collectorサービスを構成する

2003R2 **Vista** **2008** **2008R2** **7** **2012** **8** **2012R2** **8.1** **10** **2016** **2019** **2022** **11** **UAC**

構文

Wecutil {Quick-Config | Qc} [{/Quiet | /q}[:*確認フラグ*]]

■ **スイッチとオプション**

{/Quiet | /q}[:*確認フラグ*]
 操作中に確認やプロンプトを表示するか指定する。

確認フラグ	説明
True	表示しない
False	表示する（既定値）

Windows Event Collector サービスを構成する。この操作には管理者権限が必要。

```
C:¥Work>Wecutil Quick-Config
サービスのスタートアップ モードは Delay-Start に変更されます。続行しますか（Y- はい、
または N- いいえ)?y
Windows イベント コレクター サービスの構成は成功しました。
```

■ コマンドの働き

「Wecutil Quick-Config」コマンドは、サブスクリプションを実行できるように Forwarded Events イベントログを有効にするとともに、Windows Event Collector サービスを遅延開始に設定して開始する。

Wecutil Retry-Subscription——サブスクリプションを再実行する

2003R2 | Vista | 2008 | 2008R2 | 7 | 2012 | 8 | 2012R2 | 8.1 | 10 | 2016 | 2019 | 2022 | 11 | UAC

構文 イベント収集を再実行する。

Wecutil {Retry-Subscription | Rs} サブスクリプションID [イベントソース]

■ スイッチとオプション

イベントソース

　　イベント収集対象のコンピュータ名を、スペースで区切って1つ以上指定する。

実行例

サブスクリプション「PullSubscription1」を再実行する。この操作には管理者権限が必要。

```
C:¥Work>Wecutil Retry-Subscription PullSubscription1
```

■ コマンドの働き

「Wecutil Retry-Subscription」コマンドは、サブスクリプションを再実行する。

Wecutil Set-Subscription——サブスクリプションの構成を編集する

2003R2 | Vista | 2008 | 2008R2 | 7 | 2012 | 8 | 2012R2 | 8.1 | 10 | 2016 | 2019 | 2022 | 11 | UAC

構文1 構成ファイルを使ってサブスクリプションを編集する

Wecutil {Set-Subscription | Ss} {/Config | /c}:構成ファイル名
[{/CommonUserName | /Cun}:ユーザー名 [{/CommonUserPassword |
/Cup}:パスワード]]

構文2 サブスクリプションを編集する

Wecutil {Set-Subscription | Ss} サブスクリプションID [オプション]

4

■ スイッチとオプション

構文1

{/Config | /c}:
　　構成ファイルを使ってサブスクリプションを編集する。

{/CommonUserName | /Cun}:*ユーザー名*
　　構成ファイル中の<UserName>タグで指定したユーザー名を、指定したユーザー名
　　に置き換える。XML<のCommonUserName>タグに相当する。

{/CommonUserPassword | Cup}:*パスワード*
　　/CommonUserNameスイッチで指定したユーザー名に対応するパスワードを指定す
　　る。スイッチを省略するか「*」を指定するとプロンプトを表示する。XMLの
　　<CommonPassword>タグに相当する。

構文2

{/Enabled | /e}[:{True | False}]
　　サブスクリプションを有効(True)または無効(False)にする。既定値はTrue。XMLの
　　<Enabled>タグに相当する。

{/Description | /d}:*説明*
　　サブスクリプションの説明文を指定する。XMLの<Description>タグに相当する。

{/Expires | /Ex}:*有効期限*
　　サブスクリプションが失効する日時を、標準XML形式またはISO-8601に定める
　　YYYY-MM-DDThh:mm:ss[.sss][Z]形式のいずれかで指定する。Tは日付と時刻の区
　　切り記号で、Zは協定世界時(UTC：Universal Time, Coordinated)であることを表す。
　　XMLの<Expires>タグに相当する。

/Uri:*URI文字列*
　　イベントソースを一意に特定するためのURI(Uniform Resource Identifier)を指定する。
　　XMLの<Uri>タグに相当する。

　　例：http://schemas.microsoft.com/wbem/wsman/1/windows/EventLog

{/ConfigurationMode | /Cm}:*構成モード*
　　イベント配信の構成モードとして次のいずれかを指定する。XMLの
　　<ConfigurationMode>タグに相当する。

構成モード	説明
Normal	標準
MinBandwidth	帯域幅の最小化
MinLatency	潜在期間の最小化
Custom	カスタム。/DeliveryMode（/Dm）、/DeliveryMaxItems（/Dmi）、/DeliveryMaxLatencyTime（/Dmlt）、/HeartbeatInterval（/Hi）スイッチが有効になる

{/DeliveryMode | /Dm}:*配信モード*
　　配信モードとして次のいずれかを指定する。XMLの<Delivery>タグに相当する。

配信モード	説明
Pull	コレクタによる開始
Push	コレクタまたはソースコンピュータによる開始

{/DeliveryMaxItems | /Dmi}:*最大項目数*
　　指定した数だけイベントがたまったらまとめて配信する。XMLの<MaxItems>タグ

375

に相当する。

{/DeliveryMaxLatencyTime | /Dmlt}:*最大待ち時間*

指定した時間（ミリ秒）だけ待ったら一括配信する。XMLの<MaxLatencyTime>タグに相当する。

{/HeartbeatInterval | /Hi}:*ハートビート間隔*

Pushサブスクリプションのハートビート間隔や、Pullサブスクリプションのポーリング間隔を、ミリ秒単位で指定する。XMLの<Heartbeat>タグに相当する。

{/Query | /q}:*クエリ*

イベントを抽出するための問い合わせ文字列を指定する。XMLの<Query>タグに相当する。

{/Dialect | /Dia}:*クエリ言語*

/Queryスイッチで使用するクエリの言語仕様をURIで指定する。XMLの<Dialect>タグに相当する。

{/ContentFormat | /Cf}:*コンテンツ形式*

配信するイベントの形式として、次のいずれかを指定する。XMLの<ContentFormat>タグに相当する。

コンテンツ形式	説明
Events	説明文などが入っていない、イベントログのオリジナルデータ
RenderedText	ローカライズした説明文などを展開した、テキストデータ（既定値）

{/Locale | /L}:*ロケール*

/ContentFormatスイッチでRenderedTextを指定した場合、ローカライズ言語をen-USやja-JPのように指定する。XMLの<Locale>タグに相当する。

{/ReadExistingEvents | /Ree}:{True | False}

配信するイベントに、過去のイベントも含める(True)または含めない(False)を指定する。既定値はFalse。XMLの<ReadExistingEvents>タグに相当する。

既読フラグ	説明
True	過去のイベントもすべて含める
False	これから発生するイベントだけ（既定値）

{/LogFile | /Lf}:*イベントログ名*

受信したイベントを記録する、ローカルのイベントログ名をフルネーム（表示名ではない）で指定する。XMLの<LogFile>タグに相当する。

{/PublisherName | /Pn}:*発行元名*

/Logfileスイッチで指定したイベントログの所有者か、インポートする発行元名を指定する。XMLの<PublisherName>タグに相当する。

{/TransportName | /Tn}:*トランスポート名*

イベントソースコンピュータへの接続に使用する、トランスポート層のプロトコル名として、HTTPまたはHTTPSを指定する。既定値はHTTP。XMLの<TransportName>タグに相当する。

{/TransportPort | /Tp}:*ポート番号*

/Transportnameスイッチで指定したトランスポートで使用する、ポート番号を指定する。省略すると5,985番を使用する。XMLの<TransportPort>タグに相当する。

{/EventSourceAddress | /Esa}:*イベントソースコンピュータ名*

イベント収集対象のコンピュータ名を指定する。/EventSourceEnabled、

/AddEventSource、/RemoveEventSource、/UserName、/UserPassword スイッチも併用する。XMLの<Address>タグに相当する。

{/EventSourceEnabled | /Ese}[:{True | False}]

イベントソースを有効(True)または無効(False)にする。既定値は True。XMLの<EventSource>タグに相当する。

{/AddEventSource | /Aes}

イベントソースコンピュータをサブスクリプションに追加する。

{/RemoveEventSource | /Res}

イベントソースコンピュータをサブスクリプションから削除する。

{/UserName | /Un}:_ユーザー名_

イベントソースコンピュータにアクセスするためのユーザー名を指定する。XMLの<UserName>タグに相当する。

{/UserPassword | /Up}:_パスワード_

/UserNameスイッチで指定したユーザー名に対応するパスワードを指定する。省略するか「*」を指定するとプロンプトを表示する。指定したパスワードはXMLには含まれない。

{/HostName | /Hn}:_ホスト名_

イベントソースコンピュータがイベントをPushするターゲットとして、コレクタコンピュータ名をFQDNで指定する。省略するとローカルコンピュータを使用する。/DeliveryModeスイッチでPushを指定した場合にだけ有効。XMLの<HostName>タグに相当する。

{/CredentialsType | /Ct}:_認証方法_

イベントソースコンピュータと通信する際のユーザー認証方式として、次のいずれかを指定する。既定値はDefault。XMLの<CredentialsType>タグに相当する。

認証方法	説明
Default	システム既定値（Kerberos 認証など）
Negotiate	ネゴシエート認証（Kerberos、NTLM）
Digest	ダイジェスト認証
Basic	基本認証
LocalMachine	信頼されたホスト（コンピュータアカウント）

使用可能な認証方式はグループポリシーで設定できる。

ポリシーのパス：

・ローカル コンピューター ポリシー¥コンピューターの構成¥管理用テンプレート¥Windows コンポーネント¥Windows リモート管理 (WinRM)¥WinRM クライアント

または

・ローカル コンピューター ポリシー¥コンピューターの構成¥管理用テンプレート¥Windows コンポーネント¥Windows リモート管理 (WinRM)¥WinRM サービス

ポリシーの名前：

・基本認証を許可する

・CredSSP認証を許可する

・ダイジェスト認証を許可しない

・Kerberos認証を許可しない

・ネゴシエート認証を許可しない

・信頼されたホスト

{/AllowedIssuerCa | /Ica}:*拇印*

非ドメインコンピュータの認証に使用する証明書の拇印をカンマで区切って指定する。XMLの<AllowedIssuerCAList>タグに相当する。ソースコンピュータが開始するサブスクリプションでだけ使用できる。

{/AllowedSubjects | /As}:*コンピュータ名*

サブスクリプションに含める非ドメインコンピュータの名前を、カンマで区切って1つ以上指定する。同一DNSドメイン内のコンピュータを一括して指定する場合は、「*.example.jp」のようにワイルドカードを使用できる。XMLの<AllowedSourceNonDomainComputers>タグに相当する。ソースコンピュータが開始するサブスクリプションでだけ使用できる。

{/DeniedSubjects | /Ds}:*コンピュータ名*

サブスクリプションに含めない非ドメインコンピュータの名前を、カンマで区切って1つ以上指定する。XMLの<DeniedSubjectList>タグに相当する。ソースコンピュータが開始するサブスクリプションでだけ使用できる。

{/AllowedSourceDomainComputers | /Adc}:*SDDL*

サブスクリプションに含めるドメインコンピュータの名前をSDDL形式で指定する。既定値はO:NSG:NSD:(A;;GA;;;DC)(A;;GA;;;NS)で、NETWORK SERVICEアカウントと「ドメイン名¥Domain Computers」グループを使用する。XMLの<AllowedSourceDomainComputers>タグに相当する。ソースコンピュータが開始するサブスクリプションでだけ使用できる。

実行例

サブスクリプション「PullSubscription1」にソースコンピュータ「server99.ad2022.example.jp」を追加する。この操作には管理者権限が必要。

```
C:¥Work>Wecutil Set-Subscription PullSubscription1 /EventSourceAddress:server99.
ad2022.example.jp /AddEventSource
```

■ コマンドの働き

「Wecutil Set-Subscription」コマンドは、サブスクリプションの設定を変更する。

Wevtutil.exe　　　イベントログを管理する

| Vista | 2008 | 2008R2 | 7 | 2012 | 8 | 2012R2 | 8.1 | 10 | 2016 | 2019 | 2022 | 11 |

構文

Wevtutil *スイッチ* [*オプション*]

■ スイッチ

スイッチ	説明
Archive-Log	イベントをロケールごとに展開して保存する `UAC`
Clear-Log	イベントを消去する `UAC`
Enum-Logs	イベントログ名を表示する
Enum-Publishers	イベントの発行者を表示する
Export-Log	イベントをエクスポートする
Get-Log	イベントログの設定を表示する
Get-LogInfo	イベントログ／イベントログファイルの状態を表示する
Get-Publisher	イベント発行者の情報を表示する
Install-Manifest	マニフェストファイルを使ってイベントログを作成する `UAC`
Query-Events	クエリを使ってイベントを抽出する
Set-Log	イベントログの設定を編集する `UAC`
Uninstall-Manifest	マニフェストファイルを使ってイベントログを削除する `UAC`

■ コマンドの働き

Wevtutilコマンドは、イベントログとイベント発行者を操作する。クエリによるイベント抽出やエクスポートが可能。Wevtutilコマンド自体は管理者でなくても実行できるが、セキュリティイベントログなど操作対象のイベントログによっては管理者権限が必要になる。

■ Wevtutil Archive-Log──イベントをロケールごとに展開して保存する

`Vista` `2008` `2008R2` `7` `2012` `8` `2012R2` `8.1` `10` `2016` `2019` `2022` `11`
`UAC`

構文

Wevtutil {Archive-Log | Al} *ログファイル名* [{/Locale | /l}:*ロケール*]

■ スイッチとオプション

ログファイル名
> 保存するログファイル名を指定する。ログファイルは「Wevtutil Export-Log」コマンドまたは「Wevtutil Clear-Log」コマンドで生成できる。

{/Locale | /l}:ロケール
> メッセージをローカライズするためのロケールを、ja-JPのように指定する。

実行例

エクスポートしたイベントログファイルexport.evtxをアーカイブする。この操作には管理者権限が必要。

```
C:\Work>Wevtutil Archive-Log export.evtx /Locale:ja-JP

実行結果
カレントフォルダにロケールごとのメタデータフォルダLocaleMetaDataが作成される。
```

```
C:¥Work>DIR
 ドライブ C のボリューム ラベルがありません。
 ボリューム シリアル番号は 5CA5-4D8F です

 C:¥Work のディレクトリ

2011/07/16  14:01    <DIR>          .
2011/07/16  14:01    <DIR>          ..
2011/07/16  13:50         1,118,208 export.evtx
2011/07/16  14:01    <DIR>          LocaleMetaData
               1 個のファイル         1,118,208 バイト
               3 個のディレクトリ  30,358,061,056 バイトの空き領域
```

■ コマンドの働き

「Wevtutil Archive-Log」コマンドは、イベントログをロケールごとに展開して、LocaleMetaDataフォルダにロケールごとのローカライズ情報を保存する。

イベントログは発行者情報とセットでなければ有効なメッセージとして読み取ることができないが、「Wevtutil Archive-Log」コマンドで保存したイベントログ情報は単独で読み取りが可能。

📇 Wevtutil Clear-Log——イベントを消去する

Vista   2008   2008R2   7   2012   8   2012R2   8.1   10   2016   2019   2022   11
UAC

構文

Wevtutil {Clear-Log | Cl} ログ名 [{/Backup | /Bu}:バックアップファイル名]
[{/Remote | /r}:コンピュータ名] [{/UserName | /u}:ユーザー名]
[{/Password | /p}:パスワード] [{/Authentication | /a}:認証方法]
[{/Unicode | /Uni}:{True | False}]

■ スイッチとオプション

ログ名
　操作対象のイベントログのフルネーム(表示名ではない)を指定する。

{/Backup | /Bu}:バックアップファイル名
　イベントを削除する前に、指定したファイル名(拡張子 .evtx)でイベントログの内容を保存する。

{/Remote | /r}:コンピュータ名
　操作対象のコンピュータ名を指定する。省略するとローカルコンピュータでコマンドを実行する。

{/UserName | /u}:ユーザー名
　操作を実行するユーザー名を指定する。

{/Password | /p}:パスワード
　操作を実行するユーザーのパスワードを指定する。パスワードを省略するか「*」を指定するとプロンプトを表示する。

{/Authentication | /a}:認証方法

リモートコンピュータにアクセスする際のユーザー認証方式として、次のいずれかを指定する。既定値はNegotiate。

認証方法	説明
Default	システム既定値（Kerberos認証など）
Negotiate	ネゴシエート認証（Kerberos、NTLM）
Kerberos	Kerberos認証
NTLM	NTLM認証

{/Unicode | /Uni}:{True | False}

結果をUnicodeで表示する(True)または表示しない(False)を指定する。

実行例

セキュリティイベントログを消去する。この操作には管理者権限が必要。

```
C:\Work>Wevtutil Clear-Log Security
```

■ コマンドの働き

「Wevtutil Clear-Log」コマンドは、指定したイベントログ内のイベントをすべて削除する。

■ Wevtutil Enum-Logs——イベントログ名を表示する

`[ Vista ] [ 2008 ] [ 2008R2 ] [ 7 ] [ 2012 ] [ 8 ] [ 2012R2 ] [ 8.1 ] [ 10 ] [ 2016 ] [ 2019 ] [ 2022 ] [ 11 ]`

構文

```
Wevtutil {Enum-Logs | El}
```

実行例

ローカルコンピュータのすべてのイベントログ名を表示する。

```
C:\Work>Wevtutil Enum-Logs
AMSI/Debug
Analytic
Application
DirectShowFilterGraph
DirectShowPluginControl
Fls_Hyphenation/Analytic
EndpointMapper
 (以下略)
```

■ コマンドの働き

「Wevtutil Enum-Logs」コマンドは、インストールされているすべてのイベントログ名を表示する。

Wevtutil Enum-Publishers——イベントの発行者を表示する

Vista | 2008 | 2008R2 | 7 | 2012 | 8 | 2012R2 | 8.1 | 10 | 2016 | 2019 | 2022 | 11

構文

Wevtutil {Enum-Publishers | Ep}

実行例

イベントの発行者を表示する。

```
C:\Work>Wevtutil Enum-Publishers
3ware
ACPI
ADP80XX
AFD
AmdK8
AmdPPM
AppleSSD
Application Management Group Policy
 (以下略)
```

■ コマンドの働き

「Wevtutil Enum-Publishers」コマンドは、イベントログの発行元を表示する。イベントの発行者は次のレジストリに登録されている。

● キーのパス——HKEY_LOCAL_MACHINE\SOFTWARE\Microsoft\Windows\CurrentVersion\WINEVT\Publishers
または
HKEY_LOCAL_MACHINE\SYSTEM\CurrentControlSet\services\eventlog

Wevtutil Export-Log——イベントをエクスポートする

Vista | 2008 | 2008R2 | 7 | 2012 | 8 | 2012R2 | 8.1 | 10 | 2016 | 2019 | 2022 | 11

構文

Wevtutil {Export-Log | Epl} *ログ名 エクスポートファイル名* [{/LogFile | /Lf}:*ログファイルフラグ*] [{/StructuredQuery | /Sq}:*クエリファイルフラグ*] [{/Query | /q}:*クエリ*] [{/Overwrite | /Ow}:*上書きフラグ*]

■ スイッチとオプション

ログ名
　イベントログのフルネーム、イベントログファイル名、クエリファイル名のいずれかを指定する。/LogFileスイッチと/StructuredQueryスイッチの組み合わせでログ名の解釈が変わる。既定値はフルネーム。

/LogFile	/StructuredQuery	ログ名の解釈
未指定	未指定	イベントログのフルネーム

False	False	イベントログのフルネーム
True	未指定	イベントログファイル名
未指定	True	クエリファイル名

エクスポートファイル名

抽出したイベントの保存先ファイル名(拡張子 .evtx)を指定する。エクスポートファイルは、イベントログファイルと同じバイナリデータになる。

{/LogFile | /Lf}:*ログファイルフラグ*

指定したログ名が、イベントログ名とログファイル名のどちらを表すか指定する。Trueを指定するとログファイル名を使用し、Falseを指定するとイベントログ名を使用する。既定値はイベントログ名(False)。

{/StructuredQuery | /Sq}:*クエリファイルフラグ*

指定したログ名が、イベントログ名とクエリファイル名のどちらを表すか指定する。Trueを指定するとクエリファイル名を使用し、Falseを指定するとイベントログ名を使用する。既定値はイベントログ名(False)。クエリファイルを使用する場合、検索対象のイベントログ名はクエリ中に記述する。

{/Query | /q}:*クエリ*

指定したイベントログからイベントを抽出するためのXPathクエリを指定する。/StructuredQueryスイッチがFalseの場合にだけ有効。スイッチを省略すると全イベントを抽出する。

{/Overwrite | /Ow}:*上書きフラグ*

既存のエクスポートファイルを確認なしで上書きするか指定する。Trueを指定すると確認せず、Falseを指定すると確認する。

実行例

クエリファイル query.xml を使用して、12時間(43,200,000 ミリ秒)以内のセキュリティイベントを抽出し、カレントフォルダのexport.evtx ファイルにエクスポートする。セキュリティイベントログを操作するため管理者権限が必要。

```
C:¥Work>Wevtutil Export-Log query.xml export.evtx /StructuredQuery:True
/Overwrite:True
```

■ コマンドの働き

「Wevtutil Export-Log」コマンドは、イベントを抽出してファイルにエクスポートする。セキュリティイベントログなど保護されているイベントログにアクセスする場合は、特権の昇格が必要になる。

▓▒ Wevtutil Get-Log ── イベントログの設定を表示する

| Vista | 2008 | 2008R2 | 7 | 2012 | 8 | 2012R2 | 8.1 | 10 | 2016 | 2019 | 2022 | 11 |

構文

Wevtutil {Get-Log | Gl} *ログ名* [{/Format | /f}:{Text | XML}]

ログ名
>操作対象のイベントログのフルネーム(表示名ではない)を指定する。

{/Format | /f}:{Text | XML}
>表示形式をテキストまたはXMLにする。

実行例

　セキュリティイベントログの設定をXML形式で表示する。表示されたXMLは、「Wevtutil Set-Log」コマンドなどの構成ファイルとして使用できる。

```
C:¥Work>Wevtutil Get-Log Security /Format:XML
<?xml version="1.0" encoding="UTF-8"?>
<channel name="Security" enabled="true" type="Admin" owningPublisher=""
isolation="Custom" channelAccess="O:BAG:SYD:(A;;0xf0005;;;SY)(A;;0x5;;;BA)
(A;;0x1;;;S-1-5-32-573)" xmlns="http://schemas.microsoft.com/win/2004/08/events">
  <logging>
    <logFileName>%SystemRoot%¥System32¥Winevt¥Logs¥Security.evtx</logFileName>
    <retention>false</retention>
    <autoBackup>false</autoBackup>
    <maxSize>20971520</maxSize>
  </logging>
  <publishing>
    <fileMax>1</fileMax>
  </publishing>
</channel>
```

■ コマンドの働き

　「Wevtutil Get-Log」コマンドは、イベントログの設定を表示する。

Wevtutil Get-LogInfo
──イベントログ／イベントログファイルの状態を表示する

`Vista` `2008` `2008R2` `7` `2012` `8` `2012R2` `8.1` `10` `2016` `2019` `2022` `11`

構文

Wevtutil {Get-LogInfo | Gli} *ログ名* [{/LogFile | /Lf}:*ログファイルフラグ*]

■ スイッチとオプション

ログ名
>イベントログのフルネームまたはイベントログファイル名を指定する。/LogFileスイッチを省略するかFalseを指定した場合はフルネームと解釈されるが、Trueを指定するとイベントログファイル名になる。

{/LogFile | /Lf}:*ログファイルフラグ*
>指定したログ名が、イベントログ名とログファイル名のどちらを表すか指定する。Trueを指定するとログファイル名を使用し、Falseを指定するとイベントログ名を使用する。既定値はイベントログ名(False)。

セキュリティイベントログの状態を表示する。セキュリティイベントログを操作するため管理者権限が必要。

```
C:¥Work>Wevtutil Get-LogInfo Security
creationTime: 2021-10-05T05:26:46.4590854Z
lastAccessTime: 2022-01-02T10:18:45.4469123Z
lastWriteTime: 2022-01-02T10:18:26.7003365Z
fileSize: 21041152
attributes: 32
numberOfLogRecords: 33009
oldestRecordNumber: 34273
```

■ コマンドの働き

「Wevtutil Get-LogInfo」コマンドは、イベントログまたはイベントログファイルの状態を表示する。セキュリティイベントログなど保護されているイベントログにアクセスする場合は、特権の昇格が必要になる。

ヘルプでは「Get-Log-Info」とあるが、「Get-LogInfo」が正しい。

■ Wevtutil Get-Publisher——イベント発行者の情報を表示する

| Vista | 2008 | 2008R2 | 7 | 2012 | 8 | 2012R2 | 8.1 | 10 | 2016 | 2019 | 2022 | 11 |

構文

Wevtutil {Get-Publisher | Gp} *発行者名* [{/GetEvents | /Ge}:*メタデータ取得フラグ*] [{/GetMessage | /Gm}:*メッセージ表示フラグ*] [{/Format | /f}:{Text | XML}]

■ スイッチとオプション

発行者名
 イベントの発行者名を指定する。発行者名は「Wevtutil Enum-Publishers」コマンドで表示できる。

{/GetEvents | /Ge}:メタデータ取得フラグ
 発行者が発行可能なイベントの詳細情報を表示する(True)または表示しない(False)。既定値は表示しない。

{/GetMessage | /Gm}:メッセージ表示フラグ
 ローカライズされたメッセージテキストを表示する(True)またはは表示しない(False)。既定値は表示しない(メッセージ番号を表示する)。/GetEventsスイッチと組み合わせて使用すると、個々のイベントのメッセージ本文を確認できる。

{/Format | /f}:{Text | XML}
 表示形式をテキストまたはXMLにする。

Microsoft-Windows-Backupイベントログの発行者情報と、ローカライズしたイベントメッセージを表示する。

```
C:\Work>Wevtutil Get-Publisher Microsoft-Windows-Backup /GetEvents:True
/GetMessage:True
name: Microsoft-Windows-Backup
guid: 1db28f2e-8f80-4027-8c5a-a11f7f10f62d
helpLink: https://go.microsoft.com/fwlink/events.asp?CoName=Microsoft%20Corporation&
ProdName=Microsoft%c2%ae%20Windows%c2%ae%20Operating%20System&ProdVer=10.0.22000.376
&FileName=BlbEvents.dll&FileVer=10.0.22000.376
resourceFileName: %windir%\system32\BlbEvents.dll
parameterFileName: %windir%\system32\blbres.dll
messageFileName: %windir%\system32\BlbEvents.dll
message: Microsoft-Windows-Backup
channels:
  channel:
    name: Application
    id: 9
    flags: 1
    message: Application
  channel:
    name: Microsoft-Windows-Backup
    id: 16
    flags: 0
    message: Microsoft-Windows-Backup/Operational
levels:
  level:
    name: win:Critical
    value: 1
    message: 重大
  level:
    name: win:Error
    value: 2
    message: エラー
  (中略)
events:
  event:
    value: 1
    version: 0
    opcode: 1
    channel: 16
    level: 4
    task: 0
    keywords: 0x4000000000000000
    message: バックアップ操作が開始されました。
  (以下略)
```

■ コマンドの働き

　「Wevtutil Get-Publisher」コマンドは、イベント発行者の設定と、発行されるイベントを表示する。

Wevtutil Install-Manifest
——マニフェストファイルを使ってイベントログを作成する

Vista 2008 2008R2 7 2012 8 2012R2 8.1 10 2016 2019 2022 11 UAC

構文

Wevtutil {Install-Manifest | Im} *マニフェストファイル名*
[{/ResourceFilePath | /Rf}:*リソースファイル名*] [{/MessageFilePath |
/Mf}:*メッセージファイル名*] [{/ParameterFilePath | /Pf}:*パラメータファイル
名*]

■ スイッチとオプション

マニフェストファイル名
　　イベントログの設定、発行者、イベント、ローカライズ情報などが含まれるマニフェストファイルを指定する。

{/ResourceFilePath | /Rf}: *リソースファイル名*
　　マニフェストのproviderエレメントにあるResourceFileNameの値を上書きする。リソースファイル名として、メタデータリソースを含む拡張子.exeまたは.dllのファイルのパスを指定する。 2008R2 以降

{/MessageFilePath | /Mf}:*メッセージファイル名*
　　マニフェストのproviderエレメントにあるMessageFileNameの値を上書きする。メッセージファイル名として、ローカライズされた文字列リソースを含む拡張子.exeまたは.dllのファイルのパスを指定する。 2008R2 以降

{/ParameterFilePath | /Pf}:*パラメータファイル名*
　　マニフェストのproviderエレメントにあるParameterFileNameの値を上書きする。パラメータファイル名として、パラメータ文字列リソースを含む拡張子.exeまたは.dllのファイルのパスを指定する。 2008R2 以降

■ コマンドの働き

　「Wevtutil Install-Manifest」コマンドは、マニフェストファイルを使ってイベントログを作成する。マニフェストファイルの作成方法や詳細は、次のリンクを参照。

- Windowsイベントログツール
  https://learn.microsoft.com/ja-jp/windows/win32/wes/windows-event-log-tools
- Windowsイベント ログリファレンス
  https://learn.microsoft.com/ja-jp/windows/win32/wes/windows-event-log-reference

Wevtutil Query-Events——クエリを使ってイベントを抽出する

Vista 2008 2008R2 7 2012 8 2012R2 8.1 10 2016 2019 2022 11

Wevtutil {Query-Events | Qe} *ログ名* [{/Logfile | /Lf}:*ログファイルフラグ*]
[{/StructuredQuery | /Sq}:*クエリファイルフラグ*] [{/Query | /q}:*クエリ*]
[{/Bookmark | /Bm}:*ブックマークファイル名*] [{/SaveBookmark | /Sbm}:
ブックマークファイル名] [{/ReversDirection | /Rd}:*読み取り方向フラグ*]
[{/Format | /f}:{Text | XML | RenderedXml}] [{/Locale | /l}:*ロケール*]
[{/Count | /c}:*最大イベント数*] [{/Element | /e}:*エレメント名*]

■ スイッチとオプション

ログ名

イベントログのフルネーム、イベントログファイル名、クエリファイル名のいずれか
を指定する。/LogFileスイッチと/StructuredQueryスイッチの組み合わせでログ名
の解釈が変わる。既定値はフルネーム。

/LogFile	/StructuredQuery	ログ名の解釈
未指定	未指定	イベントログのフルネーム
False	False	イベントログのフルネーム
True	未指定	イベントログファイル名
未指定	True	クエリファイル名

{/Logfile | /Lf}:*ログファイルフラグ*

指定したログ名が、イベントログ名とログファイル名のどちらを表すか指定する。
Trueを指定するとログファイル名を使用し、Falseを指定するとイベントログ名を使
用する。既定値はイベントログ名(False)。

{/StructuredQuery | /Sq}:*クエリファイルフラグ*

指定したログ名が、イベントログ名とクエリファイル名のどちらを表すか指定する。
Trueを指定するとクエリファイル名を使用し、Falseを指定するとイベントログ名を
使用する。既定値はイベントログ名(False)。クエリファイルを使用する場合、検索
対象のイベントログ名はクエリ中に記述する。

{/Query | /q}:*クエリ*

指定したイベントログからイベント抽出するためのXpathクエリを指定する。
/StructuredQueryスイッチがFalseの場合にだけ有効。スイッチを省略すると全イベ
ントを抽出する。

{/Bookmark | /Bm}:*ブックマークファイル名*

前回のクエリのブックマークを保存したファイル名を指定する。

{/SaveBookmark | /Sbm}:*ブックマークファイル名*

今回のクエリによってどのイベントまで読み取ったか、拡張子.xmlの「ブックマークファ
イル」に記録する。

{/ReversDirection | /Rd}:*読み取り方向フラグ*

イベントの読み取り方向を指定する。Trueを指定すると新しいイベントを先に返し、
Falseを指定すると古いイベントを先に返す。既定値は古いイベントを先に返す(False)。
ヘルプに記載されている「reverse」directionはスペルとしては正しいが、本スイッチ
に使用できるのは、eが足りない「revers」directionである。

{/Format | /f}:{Text | XML | RenderedXml}

表示形式をテキスト、XML、レンダリング情報付きXMLのいずれかにする。

{/Locale | /l}:*ロケール*

/FormatスイッチでTextを指定した場合、イベントログのメッセージをローカライズするためのロケールを、ja-JPのように指定する。

{/Count | /c}:*最大イベント数*

表示するイベントの最大数を指定する。

{/Element | /e}:*エレメント名*

XML形式でイベントを出力する際に、指定したエレメント名を含める。

実行例

クエリファイルquery.xmlを使用して、12時間（43,200,000ミリ秒）以内のセキュリティイベントを抽出し、どこまで抽出したかブックマークファイルbookmark.xmlに記録する。セキュリティイベントログを操作するため管理者権限が必要。

▼ クエリファイル(query.xml)

```
<QueryList>
  <Query Id="0" Path="Security">
    <Select Path="Security">*[System[TimeCreated[timediff(@SystemTime) <= 43200000
]]]</Select>
  </Query>
</QueryList>
```

```
C:¥Work>Wevtutil Query-Events C:¥Work¥query.xml /StructuredQuery:True /SaveBookmark
:C:¥Work¥bookmark.xml /Format:Text /Locale:ja-JP
Event[0]
  Log Name: Security
  Source: Microsoft-Windows-Security-Auditing
  Date: 2022-01-02T07:08:49.4190000Z
  Event ID: 4624
  Task: Logon
  Level: 情報
  Opcode: 情報
  Keyword: 成功の監査
  User: N/A
  User Name: N/A
  Computer: w11pro21h2
  Description:
アカウントが正常にログオンしました。

サブジェクト:
        セキュリティ ID:        S-1-5-18
        アカウント名:          W11PRO21H2$
        アカウント ドメイン:    WORKGROUP
        ログオン ID:           0x3E7

ログオン情報:
        ログオン タイプ:        5
        制限付き管理モード:      -
        仮想アカウント:         いいえ
```

```
      昇格されたトークン:     はい
  (以下略)

作成されたbookmark.xmlファイル
<BookmarkList>
  <Bookmark Channel='Security' RecordId='3627' IsCurrent='true'/>
</BookmarkList>
```

■ コマンドの働き

「Wevtutil Query-Events」コマンドは、条件を指定してイベントを抽出する。セキュリティ
イベントログなどの保護されているイベントログにアクセスする場合は、特権の昇格が必
要になる。

クエリはXPath形式で記述する。XPathクエリを簡単に作成するには、イベントビュー
アのGUIを使ってフィルタを設定し、[XML]タブの内容をコピーするよい。/Queryスイッ
チに続いてXPathクエリをコマンドライン中に記述する場合は、XML中の「<」と「>」を、
それぞれ「<」と「>」に置換する必要がある。XPathクエリの作成方法や詳細は、次のリン
クを参照。

参考

● イベントの使用（Windows ログ）
  https://learn.microsoft.com/ja-jp/windows/win32/wes/consuming-events

Wevtutil Set-Log──イベントログの設定を編集する

Vista | 2008 | 2008R2 | 7 | 2012 | 8 | 2012R2 | 8.1 | 10 | 2016 | 2019 | 2022 | 11
UAC

構文

Wevtutil {Set-Log | Sl} [ログ名] [{/Enabled | /e}:有効フラグ] [{/Quiet |
/q}:抑制フラグ] [{/FileMax | /Fm}:保存履歴数] [{/Isolation | /i}:ログ分離モー
ド] [{/LogFileName | /Lfn:ログファイル名}] [{/Retention | /Rt}:ログ保持
モードフラグ] [{/AutoBackup | /Ab}:自動バックアップフラグ] [{/MaxSize |
/Ms}:最大ログサイズ] [{/Level | /l}:イベントレベルフィルタ] [{/Keywords |
/k}:キーワードフィルタ] [{/ChannelAccess | /Ca}:SDDL] [{/Config | /c}:
構成ファイル名]

■ スイッチとオプション

ログ名
    イベントログのフルネームを指定する。ログ名と/Configスイッチは併用できない。

{/Enabled | /e}:有効フラグ
    イベントログを有効または無効にする。Trueを指定すると有効、Falseを指定すると
    無効。

{/Quiet | /q}:抑制フラグ
    プロンプトやメッセージを表示するか指定する。Trueを指定すると表示せず、False
    を指定すると表示する。スイッチや抑制フラグを省略すると表示しない(True)。

4

システム管理編

{/FileMax | /Fm}: *保存履歴数*

有効化するごとに指定した回数分のイベントを保持し、古いイベントを削除する。保存履歴数は1から16の範囲で指定する。イベントログを有効にするごとに1個のイベントログファイルを作成する。再起動は1回の有効化に数える。たとえば、保存履歴数に2を指定した場合、過去2回分の有効化で発生したイベントを取得できる。

{/Isolation | /i}: *ログ分離モード*

書き込みアクセス許可を共有するイベントログとして、次のいずれかを指定する。

ログ分離モード	説明
Application	実行アプリケーションと同等の書き込みアクセス許可（0）
System	システムと同等の書き込みアクセス許可（1）
Custom	カスタムのアクセス許可（2）。/ChannelAccess スイッチも併用する

{/LogFileName | /Lfn}: *ログファイル名*

イベントを保存するためのログファイル名（拡張子 .evt または .evtx）を指定する。

{/Retention | /Rt}: *ログ保持モードフラグ* {/AutoBackup | /Ab}: *自動バックアップフラグ*

/Retentionスイッチと/AutoBackupスイッチはセットで使用し、イベントログサイズが最大値に達したときの動作として、次の組み合わせのいずれかを指定する。GUI設定の「イベントログサイズが最大値に達したとき」オプションに相当する。

/Retention と /Autobackup の組み合わせ	説明
/Retention:False、/AutoBackup:False	［必要に応じてイベントを上書きする］オプションに相当する
/Retention:True、/AutoBackup:True	［イベントを上書きしないでログをアーカイブする］オプションに相当する
/Retention:True、/AutoBackup:False	［イベントを上書きしない（ログは手動で消去）］オプションに相当する

{/MaxSize | /Ms}: *最大ログサイズ*

イベントログファイルの最大サイズをバイト単位で指定する。明確な上限はない。

{/Level | /l}: *イベントレベルフィルタ*

イベントレベルによってログをフィルタする場合に、任意の数値を指定する。0を指定するとフィルタを解除できる。使用可能な数値はイベントログによって異なる。たとえば、セキュリティイベントログの場合、1（重大）、2（エラー）、3（警告）、4（情報）、5（詳細）を使用できる。

{/Keywords | /k}: *キーワードフィルタ*

キーワードによってログをフィルタする場合に、任意の64bitキーワードマスク値を指定する。使用可能な数値はイベントログとキーワードによって異なる。

{/ChannelAccess | /Ca}: *SDDL*

イベントログのアクセス許可をSDDL形式で指定する。

{/Config | /c}: *構成ファイル名*

XML形式の構成ファイル名を指定する。構成ファイルは「Wevtutil Get-Log」コマンドで生成できる。

`実行例`

セキュリティイベントログの最大サイズを100MBにする。この操作には管理者権限が

4

システム管理編

必要。

```
C:¥Work>Wevtutil Set-Log Security /MaxSize:104857600
```

■ コマンドの働き

「Wecutil Set-Log」コマンドは、イベントログの設定を編集する。イベントログの設定は、基本的に次のレジストリに保存されている。

- キーのパス——HKEY_LOCAL_MACHINE¥SOFTWARE¥Microsoft¥Windows¥CurrentVersion¥WINEVT¥Channels
  または
  HKEY_LOCAL_MACHINE¥SYSTEM¥CurrentControlSet¥services¥eventlog¥Security
- 値の名前—AutoBackupLogFiles、File、Isolation、MaxSize、Retention、Security

■ Wevtutil Uninstall-Manifest
——マニフェストファイルを使ってイベントログを削除する

| Vista | 2008 | 2008R2 | 7 | 2012 | 8 | 2012R2 | 8.1 | 10 | 2016 | 2019 | 2022 | 11 |
| UAC |

構文

Wevtutil {Uninstall-Manifest | Um} *マニフェストファイル名* [*共通オプション*]

■ スイッチとオプション

マニフェストファイル名
　　イベントログの設定、発行者、イベント、ローカライズ情報などが含まれるマニフェストファイルを指定する。

■ コマンドの働き

「Wevtutil Uninstall-Manifest」コマンドは、マニフェストファイルを使ってイベントログを削除する。

Whoami.exe　　　　自分のユーザー情報を表示する

| 2003 | 2003R2 | Vista | 2008 | 2008R2 | 7 | 2012 | 8 | 2012R2 | 8.1 | 10 | 2016 |
| 2019 | 2022 | 11 |

4

システム管理編

Whoami [{/Upn | /Fqdn | /LogonId}]

構文2 ユーザー名、所属するグループ、ユーザー属性、特権を表示する。

Whoami [/User] [/Groups] [/Claims] [/Priv] [/Fo *表示形式*] [/Nh]

構文3 ユーザー情報、グループ情報、特権情報、ユーザー属性情報を表示する。

Whoami [/All] [/Fo *表示形式*] [/Nh]

▰ スイッチとオプション

/Upn

ドメインのユーザー名を「user1@ad2022.example.jp」形式のユーザープリンシパル名（UPN：User Principal Name）で表示する。

/Fqdn

ドメインのユーザー名を「CN=User1,CN=Users,DC=ad2022,DC=example,DC=jp」形式の識別名（Distinguished Name）で表示する。

/LogonId

ユーザーのログオンID（ユーザー名とは異なる）を「S-1-5-5-0-457972」のように表示する。

/User

ユーザー名とセキュリティID（SID）を、それぞれ「ad2022¥user1」「S-1-5-21-2249762365-3817833934-863554133-1103」のように表示する。

/Groups

ユーザーが所属するグループ、種類、グループのSID、属性を表示する。

/Claims

ダイナミックアクセス制御用のユーザー属性（Claim）を表示する。 **2012 以降**

/Priv

ユーザーに付与された特権、説明、状態を表示する。

/All

ユーザー情報、グループ情報、特権情報、ユーザー属性情報を表示する。

/Fo *表示形式*

表示形式を次のいずれかで指定する。

表示形式	説明
CSV	カンマ区切り
LIST	一覧形式
TABLE	表形式（既定値）

/Nh

カラムヘッダを出力しない。このオプションは、/Foオプションで結果の表示形式をTABLEまたはCSVに設定した場合に有効になる。

実行例1

自分のユーザー名を表示する。

4

システム管理編

393

```
C:\Work>Whoami
ad2012r2\test
```

　ドメインのユーザー情報をすべて表示する。完全な情報を表示するには管理者権限が必要。

```
C:\Work>Whoami /All

USER INFORMATION
----------------


ユーザー名  SID
========== ========================================
ad2022\user1 S-1-5-21-2249762365-3817833934-863554133-1103


GROUP INFORMATION
-----------------


グループ名                                   種類               SID
属性
=========================================== ================= ==================================
===== ===================================================
Everyone                                    よく知られたグループ S-1-1-0
固定グループ, 既定で有効, 有効なグループ
BUILTIN\Administrators                      エイリアス          S-1-5-32-544
固定グループ, 既定で有効, 有効なグループ, グループ所有者
BUILTIN\Users                               エイリアス          S-1-5-32-545
固定グループ, 既定で有効, 有効なグループ
BUILTIN\Pre-Windows 2000 Compatible Access  エイリアス          S-1-5-32-554
固定グループ, 既定で有効, 有効なグループ
NT AUTHORITY\INTERACTIVE                     よく知られたグループ S-1-5-4
固定グループ, 既定で有効, 有効なグループ
CONSOLE LOGON                               よく知られたグループ S-1-2-1
固定グループ, 既定で有効, 有効なグループ
NT AUTHORITY\Authenticated Users            よく知られたグループ S-1-5-11
固定グループ, 既定で有効, 有効なグループ
NT AUTHORITY\This Organization              よく知られたグループ S-1-5-15
固定グループ, 既定で有効, 有効なグループ
LOCAL                                       よく知られたグループ S-1-2-0
固定グループ, 既定で有効, 有効なグループ
AD2022\Domain Admins                         グループ            S-1-5-21-2249762365-3817833934-
863554133-512 固定グループ, 既定で有効, 有効なグループ
AD2022\Group Policy Creator Owners           グループ            S-1-5-21-2249762365-3817833934-
863554133-520 固定グループ, 既定で有効, 有効なグループ
AD2022\Enterprise Admins                     グループ            S-1-5-21-2249762365-3817833934-
863554133-519 固定グループ, 既定で有効, 有効なグループ
AD2022\Schema Admins                         グループ            S-1-5-21-2249762365-3817833934-
863554133-518 固定グループ, 既定で有効, 有効なグループ
```

認証機関によりアサートされた ID　　　　　よく知られたグループ S-1-18-1
固定グループ, 既定で有効, 有効なグループ
AD2022¥Denied RODC Password Replication Group エイリアス　　　　S-1-5-21-2249762365-3817833934-
863554133-572 固定グループ, 既定で有効, 有効なグループ, ローカル グループ
Mandatory Label¥High Mandatory Level　　　　ラベル　　　　S-1-16-12288

PRIVILEGES INFORMATION

特権名	説明	状態
SeIncreaseQuotaPrivilege	プロセスのメモリ クォータの増加	無効
SeMachineAccountPrivilege	ドメインにワークステーションを追加	無効
SeSecurityPrivilege	監査とセキュリティ ログの管理	無効
SeTakeOwnershipPrivilege	ファイルとその他のオブジェクトの所有権の取得	無効
SeLoadDriverPrivilege	デバイス ドライバーのロードとアンロード	無効
SeSystemProfilePrivilege	システム パフォーマンスのプロファイル	無効
SeSystemtimePrivilege	システム時刻の変更	無効
SeProfileSingleProcessPrivilege	単一プロセスのプロファイル	無効
SeIncreaseBasePriorityPrivilege	スケジューリング優先順位の繰り上げ	無効
SeCreatePagefilePrivilege	ページ ファイルの作成	無効
SeBackupPrivilege	ファイルとディレクトリのバックアップ	無効
SeRestorePrivilege	ファイルとディレクトリの復元	無効
SeShutdownPrivilege	システムのシャットダウン	無効
SeDebugPrivilege	プログラムのデバッグ	無効
SeSystemEnvironmentPrivilege	ファームウェア環境値の修正	無効
SeChangeNotifyPrivilege	走査チェックのバイパス	有効
SeRemoteShutdownPrivilege	リモート コンピューターからの強制シャットダウン	無効
SeUndockPrivilege	ドッキング ステーションからコンピューターを削除	無効
SeEnableDelegationPrivilege	コンピューターとユーザー アカウントに委任時の信頼を付与	無効
SeManageVolumePrivilege	ボリュームの保守タスクを実行	無効
SeImpersonatePrivilege	認証後にクライアントを偽装	有効
SeCreateGlobalPrivilege	グローバル オブジェクトの作成	有効
SeIncreaseWorkingSetPrivilege	プロセス ワーキング セットの増加	無効
SeTimeZonePrivilege	タイム ゾーンの変更	無効
SeCreateSymbolicLinkPrivilege	シンボリック リンクの作成	無効
SeDelegateSessionUserImpersonatePrivilege	同じセッションで別のユーザーの偽装トークンを取得します	無効

USER CLAIMS INFORMATION

ユーザー要求が不明です。

このデバイスでのダイナミック アクセス制御の Kerberos サポートが無効になっています。

コマンドの働き

　Whoami コマンドは、自分自身のユーザー名、SID、セキュリティ特権などを表示する。
通常モードのコマンドプロンプトでは特権情報などが欠落するため、管理者権限で実行す

る方がよい。

Where.exe ファイルを検索する

2003 | 2003R2 | Vista | 2008 | 2008R2 | 7 | 2012 | 8 | 2012R2 | 8.1 | 10 | 2016
2019 | 2022 | 11

構文

Where [/r フォルダ] [/q] [/f] [/t] パターン

スイッチとオプション

/r フォルダ

指定したフォルダとサブフォルダ内でファイルを検索する。既定ではカレントフォル
ダと環境変数PATHに設定されたフォルダだけを検索するため、他のフォルダにある
ファイルは見つからない。

/q

環境変数ERRORLEVELで取得できる終了コードだけセットし、結果を表示しない。

終了コード：0＝該当あり、1＝該当なし、2＝エラー

/f

条件に適合するファイル名をダブルクォートで括って表示する。

/t

ファイルサイズと変更日時も表示する。

パターン

検索するファイル名を指定する。「$環境変数名:パターン」やワイルドカード「*」「?」
を使用できる。環境変数PATHEXTに定義された拡張子は省略できる。環境変数を指
定する場合は/rスイッチを併用できない。

実行例

C:¥Program Files (x86)フォルダ内でmsedge.exeファイルを検索する。

```
C:¥Work>Where /r "C:¥Program Files (x86)" /t msedge.exe
   3892128    2022/11/10       13:37:45  C:¥Program Files (x86)¥Microsoft¥Edge¥Applica
tion¥msedge.exe
   3892128    2022/11/10       13:37:45  C:¥Program Files (x86)¥Microsoft¥Edge¥Applica
tion¥107.0.1418.42¥msedge.exe
   3892128    2022/11/10       13:37:45  C:¥Program Files (x86)¥Microsoft¥EdgeCore¥107
.0.1418.42¥msedge.exe
   3892128    2022/11/10       13:37:45  C:¥Program Files (x86)¥Microsoft¥EdgeWebView¥
Application¥107.0.1418.42¥msedge.exe
```

コマンドの働き

Whereコマンドは、パターンを指定してファイルを検索する。

Wmic.exe

**WMIコマンドインターフェイス
を通じてシステムを管理する**

XP | 2003 | 2003R2 | Vista | 2008 | 2008R2 | 7 | 2012 | 8 | 2012R2 | 8.1 | 10
2016 | 2019 | 2022 | 11

構文

Wmic [*グローバルスイッチ*] クエリ

グローバルスイッチ

Wmicコマンドでは、次のグローバルスイッチを使用して、コマンドの動作やリモート
コンピュータへの接続資格などを設定する。グローバルスイッチやクエリは大文字と小文
字を区別しない。

スイッチ	説明
/?[:{Full | Brief}]	スイッチやオプションのヘルプを詳細に表示する（Full）か、簡易表示（Brief）する。既定値は Brief
/Aggregate:{On | Off}	/Node スイッチで指定したリモートコンピュータすべての結果を待ってから表示する（On）か、結果が得られ次第表示する（Off）か指定する。既定値は On
/Append:{STDOUT | Clipboard | ファイル名}	結果の出力先を指定する。既定値は標準出力（STDOUT）。現在の出力結果を消去せず、末尾に追記する
/Authority:{Kerberos:プリンシバル名 | NtlmDomain:ドメイン名}	ユーザー認証に使用する証明機関の種類を指定する。既定値は無指定（N/A）
/Authlevel:{Default | None | Connect | Call | Pkt | PktIntegrity | PktPrivacy}	認証レベルを指定する。既定値は PktPrivacy
/FailFast:{On | Off}	/Node スイッチで指定したリモートコンピュータにコマンドを送る前に、それぞれ通信できるか確認する（On）か、確認しない（Off）か指定する。既定値は Off
/ImpLevel:{Anonymous | Identify | Impersonate | Delegate}	コンポーネントオブジェクトモデル（COM）の偽装レベルを指定する。既定値は Impersonate
/Interactive:{On | Off}	削除などのコマンド実行時に確認する対話モードを使用する（On）か、使用しない（Off）か指定する。既定値は On
/Locale:言語ID	使用する言語を「MS_」に続く言語 ID（英語は 409、日本語は 411 など）で指定する。既定値は現在のシステムの言語
/Namespace:ネームスペース	エイリアスの操作対象のネームスペースを指定する。既定値は「¥¥root¥cimv2」
/Node:コンピュータ	操作対象のコンピュータを、カンマで区切って 1 つ以上指定する。コンピュータ名をテキストファイルに記述して、そのファイル名を「@」を付けて指定することもできる。既定値は現在のコンピュータ
/Output:{STDOUT | Clipboard | ファイル名}	結果の出力先を指定する。既定値は標準出力（STDOUT）。結果を出力する前に、現在の結果表示を消去する
/Password:パスワード	/User スイッチで指定したユーザーのパスワードを指定する。/User スイッチだけを指定するとプロンプトを表示する
/Privileges:{Enable | Disable}	すべての特権を有効（Enable）または無効（Disable）にする。既定値は Enable
/Record:出力ファイル名	すべての入出力を、指定したファイルに XML 形式で記録する
/Role:ネームスペース	操作対象の役割を指定する。既定値は「¥¥root¥cli」

| /Trace:{On \| Off} | STDERRにデバッグ情報を出力する(On)か、出力しない(Off)か指定する。既定値はOff |
| /User:ユーザー名 | /Nodeスイッチで指定したリモートコンピュータに接続する際のユーザー名を指定する |

サブコマンド

内部コマンド	説明
Where	WQL（Windows Management Instrumentation Query Language）を使ってインスタンスを特定する
Class	完全なWMIスキーマにエスケープする
Path	WMIオブジェクトの完全なパスにエスケープする
Context	全グローバルスイッチの状態を表示する
{Quit | Exit}	コマンドを終了する

プロバイダ、クラス、定義済みエイリアス

　WMIは、多様なプロバイダが提供するクラスを利用して情報を管理する。代表的なプロバイダであるWin32プロバイダは、「Win32_OperatingSystem」や「Win32_Process」などのクラスを提供する。利用可能なプロバイダとクラスは、インストールした役割や機能、アプリケーションなどで変化する。

　よく利用されるクラスには次のエイリアスが定義されており、メソッドを通じてデータ（インスタンスやプロパティ）を操作できる。○印が利用可能なメソッドで、空欄のメソッドは利用できない。

エイリアス	管理対象	使用可能なメソッド						
		Assoc	Call	Create	Delete	Get	Set	List
Alias	エイリアス	○	○	○	○	○		○
Baseboard	マザーボード	○				○		○
Bios	BIOS	○				○		○
BootConfig	ブート構成	○				○		○
CdRom	CD-ROM	○				○		○
ComputerSystem	システム	○				○	○	○
Cpu	CPU	○				○		○
CsProduct	SMBIOS経由のコンピュータシステム	○				○		○
DataFile	データファイル	○	○		○	○		○
DcomApp	DCOMアプリケーション	○				○		○
Desktop	デスクトップ	○				○		○
DesktopMonitor	画面	○				○		○
DeviceMemoryAddress	デバイスメモリアドレス	○				○		○
DiskDrive	ディスクドライブ	○				○		○
DiskQuota	ディスククォータ	○		○	○	○	○	○
DmaChannel	DMAチャネル	○				○		○
Environment	環境変数	○		○	○	○	○	○
FsDir	ファイルシステムディレクトリエントリ	○	○		○	○		○

Group	グループ	○	○	○	○	○		○
IdeController	IDE コントローラ	○		○	○	○		○
Irq	割り込み要求	○		○	○	○		○
Job	スケジュールジョブ	○	○	○	○	○		○
LoadOrder	実行依存関係	○		○	○	○		○
LogicalDisk	論理ドライブ	○	○	○	○	○	○	○
Logon	ログオンセッション	○		○	○	○		○
MemCache	キャッシュメモリ	○		○	○	○		○
MemoryChip	メモリチップ	○		○	○	○		○
MemPhysical	物理メモリ	○		○	○	○		○
NetClient	ネットワーククライアント	○		○	○	○		○
NetLogin	ネットワークログイン情報	○		○	○	○		○
NetProtocol	通信プロトコル	○		○	○	○		○
NetUse	アクティブなネットワーク	○		○	○	○		○
Nic	ネットワークアダプタ	○		○	○	○		○
NicConfig	ネットワーク	○	○	○	○	○		○
NtDomain	ドメイン	○		○	○	○	○	○
NtEvent	イベントログのエントリ	○		○	○	○		○
NtEventLog	イベントログファイル	○	○	○	○	○	○	○
OnboardDevice	オンボードデバイス	○		○	○	○		○
Os	オペレーティングシステム	○	○	○	○	○	○	○
PageFile	ページファイルと仮想記憶	○		○	○	○		○
PageFileSet	ページファイル設定	○		○	○	○	○	○
Partition	ディスク領域	○		○	○	○		○
Port	I/O ポート	○		○	○	○		○
PortConnector	物理的ポート	○		○	○	○		○
Printer	プリンタ	○	○	○	○	○	○	○
PrinterConfig	プリンタ設定	○		○	○	○		○
PrintJob	印刷ジョブ	○	○	○	○	○		○
Process	プロセス	○	○	○	○	○		○
Product	インストールパッケージ	○	○	○	○	○		○
Qfe	更新プログラム	○		○	○	○		○
QuotaSetting	ボリュームのディスククォータ	○		○	○	○	○	○
RdAccount	リモートデスクトップ接続のアクセス許可	○	○	○	○	○		○
RdNic	ネットワークアダプタごとのリモートデスクトップ接続	○		○	○	○	○	○
RdPermissions	リモートデスクトップ接続のアクセス許可	○	○	○	○	○		○
RdToggle	リモートデスクトップリスナーの有効化または無効化	○	○	○	○	○		○
RecoverOs	メモリダンプ	○		○	○	○	○	○
Registry	レジストリ	○		○	○	○	○	○
ScsiController	SCSI コントローラ	○	○	○	○	○		○
Server	サーバ情報	○		○	○	○		○
Service	バックグラウンドサービス	○	○	○	○	○		○

前ページよりの続き

クラス	説明								
ShadowCopy	シャドウコピー	○	○	○	○	○		○	
ShadowStorage	シャドウコピーの記憶域	○	○	○	○	○	○	○	
Share	共有資源	○		○	○	○	○		○
SoftwareElement	ソフトウェア製品の要素	○			○	○			○
SoftwareFeature	ソフトウェア製品サブセット	○	○		○	○			○
SoundDev	サウンド	○			○	○			○
Startup	起動時実行コマンド	○			○	○			○
SysAccount	システムアカウント	○			○	○	○		○
SysDriver	デバイスドライバ	○	○		○	○	○		○
SystemEnclosure	エンクロージャ	○			○	○			○
SystemSlot	システムスロット	○			○	○			○
TapeDrive	テープドライブ	○			○	○			○
Temperature	温度センサ	○			○	○			○
TimeZone	タイムゾーン	○			○	○			○
Ups	無停電電源装置	○			○	○			○
UserAccount	ユーザーアカウント	○	○		○	○	○	○	○
Voltage	電圧センサ	○			○	○			○
Volume	ローカル記憶域ボリューム	○			○	○	○		○
VolumeQuotaSetting	クォータをボリュームに関連付ける	○			○	○			○
VolumeUserQuota	ユーザーごとのクォータ	○			○	○			○
WmiSet	WMIサービス	○			○	○	○	○	○

■ メソッド

次のようにクラス（エイリアス）とメソッドを組み合わせることで、情報の取得や編集だけでなく、アプリケーションの実行や終了などを実現できる。

メソッド	説明	用例
Assoc	クエリ結果をWMIオブジェクトの関連子として返す	共有資源のWMIオブジェクト関連子を表示する。 Wmic Share Assoc
Call	メソッドを実行する	表示名が「Windows Update」のサービスを開始する。 Wmic Service Where Caption="Windows Update" Call StartService
Create **UAC**	新しいインスタンスを作成する（要管理者権限）	環境変数 AppInstallFolder を作成する。 Wmic Environment Create Name="AppInstallFolder",VariableValue="%ProgramFiles(x86)¥Sample Application",UserName="SYSTEM"
Delete **UAC**	インスタンスを削除する（要管理者権限）	環境変数 AppInstallFolder を削除する。 Wmic Environment Where Name="AppInstallFolder" Delete
		メモ帳を終了する。 Wmic Process Where Name="Notepad.exe" Delete
Get	プロパティを取得する	プロセス名を表示する。 Wmic Process Get Name
Set **UAC**	プロパティを設定する（要管理者権限）	環境変数 AppInstallFolder の設定値を編集する。 Wmic Environment Where Name="AppInstallFolder" Set VariableValue="C:¥App¥New"

4

システム管理編

List	データを取得する	プロセス情報を表示する。 Wmic Process List Brief ・Brief（主要なプロパティ） ・Full（全プロパティ、既定値） ・Instance（インスタンスのパス） ・Status（オブジェクトの状態）

◢ 比較演算

クエリの中に「Where 比較対象 オペレータ 値」という構文を指定することで、任意の条件に合致するオブジェクトやインスタンスを取得できる。使用できるオペレータは次のとおり。

オペレータ	説明
=	等しい
<	小さい
>	大きい
<=	以下
>=	以上
!= <>	異なる

◢ その他のキーワード

クエリの中では次のキーワードを使って条件を絞り込むことができる。複数の論理演算を使用する場合は、カッコで括って演算の優先順位を指定すると確実。

キーワード	説明
And	かつ
Or	または
Not	否定
Like	部分一致（Where __Class Like "%Win32%"）
Is Null	Null である
Is Not Null	Null でない

4

システム管理編

実行例

インストールされている更新プログラムを表示する。

```
C:\Work>Wmic Qfe
Caption                                      CSName      Description    FixComments
HotFixID    InstallDate  InstalledBy       InstalledOn  Name  ServicePackInEffect
Status
http://support.microsoft.com/?kbid=5017271  W11PRO22H2  Update
KB5017271                NT AUTHORITY\SYSTEM  10/9/2022
https://support.microsoft.com/help/5017321  W11PRO22H2  Security Update
KB5017321                NT AUTHORITY\SYSTEM  10/9/2022
                                             W11PRO22H2  Security Update
KB5017233                                    8/6/2022
```

コマンドの働き

Wmic コマンドは「WMI command-line」ツールで、WMI(Windows Management Instrumentation)の情報をコマンドから参照および編集できる。WMIの操作は、プロバイダが提供するクラスとメソッドを指定してクエリを発行することで実行する。

スイッチとオプションをすべて省略すると対話モードで起動するので、任意のスイッチやエイリアスを入力してWMIオブジェクトを操作する。任意のオブジェクトやインスタンスを指定するには、次のようにWQL(WMI Query Language)の条件指定(Where句)を利用する。

■ Where句

ダブルクォート""またはカッコ()で括って記述する。不等号「>」「<」などの記号を使用する場合はダブルクォートで括る。

- 正: Wmic NtEvent Where (LogFile = 'System' and EventCode = '19') List Brief
- 正: Wmic NtEvent Where "LogFile = 'System' and EventCode = '19' and TimeGenerated >= '20220101'" List Brief
- 誤: Wmic NtEvent Where (LogFile = 'System' and EventCode = '19' and TimeGenerated >= '20220101') List Brief

■ 日時指定

「YYYYMMDDhh24miss.xxxxxx ± UUU」の形式で指定すると、最も高速に処理できる。

- YYYYMMDD——西暦年月日
- hh24miss——24時間制の時分秒
- xxxxxx——ミリ秒
- ±UUU——標準時からの差(分単位)

> **参考情報**
>
> - Win32 Provider
>   https://learn.microsoft.com/en-us/windows/win32/cimwin32prov/win32-provider
> - WMI Providers
>   https://learn.microsoft.com/en-us/windows/win32/wmisdk/wmi-providers

4

システム管理編

Wuauclt.exe
自動更新の更新プログラム検出プロセスを実行する

| 2000 | XP | 2003 | 2003R2 | 2008 | Vista | 2008R2 | 7 | 2012 | 8 | 2012R2 | 8.1 |

構文

```
Wuauclt [/ResetAuthorization] [/DetectNow] [/ReportNow]
[/UpdateNow]
```

■ スイッチとオプション

/ResetAuthorization
　WSUS（Windows Server Update Services）使用時に、クッキーを削除してターゲット情報などをリセットする。

/DetectNow
　自動更新が有効な場合、更新プログラムをただちに検出する。

/ReportNow
　WSUSサーバに対して、ただちにレポートを送信する。

/UpdateNow
　ただちに更新を実行する。

実行例

　クッキーを削除して更新プログラムを検出する。

```
C:¥Work>Wuauclt /ResetAuthorization /DetectNow
```

■ コマンドの働き

　Wuaucltコマンドは、自動更新の更新プログラム検出プロセスを手動で開始する。

　WSUS環境では、クライアントコンピュータにクッキーを保存して、クライアント側のターゲット情報などを格納している。クッキーはWSUSサーバが作成してから1時間で有効期限が切れるが、それより前にターゲット情報をリセットする場合に /ResetAuthorization スイッチを指定する。/ResetAuthorization スイッチは /DetectNowスイッチより前に記述する。

Wusa.exe

Windows Updateスタンドアロンインストーラ

`Vista` `2008` `2008R2` `7` `2012` `8` `2012R2` `8.1` `10` `2016` `2019` `2022` `11` `UAC`

構文1 更新プログラムを適用する

Wusa *MSUファイル名* [/Quiet] [*再起動オプション*] [/Log:*ログファイル名*]

構文2 更新プログラムを削除する `2008R2 以降`

Wusa /Uninstall {*MSUファイル名* | Kb:*KB番号*} [/Quiet] [*再起動オプション*] [/Log:*ログファイル名*]

構文3 更新プログラムを展開する `2008R2 ～ 8.1`

Wusa *MSUファイル名* /Extract:*フォルダ名* [/Log:*ログファイル名*]

■ スイッチとオプション

MSU ファイル名
　操作対象の更新プログラムパッケージファイル（拡張子 .msu）を指定する。

Kb:*KB番号*

/Uninstallスイッチと併用して、KB番号で特定される更新プログラムパッケージをアンインストールする。 `2008R2 以降`

/Extract: *フォルダ名*

更新プログラムパッケージファイルの内容を指定したフォルダに展開する。 `2008R2 〜 8.1`

/Quiet

UIを表示しない。必要に応じて再起動する。

再起動オプション

/Quietスイッチと併用して再起動の有無や動作を指定する。

再起動オプション	説明
/NoRestart	再起動しない
/WarnRestart:*待ち時間*	指定の待ち時間（秒）だけ警告を表示する `2008R2 以降`
/PromptRestart	再起動するか問い合わせる `2008R2 以降`
/ForceRestart	強制的に再起動する `2008R2 以降`

/Log:*ログファイル名*

操作のログを記録する。 `2008R2 以降`

実行例

更新プログラムを適用する。この操作には管理者権限が必要。

```
C:¥Work>Wusa windows11.0-kb5017267-arm64-ndp481_e6a79592c44dc98fd68bf01d5deca406d7e6
891f.msu
```

コマンドの働き

Wusaコマンドは、更新プログラムパッケージファイル（拡張子.msu）をコンピュータに適用または削除する。更新プログラムパッケージファイルは、主にMicrosoft Updateカタログサイトで提供されている。

4

システム管理編

参考

● Microsoft Updateカタログ

https://www.catalog.update.microsoft.com/

索引

410

412

413

■著者紹介

山近慶一（やまちか けいいち）

山口県岩国市生まれ。大阪を拠点に大規模 Active Directory ドメインの運用管理を担うサラリーマン業とテクニカルライター業の二刀流で活動中。Microsoft Most Valuable Professional（2003～2010）受賞。

● 編集・DTP
　　株式会社トップスタジオ
● 装丁
　　株式会社トップスタジオ

■お問い合わせについて

本書の内容に関するご質問につきましては、下記の宛先まで FAX または書面にてお送りいただくか、弊社ホームページの該当書籍のコーナーからお願いいたします。お電話によるご質問、および本書に記載されている内容以外のご質問には、一切お答えできません。あらかじめご了承ください。また、ご質問の際には、「書籍名」と「該当ページ番号」、「お客様のパソコンなどの動作環境」、「お名前とご連絡先」を明記してください。

● 宛先
　〒162-0846
　東京都新宿区市谷左内町 21-13
　株式会社技術評論社　第 5 編集部
　「改訂第 3 版 Windows コマンドプロンプト
　ポケットリファレンス・上」係
　FAX：03-3513-6179

● 技術評論社 Web サイト
　https://book.gihyo.jp

お送りいただきましたご質問には、できる限り迅速にお答えをするよう努力しておりますが、ご質問の内容によってはお答えするまでに、お時間をいただくこともございます。回答の期日をご指定いただいても、ご希望にお応えできかねる場合もありますので、あらかじめご了承ください。なお、ご質問の際に記載いただいた個人情報は質問の返答以外の目的には使用いたしません。また、質問の返答後は速やかに破棄させていただきます。

[改訂第 3 版]

Windows コマンドプロンプトポケットリファレンス[上]

2023 年 9 月 8 日　初　版　第 1 刷発行

著　者　　山近　慶一
発行者　　片岡　巌
発行所　　株式会社技術評論社
　　　　　東京都新宿区市谷左内町 21-13
　　　　　電話　03-3513-6150　販売促進部
　　　　　　　　03-3513-6170　第 5 編集部
印刷・製本　昭和情報プロセス株式会社

定価はカバーに表示してあります。

ISBN978-4-297-13723-6 C3055

Printed in Japan